“十二五”规划教材

12th Five-Year Plan Textbooks
of Software Engineering

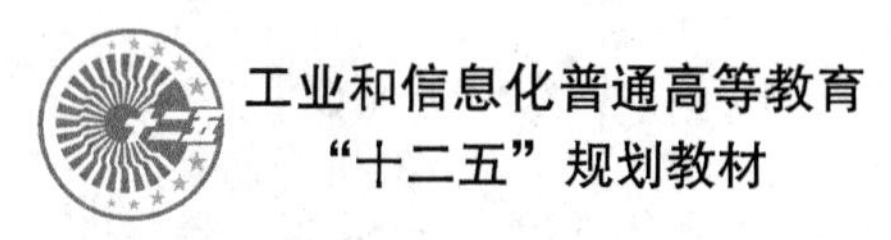

软件工程

李爱萍 崔冬华 李东生 ◎ 主编

Software Engineering

人民邮电出版社
北京

图书在版编目（C I P）数据

软件工程 / 李爱萍，崔冬华，李东生主编. -- 北京：
人民邮电出版社，2014.3(2023.8重印)
普通高等教育软件工程“十二五”规划教材
ISBN 978-7-115-34079-5

Ⅰ. ①软… Ⅱ. ①李… ②崔… ③李… Ⅲ. ①软件工
程－高等学校－教材 Ⅳ. ①TP311.5

中国版本图书馆CIP数据核字(2014)第018875号

内 容 提 要

本书系统地介绍了软件工程的概念、原理、方法和案例，比较全面地反映了软件工程技术的全貌。全书共 3 篇，分 16 章，分别以“面向过程的软件工程”、“面向对象的软件工程”和“软件工程实验”为主线阐述软件工程原理和方法。本书第 2 篇还介绍了软件体系结构、设计模式、软件工程新技术等内容，体现了软件工程的最新理论和技术。本书的主要特色是强调以面向过程或面向对象的思想指导软件开发过程，并配以实例分析和说明，便于教学和应用。

本书适合作为高等院校计算机、软件工程专业或信息类相关专业本科生或研究生软件工程课程的教材，也可作为软件开发技术人员的参考书。

◆ 主　　编　李爱萍　崔冬华　李东生
责任编辑　邹文波
责任印制　彭志环　焦志炜
◆ 人民邮电出版社出版发行　　北京市丰台区成寿寺路 11 号
邮编　100164　　电子邮件　315@ptpress.com.cn
网址　http://www.ptpress.com.cn
固安县铭成印刷有限公司印刷
◆ 开本：787×1092　1/16
印张：22.75　　2014 年 3 月第 1 版
字数：598 千字　　2023 年 8 月河北第 20 次印刷

定价：48.00 元

读者服务热线：(010) 81055256　印装质量热线：(010) 81055316
反盗版热线：(010) 81055315

前　言

自1968年第一届NATO会议上首次提出“软件工程”的概念至今，已经过去了四十多年，软件工程得到了很大发展，不断出现新方法、新技术和新模型，形成了软件工程领域的基础理论、工程方法和技术体系，具备了学科的完整性和教育学特色。2011年2月我国国务院学位委员会在新修订的学科目录中，将软件工程（学科代码为0835）增设为一级学科，进一步促进了软件工程的发展。

软件工程课程是高等学校计算机科学与技术、软件工程等专业的一门重要的专业核心课程，是信息类专业的推荐课程，也是每一个从事软件分析、设计、开发、测试、管理和维护人员的必备知识。

本书按照面向过程和面向对象两种开发方法，对软件生存周期各个阶段的基础理论和相关技术进行了介绍，同时给出两种不同方法的实验指导，比较全面地反映了软件工程的全貌。本书可用于高等学校相关专业的教学。

全书由3篇共计16章组成，按专题安排，便于组织教学。

第一篇为面向过程的软件工程，以传统的软件生存周期为主线，介绍软件工程的原理和方法。第1章介绍软件工程相关的基本概念。第2章至第8章按照软件生存周期的各个阶段顺序介绍可行性研究、需求分析、软件总体设计、详细设计、软件编码、软件测试和软件维护，详细介绍有关概念和软件工程方法，重点介绍结构化的分析和设计方法。

第二篇内容为面向对象的软件工程，以UML为主线，结合当前流行的开源工具StarUML，介绍面向对象软件工程的原理和方法。第9章为面向对象方法学以及面向对象的基本概念介绍；第10章介绍面向对象分析的过程，并给出一个面向对象软件开发过程案例的分析；第11章介绍面向对象设计与实现；第12章介绍软件开发工具StarUML的整体功能及其应用，并以一个教学管理系统实例介绍使用StarUML完成整个系统的分析、设计的全过程；第13章介绍几种典型的软件体系结构；第14章是设计模式简介；第15章介绍软件工程领域的一些最新技术。

第三篇给出了软件工程的实验环节要求和示例，包括面向过程的软件工程和面向对象的软件工程两种不同开发方法的实验要求，并通过两个典型的案例具体说明两类软件工程实验的具体实施步骤。

本书由长期从事软件工程教学和科研的教师编写。李爱萍、崔冬华同志负责全书架构的设计和统稿。本书共16章，其中第1章、第2章、第3章、第4章由崔冬华编写，第5章、第6章、第7章由武昭宇编写，第9章、第14章和附录由李新编写，第10.6节由李东生编写，第3.7节、4.4节、第10章、第11章、第12章由段利国编写，第8章、第13章、第15章、第16章由李爱萍编写，研究生马俊伟参与了StarUML工具的应用作图部分的相关工作。

本书编写过程中参考了国内外有关软件工程的专著、教材和论文，详见书后的主要参考文献。在此，向所有作者表示谢意。

由于软件工程近年来的快速发展以及作者水平所限，书中若存在错误和不足之处，敬请读者提出宝贵意见和建议。

作 者

2014 年 1 月

目　录

第1篇　面向过程的软件工程

第 2 篇　面向对象的软件工程

第 3 篇　软件工程实验

第 1 篇
面向过程的软件工程

第1章 概　　述

“软件工程”一词是由北大西洋公约组织（North Atlantic Treaty Organization，NATO）的计算机科学家在联邦德国召开的国际会议上首次提出来的。产生软件工程这门学科的时代背景是“软件危机”。软件工程的发展和应用不仅缓和了软件危机，而且促使一门新兴的工程学科诞生了。

软件工程是应用计算机科学、工程学、管理学及数学的原则、方法来创建软件的学科，它对指导软件开发、质量控制以及开发过程的管理起着非常重要的作用。本章介绍软件和软件工程的基本概念，包括软件、软件危机、软件工程方法学、软件过程和软件生存周期模型，传统软件工程与面向对象软件工程等，从而使读者对软件工程与软件开发技术有所认识。

1.1　软件和软件危机

1.1.1　软件的定义、特点及分类

1. 软件的定义

软件不是程序，而是程序、数据以及开发、使用和维护程序需要的所有文档的完整集合。1983 年 IEEE 为软件下的定义是：计算机程序、方法、规则、相关的文档资料以及在计算机上运行程序时所必需的数据。其中的方法和规则通常是在文档中说明并在程序中实现的。特别是当软件成为商品时，相关的文档资料是必不可少的。没有相关文档，仅有程序是不能称为软件产品的。

程序是为了解决某个特定问题而用程序设计语言描述的适合计算机处理的语句序列。它是由软件开发人员设计和编码的。程序执行时一般要输入一定的数据，也会输出运行的结果。而文档则是软件开发活动的记录，主要供人们阅读，既可用于专业人员和用户之间的通信和交流，也可以用于软件开发过程的管理和运行阶段的维护。我国国家标准局已参照国际标准，陆续颁布了《计算机软件开发规范》、《计算机软件需求说明编制指南》、《计算机软件测试文件编制规范》、《计算机软件配置管理计划规范》等文档规范。为了提高软件开发的效率和方便软件产品的维护，现在的软件人员越来越重视文档的作用及其标准化工作。

2. 软件的特点

为了能全面、正确地理解计算机和软件，必须了解软件的特点。软件是一种特殊的产品，与传统的工业产品相比，它具有以下一些独特的特点。

（1）软件是一种逻辑产品，而不是具体的物理实体，具有抽象性，人们可以把它记录在纸上，保存在计算机内存、磁盘和光盘等存储介质上，但却无法看到软件本身的形态，必须

通过观察、分析、思考、判断以及通过计算机的执行才能了解到它的功能和作用。

（2）软件产品的生产主要是开发研制，没有明显的制造过程。软件开发研制完成后，通过复制可以产生大量软件产品，所以对软件的质量控制，必须着重在软件开发方面下功夫。

（3）软件产品在使用过程中，不存在磨损、消耗、老化等问题。但软件在运行时，为了适应软件硬件、环境以及需求的变化而进行修改、完善时，会引入一些新的错误，从而使软件退化，在修改的成本变得让人们难以接受时，软件就被抛弃，生存期停止。

（4）软件产品的开发主要是脑力劳动，还未完全摆脱手工开发方式，大部分产品是“定做的”，生产效率低。

（5）软件产品的成本相当昂贵，软件费用不断增加，软件的研制需要投入大量的人力、物力和资金，生产过程中还需对产品进行质量控制，对每件产品进行严格的检验。

（6）软件对硬件和环境有不同程度的依赖性，为了减少这种依赖性，在软件开发中提出了软件的可移植性问题。

（7）软件是复杂的。软件是人类有史以来生产的复杂度最高的工业产品，软件是一个庞大的逻辑系统。软件开发，尤其是应用软件的开发常常涉及其他领域的专门知识，这就对软件开发人员提出了很高的要求。

3. 软件的分类

计算机软件发展非常迅速，其内容十分丰富，要给计算机软件做出科学的分类是比较困难的。传统意义上从计算机系统角度看，软件分为两大类：系统软件和应用软件。系统软件是指管理、控制和维护计算机及外设，以及提供计算机与用户界面等的软件，如操作系统、各种语言的编译系统、数据库管理系统及网络软件等。应用软件是指能解决某一应用领域问题的软件，如财会软件、通信软件、计算机辅助教学（CAI）软件等。

若从计算机软件用途来划分，大致分为服务类、维护类和操作管理类。

（1）服务类软件。此类软件是面向用户的，为用户提供各种服务，包括多种软件开发工具和常用的库函数及多种语言的集成化软件，如Windows下的Visual C++软件等。

（2）维护类软件。此类软件是面向计算机维护的，包括错误诊断和检测软件、测试软件、多种调试所用软件如Debug等。

（3）操作管理软件。此类软件是面向计算机操作和管理的，包括各种操作系统、网络通信系统、计算机管理软件等。

1.1.2 软件危机的定义及表现形式

1. 软件危机

“软件危机”是指在计算机软件的开发和维护过程中所遇到的一系列严重问题。软件危机主要包含了两方面的问题：一是如何开发软件以满足软件日益增长的需求；二是如何维护数量不断增长的已有软件。

2. 软件危机表现形式

（1）对软件开发成本和研制进度的估计常常很不精确。经费预算经常突破，完成时间一拖再拖。这种现象降低了软件开发组织的信誉，而且有时为了赶进度和节约成本所采取的一些权宜之计又往往影响了软件产品的质量，从而不可避免地会引起用户的不满。

（2）“已完成”的软件不能满足用户要求。软件开发人员常常在对用户需求只有模糊的了解，甚至对所要解决的问题还没有确切认识的情况下，就匆忙着手编写程序了。软件开发人员和用户又未能及时交换意见，使得一些问题不能得到及时解决，导致开发的软件不能满足用户要求，使得开发失败。

（3）软件产品质量差，可靠性得不到保证。软件质量保证技术（审查、复审和测试）还没有坚持不懈地应用到软件开发的全过程中，提交给用户的软件质量差，在运行中暴露大量问题。

（4）软件产品可维护性差，软件开发人员在开发过程中按各自的风格工作，各行其是，没有统一、公认的规范和完整规范的文档，发现问题后进行杂乱无章的修改。程序结构不好，运行时发现错误也很难修改，导致维护性差。

（5）软件成本在计算机系统总成本中所占的比例逐年上升。软件的发展跟不上硬件的发展。由于微电子技术的进步和生产自动化程度的不断提高，硬件成本逐年下降，然而软件开发需要大量人力，软件成本也随着通货膨胀以及软件规模和数量的不断扩大而持续上升。

（6）软件开发生产率提高的速度远远跟不上计算机应用速度普及深入的趋势。软件的发展跟不上用户的要求。软件产品“供不应求”的现象使人类不能充分利用现代计算机硬件提供的巨大潜力。

以上列举的仅仅是软件危机的典型表现，与软件开发和维护有关的问题远远不止这些。

1.1.3　软件危机的产生原因及解决途径

1. 产生软件危机的原因

造成上述软件危机的原因与软件自身特点有关，也与软件开发人员在开发和维护时所采用的生产方式、方法、技术有关，可概括为以下几个方面。

（1）软件是计算机系统中的逻辑部件。软件产品往往规模庞大，结构复杂，这给软件的开发和维护带来客观的困难。

（2）软件开发的管理困难。软件规模大、结构复杂，又具有无形性，这导致管理困难，进度控制困难，质量控制困难，可靠性无法保证。

（3）软件开发费用不断增加，维护费用急剧上升，直接威胁计算机应用的扩大。

（4）软件开发技术落后。在 20 世纪 60 年代，人们注重如编译原理、操作系统原理、数据库原理等一些计算机理论问题的研究，而不注重软件开发技术的研究，用户要求的软件复杂性与软件技术解决复杂性的能力不相适应。

（5）生产方式落后。有人统计，硬件的性能价格比在过去 30 年中增长了 10^6。一种新器件的出现，其性能较旧器件提高，价格反而有所下降，而软件则相形见绌。软件规模与复杂性增长了几个数量级，但生产方式仍然采用个体手工方式开发，根据个人习惯爱好工作，无章可循，无规范可依靠，带有很强的“个性化”特征的程序，因缺乏文档而根本不能维护，加剧了供需之间的矛盾。

（6）开发工具落后，生产效率提高缓慢。软件开发工具趋于原始，没有出现高效率的开发工具，因而软件生产效率低下。还有软件开发人员忽视需求分析的重要性，轻视软件维护也是造成软件危机的原因。

2. 解决软件危机途径

目前，计算机的应用日益广泛，世界上发达国家的许多企业将全部投资的 10%以上用于计算机领域。但到目前为止，计算机的体系结构在硬件上仍然是冯·诺依曼计算机。实际中复杂、庞大的问题，只能由专门人员编制软件来解决。假设计算机能实现智能化，能进行推理和运算，正确解决用户所提出的问题，那么软件危机就会有根本性的缓解。然而新一代计算机体系结构的研制可能还需要一段时间。那么在目前计算机硬件条件下，要想解决软件危机必须解决以下问题。

（1）首先应该对计算机软件有一个正确的认识，彻底清除“软件就是程序”的错误观念。

（2）要使用好的开发技术和方法，并且要不断研究探索更好更有效的技术和方法。尽快消除在计算机系统早期发展阶段形成的一些错误观念和做法。

（3）要有良好的组织、严密的管理，各类人员要相互配合，共同完成任务。充分认识软件开发不是某种个体劳动的神秘技巧。

（4）应该开发和使用好的软件工具。正如机械工具可以“放大”人类的体力一样，软件工具也可以“放大”人类的智力，从而可以有效提高软件生产率。

软件系统开发与制造一台机器或建造一栋大厦有许多相同之处，所以要采用“工程化”的思想做指导来解决软件研究中面临的困难和混乱，从而走出软件危机的困境。

1.2 软件工程

1.2.1 软件工程的定义及目标

1. 软件工程

软件工程是指导计算机软件开发和维护的一门工程学科。软件工程采用工程的概念、原理、技术和方法来开发和维护软件。

人们曾从不同的角度给软件工程下过各种定义，下面给出两种比较典型的定义。

1968 年，在第一届 NATO 会议上曾经给出了软件工程的一种早期定义：“软件工程就是为了经济地获得可靠的且能在实际机器上有效地运行的软件，而建立和使用完善的工程原理。”这个定义不仅指出了软件工程的目标是经济地开发出高质量的软件，而且强调了软件工程是一门工程学科，它应该建立并使用完善的工程原理。

1993 年，IEEE 进一步给出了一个更全面更具体的定义：“软件工程是：①把系统的、规范的、可度量的途径应用于软件开发、运行和维护过程，也就是把工程应用于软件开发；②研究①中提到的途径。”

虽然软件工程的不同定义使用了不同的词句，强调的重点也有所差异，但是它的中心思想是把软件当作一种工业产品，要求“采用工程化的原理和方法对软件进行计划、开发和维护。”宗旨是为了提高软件生产率、降低生产成本，以较小的代价获得高质量的软件产品。

2. 软件工程基本目标

软件工程是一门工程性学科，目的是成功地建造一个大型软件系统。所谓成功是指要达到以下几个目标：

（1）降低软件开发成本；

（2）满足用户要求的全部软件功能；

（3）符合用户要求，令用户满意的软件性能；

（4）具有较好的易用性、可重用性和可移植性；

（5）较低的维护成本，较高的可靠性；

（6）按合同要求完成开发任务，及时交付用户使用。

1.2.2 软件工程的研究内容和基本原理

1. 软件工程的研究内容

软件工程的主要研究内容是软件开发技术和软件开发过程管理两个方面。在软件开发技术方面，主要研究软件开发方法、软件开发过程、软件开发工具和技术。在软件开发过程管理方面，主要研究软件工程经济学和软件管理学。技术与管理是软件开发中缺一不可的两个方面。没有科学的管理，再先进的技术也不能充分发挥作用。

2. 软件工程的基本原理

自从1968年“软件工程”正式提出并使用以来，从事软件工程研究的世界各国专家学者先后提出100余条关于软件工程的准则。著名的软件工程学家B.W.Boehm综合有关专家和学者的意见，总结了多年来开发软件的经验，于1983年在一篇论文中提出了软件工程7条基本原理。他认为这7条基本原理是确保软件产品质量和开发效率原理的最小集合。它们之间相互独立，其中任意6条原理的组合都不能代替另一条原理，因此，它们是缺一不可的最小集合。下面简单介绍软件工程的7条基本原理。

（1）用分阶段的生存周期计划严格管理

阶段划分为计划、分析、设计、编程、测试和运行维护。B.W.Boehm认为在软件的整个生存周期中应该制定并严格执行6类计划：项目概要计划、里程碑计划、项目控制计划、产品控制计划、验证计划和运行维护计划。

（2）坚持进行阶段评审

上一阶段评审没有通过，就不能进入下一阶段工作。在软件生存周期的每个阶段都要进行严格的评审，以便尽早发现在软件开发中犯下的错误并及时改正，对于保证软件质量、提高开发效率是非常重要的。

（3）实行严格的产品控制

尽管面向对象软件开发支持用户需求变化，但是在开发过程中，改变一项要求是要付出较高代价的。在实际开发过程中，由于外部环境等的变化，相应地改变用户需求是一种客观需要，是难免的，显然不能硬性禁止用户提出改变需求的要求，而只是依据科学的产品控制技术来适应这种要求。

（4）采用现代程序设计技术

实践表明，采用先进的程序设计技术既可以提高软件的开发效率，又可以提高软件的维护效率。面向对象技术在许多领域已经取代了传统的结构化开发方法。软件的开发效率、可维护性、可重用性都有一定程度的提高。

（5）结果应能清楚地审查

软件产品是一种逻辑产品，软件开发工作的进度情况可见性差，很难准确度量，使得软件产品的开发过程比一般产品的开发过程更难以评价和管理。为了提高软件开发过程的可见性，更好地进行组织和管理，应该根据软件产品的总目标及完成期限，规定开发人员的责任和各阶段产品标准，从而使得软件开发每一阶段所得到的结果能够清楚地审查。

（6）开发小组人员应该少而精

B.W.Boehm总结多年从事软件开发的实践经验得出这条基本原理，其含义是，开发小组的组成人员应该具有高素质、高水平，而人数不宜太多。软件开发组人员的素质和数量是影响软件产品质量和开发效率的关键因素。

（7）承认不断改进软件工程实践的必要性

遵循以上 7 条基本原理，就可以实现软件的工程化生产，但并不能保证软件开发和维护的过程能与时代前进同步，能随着技术的发展而进步。因此，B.W.Boehm 提出应把承认不断改进软件工程实践的必要性作为软件工程的第七条基本原理。按照这条基本原理，应该把主动采纳的软件开发技术和软件工程实践中总结的经验作为软件工程的基本原理。

1.2.3　软件工程的发展史

软件工程是随着计算机系统的发展而逐步形成的计算机科学领域中的一门新兴学科。软件工程的发展经过了 3 个时代。

1．程序设计时代

1946 年到 1956 年为程序设计年代。这个时代人们用很大力气研究和发展计算机硬件，经历了从电子管计算机到晶体管计算机的变革，然而对计算机软件的研究和发展却不够重视。当时，由于硬件的价格昂贵，运行速度低，内存容量小，所以当时的程序员非常强调“程序设计技巧”，把缩短每一个微秒的 CPU 时间和节省每一个二进制存储单元，作为程序设计的重要目标，但设计的程序难读、难懂、难修改。

2．程序系统时代

1956 年到 1968 年为程序系统时代，或者程序+说明时代。在这个时代硬件经历了从晶体管计算机到集成电路计算机的变革，CPU 速度和内存容量都有了很大的提高，从而为计算机在众多领域中的应用提供了潜在的可能性。这个时代的另一个重要特征是出现了“软件作坊”。这是因为随着计算机应用的普及和深化，需要的软件往往规模相当庞大，以致单个用户无法开发，此外许多不同的部门和企业往往需要相同或者类似的软件，各自开发就会浪费很大人力。在这种形势下，“软件作坊”就应运而生了。不过这个时代的开发方法基本上沿用了程序设计时代的开发方法，但开始提出了结构化的方法。随着计算机应用日益普及，软件需求量急剧增长，用户的需求和使用环境发生变化时，软件可修改性很差，往往需要重新编制程序，其研制时间很长，不能及时满足用户要求，质量得不到保证，开发人员的素质和落后的开发技术不适应规模大、结构复杂的软件开发，因此产生了尖锐的矛盾，所谓的“软件危机”便由此产生了。

IBM 公司的 360 OS 和美国空军后勤系统，在开发过程中都花费了几千人/年的工作量，最后以失败告终。其中 360 OS 由 4000 个模块组成，共约 100 万条指令，花费了 5000 人/年的工作量，经费达数千万美元，拖延几年才交付使用，交付使用后每年发现近 100 个错误，结果以失败告终。360 OS 开发负责人 Brooks 生动描述了研制过程中的困难和混乱：“……像巨兽陷入泥潭作垂死挣扎，挣扎得越猛，泥浆就沾得越多，最后没有一个野兽能逃脱淹没在泥潭中的命运……程序设计就像这样的泥潭，一批批程序员在泥潭中挣扎……没有料到问题会这样棘手……”。比 360 OS 更糟的软件系统并不少，即花费大量的人力、物力、财力结果半途而废，或者说完成之日就是遗弃之时。这就是人们常说的“软件危机”。

3．软件工程时代

1968 年至今为软件工程年代，或者程序+文档时代。这个时代硬件发展的特点是集成电路计算机发展到超大规模集成电路计算机，高性能低成本的微处理机大量出现，硬件速度的发展已经超过人们提供支持软件的能力。然而，硬件只提供了潜在的计算能力，对于复杂的大型软件开发项目，需要十分复杂的计算机软件才能实现。也就是说，如果没有软件来驾驭和开发的这种能力，人类并不能有效地使用计算机。在这个时代，软件维护费用、软件价格不断上升，没有完全摆脱软件危机。

1.3 软件过程和软件的生存周期

1.3.1 软件过程

ISO 9000 把软件过程定义为："把输入转化为输出的一组彼此相关的资源和活动"。

软件过程是为了获得高质量所需要完成的一系列任务的框架，它规定了完成多项任务的工作步骤。其中框架由几个重要过程组成，包括用来获取、供应、开发、操作和维护软件所用的基本的、一致的要求。各种组织和开发机构可以根据具体情况进行选择和取舍。

软件开发过程是把用户要求转化为软件需求，把软件需求转化为设计，用代码来实现设计，对代码进行测试，完成各阶段的文档编制，并确认软件可以投入运行使用的过程。

1.3.2 软件生存周期

软件生存周期是借用工程中产品生存周期的概念而得来的，是指某一软件项目从被提出并着手实现开始，直到该软件报废或停止使用为止所经历的时间。生存周期是软件工程的一个重要概念，把整个生存周期划分为若干个阶段，是实现软件生产工程化的重要步骤。赋予每个阶段相对独立的任务，每个阶段都有技术复审和管理复审，从技术和管理两方面对这个阶段的开发成果进行检查，及时决定系统是继续进行，还是停止或是返工。

软件的生存周期一般分为软件计划、软件开发和软件运行 3 个时期。软件计划时期一般有问题定义和可行性研究两个阶段；开发时期有需求分析、软件设计（包括概要设计、详细设计）、编码和测试 4 个阶段；运行时期主要是维护阶段。图 1.1 列出了一个典型的软件生存周期。下面结合该图说明软件生存周期各阶段的主要任务。

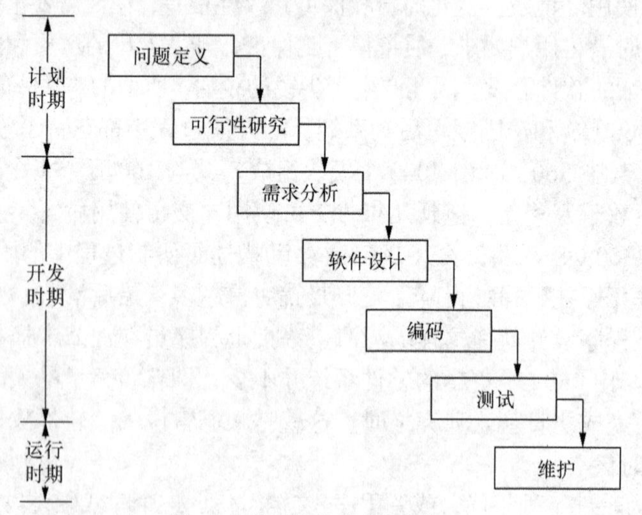

图 1.1 典型的软件生存周期

1. 计划时期

计划时期的主要任务是调查用户需求，分析新系统的主要目标，分析开发该系统的可行性。用户提出一个软件开发要求后，系统分析员首先要分析该软件项目的性质是什么，通过对用户和使用部门负责人的访问和调查，开会讨论即可得到解决。因此，用户和系统分析员的相互理解与配合是搞好这一时期工作的关键。

（1）问题定义

问题定义是计划时期的第一步。这一步必须回答的问题是“用户需要计算机解决的问题是什么”。由系统分析员根据对问题的理解，提出关于“系统目标与范围的说明”，请用户审查和认可。

（2）可行性研究

在对问题的性质、目标、规模清楚之后，还要确定该问题有没有行得通的解决办法。在这个阶段要为前一步提出的问题寻找一种以上在技术上可行，且在经济上有较高效益的可操作解决方案。为此，系统分析员应在高层次上做一次简化的、抽象的需求分析和概要设计，探索这个问题是否值得去解决。最后写出可行性研究报告。有时可行性研究报告要包含“系统流程图”，用来描述新系统（含硬件与软件）的组成。

2. 开发时期

开发时期要完成设计、编码和测试3大任务。其中设计任务用需求分析、概要设计和详细设计3个阶段完成。

（1）需求分析

需求分析阶段仍然不是具体地解决问题。其任务在于弄清用户对目标系统的全部需求，准确地确定“目标系统必须做什么”，确定目标系统必须具备哪些功能。

用户了解它们所面对的问题，知道必须做什么，但通常不能完整而准确地表达它们的需求，当然也不知道怎么利用计算机解决它们的问题。而软件开发人员虽然知道怎么用软件完成人们提出的各种功能要求，但是对用户领域内的业务和具体要求并不完全清楚。因此系统分析员在这个阶段必须和用户密切配合，充分交流信息，在此基础上用“需求规格说明书”的形式准确地表达出来。需求规格说明书应包括对软件的功能需求、性能需求、环境约束和外部接口等的描述。这些文档既是对用户确认的系统逻辑模型的描述，也是下一步进行设计的依据。

（2）概要设计

概要设计又称总体设计。这个阶段必须回答的关键问题是“怎么做”，即应该怎样实现目标系统。主要任务是将需求转变为软件的表示形式。开发人员要把确定的各项功能需求转换成需求的体系结构，即从需求规格说明书导出软件结构图，确定由哪些模块组成及模块之间的关系。同时还要设计该项目的应用系统的总体数据结构和数据库结构。

（3）详细设计

详细设计阶段不是编写程序，这个阶段的任务是要回答“应该怎样具体地实现这个系统”。为概要设计阶段得到的软件结构图中的每个模块完成的功能进行具体描述，要把功能描述转变为精确的、结构化的过程描述，即确定实现模块功能所需要的算法和数据结构，并用相应的详细设计工具表示出来。

（4）编码

这一阶段是按照选定的语言，把设计的每一个模块的过程性描述翻译为计算机可接受的源程序。写出的程序应该与设计相一致，并且结构好，清晰易读。

（5）测试

测试是开发时期的最后一个阶段，是保证软件质量的重要手段。按照不同的层次，又可细分为单元测试、集成测试、验收测试。单元测试也称模块测试，是查找各模块在功能和结构上存在的问题；集成测试也称组装测试，是将各模块按一定顺序组装起来的测试，主要是查找各模块之间接口上存在的问题；验收测试也称确认测试，是按照需求规格说明书的规定，由用户参加的对目标系统进行验收。

3. 运行时期

软件人员在这一时期的主要工作是做好软件维护。运行时期是软件生存周期的最后一个时期，也是时间最长的阶段。已交付的软件投入正式使用后，便进入软件维护阶段，它可以持续几年甚至几十年。软件在运行过程中可能会发现潜藏的错误，需要对它们进行诊断和改正，称为改正性维护；也可能是为了适应变化了的软件工作环境而需要做适应性维护；也可能是在软件漫长的运行时期，用户业务发生变化往往会对软件提出新的功能要求和性能要求，这种增加软件功能、增强软件性能的维护称为完善性维护；另外还有一些其他维护，如为了提高软件的可维护性和可靠性而对软件修改的预防性维护。

1.4 软件开发模型

建模是软件工程最常使用的一种技术。所谓软件开发模型，就是为整个软件建立的模型。模型是为了理解事物而对事物做出的一种抽象。过去几十年，已先后出现了多种软件开发模型，包括传统模型、演化模型和面向对象模型等。它们各有特色，分别适用于不同特征的软件项目，但一般都包含“计划”、“开发”和“维护”3类活动。“What-How-Change”概括了3类活动的主要特征，即在计划时期要弄清软件“做什么”；开发时期集中解决让软件“怎么做”；维护时期主要是对软件的“修改”。目前具体的软件开发模型包括几十种，如瀑布模型、快速原型模型、增量模型、螺旋模型、喷泉模型、构件集成模型、转换模型和净室模型等。在不同的软件开发模型中，所用的方法与工具也可能随所用的模型而不同。下面介绍其中一些软件开发模型。

1.4.1 瀑布模型

软件开发的瀑布模型也称生存周期模型或线性顺序模型，是 W. Royce 于 1970 年首先提出来的。这种模型是将软件生存周期各个活动规定为依线性顺序连接的若干阶段的模型。它包括问题定义、可行性研究、需求分析、概要设计、详细设计、编码、测试和维护。它规定了由前至后、相互衔接的固定次序，恰如奔流不息拾级而下的瀑布。在 20 世纪 80 年代之前，这种瀑布模型一直是唯一被广泛采用的生存周期模型，现在它仍然是软件工程中应用得最广泛的过程模型。传统软件工程方法学的软件过程基本上可以用瀑布模型来描述，而且是以文档为驱动，适合于需求很明确的软件项目开发的模型。

图 1.1 所示的是按照传统的瀑布模型生存周期的各阶段出现的顺序，大致介绍了它的全过程。目的是向读者展示各阶段的主要任务，以及它们之间的联系。现在再深入一步，考察一下瀑布模型的特点，了解贯穿在整个生存周期的几个重要的观点。明确了这些观点之后，才可以在实际的软件开发中发挥更大的主动性和灵活性，使软件工程方法更好地得到应用。

（1）阶段的顺序性和依赖性

这个观点有两重含义：首先必须等前一阶段的工作完成之后，才能开始后一阶段的工作；

其次前一阶段的输出文档就是后一阶段的输入文档。因此，只有前一阶段的输出文档正确，后一阶段的工作才能获得正确的结果。图 1.2 显示了阶段之间的顺序和依赖关系。

（2）推迟实现的观点

对于软件工程实践经验少的软件开发人员，接到软件开发任务以后，总想尽早开始编写程序，急于求成，但是实践证明，对于中、大规模软件项目来说，往往是编码工作开始得越早，最终完成开发工作所需要的时间就越长。这是因为前一阶段工作做得不够扎实，有缺陷，在这种情况下过早地考虑编写程序，常常造成大量返工，有时甚至给开发人员带来灾难性的后果，造成无法弥补的局面。

瀑布模型在编码之前是分析阶段和设计阶段。这两个阶段的任务是考虑目标系统的逻辑模型，不涉及软件的物理实现。把逻辑设计与物理设计清楚地区分开，是按照瀑布模型开发软件的一条重要的指导思想。

（3）质量保证的观点

软件工程的重要目标是优质、高产。为了保证所开发的软件的质量，在瀑布模型的各个阶段都应该坚持以下两点重要的做法。

① 每一个阶段都必须完成所规定的相应文档，没有交出合格文档就是没有完成该阶段的任务。完整、准确地规范文档不仅是软件开发时期各类人员之间相互通信的媒介，也是运行时期对软件进行维护的重要依据。

② 每一个阶段结束之前都必须对已完成的文档进行评审，以便尽早发现问题，纠正错误。从图 1.2 可以看出，越是早期阶段犯下的错误，暴露出来的时间就越晚，排除故障改正错误所需付出的代价就越高。因此，及时审查是保证软件质量降低软件开发成本的重要措施。

（4）存在的问题

传统的瀑布模型，在促进软件开发工程化方面起了很大的作用。但是，按照瀑布模型来开发软件，只有当分析员能够做出准确的需求分析时，才能得到预期的正确结果。它是一种理想的线性开发模式，缺乏灵活性，特别是无法解决软件需求不明确或不准确的问题。由于大多数用户不熟悉计算机，系统分析员对用户领域的专业知识也往往不甚了解，因而很难在软件开发的初始阶段清楚地给出完整的需求。F. Brooks 曾经断言：“在对软件产品的某个版本试用之前，要用户（即使有软件工程师的配合）完全、精确和正确地对一个现代软件产品提出确切的需求，在实际上是不可能的”。为了克服瀑布模型的不足，人们提出了若干其他模型。

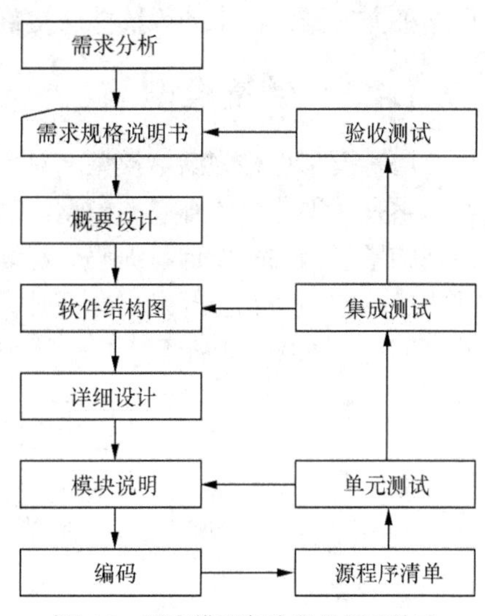

图 1.2 瀑布模型各阶段的相互关系

1.4.2 快速原型模型

快速原型模型的主要思想是：首先快速建立一个能够反映用户主要需求的原型系统，让用户在计算机上试用它，通过实践让用户了解未来目标系统的概貌，以便判断哪些功能是符合需要的，哪些方面需要改进。用户会提出许多改进意见，开发人员按照用户的意见快速地修改原型系统，然后再次请用户试用……，这样反复改进，最终建立完全符合用户需求的新系统。

开发原型模型的目的是为了增进软件开发人员和用户对系统服务的理解，如果每开发一个软件都要先建立一个原型，成本就会成倍增加，因为它不像硬件或其他有形产品，先制造出一台“样机”，成功后可以成批生产，而软件属于单件生产。为此，在建立原型时应采取如下方法。

（1）为了减少原型系统的开销，可以采用一些特殊的有别于通常软件开发时使用的技术和工具，可以采用功能很强的甚高级语言实现原型系统，如 Unix 支持的 SHELL 语言就是一种功能很强的甚高级语言，它执行速度比较慢，但它所需成本比用普通程序设计语言开发时低得多。在建立原型模型时这个优点是非常重要的。原型系统的另外一个长处是可以在各种不同类型的计算机上运行，暂不考虑速度、空间等性能效率方面的要求；不考虑错误恢复和处理。

（2）如何产生最终的软件产品？可以把原型系统作为基础，考虑到原型系统的界面是与用户通信的“窗口”部分，通过这个“窗口”用户最容易获取信息和发表自己的意见。原型系统的界面要设计得简单易学，且最好与最终软件系统的界面相容。通过补充与修改获得最终的软件系统。但在实际中由于开发原型系统使用的语言效率低等原因，除了少数简单的事务系统外，大多数原型模型都废弃不用，仅把建立原型模型的过程当作帮助定义软件需求的一种手段。

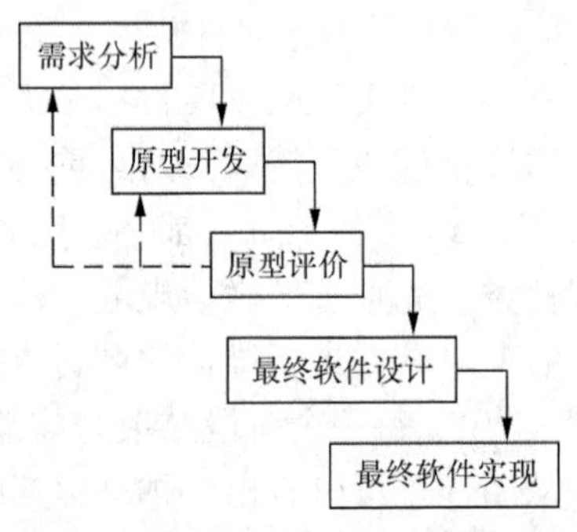

图 1.3　快速原型模型法生存期模型

图 1.3 显示了简洁的快速原型软件开发的生存期模型。可以看出它是一种循环进化的过程，用户的参与和反馈，使得这种方法开发出来的系统能够更好地满足用户的需求。

1.4.3　增量模型

增量模型也称为渐增模型，是瀑布模型的顺序特征和快速原型法的迭代特征相结合的产物。它是一种非整体开发的模型。软件在模型中是“逐渐”开发出来的，把软件产品作为一系列的增量构件来设计、编码、组装和测试。每个构件由多个相互作用的模型构成，并且能够完成特定的功能。开发出一部分，向用户展示一部分，可让用户及早看到部分软件，及早发现问题，如图 1.4 所示。

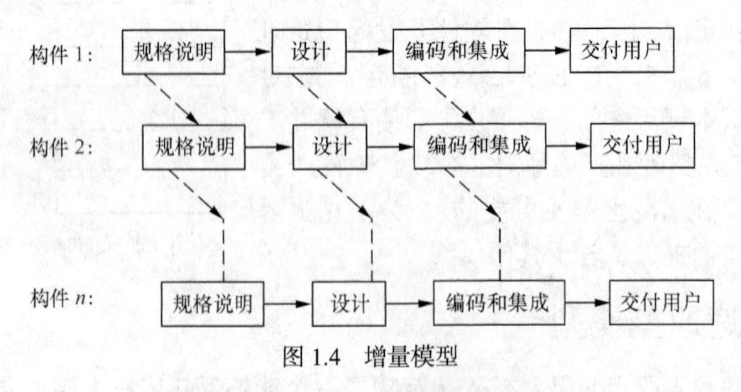

图 1.4　增量模型

第一个构件的规格说明文档完成后，规格说明组转向第二个构件的规格说明，与此同时设计组开始设计第一个构件……这种方法表明不同的构件将并行构建，有可能加快工程，但是这种方法会冒所有构件集成不到一起的风险，因此必须密切地监控整个开发工程，否则将事与愿违。例如，如果用增量模型开发一个大型的字处理软件，第一个增量构件提供基本的、核心的文件管理、文档编辑与生成功能；第二个增量构件提供更完善的文档编辑与生成功能；第三个增量构件实现拼写和语法检查功能；第四个增量构件提供完成高级的页面排版功能。把软件产品分解为增量构件时，构件的规模要适中。另外，特别注意与新增量构件集成到现在软件中时，所形成的产品必须是可测试的。增量模型具有较大的灵活性，适合于软件要求不明确，设计方案有一定风险的软件项目。

1.4.4 螺旋模型

螺旋模型是目前实际软件项目开发中比较常用的一种开发模型。对于一些复杂的大型软件开发总存在一些风险，而螺旋模型则加入了瀑布模型与增量模型都忽略了的风险分析，即将两种模型结合起来，弥补了两种模型的不足。它是一种风险驱动的模型。在软件开发中，普遍存在着各种各样的风险，对于不同的软件项目，其开发风险有大有小。在制定项目开发计划时，对项目的预算、进度与人力，对用户的需求、设计中采用的技术及存在的问题，都要仔细分析与估算。实践证明，项目越大，软件越复杂，估算中的不确定因素就越多，承担的风险也就越大。软件风险可能在不同程度上损害了软件开发过程和软件产品的质量，严重时可能导致软件开发的失败。因此，在软件开发过程中必须及时识别和分析风险，并且采取一定的措施，消除或降低风险的危害。

螺旋模型是一种迭代模型，它把开发过程分为几个螺旋周期，每迭代一次，螺旋线就前进一周，如图 1.5 所示。

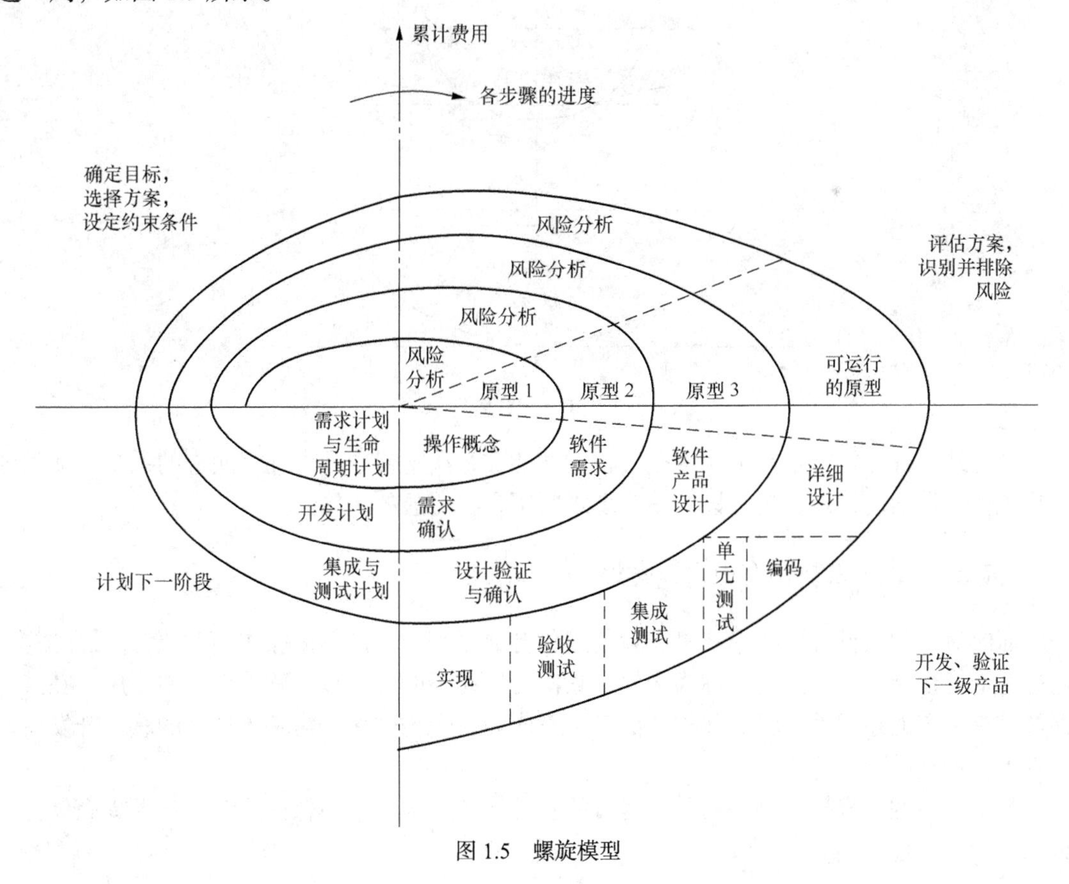

图 1.5　螺旋模型

它的基本思想是，使用原型及其他方法来尽量降低风险，当项目按照顺时针方向沿螺旋移动时，每一个螺旋周期均包含了风险分析，可以把它看作是在每一个阶段之前都增加了风险分析的快速原型模型。

螺旋模型将开发过程分为几个螺旋周期，每个螺旋周期可分为 4 个步骤来进行。首先，确定该阶段的目标，选择方案并设定这些方案的约束条件；其次，从风险角度分析、评估方案，通常用建造原型的方法来消除风险；第三，如果成功地消除了所有风险，则实施本周期的软件开发；最后，评价该阶段的开发工作，并计划下一阶段的工作。

螺旋模型适合于大规模高风险的软件项目开发，它吸收了软件工程“演化”的概念。当软件随着过程的进展而演化时，使开发人员和用户都能更好地了解每个螺旋周期演化存在的风险，从而做出相应的对策。螺旋模型的优势在于它是风险驱动的，因而使用该模型需要有相当丰富的风险评估经验和这方面的专门技术，这使该模型的应用受到一定限制。因此如果一个大的风险未被发现和控制，其后果是很严重的。

1.4.5 喷泉模型

喷泉模型是一种比较典型的面向对象软件开发模型，以用户需求为动力，以对象作为驱动的模型，适合面向对象的开发方法。这克服了瀑布模型不支持软件重用和多项开发活动集成的局限性，喷泉模型使开发过程具有迭代性和无间隙性，如图 1.6 所示。

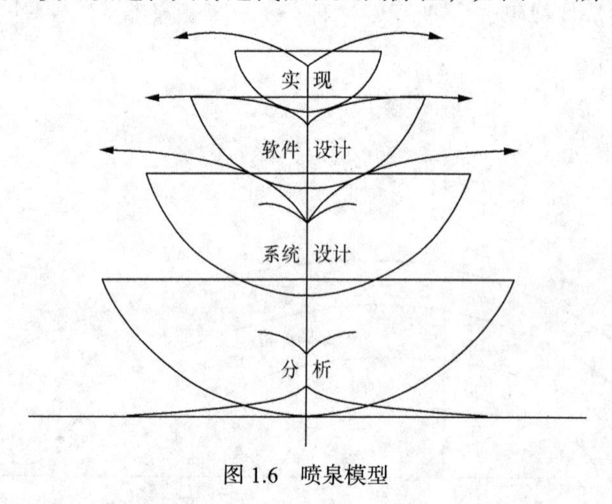

图 1.6 喷泉模型

系统某些部分常常重复工作多次，相关功能在每次迭代中随之加入演进的系统。无间隙性是指在开发活动，即分析、设计和实现之间不存在明显的边界。

1.4.6 基于构件的开发模型

面向对象的软件开发技术将事物封装成包含数据和加工该数据操作的对象，并抽象成类。经过一定的设计和实现的类可称为构件，它们可以在不同的计算机软件系统中复用，在某个领域具有一定的通用性。将这些构件储存起来成为一个构件库，为基于构件的软件开发模型提供了技术基础。

基于构件的开发模型是利用预先封装的软件构件来构造应用软件系统，从而提高软件的重用性和可靠性。

1.4.7 统一过程（RUP）模型

软件统一开发过程是经过近 40 多年的发展形成的，它是基于面向对象统一建模语言 UML（Unified Modeling Language）的一种面向对象的软件过程模型。它是汲取了多种生存周期模型的先进思想和丰富的实践经验而产生的。RUP（Rational Unified Process）是一个通用的过程框架，可以用于各种不同模型的软件系统，各种不同的应用领域和不同规模的项目。RUP 的特点是由用例驱动，以构件为中心，采用迭代和增量的开发策略。RUP 软件生存周期是一个二维的软件开发模型。

1.4.8 基于形式化的开发模型

变换模型和净室模型是两种比较典型的适合于形式化开发的模型。

变换模型是结合形式化软件开发方法和程序自动生成技术的一种软件开发模型。它采用严格的、数学的表示体系来表示软件规格说明，从软件需求形式化说明开始，经过一系列变换，最终得到了系统的目标程序。

净室模型是一种形式化的增量开发模型。其基本思想是力求在分析和设计阶段就消除缺陷，确保正确，然后在无错误或“净室”的状态下实现软件的开发。

1.5 传统的软件工程和面向对象的软件工程

程序设计语言可划分为“面向过程程序设计”和“面向对象程序设计”，那么软件工程也可区分为“面向过程软件工程即传统软件工程”和“面向对象软件工程”。传统软件工程是以结构化程序设计为基础，面向对象软件工程是以面向对象程序设计为基础。

1.5.1 传统软件工程方法

传统的软件工程开发过程采用结构化技术来完成软件开发的各项任务，这是最早的软件开发方法。传统的软件工程的具体过程如下。

（1）采用结构化分析、结构化设计和结构化实现完成软件开发的各项任务。

（2）把软件生存周期划分成若干个阶段，然后顺序完成各个阶段的任务。

（3）每一个阶段的开始和结束都有严格标准，前一阶段结束的标准是后一阶段工作开始的标准。

（4）在每一阶段结束之前，必须正式地进行严格的技术审查和管理复审。

这些技术是建立在软件生存周期概念基础上的，因此结构化技术与瀑布模型紧密地结合在一起了，快速原型、增量、螺旋等模型实际上都是从瀑布模型拓展或演变而来的。

1.5.2 面向对象软件工程方法

面向对象的开发方法的重点是放在软件生存周期的分析阶段。因为面向对象方法在开发的早期就定义了一系列面向问题领域的对象，即建立了对象模型，整个开发过程统一使用这些对象，并不过分充实和扩展对象模型，所以面向对象开发过程的特点是：开发阶段界限模糊，开发过程逐步求精，开发活动反复迭代。通常开发活动是在分析、设计和实现阶段的反复迭代。

1.5.3 传统软件工程和面向对象软件工程的分析方法对比

与面向过程的软件工程的开发思想相比，面向对象开发方法不再是以功能划分为导向，而是以对象作为整个问题分析的中心，围绕对象展开系统的分析与设计工作。

在开发过程方面，面向对象软件工程和传统软件工程一样也是把软件开发划分为分析、设计、编码和测试等几个阶段，但各个阶段的具体工作不同，除了在编码阶段使用的语言不同外，面向对象软件工程为待开发软件确定“类与对象”一般在需求分析阶段进行，设计阶段则主要完成对象内部的详细设计；而在传统软件工程中，将软件设计划分为“总体设计”和“详细设计”，分别完成软件的总体结构图的设计和各个模块内部算法的详细设计。即：传统软件工程开发过程包括需求分析、总体设计、详细设计、面向过程的编码和测试；面向对象软件工程开发过程包括需求分析与对象抽取、对象详细设计、面向对象的编码和测试。

本章小结

本章对计算机软件工程学做了一个简短的概述，使读者对软件工程的基本原理和方法有了概括的本质的认识。软件工程自 1968 年提出至今，正式发展成为用于指导软件生产工程化，覆盖软件开发方法学、软件工具和环境，软件工程管理学等内容的一门学科。随着编程语言从结构化程序设计发展到面向对象程序设计，软件工程也由传统的软件工程演变为面向对象的软件工程。

本章主要介绍了软件工程的基本内容，包括软件工程的学科背景、软件生存周期理论、软件开发模型、软件工程方法论等，这些知识都是后续章节的基础。

习 题 1

1.1 什么是软件？软件和程序的区别是什么？

1.2 什么是软件生存周期？划分生存周期的主要原则是什么？

1.3 什么是软件危机？它有哪些主要表现？为什么会产生软件危机？

1.4 什么是软件工程？怎样利用软件工程消除软件危机？

1.5 何谓面向对象软件工程？简述它和传统软件工程的区别与联系。

1.6 什么是软件生存周期模型？试比较本章介绍的 4 种模型的优缺点，说明每种模型的使用范围。

第 2 章　可行性研究

在进行任何一项较大的工程时，首先要进行可行性分析和研究，对于软件项目开发也同样需要进行可行性分析和研究，首先要对有关的历史现状和经济前景做出调查，对各种可能方案进行可行性研究，并比较其优劣。只有认真进行了可行性研究，才会避免或者减轻项目开发后期可能出现的困境。

2.1　可行性研究的目的和任务

可行性研究的目的就是用最小的代价在尽可能短的时间内确定问题是否能够解决。但是，这个阶段的目的不是解决用户提出的问题，而是确定这个问题是否值得去解决。其主要任务是，首先需要进行概要的分析研究，初步确定项目的规模和目标，确定项目的约束和限制，必须分析几种可能解法的利弊，从而判定原定系统的目标和规模是否现实，系统完成后带来的效益是否大到值得投资开发这个系统的程度。因此，可行性研究实际上就是一次大大简化了的系统分析和系统设计的过程，即以抽象的方式进行分析和研究。

首先需要进一步分析和澄清前一步的问题定义。之后，分析员进行简要的需求分析，导出该系统的逻辑模型，然后从系统逻辑模型出发，探索出若干种主要解法。对每种解法都要仔细、认真研究它的可行性，一般都要从经济、技术、操作和法律 4 个方面来研究每种解法的可行性，做出明确结论来供用户参考。

1. 经济可行性

首先要进行成本—效益分析。从开发所需的成本和资源，潜在的市场前景等方面进行估算，确定要开发的项目是否值得投资开发，即要分析在整个软件生存周期中所花费的代价与得到的效益之间的度量。

2. 技术可行性

对要开发项目的功能、性能和限制条件进行分析，评价系统所采用的技术是否先进，使用现在的技术能否实现系统达到的目标，现在技术人员的技术水平是否具备等。

3. 操作可行性

系统的操作方式在这个应用范围内是否行得通。

4. 法律可行性

新系统的开发会不会在社会上或政治上引起侵权，可能导致的责任，有无违法问题；应从合同的责任、专利权、版权等一系列权益方面予以考虑。

2.2 可行性研究的步骤

怎样进行可行性研究，比较典型的可行性研究一般要经过下述一些步骤。

1. 复查并确定系统规模和目标

分析员对关键人员进行调查访问，仔细阅读和分析有关材料，以便对问题定义阶段书写的关于系统的规模和目标的报告书进行进一步的复查和确认，清晰地描述对目标系统的一切限制和约束，改正模糊或不确切的叙述，确保分析员正在解决的问题确实是用户要求他解决的问题，这是这一步的关键。

2. 研究目前正在使用的系统

目前正在使用的系统可能是一个人工操作系统，也可能是旧的计算机系统，旧的系统必然有某些缺陷，因而需要开发一个新的系统且必须能解决旧系统中存在的问题，那么现有的系统就是信息的重要来源。人们需要研究现有系统的基本功能，存在哪些问题，运行现有系统需要多少费用，对新系统有什么新要求，新系统运行时能否减少使用费用等。

应该仔细收集、阅读、研究和分析现有系统的文档资料和使用手册，实地考察现有系统。观察现有系统可以做什么，为什么这样做，有何缺点，使用代价及与其他系统的联系等，但并不了解它怎样做这些工作。分析员在考察的基础上，访问有关人员，画出描绘现有系统的高层系统流程图（见 2.3 节），与有关人员一起审查该系统流程图是否正确，为目标系统的实现提供参考。

3. 建立新系统的高层逻辑模型

比较理想的设计通常总是从现有的物理系统出发，推导出现有系统的逻辑模型，由此再设想目标系统的逻辑模型，从而构造新的物理系统，然后使用建立逻辑模型的工具——数据流图和数据字典(参看本书 3.4.3 小节和 3.4.4 小节)来描绘数据在系统中的流动和处理情况。数据流图和数据字典共同定义了新系统的逻辑模型，为目标系统的设计打下了基础。但要注意，现在还不是软件需要分析阶段，只是概括地描绘高层的数据处理和流动。

4. 导出和评价各种方案

分析员建立了新系统的高层逻辑模型之后，分析员和用户有必要一起再复查问题的定义、工程规模和目标，如有疑义，应予以修改，直到提出的逻辑模型完全符合系统目标为止。在此基础上分析员从他建立的系统逻辑模型出发，进一步导出若干个较高层次（较抽象的）物理解法，根据经济可行性、技术可行性、操作可行性、法律可行性对各种方案进行评估，去掉行不通的解，就得到了可行的解法。

5. 推荐可行方案

根据可行性研究结果，分析员应做出关键性的决定，即这项工程是否值得去开发。如果值得开发，应该选择一种最好的解法，并说明该方案是可行的原因和理由。特别是对所推荐的可行方案要进行比较详细的成本/效益分析，供使用部门决策。

6. 草拟初步的开发计划

计划中除工程进度表之外，还应估计对各种开发人员和各种软、硬件资源的需要情况，初步估计系统生存周期每个阶段的成本，给出需求分析阶段的详细进度表和成本估计。

7. 编写可行性研究报告提交审查

应该把上述可行性研究各个步骤的结果写成可行性研究报告，提请用户和使用部门仔细审查，从而决定该项目是否进行开发，是否接受分析员推荐的方案。

2.3　系统流程图

在可行性研究阶段和以后的一些阶段常常要描绘现在系统和目标系统的概貌，其传统的工具就是系统流程图。系统流程图是描述物理系统的工具。所谓物理系统，就是一个具体实现的系统。一个系统可以包含人员、硬件、软件等多个子系统。系统流程图的作用就是用图形符号以黑盒子形式描述组成系统的主要成分（硬件设备、程序、文档及各类人工过程等）。在系统流程图中，某些符号和程序流程图的符号形式相同，但是它却是物理数据流程图而不是程序流程图。程序流程图表示对信息进行加工处理的控制过程，而系统流程图表达的是信息在系统各部件之间流动情况。要注意区分它们之间的差别。

2.3.1　系统流程图的符号

系统流程图符号中有 5 种基本符号是从程序流程图中借用来的（见图 2.1），当以概括方式抽象描绘一个实际系统时，仅用此 5 种符号足够了，但需要更具体地描绘一个物理系统时，还需要使用图 2.2 中列出的 11 种系统符号。

符号	名称	说明
	加工或处理	能改变数据值或数据位置的加工或部件，例如，程序，处理机等
	输入输出	表示输入或输出（或既输入又输出），是一个广义的不指明具体设备的符号
	连接或汇合	指出转到图的另一部分或从图的另一部分转来，通常在同一页上
	换页连接	指出转到另一页图上或由另一页图转来
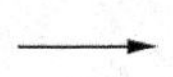	控制流向	用来连接其他符号，指明数据流动方向

图 2.1　基本的系统流程图符号

符号	名称	说明
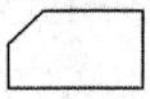	卡片	表示用穿孔卡片输入或输出，也可表示一个穿孔卡片文件（目前用得较少）
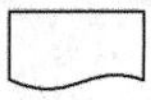	文档	通常表示打印输出，也可表示用打印终端输入数据
	磁带	磁带输入 / 输出，也可表示一个磁带文件（用得较少）
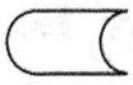	联机存储	表示任何种类联机存储，包括磁盘、磁鼓、软盘和海量存储器件等
	磁盘	磁盘输入 / 输出，也可表示存储在磁盘上的文件或数据库
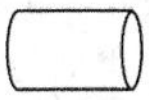	磁鼓	磁鼓输入 / 输出，也可表示存储在磁鼓上的文件或数据库（用得较少）
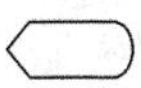	显示	CRT 终端或类似的显示部件，可用于输入或输出，也可既输入又输出
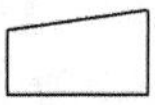	人工输入	人工输入的脱机处理，例如，填写表格
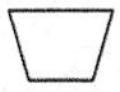	人工操作	人工完成的处理，例如，会计在工资与票上签名
	辅助操作	使用设备进行的脱机操作
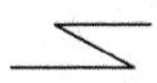	通信链路	通过远程通信线路或链路传送数据

图 2.2　系统流程图符号

2.3.2 系统流程图示例

下面通过一个简单的具体例子来说明系统流程图的用法。

【例 2.1】 某校办工厂有一个库房，存放该厂生产需要的各种零件器材，库房中的各种零件器材的数量及其库存量临界值等数据记录在库存主文件上，当库房中零件器材数量发生变化时，应更改库存文件。若某种零件器材的库存量少于库存临界值，则立即报告采购部门以便订货，规定每天向采购部门送一份采购报告。

该校办工厂使用一台小型计算机处理更新库存文件和产生订货报告的任务。零件器材的发放和接受称为变更记录，由键盘输入到计算机中。系统中库存清单程序对变更记录进行处理，更新存储在磁盘上的库存清单主文件，并且把必要的订货信息记录写在联机存储上。最后，每天由报告生成程序读一次联机存储，并且打印出订货报告。图 2.3 给出了该系统流程图。

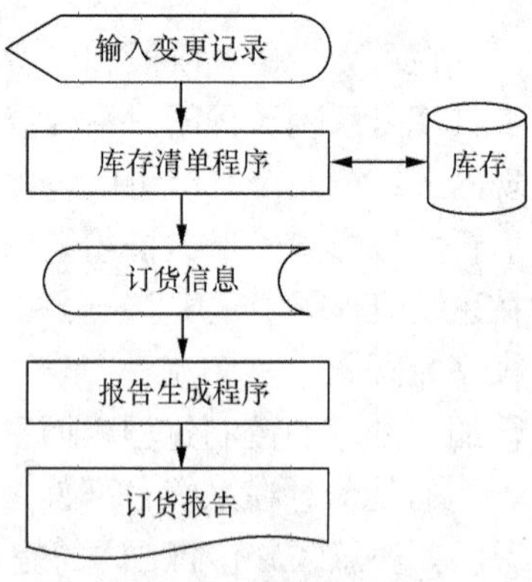

图 2.3 库存管理系统的系统流程图

系统流程图的习惯画法是使信息在图中自顶向下或从左向右流动。

2.4 成本—效益分析

成本—效益分析的目的是从经济角度评价开发一个新的软件项目是否可行。通过评估新的软件项目所需要的成本和可能产生的效益，便可以从经济上衡量这个项目的开发价值。这一分析在可行性研究报告中占有重要的地位。

系统成本包括开发成本和运行维护成本。

系统效益包括有形的经济效益和无形的社会效益两种。有形效益可以用货币的时间价值、投资回收期、纯收入等指标进行度量，很难直接进行量的比较。例如，计算机软件开发公司因售后服务欠佳而失去了用户，就属于无形效益。下面主要介绍有形的效益分析。

2.4.1 货币的时间价值

成本估算的目的是对项目投资。经过成本估算后，得到项目开发时需要的费用，该费用就是项目的投资。项目完成后，应取得相应的效益。有多少效益才划算？这就应该考虑货币的时间价值。因为投资是现在进行的，而效益是将来获得的。

通常用利率的形式表示货币的时间价值。假设年利率为 i，如果现在存入 P 元，则 n 年后可得到的钱数为 F，若不记复利则

$$F=P*(1+n*i)$$

这也就是 P 元钱在 n 年后的价值。反之，如果 n 年后能收入 F 元钱，那么这些钱现在的价值是

$$P=F/(1+n*i)$$

【例 2.2】 某库存管理系统，它每天能产生一份订货报告给采购员，假定开发该系统用

计算机来管理共需要投资 5000 元，系统建成后能及时订货，消除零件器材短缺问题，大约每年能节省 2500 元，5 年共节省 12500 元。假定年利率为 8%，利用上面计算货币现在价值的公式，可以算出建立库存管理系统后，每年预计节省的费用的现在价值，见表 2.1。

表 2.1　将来的收入折算成现在值

年	将来值（元）	（1+*n***I*）	现在值（元）	累计的现在值（元）
1	2500	1.08	2314.81	2314.81
2	2500	1.16	2155.17	4469.98
3	2500	1.24	2016.12	6486.10
4	2500	1.32	1893.94	8380.04
5	2500	1.40	1785.71	10165.75

2.4.2　投资回收期

通常用投资回收期衡量一个开发项目的价值。所谓投资回收期，就是使累计的经济效益等于最初的投资费用所需要的时间。显然，投资回收期越短，就可以越快获得利润，因此该项目就越值得投资开发。

例如，开发库存管理系统两年后就可以节省 4469.98 元，比最初的投资（5000 元）还少 530.02 元，第三年以后再节省 2016.12 元。530.02/2016.12=0.26，因此，投资回收期是 2.26 年。

投资回收期仅仅是一项经济指标，为了衡量一个开发工程项目的价值，还应考虑其他经济指标。

2.4.3　纯收入

衡量项目价值的另一项经济指标是工程项目的纯收入，也就是在整个生存周期之内系统的累计经济效益（折合成现在值）与投资之差。这相当于投资开发一个软件系统和把钱存入银行中（或做其他用）两种方案的优劣比较。如果纯收入为零，则工程项目的预期效益和存银行存款一样，但是开发一个系统要冒风险，因此，从经济观点看这个项目，可能是不值得投资开发的。如果纯收入小于零，那么这项工程项目根本不值得投资开发。

对于上述库房管理系统，项目的纯收入预计为

$$10165.75-5000=5165.75\text{（元）}$$

2.5　可行性研究报告的主要内容

可行性研究结束后要提交的文档是可行性研究报告，尽管可行性研究报告的格式各有不同，但主要内容应该包括以下几项。

（1）引言：说明编写本文档的目的，项目的名称、背景，本文档用到的专门术语和参考资料。

（2）可行性研究前提：说明开发项目的功能、性能和基本要求，达到的目标，各种限制条件，可行性研究的方法和决定可行性的主要因素。

（3）对现有系统的分析：说明现在系统的处理流程和数据流程，工作负荷，各种费用，所需各类专业技术人员和数量，所需要的各种设备，现有系统存在的问题。

（4）对所建设系统的分析：

① 经济可行性分析：说明所建设系统在经济方面的合理性；

② 技术可行性分析：包括技术实力、设备条件和已有工作基础，同时也要考虑所建设系统采用技术对用户的影响，对各种设备、现有软件、开发环境和运行环境的影响等；

③ 社会因素的可行性分析：说明法律因素对合同责任、侵犯专利权和侵犯版权等问题的分析。

（5）其他与设计有关选择方案：可以说明其他几个供选方案，并说明未被推荐的理由，选定最终方案的准则。

（6）其他与设计有关的专门问题。

（7）结论意见：最后得出结论，项目是否能开发，还需要什么条件才能开发，对项目目标有何变动等。

本章小结

可行性研究阶段是进一步探讨问题定义阶段所确定的问题是否有可行的解。尤其对于大型软件的开发，可行性研究是必需的。这个阶段主要是从经济可行性、技术可行性、操作可行性和法律可行性 4 个方面来讨论该项目是否能够解决及是否值得去解决。通过可行性研究可以减少技术风险和投资风险。

系统流程图用来表达分析员对现有系统的认识和描绘他对未来物理系统的设想。

成本——效益分析是可行性研究的一项主要内容，它主要是从经济角度判断该项目是否继续下去的依据。

习题 2

2.1 在软件开发早期阶段为什么要进行可行性研究？可行性研究的任务是什么？应该从哪几个方面研究目标系统的可行性？

2.2 成本——效益分析可用哪些指标进行度量？

2.3 有人认为，只懂技术的分析员不一定能圆满完成可行性研究的任务。你同意这种看法吗？为什么？

2.4 在【例 2.2】中，把投资改为 6000 元，每年节约金额改为 2000 元，年利率为 6%，试计算投资回收期和纯收入。

2.5 为方便旅客，某航空公司拟开发一个飞机票预定系统。旅游公司把预定机票的旅客信息（姓名、年龄、工作单位、身份证号码、旅游时间、旅游目的地等）输入进该系统，系统为旅客安排航班，打印出取票通知和账单，旅客在飞机起飞前的 3 天之内凭取票通知和账单交款取机票，系统校对无误即打印出飞机票给旅客。

请写出开发此系统的问题定义，并通过可行性研究分析此系统的可行性。

2.6 试为习题 2.5 写可行性研究报告的主要内容。

第 3 章　软件需求分析

软件需求分析是软件开发期的第一个阶段，是软件生存周期最重要的一步，是关系到软件开发成败的关键步骤。它在问题定义和可行性研究阶段之后进行。它的基本任务是准确地回答“系统必须做什么？”这个问题。虽然在可行性研究阶段粗略了解了用户的需求，甚至还提出了一些可行的方案，但是可行性研究的基本目的是最小的代价在尽可能短的时间内确定问题是否存在可行的解法，因此许多细节都被忽略了，一个微小的错漏都可能导致误解或铸成系统的大错，在纠正时付出巨大的代价。因而可行性研究并不能代替需求分析，它实际上并没有准确地回答“系统必须做什么”这个关键问题。

软件需求分析是整个系统开发的基础。在此阶段结束前，系统分析员应该写出软件需求规格说明书，以书面形式准确地描述软件需求。在此过程中，分析员和用户都是起着关键的、必不可少的作用。

3.1　需求分析的任务和步骤

3.1.1　需求分析的任务

需求分析的任务还不是确定系统怎样完成它的工作，而仅仅是确定系统必须完成哪些工作，也就是对目标系统提出完整、准确、清晰而且具体的需求。

需求分析实际上是调查、评价以至肯定用户对软件需求的过程，其目的在于精化软件的作用范围，也是分析和确认软件系统构成的过程，以确定未来系统的主要成分及它们之间的接口细节。因此需求分析实际上是一个对用户意图不断进行揭示和判断的过程，它并不考虑系统的具体实现，而是完整地、严密地描述应当“做什么”的一种过程。

首先，把用户提出来的各种问题和要求（这些问题和要求往往是十分模糊的）归纳整理，分析和综合，弄清楚用户想要做什么，应当做什么，把这些作为要求和条件予以明确，这一步称为“用户意图分析”。第二步，是在完全弄清用户对软件系统的确切需求的基础上，用“软件需求规格说明书”在此基础上建立分析模型，从逻辑上完整、严密地描述所要开发的系统，并保证它能满足上述要求和条件，这一步称为“规范化”。

下面简述需求分析阶段的具体任务。

1. 确定对系统的综合需求

分析员和用户双方确定对软件系统有下述几方面的综合要求。

（1）功能需求

指所开发软件系统必须提供的服务，划分出系统必须完成的所有功能，这是最重要的。

（2）性能需求

指所开发的软件的技术性能指标。通常包括存储容量、运行时间等限制。

（3）环境需求

指软件运行时所需要的软、硬件（如机型、外设、操作系统和数据库管理系统）的要求。

（4）接口要求

接口需求描述应用系统与它的环境通信的格式。常见的接口需求有用户接口需求、软件接口需求、意见接口需求和通信接口需求。

（5）用户界面需求

即指人机交互方式，输入输出数据格式等。

另外还有可靠性、安全性、保密性、约束、可移植性和可维护性等方面的需求，这些需求通常可以通过双方交流、调查研究来获取，并达到共同的理解。

2. 分析系统的数据需求

分析系统的数据需求也是软件需求分析的一个重要任务，因为绝大多数软件系统本质上都是信息处理系统，系统必须处理的信息和系统应该产生的信息在很大程度上决定了系统的面貌，对软件设计有很大的影响。分析系统的数据要求通常用建立数据模型的方法（如实体联系图等）。对于一些复杂的数据结构常常利用图形工具辅助描绘。常用的图形工具有层次方框图和 Warnier 图等。

3. 建立软件的逻辑模型

分析员综合上述两项获取的需求结果，进行一致性的分析检查，以确定系统的构成及主要成分，并用图文结合的形式，建立起新系统的逻辑模型。通常用数据流图、数据字典及处理算法等来描述目标系统的逻辑模型。

4. 编写软件需求规格说明书

编写软件需求规格说明书（Software Requirement Specification，SRS）的目的是使用户和开发者能对未来软件有共同的理解，明确定义未来软件的需求、系统的构成及有关的接口。需求说明相当于用户和开发者之间的一份技术合同，是测试验收阶段对软件进行确认和验收的基准，是软件开发的基础。因此需求说明应该具有这样几个特征：准确性和一致性；清晰性和唯一性；完整性和可检验性；运行维护阶段的可利用性；直观、易读和可修改性。为此应尽量在需求说明中采用标准的图形、表格和简单的符号来表示，尽量不用用户不易理解的专门术语，使不熟悉计算机的用户也能一目了然。

5. 需求分析评审

评审的目的是发现需求分析的错误和缺陷，然后修改开发计划。因此，评审是对软件需求定义，软件功能及其接口进行全面仔细的审查，以确认“软件需求规格说明”，使其作为软件设计和实现的基础。

3.1.2 需求分析的步骤

必须在需求分析中采取合理的步骤才能准确地获取软件的需求，最终产生符合要求的软件需求说明书。一般可以分为以下 4 个步骤进行。

1. 需求获取：调查研究

对于不同的软件开发方法，在进行需求时会有所不同，但有一点是相同的，需求分析阶段要做充分的调查研究，对目标系统的运行环境、功能要和用户取得一致的意见。

通常是从分析当前系统包含的数据开始，分析当前信息处理的方法与存储的不足，用户希望改进的主要问题及其迫切性等。系统需求包括用户对软件功能的需求和界面的需求。在确定功能需求之后，还要考虑用户对软件性能、有效性、可靠性和可用性等质量方面的要求，提高用户对软件的满足程度。

2. 需求提炼：分析建模

需求提炼的主要任务是建立分析模型。把来自用户的信息加以分析，通过抽象建立起目标系统的分析模型。常用的模型包括数据流图，实体联系图，控制流图，状态转换图，用例图，类对象关系及其行为图等。在面向工程的软件工程中，主要采用数据流图建立目标系统的逻辑模型。

3. 需求描述：编写 SRS

为了使需求描述具有统一的风格，可以采用已有的且可满足项目需要的模板，如在国际标准 IEEE 标准 830—1998（IEEE—1998）中和中国国家推荐标准 GB 9385 中的描述的模板，也可以根据项目特点和软件开发小组的特点，对标准进行适当的改动，形成自己的 SRS 模板。

4. 需求验证

由分析员和用户一起对需求分析结果进行严格的审查、验证。有些看起来没有问题的 SRS，但在实现时却出现需求不清、不一致等问题和二义性问题，所有这些都必须通过需求验证来改善，确保需求说明可作为软件设计和最终系统验收的依据。

3.2　需求获取的常用方法

3.2.1　需求获取的常用方法

1. 客户访谈

客户访谈是最早开始使用的获取用户需求的技术，也是至今仍然广泛使用的一种需求分析技术。客户访谈是一个直接与客户交流的过程，既可以了解高层用户对软件的要求，也可以听取直接用户的呼声。访谈可分为正式的和非正式的两种基本形式。正式访谈时，系统分析员将提出一些用户可以自由回答的开发性问题，以鼓励被访问的人能说出自己的想法，如可以询问用户对目前正在使用系统有哪些不满意的地方，为什么等问题。另外对一些需要调查大量人员的意见的时候，可以采用向被调查人发调查表的方法进行，然后对收回的调查表仔细阅读，之后系统分析员可以针对性地访问一些用户，以便向它们了解在分析调查表中所发现的问题。

2. 建立联合分析小组

系统在开始的时候，往往是系统分析员不熟悉用户领域内的专业知识，而用户也不熟悉计算机知识，这样就造成它们之间的交流存在着巨大的文化差异，因而需要建立一个由用户、系统分析员和领域专家参加的联合分析小组，由领域专家来沟通。这对系统分析员与用户逐渐的交流和需求的获取将非常有用。另外特别要重视用户业务人员的作用。

3. **问题分析与确认**

不要期望用户在一两次交谈中就会对目标系统的需求阐述清楚，也不能限制用户在回答问题过程中的自由发挥。在每次访问之后，要及时进行整理、分析用户提供的信息，去掉错误的、无关的部分，整理有用的内容，以便在下一次与用户见面时由用户确认，同时准备下一次访问用户时更进一步的细节问题。如此循环大概需求 3～5 个来回。

传统的常规的需求获取方法定义需求时，用户过于被动地而且往往与开发者区分“彼此”。由于不能像同一个团队的人那样齐心协力地识别和精化需求，所以这种方法有时效果不太理想。为了解决这个问题，人们研究出一种面向团队的需求获得方法，称为简易的应用规格说明技术。这种方法提倡用户与开发者密切合作，共同标识问题，提出解决方案要素，商讨不同方案并指定基本需求。这种方法有许多优点：开发者与用户不分彼此，齐心协力，密切配合，共同完成需求获取工作。感兴趣的读者可以查阅相关资料。

3.2.2 快速建立软件原型模型来获取需求

在第 1 章软件开发模型中已经把快速原型作为一种软件开发模型介绍过了。在实际的软件开发中，快速原型法常常被用作一种有效的需求获取方法。

在软件开发过程中，要不要快速建立软件原型，这要视软件系统的性质和规模而定。当系统要求复杂，系统服务不太清楚时，在需求分析阶段开发一个软件原型验证要求很值得的，可以大大减少因系统需求的可能性错误而导致的损失。特别是当性能要求比较高时，在软件原型上先做一些实验也是很必要的。

快速原型应具备的第一个特点是“快速”。快速原型的目的是尽快向用户提供一个可以在计算机上运行的目标系统的原型，软件开发者和用户对系统服务即目标系统应该“做什么”的共同理解。

快速原型应具备的第二个特点是“容易修改”。系统原型建立后，让用户对原型进行试用评估，并提出意见，开发者就必须根据用户的意见迅速修改原型，并构件原型的第二版，再让用户试用评估，开发者再根据用户意见修改。这样“试用—评估—修改”过程可能重复多遍，直到用户和开发者都满意为止。

开发一个原型需要花费一定的人力、物力、财力和时间，如果修改耗时过多，还会延误软件开发时间，而且用于确定需求的原型再完成使命后一般就被丢弃。因此，是否使用快速原型法就必须考虑软件系统的特点、可用的开发技术和工具等方面问题。Andriole 提出的以下 6 个问题，可用来帮助判断是否选择原型法来帮助获取需求。

（1）需求已经建立，并且可以预见是相当稳定吗？

（2）软件开发人员和用户已经理解了目标系统的应用领域吗？

（3）问题是否可被模型化？

（4）用户能否清楚地确定基本的系统需求？

（5）有任何需求是含糊的吗？

（6）已知的需求中存在矛盾吗？

可以看出，如果第一个问题得到肯定回答，就不要采用快速原型法来获取需求。否则，如果其他问题得到肯定回答，就可以采用快速原型法。

为了快速且便宜开发出系统原型，必须充分利用快速开发技术和复用软件构件技术。否则，如果只是为演示一个系统功能，需要人工编写数千行甚至万行源代码，那么采用快速原型法的代价就太大了，变得没有实际意义了。

第四代开发技术（4GT）是常用的快速原型工具。第四代技术包括数据库查询和报表语言、程序和应用软件生成器及其他非常高级的非过程语言等，可以使软件开发者能够解决快速生成可执行代码，因此是较理想的快速原型工具。

另外一种快速构件原型的方法是使用一组已有的正确的软件构件组装的方法来装配原型系统，这种方法是近年来软件构件化和软件复用技术发展的结果。软件构件可以是现有的数据结构或数据库构件、软件过程构件或其他可视化构件。软件构件一般设计成正确的黑盒子构件，使软件开发者无需了解构件内部工作细节，只知其功能便可快速装配一个原型系统。

3.3　需求分析的常用方法

软件需求分析方法有多种，下面只简单介绍其中的面向功能分解方法、结构化分析方法、信息建模方法和面向对象分析方法。

3.3.1　功能分解方法

功能分解方法是最早的分析方法，这种方法是将一个系统看成是由若干功能构成的一个集 合，每个功能又可划分若干个子功能（加工），一个子功能又进一步分解成若干个子功能（即加工步骤）。这样功能分解方法有功能、子功能和功能接口 3 个组成要素。这种方法的关键是利用以往的经验，对一个新的系统预先设定加工和步骤，出发点放在这个新系统需要进行什么样的加工上。也就是把软件需求当作一棵倒置的功能树，每个结点都是一项具体的功能，从树根往下，功能由粗到细，树根是总功能，树枝是子功能，树叶是子功能，整棵树就是一个信息系统的全部功能树。功能分解法体现了“自顶向下，逐步求精”的思想，本质上是用过程抽象的观点来看待需求，符合传统程序设计人员的思维特征，最后分解的结果一般已经是系统程序结构的一个雏形，实际它已经很难与软件设计明确分离。这种方法难以适应用户的需求变化。

3.3.2　结构化分析方法

结构化分析方法是一种从问题空间到某种表示的映射方法，软件功能由数据流图表示，是结构化方法中重要的，被普遍采用的方法，它由数据流图和数据字典构成系统的逻辑模型。这种方法简单使用，主要适用于数据处理领域问题。3.4 节主要介绍结构化分析方法，它适合于传统软件工程思想。

3.3.3　信息建模方法

信息建模方法是从数据的角度来对现实世界建立模型的，模型是现实系统的一个抽象。由于要描述现实系统，因此必须反映实际，又由于抽象的特征，它又必须高于实际，即不仅能反映实际，而且还能指导其他具有共性问题的解决。

信息建模方法的基本工具是实体联系图，由实体、属性和联系构成。该方法是从实际中找出实体，然后再用属性来描述这些实体。在信息模型中，实体是一个对象或一组对象。实体把信息收集在其中，关系是实体之间的联系或交互作用。有时在实体与关系之外，再加上属性，实体和关系形成一个网络，描述系统的信息状况，给出系统的信息模型。ER 图是面向对象分析的基础，但它的数据不封闭，没有继承性和消息传递机制支持模型。

3.3.4 面向对象方法

面向对象的分析是把实体联系图中的概念与面向对象程序设计语言中的概念结合在一起形成的一种分析方法。面向对象分析的关键是识别、定义问题域内的类与对象（实体），并分析它们之间的关系，根据问题域中的操作规则和内存性质建立模型。在该方法中采用了实体、关系和属性等信息模型分析中的概念，同时采用了封闭、类结构和继承性等面向对象程序设计语言中的概念。

3.4 结构化分析方法

结构化分析（Structured Analysis，SA）是面向数据流的需求分析方法，是 20 世纪 70 年代后期由 Yourdon，Constantine 及 DeMarco 等提出和发展，并得到广泛的应用。按照 T. DeMarco 的定义："结构化分析就是使用数据流图、数据字典、结构化语言、判定树和判定表等工具，来建立一种新的称为结构化说明书的目标文档。"这里结构化说明书就是 SRS。SA 方法是一种简单适用的软件需求分析方法，特别适合于信息控制和数据处理系统。像所有的软件分析方法一样，SA 方法也是一种建模活动，该方法使用简单易读的符号，根据软件内部数据传递、变换的关系，自顶向下逐层分解，描绘出满足功能需求的软件模型。

3.4.1 自顶向下逐层分解的分析策略

一个大的软件项目，其复杂程度往往使人感到无从下手。传统的策略是把复杂的问题"化整为零，各个击破"，这就是通常所说的"分解"。SA 方法也同样采用分解策略，把一个复杂庞大的问题分解成若干小问题，然后再分别解决，将问题的复杂性分解成人们容易理解、进而容易实现的子系统、小系统。分解可分层进行，要根据系统的逻辑特性和系统内部各成分之间的逻辑关系进行分解。在分解中要充分体现"抽象"的原则，逐层分解中的上一层就是下一层的抽象。最高层的问题最抽象，而低层的较为具体。图 3.1 所示为自顶向下逐层分解的示意图。

顶层的系统 P 很复杂，可以把它分解为 0 层的 1、2、3 三个子系统。在这 3 个子系统中，子系统 1 和 3 仍很复杂，可以把它们分解为子系统 1.1、1.2、1.3 和 3.1、3.2、3.3、3.4、3.5、3.6…，直到分解所得到的子系统都能被清楚理解和实现为止。当然，如果子系统已经能够清楚理解和容易实现，就不需要再分解它，如子系统 1 就不需要再分解了。从图 3.1 中可以看到"分解"和"抽象"在自顶向下逐层分解中是两个相互有机联系的概念。上层是下层的抽象，而下层则是上层的分解，中间层是从抽象到具体的逐步过渡，这种层次分解使分析人员分析问题时，不至于一下子考虑过多的细节，而是逐步去了解更多细节。

对于任何比较复杂的大系统，分析工作都可以按照这种策略有计划、有步骤、有条不紊地进行。

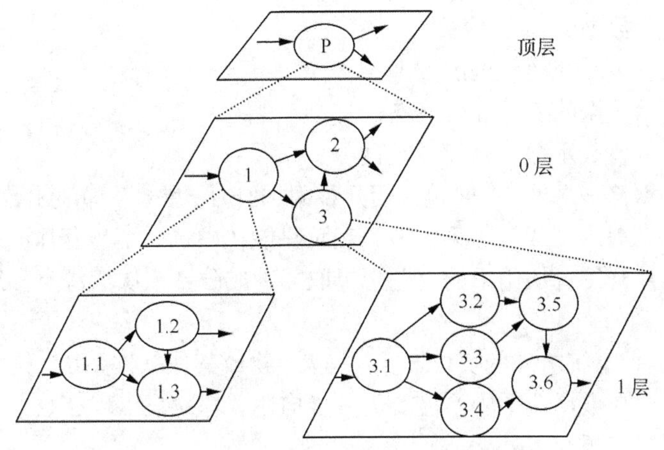

图 3.1　对一个问题的自顶向下逐层分解

3.4.2　结构化分析描述工具

结构化分析方法目前的描述方法可划分成非形式化、半形式化和形式化 3 类。用自然语言描述需求规格说明是典型的非形式化方法。用数据流图或实体—联系图建立模型是典型的半形式化。如果描述系统性质是基于数字的技术，也就是说，一种方法有坚实的数学基础，就是形式化的。本节主要介绍利用图形等半形式化的描述方法表达需求。这种方法简明易懂，易于使用，用它们形成需求规格说明书中主要部分。这些描述工具有以下几种。

① 数据流图。数据流图是一种描述“分解”的结构化过程建模工具。它描述系统由哪几部分组成，各部分之间的联系等。

② 数据字典。数据字典是关于数据的信息的集合，用来定义数据流图中的数据和加工，对数据流图中包含的所有元素的定义的汇集。

③ 描述加工逻辑的结构化语言、判定表和判定树。数据流图中的不能被再分解的每一个基本加工处理逻辑的详细描述采用结构化语言、判定表和判定树。

3.4.3　数据流图

数据流图（Data Flow Diagram，DFD）是 SA 方法中用于表示系统逻辑模型的一种工具。它以直观的图形清晰地描述了系统数据的流动和处理过程，图中没有任何具体的物理元素，主要强调的是数据流和处理过程，即使不是计算机专业技术人员也很容易理解。数据流图是软件开发人员和用户之间很好的通信工具。设计数据流图时只需考虑软件系统必须完成的基本逻辑功能，不需要考虑如何具体实现这些功能，它是软件开发的出发点。

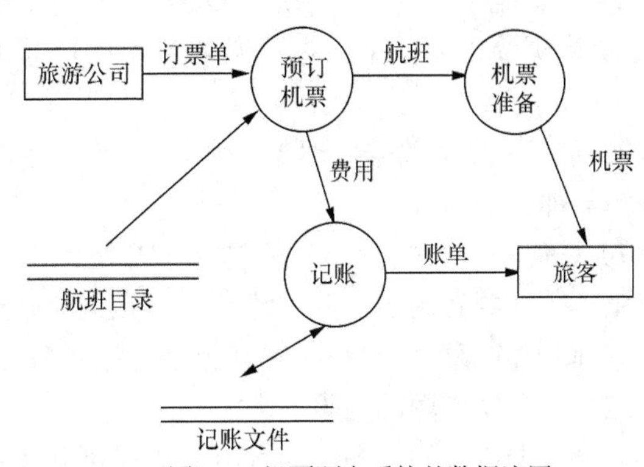

图 3.2　机票预定系统的数据流图

【例 3.1】图 3.2 所示为飞机票预定系统的数据流图。

从图 3.2 中可以看出数据有以下 4 种基本图形符号：

→　箭头，表示数据流；

○　圆或椭圆，表示变换数据的处理；

□　方框，表示数据的三原点或终点；

=　双杠或单杠，表示数据存储（文件）。

除上述 4 中基本符号之外，有时也使用几种附加符号，星号（*）表示数据之间的关系（同时存在）；加号（+）表示“或”关系，⊕号表示只能从中选一个（互斥的关系）。

数据流图是软件开发者从用户的问题中提取 4 种成分：依次为源点和终点，加工，数据存储以及数据流。

① 源点和终点是系统之外的实体，可以是人、物或其他软件系统，是为了帮助理解系统接口界面而引入的，在数据流图中不需要进一步描述。一般只出现在数据流图的顶层图中，表示了系统中数据的来源和去处。

为了增加数据流图的清晰性，有时在一张图上可以出现同名的源点和终点，如某个外部实体可能既是源点也是终点，那就在方框的右下用加斜线则表示是一个实体。如图 3.2 中旅游公司是源点，旅客是终点。

② 加工是对数据进行处理的单元，它对数据流进行某些操作或变换，即表示要执行的一个功能。每个加工要有名字，通常是动词短语，如图 3.2 中预订机票、机票准备、记账等都是加工。在分层数据流图中，要对加工进行编号，以便管理。

③ 数据流是数据在系统内的运动方向，如图 3.2 中的订票单、费用、账单和机票等都是数据流。数据流由一组成分固定的数据项组成，是数据流图中十分重要的组成部分。例如，数据流“订票单”由姓名、住址、电话、航班号、日期、出发点和目的地等数据项组成。每一个数据流必须有一个合适的名字，但一般流向数据存储或从数据存储流出的数据流不必命名，有数据存储名就可以了。数据流应该用名词或名词短语命名。

④ 数据存储是用来暂时存储数据的，如图 3.2 中航班目录、记账文件等都是数据存储。它可以是数据库文件或任何形式的数据组织。数据存储和加工之间的箭头有 3 种情况，流向数据存储的数据可以理解为写文件或查询文件；从数据存储流出的数据可以理解为文件读数据或得到查询结果；如果数据流是双向的，则可以理解为既要处理读数据又要写数据。

如何画数据流图如下所述。

（1）画数据流图的基本原则

① 数据流图中所有的符号必须是前面所述的 4 种基本符号和附加符号。

② 数据流图的主图（顶层）必须含有前面所述的 4 种符号，缺一不可。

③ 数据流图主图上数据流必须封闭在外部实体之间（外部实体可以是一个，也可以是多个）。

④ 加工（变换数据处理）至少有一个输入数据流和一个输出数据流，反映出此加工数据的来源与加工的结果。

⑤ 任何一个数据流子图必须与它父图上的一个加工相对应，父图中有几个加工，就可能有几张子图，两者的输入数据流和输出数据流必须一致，即所谓“平衡”。

⑥ 图上的每个元素都必须有名字（流向数据存储或从数据存储流出的数据流除外）。

（2）画数据流图的步骤

先画数据流图的主图，大致可分为以下几步：

第一步，先找外部实体（可以是人、物或其他软件系统），找到了外部实体，则系统与外部世界的界面就得以确定，系统的源点和终点也就找到了；

第二步，找出外部实体的输入和输出数据流；

第三步，在图的边上画出系统的外部实体；

第四步，从外部实体的输出流（源点）出发，按照系统的逻辑需要，逐步画出一系列变换数据的加工，直到找到外部实体处所需的输入流（终点），形成数据流的封闭；

第五步，按照上述原则进行检查和修改。

最后按照上述步骤画出所有子图。

（3）注意事项

① 画数据流图时，只考虑数据流的静态关系，不考虑其动态关系（如启动、停止等与时间有关的问题），也不考虑出错处理问题。

② 画数据流图时，只考虑常规状态，不考虑异常状态，这两点一般留在设计阶段解决。

③ 画数据流图不是画程序流程图，二者有本质的区别。数据流图只描述“做什么”，不描述“怎么做”和做的顺序，而程序流程图表示对数据进行加工的控制和细节。

④ 不能期望数据流图一次画成，而是要经过各项反复才能完成。

⑤ 描绘复杂系统的数据流图通常很大，对于画在几张纸上的图很难阅读和理解。一个比较好的方法是分层的描绘这个系统。在分层细画时，必须保持信息的连续性，父图和子图要平衡，每次只细画一个加工。

【例 3.2】 分析下面图 3.3 和图 3.4 父、子图是否平衡。

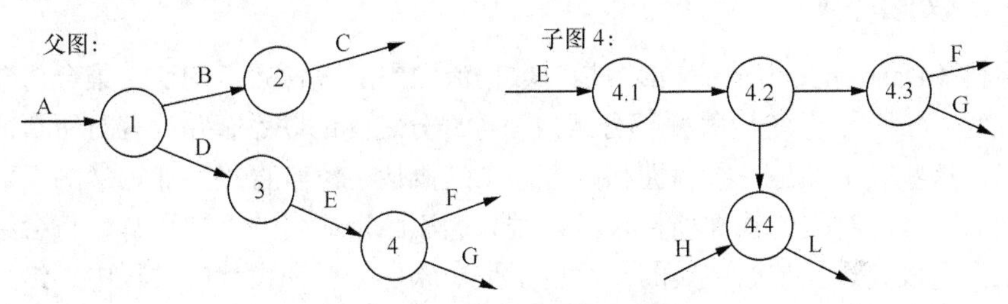

图 3.3　父图与子图的不平衡

图 3.3 中父图与子图是不平衡的，因为父图中的加工 4 没有输入与子图 4 的输入数据流 H 相对应，也没有输出与输出数据流 C 相对应，因此是不平衡的。

图 3.4 中从表面上看父图与子图是不平衡的。因为父图的加工 2 中的输入与子图 2 的输入数据流不相同，但是借助与下面将要介绍的数据字典中数据流的描述可知，父图的数据流“考生信息”由“考生姓名”、“准考证号”、“通信地址”和“考生成绩”4 部分的数据项组成，即子图是父图中加工、数据流同时分解而来的，因此这两张图是平衡的。

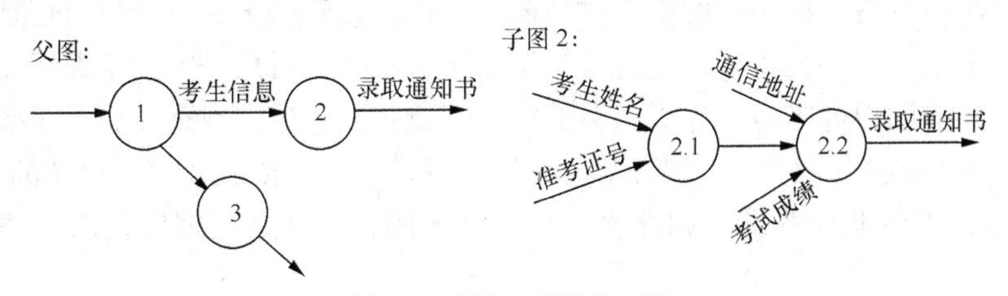

图 3.4　父图与子图的平衡

因此，父图和子图的平衡是指父图中某加工的输入输出数据流和分解这个加工的子图的输入输出数据流必须完全一致，即数目必须相等。

（4）画数据流图的用途

画数据流图的基本目的是利用它作为交流信息的工具。分析员把它对现在系统的认识和对目标的设想用数据流图描绘出来，供有关人员审查确认。由于在数据流图中通常仅仅使用 4 种基本符号，而且不包含任何有关物理实现的细节，因此即使不是计算机专业技术人员的绝大多数用户都可以理解和评价它。数据流图的另一个用途是作为分析和设计的工具。

【例 3.3】某企业销售事务处理的统计软件功能要求为：根据顾客的订单记录进行各种销售统计分类：（1）根据销售日期的分类；（2）根据顾客区域的分类；（3）根据货物品种的分类；（4）根据顾客名字的分类。最后生成分类的统计报表。根据要求画出该问题的数据流图，如图 3.5 所示。

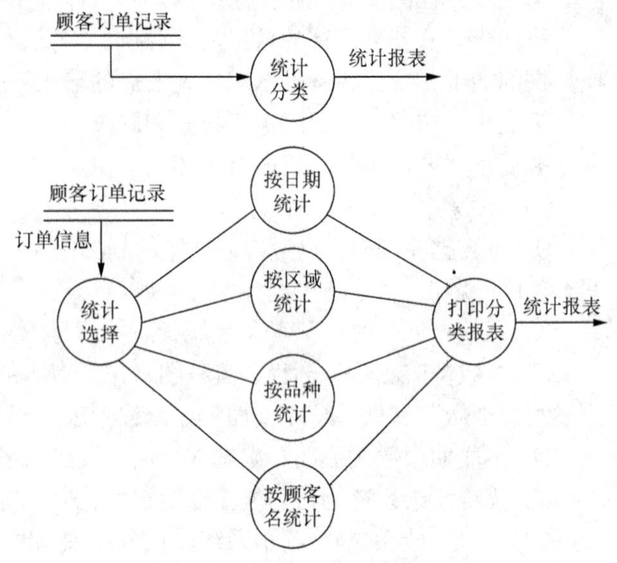

图 3.5 销售统计分类的数据流图

3.4.4 数据字典

数据字典（Data Dictionary，DD）是对数据流图中所包含元素的定义集合。数据流图只描述了系统的“分解”，系统由哪几部分组成，各部分之间的联系，并没有对所有的图形元素都进行命名，这些名字都是一些属性和内容抽象的概括，没有直接参加定义的人对每个名字可能有不同的理解。对一个软件项目来说，对数据流图中命名的不同理解，将会给以后的开发和维护工作造成灾难。数据字典的作用也正是在软件分析和设计的过程中，给人提供数据描述，即对数据存储（文件）和加工（处理）等名字进行定义。显然这个定义应当是严密而精确的，不应有半点含糊。因为它主要作用是供人查阅，并应以一种准确的，无二义性的说明方式为系统的分析、设计及维护提供有关元素的一致的定义和详细的描述。数据流图和数据字典共同构成了系统的逻辑模型。

1．数据字典的内容及使用符号

（1）数据字典的内容

数据字典是为了分析人员查找数据流图中有关名字的详细定义而服务的，因此也像普通字典一样，要把所有条目按一定的次序排列起来，以便查阅。定义不允许有任何重复，即一个名字只有一个条目，一个条目只能对应一个名字。所有条目最好按“字典序”来排列。一般来说，数据字典的内容应该由 4 类条目的定义组成：数据流、数据流分量（数据基本项）、数据存储（文件）和加工（处理）。其中，数据流分量是组成数据流和数据存储的最小单位项。源点和终点是为了帮助理解系统和外界接口而列入的，不在系统之内，故一般不在字典中说明。

（2）数据字典的使用符号

在数据字典中采用的符号如下。

= 表示被定义为或等价于或由……组成。

\+　表示“与”（和），用来连接两个数据元素。

例：X=a+b 表示 X 被定义为 a 和 b 组成。

[…|…]　表示“或”，对[ ]中列举的数据元素可任选其中某一项。

例：X=[a|d] 表示 X 由 a 或 d 组成。

{…}　表示“重复”，对{…}中内容可以重复使用。

例：X={a}表示 X 由零个或 *n* 个 a 组成。

m{…|…}*n* 或者$\{\cdots\}_m^n$或者$_m^n\{\cdots\}$表示{…}中内容至少出现 *m* 次，最多出现 *n* 次。其中 *m*,*n* 为重复次数的上、下限。

例：X=2{B}6 或者 X=$\{B\}_2^6$或者 X=$_2^6\{B\}$表示 X 中至少出现 2 次 B，最多出现 6 次 B。

（…）表示“可选”，对（…）中的内容可选、可不选。

例：X=（b）表示 b 在 X 中可以出现也可以不出现，有时[a|b|c]也可以写为$\begin{bmatrix}a\\b\\c\end{bmatrix}$，但是$\begin{bmatrix}a\\b\\c\end{bmatrix}$用的较少。

【例 3.4】 在图 3.2 机票预定系统的数据流图中，数据流条目有：

订票单=姓名+住址+电话+航班号+日期+起点+终点

航班=日期+航班号+姓名

机票=姓名+日期+航班号+座位等级+起点+终点+费用

如果有的数据流分量意义不明确，再定义数据流分量，直至数据流分量的意义明确为止。在机票预定系统中，数据流分量“航班号”，“姓名”和“起点，终点”可定义为

航班号=Y6100～Y8100

起点（或终点）=城市名

城市名又可以继续定义为

城市名=[北京|上海|广州|长春|合肥|山西]

可以看出，数据流条目是定义数据流的。定义的方式一般是列出该数据流的各组成数据流分量。数据流分量是不可再分解的数据单位。

数据存储条目有：

航班目录文件={航班号+起点+终点+时间}，

组织：按航班号升序排列；

记账文件={旅客+航班+机票价+机场建设费}，

组织：按旅客名字的拼音字母顺序排列。

可以看出，数据存储条目是对数据存储即文件的定义，定义方式一般是列出文件的组成，数据流分量及文件的组织方式。

图 3.2 中的加工有“预订机票”、“机票准备”和“记账”。在数据字典中，加工条目用来描述数据处理的逻辑功能及其方法，即主要描述该加工“做什么”，即实现加工的策略，而不是实现加工的细节，它描述如何把输入数据流变换为输出数据流的加工规则。但为了使加工逻辑直接易懂、完整并容易被用户理解，有几种常用的描述方法：结构化语言、判定表和判定树（见 3.4.5 小节）。

2. 数据字典的实现

建立数据字典一般可以利用计算机辅助建立或者通过手工建立。

利用计算机辅助建立并维护数据字典，首先编制一个“数据字典生成与管理程序”。可以按需要所规定的格式输入各类条目，并能对数据字典进行增加、删除、修改及打印出各类查询报告和清单，还可以进行完整性、一致性检查等。然后利用已有的数据库开发工具，针对数据字典建立一个数据库文件，可将数据流、数据流分量、数据存储和加工分别以矩阵表的形式来描述各个表项的内容。最后使用开发工具建成数据库文件，便于修改、查询并可随时打印出来。

如果在开发小型软件系统时，暂时没有数据字典处理程序，即可用手工建立数据字典。手工建立数据字典内容用卡片形式存放。按 4 类条目规范的格式印制卡片，在卡片上分别填写各类条目的内容，每张卡片上保存描述一个数据的信息，这样更新和修改起来比较方便。同一成分在父图和子图都出现时，则只在父图上定义。

3.4.5 加工逻辑的描述

加工逻辑也称为“小说明”，是对数据流图中每个加工所做的说明。小说明集中描述一个加工“做什么”，即加工逻辑，而不是“怎样去做”。加工逻辑是指用户对这个加工的逻辑要求，即这个加工的输出数据流和输入数据流的逻辑关系。小说明并不是描述具体加工过程。描述加工逻辑一般用结构化语言、判定表和判定树。

1. 结构化语言

自然语言（汉语或英语）加上结构化的形式就构成了结构化语言。结构化语言是介于自然语言与程序设计之间的语言，既有结构化程序的清晰易读的优点，又有自然语言简单易懂的优点，又避免了自然语言不精确可能产生二义性的缺点。

结构化程序可以使用顺序、选择、循环 3 种控制结构，结构化语言借用这些结构来描述加工，形式简洁，一般人甚至不熟悉计算机的用户都能理解。

【例 3.5】 某数据流图中有“下岗职工重新分配工作”的加工，指的是重新分配工作时，要根据下岗职工的年龄、文化程度、性别等情况分配不同的工作。加工逻辑为如果年龄在 25 岁以下者，初中文化程度脱产学习，高中文化程度当电工；年龄在 25 岁至 40 岁之间者，中学文化程度男性当钳工，女性当车工，大学文化程度的当技术员；年龄在 40 岁至 50 岁之间者，中学文化程度当交通协管员，大学文化程度当技术员。用结构化语言编写该加工的逻辑说明。

```
If  年龄<=25 then
      if 文化程度=初中 then 脱产学习 endif
      if 文化程度=高中 then 电工      endif
endif
if  25<年龄<=40 then
     if 文化程度=中学 then
        if 性别=男        then 钳工
          else 车工
        endif
     endif
if  文化程度=大学 then 技术员
    endif
```

```
    endif
if  40<年龄<=50 then
      if 文化程度=中学 then 交通协管员 endif
      if 文化程度=大学 then 技术员 endif
endif
```

2. 判定表

有些问题，不是简单的条件判断而是组合条件的判定，直接引用 if-then-else 就比较困难，即使能直接引用，但对问题的描述也不能做到清晰，则可以采用另一种描述工具——判定表。判定表采用表格化的形式，使用于含有复杂判断的加工逻辑。条件越复杂，规则越多，越适宜用这种表格化的方式来描述。判定表由 4 部分组成，用双线分割开的 4 个区域，如图 3.6 所示。

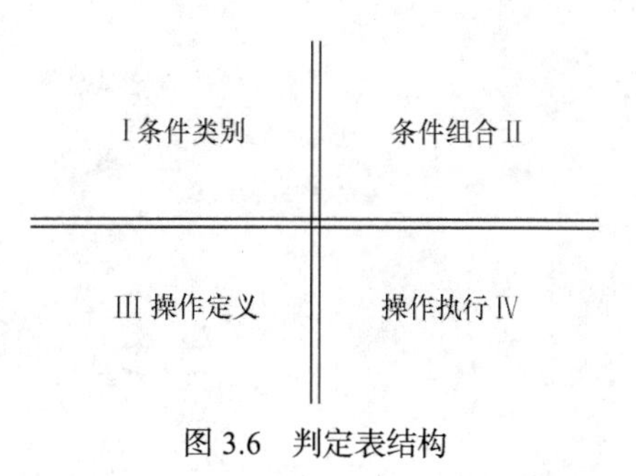

图 3.6　判定表结构

判定表分为 4 个区，Ⅰ区内列出所有条件类别，Ⅱ区内列出所有的条件组合，Ⅲ区内列出所有的操作，Ⅳ区内标有相应组合条件下，某个操作是否执行或执行情况。

【例 3.6】 开发学生管理系统，在需求分析阶段得到的系统逻辑模型——某数据流图中有一个“决定升留级”的加工，指的是根据学生考试成绩情况确定学生的升留级。加工逻辑为：如果某学生期末考试总分大于等于 560 分，且单科成绩有满分，发升级通知书，单科成绩有不及格，则发升级通知书，同时发重修单科通知书；如果考试总分小于 560 分，且单科成绩有满分，发留级通知书，免修单科通知书，单科成绩有不及格则发留级通知书。

这段叙述可以用结构化语言描述，但如果用判定表就更清楚了，参见表 3.1，其中：表中“√”表示选取的动作。

判定表能够把在什么条件下系统应该做什么动作准确无误地表示出来，但不能描述循环的处理特性。循环处理还需要用结构化语言来描述。

表 3.1　　判定表

考试总分	≥560 分	≥560 分	<560 分	<560 分
单科成绩	有满分	有不及格	有满分	有不及格
发升级通知书	√	√		
发免修单科通知书			√	
发留级通知书			√	√
发重修单科通知书		√		

3. 判定树

判定树是判定表的图形表示，其适用场合与判定表相同。一般情况下它比判定表更直观，且易于理解和使用。图 3.7 所示为与表 3.1 功能等价的判定树。

上述 3 种描述加工逻辑的工具各有优缺点，对于顺序执行和循环执行的动作，用结构化语言描述；对于存在各个条件复杂组合的判断问题，用判定表和判定树描述；也可以将它们结合使用。在保证加工逻辑描述简明易懂的前提下，可以任意选取描述方法。判定树比判定表直观易懂，判定表进行逻辑验证较严格，能把所有的可能性全部都考虑到。对于比较复杂的条件组合问题可以先用判定表做底稿，在此基础上产生判定树。

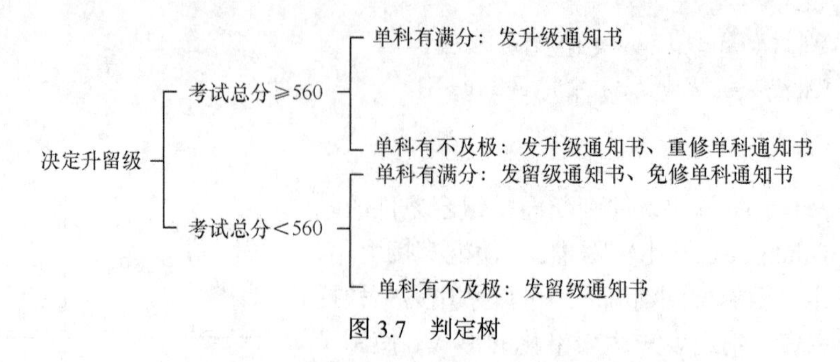

图 3.7　判定树

3.5　需求分析图形工具

需求分析阶段除了使用以上介绍的数据流图和数据字典，还经常利用一些图形工具来描述复杂的数据关系和逻辑处理功能，图形比文字叙述形象直观容易理解。本节简要地介绍在需求分析阶段可能用到的另外 3 种图形工具——层次方框图、Warnier 图和 IPO 图。

3.5.1　层次方框图

层次方框图由一系列多层次的树形结构的矩形框组成，用来描述数据的层次结构。层次方框图的顶层是一个单独的矩形框，它代表数据结构的整体，下面各层的矩形框代表这个数据结构的子集，最低层的各个框代表组成这个数据的不能再分割的基本元素。随着结构描述的向下层的细化，层次方框图对数据结构的描述也越来越详细，系统分析员从顶层数据开始分类，沿着图中每条路径不断细化，直到确定了数据结构的全部细节时为止，这种处理模式很适合需求分析阶段的需要。但在使用中需要注意，方框之间的联系表示组成关系，不是调用关系，因为每个方框不是模块。

【例 3.7】 某大学的组成可用以下层次方框图描述，如图 3.8 所示。

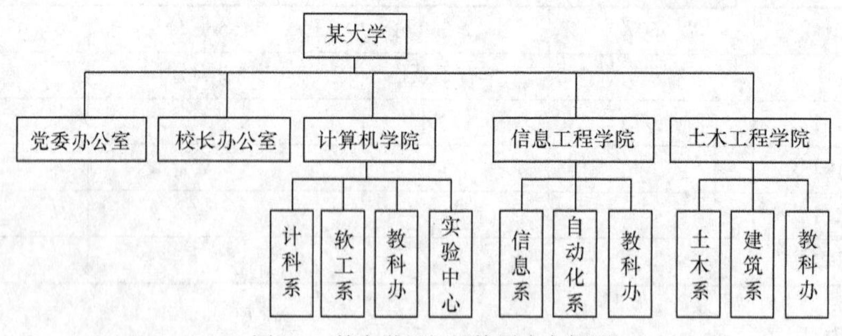

图 3.8　某大学组织机构层次方框图

3.5.2　维纳图

维纳图是表示信息层次体系的一种图形工具，是法国计算机科学家 J. D. Warnier 提出来的。维纳图又称 Warnier-Orr 图，同层次方框图类似，也可以用来描述树形结构的信息，可以指出一类信息或一个信息是重复出现的，也可指明信息是有条件出现的。在维纳图中使用以下几种符号：

① 大括号{}是用来区分信息的层次；

② 异或符号⊕指出一个信息类或一个数据元素在一定条件下出现，符号上、下方的名字代表的数据只能出现一个；

③ 圆括号（ ）指出这类数据重复出现的次数。

【例 3.8】 设某大学有 12 个学院，学院下设有 32 个系，12 个科室，9 个实验中心，每个系分若干个专业，各个系的专业个数并不相同；校一级机关两个室、4 个部、6 个处，每个处分别设有若干个科室和中心（如后勤处下设的房产中心等），如图 3.9 所示。

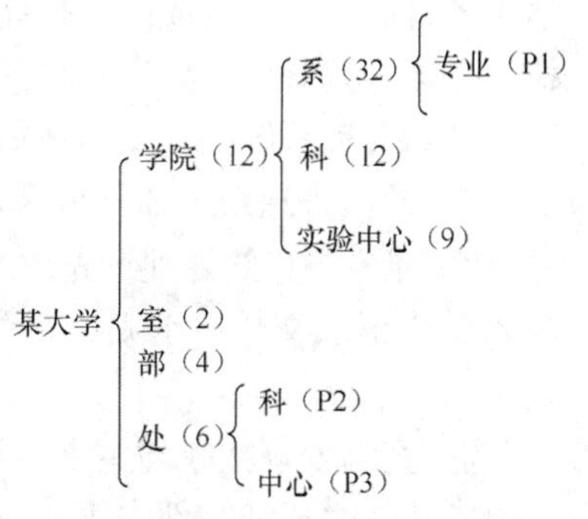

图 3.9　某大学组织机构 Warnier 图

3.5.3　IPO 图

IPO 图是输入—处理—输出图（Input-Process-Output）的简称，是美国 IBM 公司发展完善起来的一种图形工具。IPO 图使用的基本符号少而简单，因此易学易懂。它的基本形式是画 3 个方框，在左边的框中列出有关输入数据，在中间框内列出主要处理，在右边的框内列出产生的输出数据。处理框中列出的处理次序是按执行顺序书写的。但是这些符号还不能精确地描述执行处理的详细情况，在 IPO 图中，还用类似向量符号的空心箭头清楚地指出数据通信的情况。

【例 3.9】 图 3.10 所示为国家公务员考试成绩管理系统的 IPO 图，通过这个例子可以了解 IPO 图的用法。

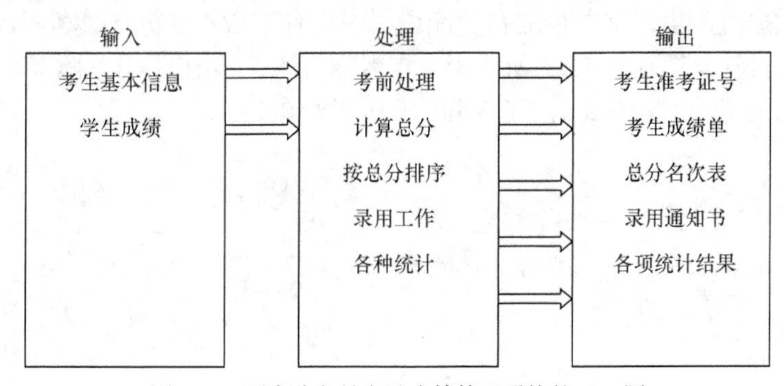

图 3.10　国家公务员考试成绩管理系统的 IPO 图

经过需求分析，软件开发人员已经基本上理解了用户的要求，确定了目标系统的功能，定义了系统的数据，描述了处理这些数据的基本方法。将这些共同的理解进行整理，最后形成文档——软件需求规格说明书。

3.6　SA 方法的应用

1. 项目说明

某高校学籍管理系统用于各个学院对每一位学生的入学、毕业、每学期考试成绩、升留级等事项进行处理，包括录入学生基本信息、存储学生基本情况，如学生各科成绩等；查询学生各科成绩、单科成绩；打印学生名单、学生成绩单；统计班平均成绩、各科平均成绩；根据分数进行升留级处理等功能。采用 SA 方法进行需求分析，建立系统的逻辑模型。

学籍管理系统的具体描述如下。

① 学籍管理系统细分为录入、存储处理，查询处理，升留级处理和统计处理。

② 录入、存储处理首先对学生信息进行审查，如果是新生，则录入、存储新生的信息并写入学生记录文件；否则，从学生成绩文件中读该学生的各科成绩，输出学生记录表及成绩单。

③ 查询处理接收学生学号和课程号并进行有效性检查，如无效则拒绝接受；否则按照查询要求从学生成绩文件中读取成绩并打印成绩单。

④ 升留级处理接收学生成绩，并从成绩标准文件中读取信息，判断该学生是否升级，形成升留级名单并更新学生记录。

⑤ 统计处理接收学生记录，根据统计选择进行班平均成绩和各科平均成绩的统计，形成相应统计表。

2. 数据流图

图 3.11 所示为采用 SA 方法画出的学籍管理系统的分层数据流图。首先分析功能说明，先找出哪些是属于系统之外的外部实体，画出顶层数据流图如图 3.11（a）所示，然后分解系统，每个子系统有哪些流动着的数据，哪些需要暂时保存的数据，通过什么加工使数据发生变换。根据系统功能，在 0 层数据流图上分解系统为 4 个加工。图 3.11（b）所示为 0 层数据流图，它说明系统分为 4 个子系统。

在下层图（1 层，2 层……）的分解过程中，应仔细考虑每个加工内部还应该进行哪些处理，还有什么数据流产生，这些可能在功能说明中没有，需要分析人员和用户参考现行系统的工作流程进行设计。图 3.11（c）所示为 1 层数据流图，其中图 C1、图 C2、图 C3、图 C4 分别是 0 层图的加工 1、加工 2、加工 3 和加工 4 分解的结果。

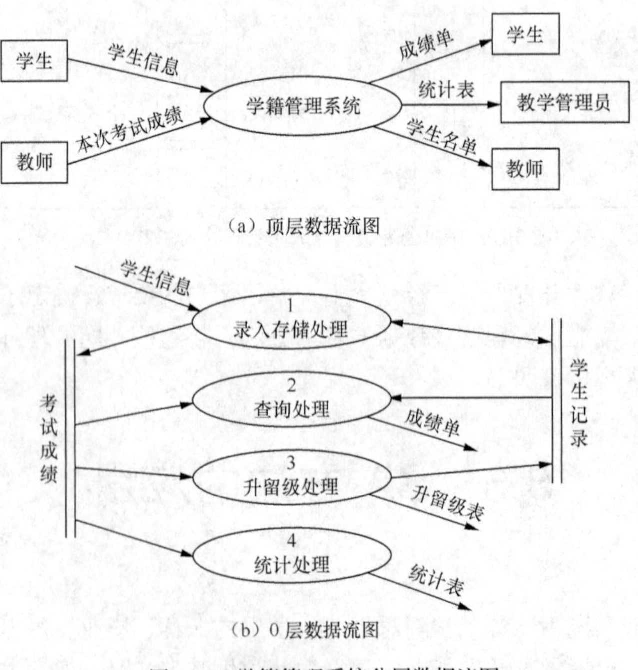

（b）0 层数据流图

图 3.11 学籍管理系统分层数据流图

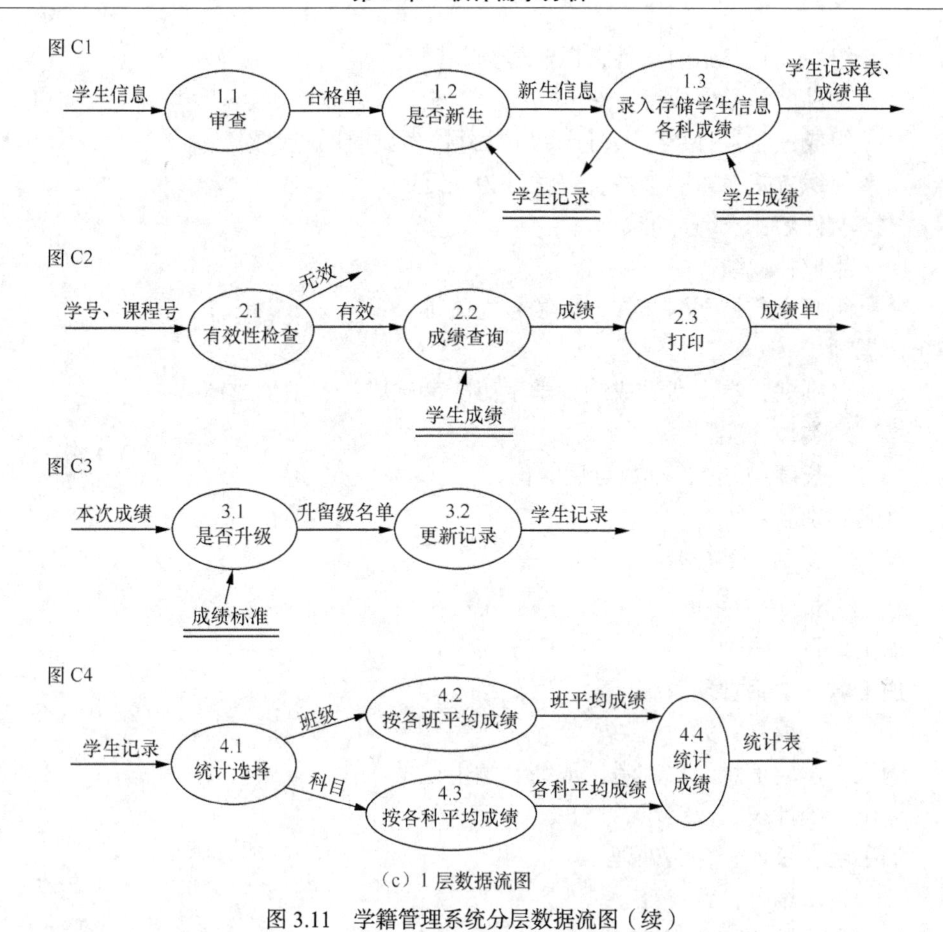

（c）1 层数据流图

图 3.11　学籍管理系统分层数据流图（续）

读者可根据 0 层数据流图、1 层数据流图画出学籍管理系统的细化数据流图。

3. 数据字典

（1）数据流条目

学生信息=姓名+性别+年龄+学院+系别+专业+班级

本次考试成绩=学号+姓名+专业班级+课程编号+课程名+成绩+学期+教师签名

学生名单=学号+姓名+专业班级+学期

统计表=各班平均成绩+各科平均成绩

成绩单=学号+姓名+专业班级+{科目+考试时间+成绩}

升留级表=学号+姓名+专业班级+{课程名+成绩}+[升|留]

合格单=姓名+系别+专业班级

新生信息=入学时间+姓名+性别+年龄+专业班级+系别

学生记录表、成绩单=学生信息+成绩单

（2）数据存储条目

文件名：考试成绩

组成：本次考试成绩+历次考试成绩

组织方式：索引文件，以学号为关键

文件名：学生记录

组成：学号+姓名+性别+年龄+学院+系别+专业班级+课程名+成绩

组织方式：索引文件，以学号为关键

文件名：学生成绩

组成：学号+姓名+专业班级+{科目+考试时间+成绩}

组织方式：索引文件，以学号为关键

文件名：成绩标准

组成：成绩

组织方式：索引文件，以学号为关键

（3）数据项

成绩：别名：本次考试成绩、学生历次考试成绩、学生成绩

类型：实型

长度：5 位，小数点后 2 位

姓名：别名：无

类型：字符型

长度：$\{字母\}_{2}^{18}$

（4）加工条目

加工名：学籍管理系统

编号：无

输入：学生信息、本次考试成绩、学生记录

输出：统计表、成绩单

加工名：录入、存储处理

编号：1

输入：学生信息

加工逻辑：根据学生记录

if 没有所输入的学生记录

then 建立新的学生记录，存储该学生的基本情况及所学科目成绩

else 输入本次考试成绩

endif

加工名：查询处理

编号：2

输入：学生信息、课程号

输出：成绩

加工逻辑：根据学生信息及课程号

if 按各科成绩查询

then 打印成绩单

elseif 按单科成绩

then 打印成绩单

加工名：升留级处理

编号：3

输入：本次考试成绩

输出：升留级人员表

加工逻辑：根据本次考试成绩
　　　　　符合标准的学生升级
　　　　　否则降级
加工名：统计处理
　　　　编号：4
　　　　输入：学生考试成绩
输出：班平均成绩、各科平均成绩
加工逻辑：根据学生考试成绩
　　　　　按班级划分
　　　　　班平均成绩
　　　　　按单科成绩划分
　　　　　单科平均成绩
加工名：审查
　　　　编号：1.1
　　　　输入：学生信息
输出：合格单
加工逻辑：根据学生信息判断是否是新生
加工名：是否是新生
　　　　编号：1.2
　　　　输入：合格单
输出：新生信息
加工逻辑：根据合格单建立新生信息
加工名：录入、存储学生信息、各科成绩
　　　　编号：1.3
　　　　输入：新生信息、考试成绩
输出：本次考试成绩
加工名：有效性检查
　　　　编号：2.1
　　　　输入：学号、课程号
输出：有效查询
加工逻辑：根据所输入的信息来检查有效性
加工名：成绩查询
　　　编号：2.2
　　　输入：考试成绩
输出：成绩
加工逻辑：根据考试成绩查询成绩
加工名：是否升级
　　　　编号：3.1
　　　　输入：本次成绩、成绩标准
输出：升留级名单

加工逻辑：根据本次成绩

if 大于等于标准成绩

then 升级

else 降级

endif

加工名：更新记录

编号：3.2

输入：升留级名单

输出：学生记录

加工逻辑：根据升留级名单修改学生记录

加工名：统计选择

编号：4.1

输入：学生记录

输出：按规定统计成绩

加工逻辑：根据所输入学生记录，按班级、单科统计成绩

加工名：按各班平均成绩

编号：4.2

输入：班级

输出：班平均成绩

加工逻辑：根据各班成绩求平均

加工名：按各科平均成绩

编号：4.3

输入：各科成绩

输出：各科平均成绩

加工逻辑：按科目分类求平均

3.7　数据库内容的需求分析和描述

现有的系统应用中，80%以上的软件都会用到数据，因此，大量软件的设计中都会涉及数据库内容的需求分析和设计问题。本节主要介绍数据库内容的需求分析方法和描述，本书4.4节则介绍对应本节内容的数据库设计方法。

3.7.1　数据库内容的需求分析

数据库需求分析的任务是调查、收集、分析并定义用户对数据库的各种要求，是整个数据库设计的基础和起点，也是涉及数据库内容的软件进行系统开发工作的重要基础。在确定了软件系统需求的范围和边界后，就需要在此范围内分析用户活动以及所涉及的数据。该阶段的需求工作主要从以下3个方面进行。

（1）信息需求

信息需求指用户需要从数据库中获得的信息的内容和性质，信息需求是软件数据需求中

最基本的需求，主要是确定系统需要存储和使用哪些数据，用户需要从数据库中获得信息的内容和性质。

（2）处理需求

处理需求是用户要求软件系统完成的功能，以及对系统功能的处理时间、方式等方面的要求，如是要求批处理还是联机处理等。

（3）使用需求

使用需求包括：使用数据库时在安全性、完整性和一致性等方面的限制；查询方式、输入/输出格式和多用户等方面的要求；响应速度、故障恢复等性能要求。

本章前面几节所介绍的需求获取和需求分析的方法对于软件系统的数据需求一样适用。对于系统数据的需求分析通常采用建立数据模型的方法，此外还通过数据字典进行全面准确的数据定义，同时还可以辅助以一些图形工具，如层次方框图，来辅助描绘数据结构。在需求分析基础上，对新系统中数据的逻辑模型通常采用实体—联系（Entity Relationship, E-R）图来描述。

1. 建立各局部应用的 E-R 模型

为清楚表达一个系统，人们往往将其分解成若干子系统，每个子系统对应一个局部应用。子系统的 E-R 模型构建可以从对应局部应用的分数据流图对照进行。一般地，一个局部应用的实体数不能超过 9（7 ± 2 原则）个，否则就认为需要继续分解。

选定合适的中间层局部应用后，通过各局部应用中所涉及并记录在数据字典中的数据，参照数据流图来确定该局部应用中的实体、实体的属性、实体的码、实体之间的联系及其类型等，完成该子系统的 E-R 模型建立。

事实上，以功能为主导的需求分析过程所建立的数据流图、数据字典中的数据流、数据存储、数据项等内容，其实就体现了该子系统中实体、属性等的划分，可以先从这些内容出发建立 E-R 模型，然后再做必要的调整。在调整中注意一般遵循这样的原则：现实世界中的事物能作为属性对待的，尽量作为属性对待，这样有利于 E-R 模型的处理简化。实际上属性和实体的区分是相对的，同一事物在一个应用环境中为属性，可能在下一个应用环境中就作为实体，例如，“教职工管理系统”中，“职称”是“教职工”实体的一个属性，但在“工资管理系统”中考虑不同职称人员的工资级别和奖励不同时，“职称”就需要定义为实体，包含了“级别”、“基本工资”、“奖金”等属性。一般地，以下面两条准则来确定一个事物是否作为属性：（1）作为“属性”，不能再具有需要描述的性质，“属性”必须是不可再分的数据项；（2）“属性”不能与其他实体具有联系，联系只能发生在实体之间。

2. 建立全局 E-R 模型

当系统的各局部应用 E-R 模型都建立好之后，就需要建立全局 E-R 模型，即进行各局部 E-R 模型的集成。集成即把各局部 E-R 模型综合连接在一起，消除集成过程中的不一致和冗余。集成后的全局 E-R 模型应满足以下要求：（1）完整性和正确性：即整体 E-R 模型应包含局部 E-R 模型所表达的所有语义，完整地表达与所有局部 E-R 模型中应用相关的数据；（2）最小化：系统中的实体原则上只出现一次；（3）易理解性：集成后的全局 E-R 模型易于被设计人员与用户所理解。

一般地，局部 E-R 模型的集成有两种方式：多个局部 E-R 模型一次集成；用累加的方式每次集成两个局部 E-R 模型。第一种方法比较复杂，做起来难度大；第二种方法逐步集成，降低了复杂度。但不论哪种集成方式，都需要分两步走：合并；修改和重构。根据经验法则，进行局部 E-R 模型逐步集成时，通常先选择两个关键的局部 E-R 模型先集成，然后围绕这个集成后的 E-R 模型进行扩展。

集成完成后所形成的全局 E-R 模型应该是一个被全系统所有用户共同理解和接受的统一的概念模型，因此集成过程中合理消除各局部 E-R 模型的冲突和不一致就成了工作的重点和关键所在。各局部 E-R 模型之间的冲突主要有 3 类：属性冲突、命名冲突和结构冲突。

属性冲突包括属性域冲突和属性取值单位冲突。属性域冲突指在不同的局部 E-R 模型中，同一属性有不同的数值类型、取值范围或取值集合，如零件号属性，有的部门把它定义为整型，有的部门把它定义为字符串类型；属性取值单位冲突指同一属性在不同的局部 E-R 模型中有不同的单位，如身高，有的以米为单位，有的以厘米为单位。属性冲突理论上好解决，但实际上需要各部门讨论协商，解决起来也并非易事。

命名冲突包括同名异义或异名同义。同名异义即表达不同意义的对象在不同局部 E-R 模型中具有相同的名字；异名同义即同一意义的对象在不同的局部 E-R 模型中具有不同的名字。如对科研项目，财务科称为项目，科研处称为课题，生产管理处称为工程。命名冲突可能发生在实体、联系一级上，也可能发生在属性一级上，其中属性的命名冲突尤为常见，处理方法与属性冲突的解决方法一样，也是通过讨论、协商等手段解决。

结构冲突包括三种：同一对象在不同的局部应用中具有不同的抽象，解决办法是修改对象的模型定义，保证同一对象在集成后的 E-R 模型中具有相同的抽象；同一实体在不同局部应用中所包含的属性个数和属性排列次序不完全相同，这是最常见的一类冲突，是由于不同局部应用关心该实体的不同侧面造成的，解决办法是使集成后的该实体取各局部 E-R 模型中属性的并集，再适当调整属性的次序；实体间的联系在各局部 E-R 模型中具有不同的类型，解决办法是根据应用的语义对实体之间联系的类型进行综合或调整。

经过集成的全局 E-R 模型，通常会存在冗余信息，主要表现在由其他所谓的基本数据和基本联系所导出的数据和联系，这些能够被导出的数据和联系称为冗余数据和冗余联系。这些冗余信息容易破坏数据的完整性，给数据的操作带来困难和导致异常，原则上应予以消除。消除冗余主要采用分析方法，即以数据字典和数据流图为依据，根据数据字典中关于数据项之间逻辑关系的说明来消除冗余。但不是所有的冗余数据和冗余联系都必须消除，有时为了提高效率，不得不以冗余信息为代价。关于消除冗余的方法和保留冗余信息的原则，可以参考数据库设计的相关书籍，此处不再赘述。

3.7.2 数据库内容的需求分析描述

实体联系（E-R）模型最早是由美籍华裔计算机科学家陈品山（Peter Chen）于 1976 年提出的，是概念数据模型的高层描述所使用的数据模型。由于它简单易学且容易被一般用户所理解，很快引起广泛重视，并在关系数据库的概念设计（用概念模型对现实世界建模）领域得到了广泛的认同。

E-R 模型的作用就是帮助设计者准确地获取数据需求，即在需求分析阶段用来描述信息需求和/或要存储在数据库中的信息的类型。虽然目前在一些集成开发工具如 Rational Rose、PowerDesigner 等包含了不同于 E-R 模型的数据建模工具，但实际上 E-R 模型是关系数据模型的基础，这些工具的作用是提高数据库设计的效率而不是替代 E-R 模型。

用画图方式表示的 E-R 模型称为 E-R 图，E-R 模型的各类元素在 E-R 图中用不同形状的结点表示。构成 E-R 图的基本要素是实体型、属性和联系，其表示方法如下。

实体型（Entity）：具有相同属性的实体具有相同的特征和性质，用实体名及其属性名集合来抽象和刻画同类实体；在 E-R 图中用矩形表示，矩形框内写明实体名，如学生张三丰、学生李寻欢都是实体。如果是弱实体的话，在矩形外面再套实线矩形。

属性（Attribute）：实体所具有的某一特性，一个实体可由若干个属性来刻画。在 E-R 图中用椭圆形表示，并用无向边将其与相应的实体连接起来，如学生的姓名、学号、性别、都是属性。如果是多值属性的话，在椭圆形外面再套实线椭圆。如果是派生属性则用虚线椭圆表示。

联系（Relationship）：联系也称关系，信息世界中反映实体内部或实体之间的联系。实体内部的联系通常是指组成实体的各属性之间的联系；实体之间的联系通常是指不同实体集之间的联系。在 E-R 图中用菱形表示，菱形框内写明联系名，并用无向边分别与有关实体连接起来，同时在无向边旁标上联系的类型（1 : 1，1 : n 或 m : n）。如老师给学生授课存在授课关系，学生选课存在选课关系。如果是弱实体的联系则在菱形外面再套菱形。

联系可分为以下 3 种类型。

（1）一对一联系（1 : 1）

例如，一个部门有一个经理，而每个经理只在一个部门任职，则部门与经理的联系是一对一的。

（2）一对多联系（1 : n）

例如，某校教师与课程之间存在一对多的联系“教”，即每位教师可以教多门课程，但是每门课程只能由一位教师来教。

（3）多对多联系（m : n）

例如，图 3.12 表示借书人与图书间的联系（“借阅”）是多对多的，即一个借书人可以借阅多本图书，而每本图书可以由多个借书人来借阅。联系也可能有属性。例如，借书人“借阅”某本图书的借阅日期，既不是借书人的属性也不是图书的属性。由于“借阅日期”既依赖于某名特定的借书人又依赖于某本特定的图书，所以它是借书人与图书之间的联系“借阅”的属性。

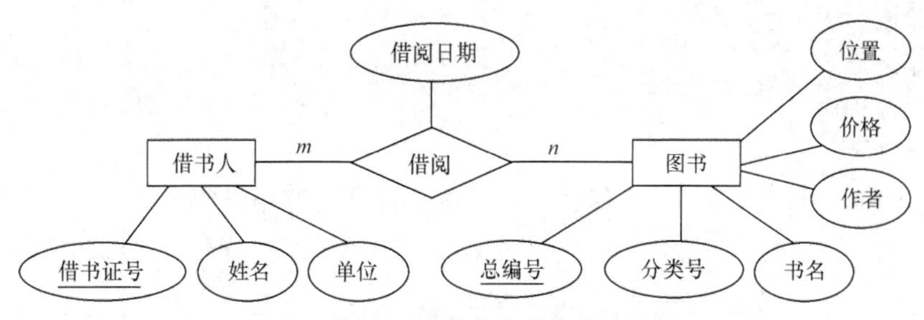

图 3.12　借书人和图书之间借阅关系 E-R 图

3.8　需求规格说明书

需求规格说明书包含以下主要内容。

1. 引言

1.1 编写目的：阐明编写需求说明书的目的，指明读者对象。

1.2 项目背景：项目的委托单位、开发单位和主管部门；该系统与其他系统的关系。

1.3 定义：列出文档中用到的专门术语的定义和缩写词的原文。

1.4 参考资料：包括项目经核准的计划任务书、合同或上级机关的批文；项目开发计划；文档所引用的资料、标准和规范。列出这些资料的作者、标题、编号、发表日期、出版单位或资料来源。

2. 任务概述

2.1 目标

2.2 运行环境

2.3 条件与约束

3. 数据描述

3.1 静态数据

3.2 动态数据：包括输入数据和输出数据。

3.3 数据库描述：给出使用数据库的名称和类型。

3.4 数据字典

3.5 数据采集

4. 功能需求

4.1 功能划分

4.2 功能描述

5. 性能需求

5.1 数据精确度

5.2 时间特性：包括响应时间、更新处理时间、数据转换与传输时间、运行时间等。

5.3 适应性：包括在操作方式、运行环境、与其他软件的接口及开发计划等发生变化时，应具有的适应能力。

6. 运行需求

6.1 用户界面：包括屏幕格式、报表格式、菜单格式、输入输出时间等。

6.2 硬件接口

6.3 软件接口

6.4 故障处理

7. 其他需求

其他需求包括可使用性、安全保密性、可维护性和可移植性等。

本章小结

需求分析是软件生存周期一个十分重要的阶段，其根本任务是确定用户对软件系统的需求。它是项目开发的基础，它要确定软件系统做什么，具有什么功能、性能，有什么约束条件等。把这些问题搞清楚后，要用某种无二义性的描述形成需求规格证明书。

本章在对需求分析的任务、步骤、需求获取常用方法介绍的基础上，分别从面向过程和面向对象的角度阐述如何进行需求分析。重点介绍了描述系统逻辑模型的数据流图的分解、数据字典的内容及实现，加工逻辑描述的结构化语言、判定表和判定树等，之后介绍了需求分析图形工具：层次方框图、维纳图和 IPO 图，最后对涉及数据库内容的需求分析方法和用来描述系统数据需求的工具 E-R 图做了详细介绍。

需求分析的结果是软件开发的重要基础，必须经过严格评审并得到用户确认。要从一致性、完整性、现实性和有效性 4 个方面复审软件需求规格说明书。

习 题 3

3.1 为什么要进行需求分析？需求分析要经过哪些步骤？

3.2 需求分析阶段的基本任务是什么？怎样理解分析阶段的任务是决定“做什么”，而不是“怎样做”？

3.3 什么是结构化分析方法？该方法使用什么描述工具？

3.4 什么是数据流图？其作用是什么？其中的基本符号各表示什么含义？

3.5 画数据流图的步骤是什么？应该注意什么事项？

3.6 什么是数据字典？其作用是什么？它有哪些条目？

3.7 描述加工逻辑有几种工具？各是什么？写出其优缺点。

3.8 某高校计算机教材购销系统有以下功能。

学生购买书时，要先填写购书单，系统根据各班学生用表及售书登记表审查有效性，如果有效，系统根据教材库存量表进一步判断书库是否有书，如果有书，系统把领书单返回给学生，学生凭书单到书库领书，对短缺的教材，系统用缺书单的形式通知书库，新书购进书库后，也由书库将进书通知返回给系统。

请采用 SA 方法画出该系统的分层数据流图，并建立相应的数据字典。

3.9 某计算机公司为本科以上学历的人重新分配工作的政策是：年龄在 25 岁以下者，学历是本科男性要求报考研究生，女性则担任行政工作；年龄在 25 岁至 45 岁之间者，学历本科，不分男女，任中层领导职务，学历是硕士，不分男女，任课题组组长；年龄在 45 岁以上者，学历本科，男性任研究人员，女性则担任资料员，学历是硕士，不分男女，任课题组组长。请用结构化语言、判定表和判定树描述上述问题的加工逻辑。

3.10 数据库内容的需求分析工作主要从哪几方面进行？

3.11 建立全局 E-R 模型时，各分 E-R 模型之间可能出现的冲突有哪些？应如何处理？

第 4 章　软件总体设计

经过需求分析阶段的工作，建立了由数据流图、数据字典和一组算法描述所定义的系统逻辑模型，系统必须“做什么”已经清楚了，下一步将进入软件设计阶段，即着手实现系统需求，要把“做什么”的逻辑模型变换为“怎样做”的物理模型。同时要把设计结果反映在“软件设计规格说明书”文档中。因此软件设计是把软件需求转换为软件表的过程。总体设计是进入软件设计的第一个阶段，只描述软件的总的体系结构，第二个阶段是详细设计，即对结构进一步细化。本章主要介绍软件总体设计，第 5 章介绍软件的详细设计。

4.1　软件总体设计的目标和任务

总体设计阶段的基本目标就是回答“概括地说，系统应该如何实现？”这个问题，因此总体设计又称为概要设计或初步设计。通过这个阶段的工作，开发人员将划分出组成系统的物理元素，如程序、文件、数据库等。但是这些物理元素还处于黑盒子的形式，具体的内部细节在详细设计阶段考虑。总体设计的另一项任务是设计软件的总体结构，即确定系统中的每个程序是由哪些模块组成的，每个模块的功能及模块和模块之间的接口、调用关系等，但所有这些都不要求涉及模块内部过程的细节。

容易看出，软件结构的设计是以模块为基础的，以需求分析阶段得到的数据流图为依据来设计软件结构。数据流图是设想各种可能方案的基础。首先，分析员从供选方案中选出若干个合理的方案，然后仔细综合分析比较这些合理方案，最后从中选出一个最佳方案推荐给用户和使用部门负责人。如果用户和使用部门负责人接受分析员推荐的系统，则可以着手完成本阶段的另一项工作。对于复杂的大型系统要进行功能分解，为确定软件结构，把一些十分复杂的处理功能适当地分解成一系列比较简单的功能，然后设计软件结构。对于需要使用数据库的应用领域，要进行数据库设计。最后制定测试计划，书写文档并复审。

4.2　软件结构设计准则

软件总体设计的任务是软件体系结构设计和软件模块设计。为了提高软件设计质量，人们在长期的计算机软件开发过程中积累了丰富的经验，总结这些经验可以得出以下软件设计准则。

4.2.1　软件体系结构设计准则

软件体系结构是软件系统中最本质的东西。一个软件体系结构的设计准则如下。

① 体系结构是对复杂事物的一种抽象。良好的体系结构是普通适用的，它能够描述各种风格的软件系统结构，可以高效地处理多种多样的个体需求。

② 体系结构在一定的时间内保持稳定。确保接口一致，既能确保某一体系结构配置描述内相关接口描述的一致，又能确保建立关联的两个构件接口描述的一致性。

③ 良好的体系结构意味着普通、高效和稳定。

4.2.2　软件模块设计准则

在面向过程软件开发中，软件模块设计是关键，软件模块设计需要遵循的准则如下。

1. 降低模块之间的耦合性，提高模块的内聚性

初步设计出软件结构之后，为了提高模块的独立性，应该审查并分析软件结构，通过分解和合并模块降低耦合程度，提高内聚程度。例如，多个模块公有的一个子功能可以分解出公共子模块，定义一个内聚程度较高的模块，由这些模块调用；有时还可以将耦合程度高的模块进行合并，降低接口的复杂程度，如图 4.1 所示。

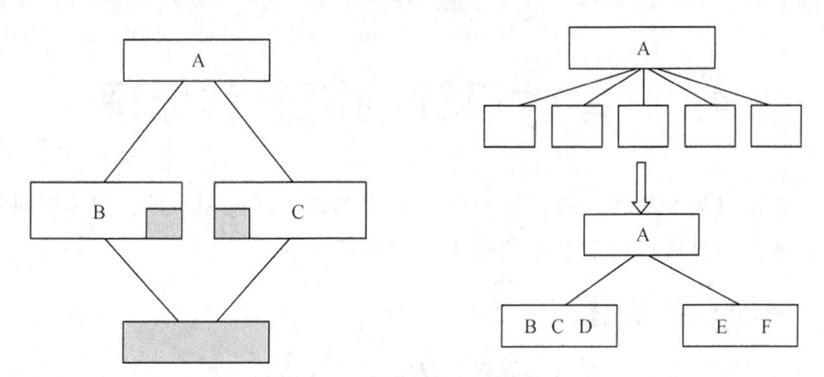

图 4.1　模块的分解和合并

2. 模块结构的深度、宽度、扇出和扇入应适当

深度指软件结构中模块的层次数。它表示控制的层数，在一定意义能粗略地反映系统的规模和复杂程度。如果深度太大，则表示软件结构中控制层数太多，应该检查结构中某些模块是否过分简单了，应考虑能否合并。

宽度指同一层次中最大的模块个数。它表示控制的总分布。一般情况下，宽度越大系统结构越复杂。影响宽度的最大因素是模块的扇出。

扇出是一个模块直接调用的模块数目。经验证明，好的系统结构的平均扇出数一般是 3～4，不能超过 5～9。扇出太大意味着模块十分复杂，缺乏中间层次，可以适当增加中间层次的控制模块；扇出太小总是 1 也不好。这时可以考虑把下级模块进一步分解成若干个子功能模块，或者合并到它的上级模块中去。当然这种分解或合并不能影响模块的独立性。扇入指有多少个上级模块直接调用它。一个模块的扇入越大，说明共享该模块的上级模块数目越多，这是有好处的。但是，不能违背模块独立性原理，单纯地追求高扇入。

一般设计得比较好的软件结构，顶层扇出高，中层扇出较少，底层模块有高扇入。

3. 模块的作用范围应该在控制范围内

模块的作用范围指受该模块内一个判断影响的所有模块的集合。模块的控制范围是指模块本身及其所有直接或者间接从属于它的模块集合。在设计的好的软件结构中，所有受判断影响的模块都从属于做出判断的那个模块。最好局限于做出判定的那个模块本身及其直接属于它的下级模块。这样可以降低模块之间的耦合性，并且可以提高软件的可靠性和可维护性。

4. 模块接口设计要简单，以便降低复杂程度和冗余度

模块接口的复杂性是软件出错的主要原因之一。接口的设计应尽量使信息传递简单，并与模块的功能一致。如果模块的接口复杂，则有可能产生高耦合、低内聚的软件结构。

5. 设计功能可预测并能得到验证的模块

设计的模块功能应该能够预测。如果把一个模块当作一个黑盒子，不管其内部的处理细节如何，只要输入数据相同就会产生同样的外部数据，这种模块的功能是可以预测的。

6. 适当划分模块规模，以保持其独立性

在考虑模块独立性的同时，为了增加可读性，模块设计不宜太大。根据经验，模块规模最好的能够写在 1～2 页纸内，源代码行数在 50～150 行的范围内是比较合适的。

以上介绍的软件结构设计准则是人们经过长期的软件开发实践总结出来的，对改进设计，提高软件的质量具有很重要的参考价值。但是这些准则不是设计的目标，也不是在设计时必须普遍遵循的原理。因此在实际应用时，应根据系统的大小、难易程度加以灵活应用。

4.3 软件设计的概念和原理

经过几十年来发展和实践，软件设计形成了许多基本概念和原理，成为各种设计方法的基础，同时也成为对软件设计的技术质量进行衡量的标准之一。

4.3.1 模块和模块化

模块是软件结构的基础，是软件元素，是能够单独命名、独立完成一定功能的程序语句的集合，如高级语言中的过程、函数、子程序等。广义地说，面向对象方法学中的对象（见第 9 章）也是模块，模块是构成程序的基本构件。在软件体系结构中，模块是可以组合、分解和更换的单元。

模块化是使得软件能够对付复杂问题所应具备的属性。模块化是指解决一个复杂问题时自顶向下逐层把软件系统划分成若干模块的过程。模块化的目的是为了降低软件复杂性，使软件设计、测试、维护等操作变得简易。运用模块化技术还可以防止错误蔓延，从而可以提高系统的可靠性。关于模块可以降低软件复杂性的事实，可以通过以下分析加以论证。

设 $C(x)$是确定问题 x 的复杂度函数，$E(x)$是解决问题 x 所需要的工作量（时间）。对于 P1 和 P2 两个问题：

如果 $C(\mathrm{P1}) > C(\mathrm{P2})$即问题 P1 比 P2 复杂，显然有 $E(\mathrm{P1}) > E(\mathrm{P2})$，即问题越复杂，所需要的工作量越大；

根据人类解决一般问题的经验，分解后的复杂性总是小于分解前的复杂性，因而可得

$$C(\mathrm{P1}+\mathrm{P2}) > C(\mathrm{P1}) + C(\mathrm{P2})$$

即如果一个问题由 P1 和 P2 组合而成，那么它的复杂程度大于分别考虑每个问题时的复杂程

度之和，从而得到下列不等式：

$$E(\text{P1+P2}) > E(\text{P1}) + E(\text{P2})$$

由此可知，模块划分得越小，花费的工作量就越少，其复杂性也就降得越低。这个不等式导致“各个击破”的结论，即关于“软件模块化可以降低复杂性”的有利论据。但并不等于说软件模块化“一定降低复杂性”，因为论证是在 $C(\text{P1+P2}) > C(\text{P1}) + C(\text{P2})$的前提下推出的，并未考虑到由于模块划分小而导致模块之间的关系复杂程度的提高。当模块总数增加，与模块接口有关的工作量也随之增加，从图 4.2 可以看出。因此，要模块化但应避免模块性不足或者超模块性。

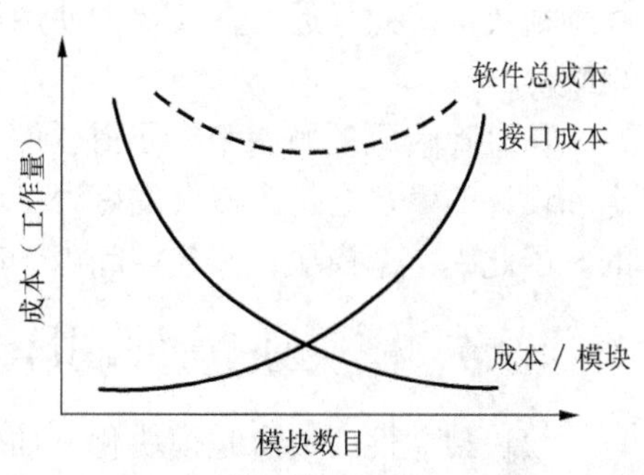

图 4.2　模块数目和成本的关系

如果模块与外部联系多，模块的独立性差；与外部联系少，则模块独立性强。当然模块划分的大小应当取决于它的功能和应用。由以上分析可知，软件模块化的过程必须致力于降低模块与外部的联系，提高模块的独立性，才能有效降低软件复杂性，使软件设计、测试、维护等工作变得简单和容易。

4.3.2　抽象

模块最重要的特征有两个：一是抽象，二是信息隐蔽。抽象是人类认识自然界中的复杂事物和复杂现象过程中使用的一种思维工具。客观世界中的事物形形色色，千变万化。但是人们在实践中发现，形形色色的事物、状态之间存在着某些相似或共性的方面，把这些相似或共性的方面集中或概括起来，暂时忽略其他次要因素，这就是抽象。简单地讲，抽象就是抽出事物本质的共同的特性而暂时忽略它们之间的细节差异。

模块反映了数据和过程的抽象。在模块化问题求解时，可以提出不同层次的抽象（Levels of Abstraction）。在抽象的最高层，可以使用问题环境语言，以概括的方式叙述问题的解。在抽象的较低层，则可采用过程性术语，在描述问题解时，面向问题的术语与面向实现的术语结合起来使用。最终，在抽象的最底层，可以用直接实现的方式来说明。实际上，软件工程过程的每一步，都是对软件解的抽象层次的一次细化。在系统问题定义过程中，把软件作为计算机系统的一个元素来对待。在软件需求分析时，软件的解使用问题环境中常用的术语来描述。当从总体设计进入详细设计时，抽象的层次进一步减少。最后，当源代码写出时，抽象的最底层也就达到了。

随着对抽象不同层次的进展，建立了过程抽象和数据抽象。过程抽象是一个命名的指令序列，它具有一个特定的和受限的功能。数据抽象则是一个命名的说明数据对象的数据集合。控制抽象是软件设计中第三种抽象形式。如过程抽象和数据抽象一样，控制抽象隐含了程序控制机制，而不必说明它的内部细节。

4.3.3　信息隐蔽和局部化

应用模块化原理可以降低软件设计复杂度和减少软件开发成本，那么应当如何分解一个软件以得到最佳的模块组合呢？信息隐蔽原理设计和确定模块原则应该使得包含在模块内的信息（过程和数据），对于不需要这些信息的模块是不能访问的。

信息隐蔽意味着有效的模块化可以通过定义一组独立的模块来实现，这些模块彼此之间仅仅交换那些为了完成系统功能所必须交换的信息。

局部化概念和信息隐蔽是密切相关的。所谓局部化，就是指把一些关系密切的软件元素物理地放得彼此靠近。在模块中使用局部量就是局部化的一个例子。显然局部化有助于信息隐蔽。

信息隐蔽原理的使用，使得软件在测试及以后的维护期间软件维修时变得简单。这样规定和设计的模块会带来极大的好处，因为绝大多数的数据和过程对于软件其他部分是看不到的。因此，一个模块在修改期间由于疏忽而引入的错误传播到其他软件部分的可能性极小。

4.3.4 模块独立性及其度量

模块独立性的概念是模块化、抽象、信息隐蔽和局部化概念的直接结果。模块独立性是通过开发具有单一功能和与其他模块没有太多交互作用的模块来达到的。也就是说，希望所设计的软件结构应使每个模块完成一个相对独立的特定功能，并且和其他模块之间的接口很简单。

模块的独立性是一个好的软件设计的关键。具有独立模块的软件容易开发，这是由于能够对软件的功能加以分割，而且相互接口不复杂，可由一组人员同时开发。由于模块互相独立，在各自设计和修改代码时所引起的二次影响不大，错误传播少。

模块的独立性可以从两个方面来度量，即模块之间的耦合和模块本身的内聚。耦合是指模块之间相互独立性的度量,内聚则是指模块内部各个成分之间彼此结合的紧密程度的度量。

1. 耦合

软件结构内模块之间联系程度用耦合来度量。耦合强弱取决于模块相互之间接口的复杂程度，一般由模块之间的调用方式、传递信息的类型和数量来决定。在软件设计中应该追求尽可能弱耦合的系统，这样的程序容易测试、修改和维护。此外，当某一个模块出现错误时，蔓延到整个系统的可能性很小。因此，模块之间的耦合程度对系统的可理解性、可测试性、可靠性和可维护性有很大的影响。

模块的耦合性有以下几种类型。

（1）无直接耦合

如果两个模块分别从属于不同模块的控制与调用，它们之间不传递任何信息，没有直接的联系，互相独立，称无直接耦合。但在一个软件系统中所有模块之间不可能没有任何关系。

（2）数据耦合

如果两个模块之间有调用关系，相互传递的信息以参数的形式给出，而且传递的信息仅仅是简单的数据，则称数据耦合。

（3）标记耦合

如果两个模块之间传递的是数据结构，而且被调用模块不需要作为参数传递过来的整个数据结构，只需要使用数据结构其中一部分数据元素，则称为标记耦合。

（4）控制耦合

当一个模块调用另一个模块时，传递的信息控制了该模块的功能，则称为控制耦合。即被调模块内有多个功能，根据控制信息有选择地执行块内某一功能。这种模块之间联系可能引起以下后果，如功能分解不彻底，需要再分解；分解之后可用数据耦合代替。

（5）公共环境耦合

两个或多个模块共用一个数据环境，称公共环境耦合。公共环境可以是全程变量、内存的公共覆盖区等。

公共环境耦合的复杂程度随着耦合模块个数的增加而显著增加。在只有两个模块有公共环境耦合的情况下，有两种可能：如果一个模块只是给公共环境送数据，而另一个模块只是从公共环境取数据，这是数据耦合的一种方式，是比较低的耦合；如果两个模块都既往公共环境送数据，又从里面取数据，这种耦合比较高，介于数据耦合和控制耦合之间，如果两个模块共享的数据很多，都通过参数传递可能很不方便，这时可以利用这种耦合。

（6）内容耦合

一个模块直接访问另一个模块的内部数据，一个模块不通过正常入口而转入另一个模块内部，一个模块有多个入口，这都属于内容耦合。内容耦合属于最高程度的耦合，也是最差的耦合，应避免使用。

总之，在设计模块时尽量做到把模块之间的联系限制到最少程度，模块环境的任何变化都不应引起模块内部发生改变。最好一个模块只做一件事情，如果一件事情由 *N* 个模块来完成，互相联系增加，块间联系就高了，为了减少接口代价，就要适当合并一些。尽量使用数据耦合，少用标记耦合和控制耦合，限制公共环境耦合的范围，完全不用内容耦合。

2. 内聚

模块内部各个元素之间的联系称为内聚，也称块内联系。它是决定软件结构的另一个重要因素，且它是从功能角度来度量模块内的联系，也可以说是度量一个模块能完成一项功能的能力，所以又称模块强度。人们总是希望内聚性越高越好，模块强度越强越好，模块的内聚性有以下几种类型。

（1）偶然内聚

模块内的元素之间没有意义上的联系。例如，一些没有联系的处理序列在程序中多次出现或在 *N* 个模块中出现，如：

```
move    a to b;
read    disk file;
move    c to d;
   ⋮
```

这 *N* 条语句是一组没有独立功能定义的语句段，为了节省存储，将它们组成一个模块，这个模块就属于偶然内聚，也称共存性块内联系，这种模块不仅不易修改，而且无法定义其功能，增加了程序的模糊性，这是最差的内聚情况，故一般是不采用的。

（2）逻辑内聚

将逻辑上相同或相似的一类任务放在同一个模块中，每次被调用时，由传送给模块的参数来确定该模块应完成的某一功能。例如，对某一个数据库中的数据可以按各种条件进行查询，这些不同的查询条件所用的查询方式也不相同，设计时，不同条件的查询放在同一个“查询”模块中，这就是逻辑内聚。

（3）时间内聚

把需要同时执行的动作组合在一起形成的模块称为时间内聚模块。例如，模块完成各种初始化工作，同时打开若干个文件，同时关闭若干个文件等。

（4）通信内聚

如果模块中所有元素都使用相同的输入数据或者产生相同的输出数据，则称为通信内聚。例如，利用同一数据生成各种不同形式报表的模块具有通信内聚性。

（5）顺序内聚

一个模块中各个处理元素都紧密相关于同一个功能且必须顺序执行，此模块的块内联系属顺序内聚。例如，求解一元二次方程的根，先输入系数，再求解，最后打印方程解，这些处理成分都与求解有关，必须顺序执行。通常一个处理元素的输出数据作为下一个元素的输入数据。

（6）功能内聚

模块内所有元素属于一个整体，共同完成一个单一功能，缺一不可，则称为功能内聚。例如，一个模块只完成矩阵求逆或打印统计表这样的具体任务，则该模块具有功能内聚性。功能内聚是最高强度的内聚。

一般认为，偶然内聚、逻辑内聚和时间内聚属于低内聚，通信内聚属于中内聚，顺序内聚和功能内聚属于高内聚。在设计软件时尽可能做到高内聚，并且能辨认出低内聚的模块，从而通过修改设计提高模块的内聚性，降低模块之间的耦合程度，提高模块的独立性，为设计高质量的软件结构奠定基础。

4.4 数据库设计

本书 3.6 节所介绍的系统数据部分的需求分析结果为概念模型即 E-R 图，也即对应一般数据库系统中所称的“概念模型设计”结果。全局 E-R 模型是与数据模型和计算机软硬件环境无关的，概念模型的结果（E-R 模型）无法在计算机中直接使用，需要转化为特定 DBMS 所支持的数据模型。目前的环境下，进入设计阶段后，一般需要将该 E-R 模型进行转化为关系模型并进行优化，然后再继续转化为特定 DBMS 的逻辑模式。本节讨论设计阶段数据库 E-R 模型向关系模型特定逻辑模式的转化问题。

4.4.1 数据库系统的三级模式概念

数据库系统的三级模式结构是指数据库系统是由外模式、模式和内模式 3 级构成，如图 4.3 所示。数据库系统的三级模式是对数据的 3 个抽象级别，为了能够在系统内部实现这 3 个抽象层次的联系和转换，数据库管理系统在这 3 级模式之间提供了两层映像：外模式/模式

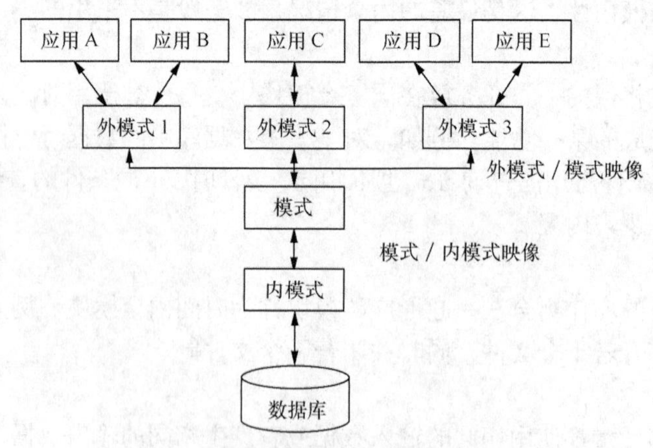

图 4.3 数据库系统的三级模式结构示意图

映像和模式/内模式映像，这两层映像保证了数据库系统中的数据能够具有较高的逻辑数据独立性和物理独立性。关于此部分内容的详细阐述可以参考数据库系统原理方面的相关书籍，此处不再赘述。

其中，模式也称为逻辑模式，是数据库全体逻辑结构和特征的描述，是所有用户的公共数据视图。模式是数据库系统模式结构的中间层，既不涉及物理存储细节和硬件环境，也与具体的应用程序、所使用的应用开发工具无关。一个数据库只有一个模式，该模式以某一种数据模型为基础，统一综合考虑所有用户的需求，并将这些需求有机地结合成一个逻辑实体。需求分析阶段针对数据所做的需求结果描述 E-R 模型，主要就是针对模式来定义的，实际应用中，设计阶段需要把 E-R 模型转换为模式。

外模式也称为子模式或用户模式，它是数据库用户（包括应用程序员和最终用户）能够看见和使用的局部数据的逻辑结构和特征的描述，是与某一应用有关的数据的逻辑表示。外模式通常是模式的子集，一个数据库可以有多个外模式，同一外模式也可以为某一用户的多个应用系统所使用，但一个应用程序只能使用一个外模式。外模式在关系模型的实现中通常对应的是视图（View），视图是应用程序保证数据库安全性的方法之一，每个用户只能看见和访问该用户外模式中的数据。设计阶段中需要先定义模式后再根据应用程序需求，定义相应的外模式。

内模式也称为存储模式，一个数据库只有一个内模式，它是数据物理结构和存储方式的描述，是数据在数据库内部的表示方式。一般应用中，内模式的定义和操作主要靠 RDBMS 来完成和实现，应用程序用户一般不涉及内模式的操作。

4.4.2　数据库逻辑设计原则

概念结构是独立于任何一种数据模型的信息结构。从理论上讲，数据库逻辑设计应该选择最适合于相应概念结构的数据模型，然后对支持该数据模型的各种 DBMS 进行比较后，选择最合适的 DBMS，但是实际情况是设计人员选择的余地很小。目前 DBMS 产品一般支持关系、网状、层次 3 种模型中的一种，对于特定模型，各机器系统又有自己的一些限制，提供不同的环境与工具。因此逻辑结构的设计一般分 3 步进行，如图 4.4 所示。

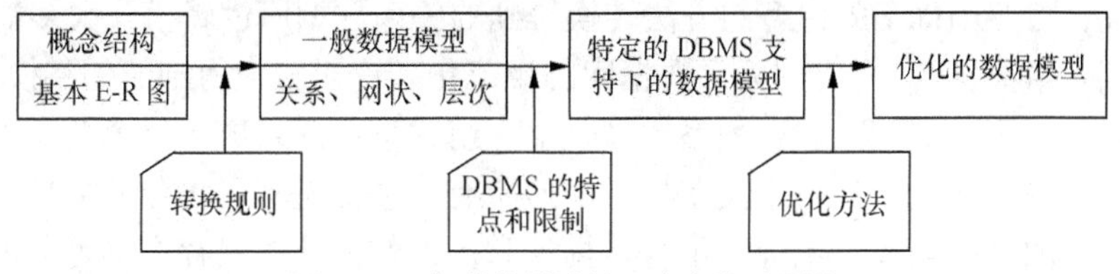

图 4.4　逻辑结构设计的 3 个步骤示意图

因为目前的数据库应用系统大多采用关系数据模型的RDBMS产品，所以这里只介绍E-R模型向关系数据模型的转换方法。

E-R 模型向关系模型的转换要解决的问题是如何将实体型和实体之间的联系转换为关系模式，如何确定这些关系模式的属性和码。针对 E-R 图中的实体、联系和属性，这种转换一般遵循如下原则。

① 每个实体转换为一个关系模式，实体的属性就是关系的属性，实体的码就是关系的码。

② 对于实体之间的联系，则根据其联系类型，分别按照以下情况转换：

a. 1:1 联系：将该联系可以转换并归并到任何一个实体端转换后的关系模式中，同时将另一个实体的码和联系的属性一并加入到联系所在的实体端所对应的关系模式；

b. 1:*n* 联系：将 1 端实体的码和联系的属性都转换归并到多端实体转换后的关系模式中，转换以后关系模式的码为多端实体的码；

c. *m*:*n* 联系：将联系转换为一个单独的关系模式，与该联系相连的实体的码及联系本身的属性均转换为关系的属性，各实体的码组成该关系模式的码或关系码的一部分；

d. 3 个或 3 个以上实体之间的一个多元联系可以转换为一个关系模式，与该多元联系相连的各实体的码及联系本身的属性均转换为关系的属性，各实体的码组成该关系模式的码或关系码的一部分；

e. 具有相同码的关系模式可合并。

4.4.3 关系数据库规范化

目前的 RDBMS 产品已经很好地实现了存储、索引和查询等技术，使用户可以方便地处理数据，尤其是能够快速查询数据。但如何充分和有效使用数据库，就要求在具体的数据库应用程序中必须对数据模型进行精心设计，以便充分发挥数据库的作用。而规范化方法就是专门针对关系模型建立的一种数据库设计方法。

关系数据库中的规范化问题是指关系数据库中的关系必须满足一定的规范化要求，对于不同的规范化程度可用范式来衡量。关系数据库规范化理论主要解决的是如何构造合适的数据逻辑结构的问题。范式是符合某一种级别的关系模式的集合，是衡量关系模式规范化程度的标准，达到标准的关系才是规范化的。目前主要有 6 种范式：第一范式、第二范式、第三范式、BC 范式、第四范式和第五范式。满足最低要求的叫第一范式，简称为 1NF。在第一范式基础上进一步满足一些要求的为第二范式，简称为 2NF。其余以此类推。显然各种范式之间存在关系：1NF$\supset$2NF$\supset$3NF$\supset$BCNF$\supset$4NF$\supset$5NF。

通常把某一关系模式 R 满足第 *n* 范式简记为 R$\in$*n*NF。

在这些范式中，最重要的是 3NF 和 BCNF，它们是进行规范化的主要目标。一个低一级范式的关系模式，通过模式分解可以转换为若干个高一级范式的关系模式的集合，这个过程称为规范化。关于模式分解的原理和规则，感兴趣的读者可以查阅数据库原理的相关书籍。

一般来说，按照前面 ER 模型的方法转换得到的关系数据库逻辑模式大多能达到 3NF，但有时也有例外情况，所以需要用关系数据库的规范化理论对转换得到的关系模式进行验证。

众所周知，从用户的观点看，关系模型是由一组关系模式组成，每个关系模式的数据结构是一张规范化的二维表。当一个关系模式中的所有分量都是不可再分的数据项时，该关系模式就是规范化的，即当表中不存在组合数据项和多值数据项，只存在不可分的数据项时，这个表就是规范化的，或称该表满足第一范式。

定义 4.1 如果关系模式 R 中每个属性值都是一个不可分解的数据项，则称该关系模式满足第一范式（First Normal Form），简称 1NF，记为 R$\in$1NF。

但是满足第一范式的关系模式并不一定是一个好的关系模式，由于数据冗余度大有可能会出现插入异常、删除异常和修改异常现象。

定义 4.2 如果一个关系模式 R$\in$1NF，且它的所有非主属性都完全函数依赖于 R 的任一候选码，则 R$\in$2NF。

2NF 就是不允许关系模式的属性之间有这样的依赖 X$\rightarrow$Y，其中 X 是码的真子集，Y 是非主属性。显然，码只包含一个属性的关系模式，如果属于 1NF，那么它一定属于 2NF，因为它不可能存在非主属性对码的部分函数依赖。

一般地，采用投影分解法将一个 1NF 的关系分解为多个 2NF 的关系，可以在一定程度上减轻原 1NF 关系中存在的插入异常、删除异常、数据冗余度大等问题。但是将一个 1NF 关系分解为多个 2NF 的关系，并不能完全消除关系模式中的各种异常情况和数据冗余。也就是说，属于 2NF 的关系模式并不一定是一个好的关系模式。

定义 4.3 如果一个关系模式 R∈2NF，且所有非主属性都不传递函数依赖于任何候选码，则 R∈3NF。

将一个 2NF 关系分解为多个 3NF 的关系后，并不能完全消除关系模式中的各种异常情况和数据冗余。也就是说，属于 3NF 的关系模式虽然基本上消除大部分异常问题，但解决得并不彻底，仍然存在不足，仍然存在改进的余地。

定义 4.4 关系模式 R∈1NF，对任何非平凡的函数依赖 X→Y，X 均包含码，则 R∈BCNF。

BCNF 是从 1NF 直接定义而成的，可以证明，如果 R∈BCNF，则 R∈3NF。

规范化的基本思想是逐步消除数据依赖中不合适的部分，使模式中的各关系模式达到某种程度的“分离”。即采用“一事一地”的模式设计原则，让一个关系描述一个概念、一个实体或实体间的一种联系。若多于一个概念就把它“分离”出去。因此所谓规范化实质上是概念的单一化。在函数依赖范畴，规范化达到 BC 范式就基本满足应用的数据要求了。

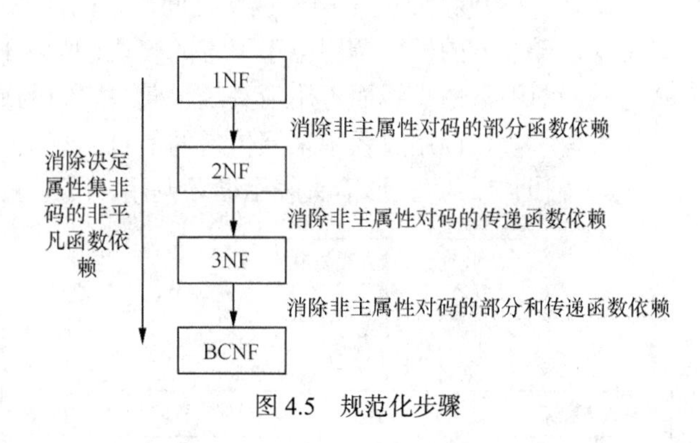

图 4.5　规范化步骤

关系模式规范化的基本步骤如图 4.5 所示。

（1）对 1NF 关系进行投影，消除原关系中非主属性对码的部分函数依赖，将 1NF 关系转换成为若干个 2NF 关系。

（2）对 2NF 关系进行投影，消除原关系中非主属性对码的传递函数依赖，从而产生一组 3NF。

（3）对 3NF 关系进行投影，消除原关系中非主属性对码的部分函数依赖和传递函数依赖（也就是说，使决定属性都成为投影的候选码），得到一组 BCNF 关系。

以上 3 步也可以合并为一步：对原关系进行投影，消除决定属性不是候选码任何函数依赖，即从 1NF 直接变换为 BCNF。

在函数依赖范畴，属于 BCNF 的关系模式已经很完美了。但如果考虑其他数据依赖，例如，多值依赖，属于 BCNF 的关系模式仍存在问题，不能算是一个完美的关系模式。多值依赖范畴的规范化标准依次序称为第四范式，连接依赖范畴的规范化标准依次序称为第五范式，这些超出了本书函数依赖范畴，此处不再详细介绍，感兴趣的读者可以查阅关系数据库理论的相关书籍。

规范化程度过低的关系可能会存在插入异常、删除异常、修改复杂、数据冗余等问题，需要对其进行规范化，转换成高级范式。但这并不意味着规范化程度越高的关系模式就越好。在设计数据库模式结构时，如关系模式分解过多，势必在数据查询时要用到较多的连接运算，这样就会影响查询速度。因此，在实际设计关系模式时，必须以现实世界的实际情况和用户应用需求做一步分析，综合多种因素，确定一个合适的、能够反映现实世界的模式。

4.5 软件结构设计的图形工具

本节介绍在总体设计阶段可能会用到的几种图形工具：软件结构图、层次图和 HIPO 图。

4.5.1 软件结构图

软件结构图是软件系统的模块层次结构，是进行软件结构设计的有力工具，用来表达软件的组成模块及其调用关系。在软件工程中，一般采用 20 世纪 70 年代美国 Yourdon 等提出的称为结构图（Structure Chart，SC）的工具来表示软件结构。结构图的主要内容如下。

① 模块：用方框表示，方框中写上模块的名字，模块名最好能反映模块功能。

② 模块的调用关系：两个模块之间用单向箭头或直线连接起来表示它们的调用关系，一般总是位于上方的模块调用位于下方的模块，所以不用箭头也不会产生二义性，为方便起见，软件结构图中只用直线而不用箭头表示模块之间的调用关系。在调用线两旁通常还有带注释的箭头表示模块调用过程中来回传递的信息，箭头指明传送的方向，如图 4.6 所示。

③ 辅助符号：弧形箭头表示循环调用；菱形表示选择或者条件调用，如图 4.7 所示。

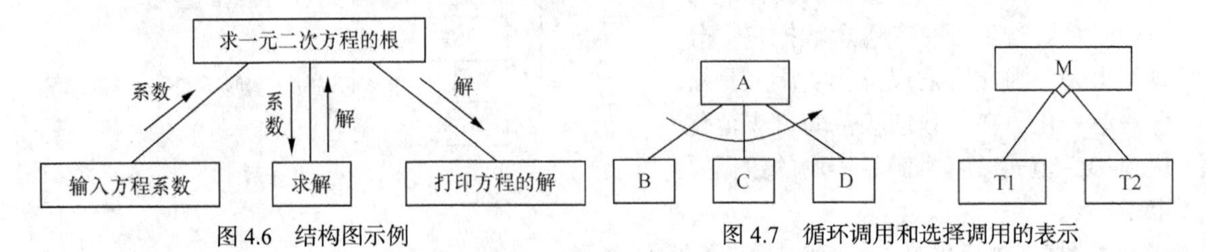

图 4.6 结构图示例

图 4.7 循环调用和选择调用的表示

画结构图时应注意，以同一名字命名的模块在结构图中仅允许出现一次；调用关系只能从上到下，调用次序可以依据数据传递关系来确定，一般由左向右；结构图要尽量画在一张纸上且保持结构的清晰性。

4.5.2 层次图

层次图是进行软件结构设计的另一种图形工具。层次图和结构图类似，也是用来描绘软件的层次结构。层次图中的每一个矩形框代表一个模型，矩形框之间的关系表示调用关系。层次图的形式虽然和第 3 章 3.5 节中介绍的描绘数据结构的层次方框图相同，但表示内容却有本质的区别。层次方框图中方框代表一个数据，方框之间的连线表示组成关系。图 4.8 所示为层次图的一个例子，最顶层的方框是文字处理系统的主控模块，它调用下层模块完成文字处理的全部功能，第二层的每个模块控制完成文字处理的一个主要功能。例如，“编辑”模块通过调用它的下属模块可以完成 4 种功能中的任何一种。

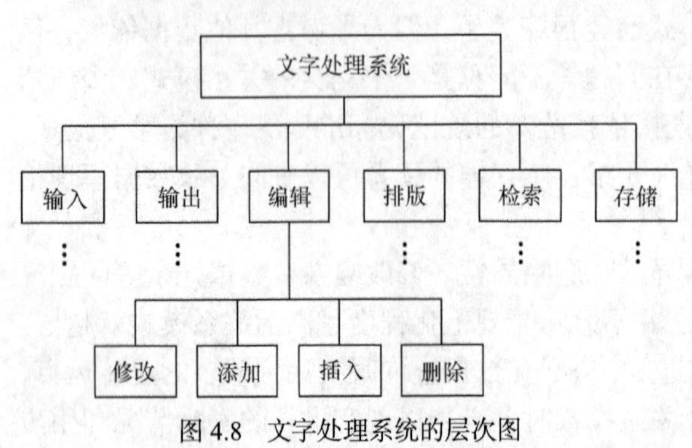

图 4.8 文字处理系统的层次图

层次图适用于在自顶向下设计软件结构过程中使用，而且通常用层次图来作为描绘软件结构的文档。

4.5.3　HIPO 图

HIPO（Hierarchy Plus Input-Process-Output）图是层次图加上输入—处理—输出图的英文缩写，是美国 IBM 公司 20 世纪 70 年代发展起来的表示软件开发中常用的一种层次结构的描述工具，也可以看成一种自顶向下按功能逐层分解的设计方法。为了能使 HIPO 图具有可追踪性，在 H 图（层次图）中除了最顶层的方框之外，每个方框都加了编号。图 4.9 是图 4.8 加了编号以后得到的。

完整的 HIPO 图由层次图（H 图）、概要 IPO 图、详细 IPO 图 3 部分组成。H 图给出了模块的分解，用分层的方框表示，和 H 图中每个方框相对应的一张 IPO 图用来描绘这个方框代表的模块内的输入、输出和要完成的功能。每张 IPO 图要编号且与 HIPO 图中编号要一一对应，以便了解该模块在软件结构中的位置。

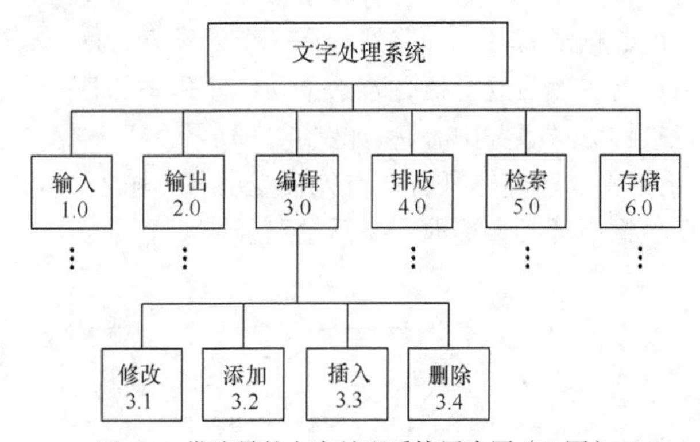

图 4.9　带编号的文字处理系统层次图（H 图）

4.6　结构化设计方法

结构化设计方法是一种把在需求分析阶段得到的数据流图如何映射为软件结构图的一种基于数据流的设计方法。通常用数据流图描绘信息在系统中的加工和流动情况。结构化设计方法定义了一些不同的“映射”，利用这些映射可以把数据流图变换成软件结构图，是在比模块更高一级的层次上讨论软件结构问题。

4.6.1　数据流图及其类型

结构化设计方法是以数据流图为基础设计系统的软件结构。无论数据流图多么庞大和复杂，经过对数据流图中的数据流进行分析，按照数据流图的性质可以将数据流图分成两种基本类型：变换型和事务型。一般情况下是这两种类型的混合型，即一个系统可能既有变换型也含有事务型。

（1）变换型数据流图

变换型数据流图基本呈线性形状的结构，由输入、变换、输出 3 部分组成。变换是系统的变换中心。变换输入端的数据流为系统的逻辑输入，输出端为逻辑输出，而系统输入端的数据流为物理输入，输出端为物理输出，如图 4.10 所示。

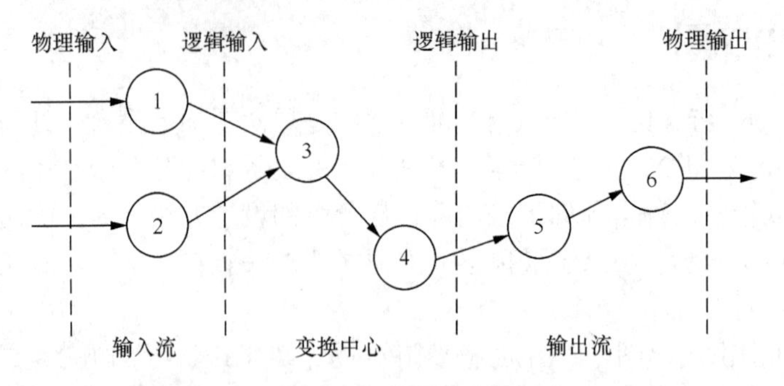

图 4.10 变换型数据流图

（2）事务型数据流图

当一个数据项到达处理某个模块时，将有多个动作之一，这就是事务型的。这种类型的数据流图常呈辐射状，即数据沿着输入通路到达下一个处理 T，这个处理根据输入数据的类型分离成一束平行的数据流，然后选择执行若干个动作序列中的某一个来执行。通常，发出多条路径的数据流中枢被称为“事务中心”，如图 4.11 所示。

事务处理中心 T 要完成 3 项基本任务，首先接受事务（输入数据），然后分析每个事务以确定它的类型，最后根据事务类型选取一条活动路径。

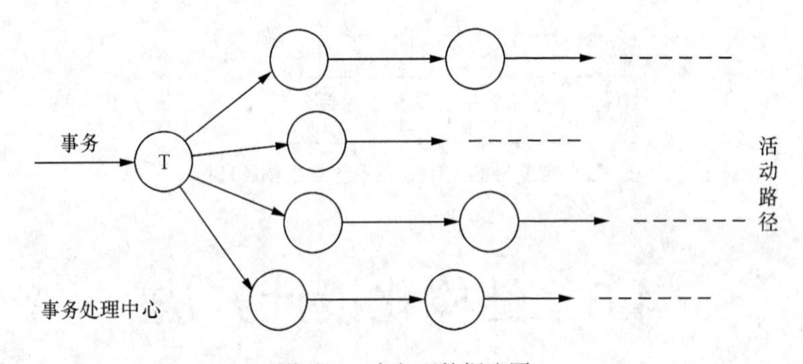

图 4.11 事务型数据流图

4.6.2 结构化设计方法的步骤

结构化设计方法的步骤如下：

① 复审数据流图，必要时可进行修改或精化；

② 确定数据流图类型：如果是变换型，确定逻辑输入和逻辑输出的边界，找出变换中心，映射为变换结构的顶层和第一层；如果是事务型，确定事务中心和活动路径，映射为事务结构的顶层和第一层，建立软件结构的基本框架；

③ 分解上层模块，设计中下层模块结构；

④ 根据软件结构设计准则对软件结构求精并改进；

⑤ 导出接口描述和全程数据结构；

⑥ 复审，如果有错，转入修改完善，否则进入下一阶段详细设计。

4.6.3　变换型数据流图的分析设计

当数据流图被确定为变换型时，则按照下列步骤设计。

1. 确定逻辑输入和逻辑输出的边界，找出变换中心

寻找变换中心是设计的核心工作，也是一项困难的工作。有的系统很明显，多个数据流汇集的一点，就可以看成是变换中心。如果变换中心一时不好确定，应先找出逻辑输入和逻辑输出，夹在它们中间的就是变换中心。小的系统可能只有一个变换中心，而大的系统可能有几个变换中心。此时应为每一个变换中心设计一个变换模块，它的功能是接受输入，做加工处理，再输出。图 4.12 所示为具有边界的数据流图，数据流图的 3 部分就确定了。

2. 设计软件结构的顶层和第一层

可以看出图 4.12 只有一个变换中心，变换中心确定以后，就相当于决定了主模块的位置，这就是软件结构的顶层，如图 4.13 所示。其功能是整个系统要达到的目标，用来完成所有模块的控制。在设计好“顶”层后，就可以设计第一层。第一层至少要有输入、输出和变换中心 3 种功能的模块。为每个逻辑输入设计一个输入模块，其功能是为主模块提供输入；为变换中心设计一个变化模块，其功能是接受输入，做中心变换，再输出；为每个逻辑输出设计一个输出模块，其功能是从主模块接受输出。这些模块之间的数据传送应该与数据流图相对应。

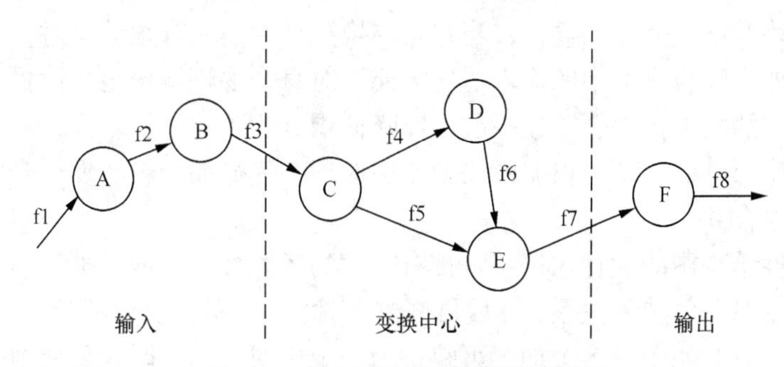

图 4.12　具有边界的变换型数据流图

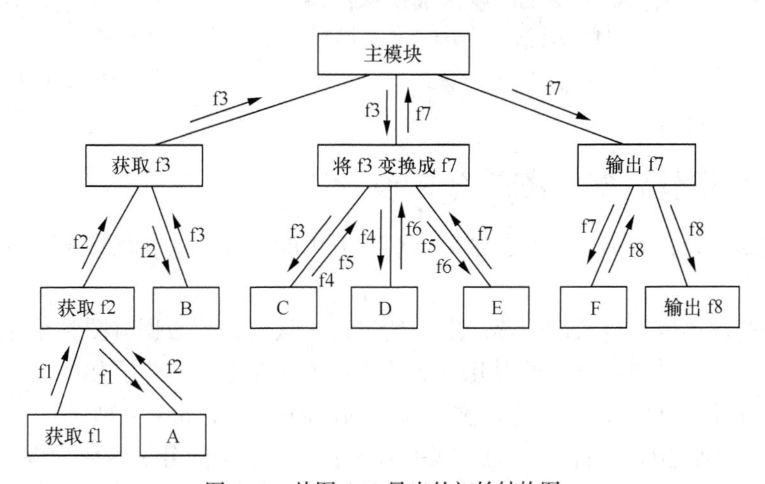

图 4.13　从图 4.12 导出的初始结构图

3. 设计中下层模块

中下层模块的设计，根据第一层的模块，自顶向下，逐步细化，分别为每个模块设计出它的下属模块。

通常先设计输入和输出的下属模块。由于输入模块的功能是向它的调用模块提供数据，所以必须要有数据来源。这样的输入模块至少应该由两部分组成：一部分接受输入数据；另一部分将数据按调用模块的要求转换后提供给调用者。因此输入模块一般可以设计两个下属模块：一是输入模块，另一个是转换模块。用类似的方法一直分解下去，直到物理输入端。如图 4.13 中模块“获取 f3”和“获取 f 2”的分解，直到“获取 f1”模块为物理输入模块。同样，至少也应为输出模块设计两个下属模块：一是从调用它的模块接受数据进行转换；另一个是输出，一直到物理输出端。如图 4.13 中模块“输出 f7”的分解，“输出 f8”为物理输出模块。

在设计完输入和输出的中下层模块以后，还要为变换中心模块设计下属模块。变换中心的下属模块的设计应根据数据流图中变换中心的组成情况，一般为数据流图中每个基本加工建立一个功能模块，如图 4.13 中模块“C”、“D”和“E”。运用变换型分析技术可以比较容易地得到与数据流图相对应的软件初始结构图（见图 4.13）。

4. 对初始结构图优化

得到软件初始结构图之后，还必须根据前面讲的设计原理和设计准则对该软件结构进行优化求精。

首先考虑输入和输出部分的求精。对每个物理输入设置专门模块，以体现系统的外部接口，其他输入模块并不是真正的输入，当它与转换数据的模块都很简单时，可以将它们合并成一个模块，例如，高级语言中的输入语句 read。对每个物理输出也要设置专门模块，同时注意把相同或相似的物理模块合并在一起，以降低耦合度。

然后考虑变换部分的求精，根据模块独立性原理，遵循高内聚、低耦合原则，合理地对模块进行再分解或合并。

实际中对软件结构图的优化求精，常带有很大的经验性。一般数据流图中的加工和软件结构中的模型是一对一的映射关系，然后再修改。事实上，不能生搬硬套一对一的映射规则，要根据实际情况，有时两个或多个加工可映射为一个模块，但有时也可能把一个加工扩展为两个或多个模块，甚至没有加工也可以添加模块。因此要根据具体情况灵活掌握设计方法，在完成控制功能的前提下，仔细设计每个模块的接口，每个模块的规模要适中，不要太复杂，尽量做到每个模块都是高内聚低耦合。最终得到一个易于实现、易于测试和易于维护的、具有良好特征的软件结构。

4.6.4 事务型数据流图的分析设计

当数据流图被确定为事务型时，则采用事务分析的设计方法，从事务型数据流图导出初始的软件结构图。

事务型分析设计也是自顶向下逐步细化地进行，从事务型数据流图到软件结构的映射与变换映射相似，区别在于事务型要对几个活动路径做调度处理，步骤如下。

① 在数据流图上确定事务中心、输入流和活动路径，如图 4.14 所示。

② 设计事务结构的顶层和第一层。即把数据流图的 3 部分分别映射为事务控制模块（主模块）作为顶层模块，它有两个功能：一是接收数据，二是根据事务类型调度相应的处理模

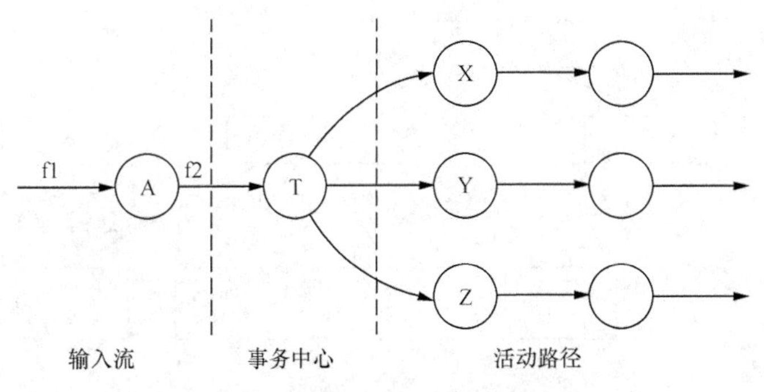

图 4.14　具有边界的事务型数据流图

块。事务软件结构的第一层包括一个接收分支和一个发送分支，如图 4.15 所示。

接收分支负责接收数据，发送分支一般包含一个调度模块，它控制协调所有的下层事务处理模块，如果事务类型不多，调度模块可与主模块合并。

③ 设计事务结构的中下层：

为每一种事务处理设计一个事务处理模块；

为事务处理设计操作模块；

为操作模块设计细节模块；

某些操作模块和细节模块可以被它们的调用模块共享。

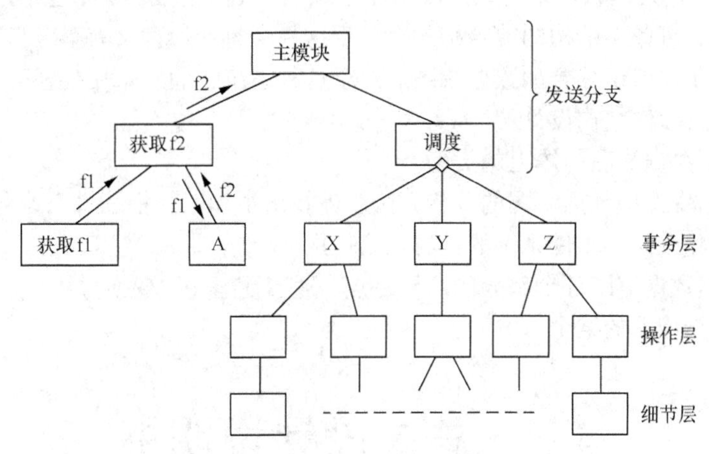

图 4.15　从图 4.14 导出的初始结构图

④ 对初始的事务结构优化工作同变换结构。

【例 4.1】将 3.4.3 小节中的【例 3.3】中的销售事务处理系统中的根据顾客订单记录进行各种统计分类的数据流图转换为软件结构图。分析该系统的 0 层图，它有 4 个主要功能，即按销售日期统计、按顾客区域统计、按货物品种统计和按顾客姓名统计。这 4 个处理可平行工作，因此从总体上分析可按事务型数据流图来设计，根据功能键来选择 4 个处理中的一个。设计出的软件结构图如图 4.16 所示。

对于一个大型系统，数据流图往往是变换型和事务型的混合，属于综合的数据流图。此时，应确定数据流图整体上的类型，一般是以变换分析为主、事务分析为辅进行设计。先找出变换中心，即设计出结构图的顶层，然后根据数据流图各部分的特点，适当选用变换分析或事务分析技术，导出初始软件结构图。在实际问题的应用中，要灵活地运用变换型分析和

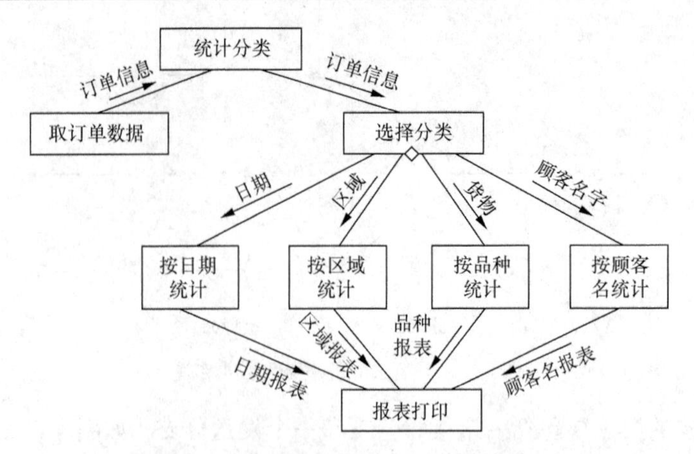

图 4.16 销售统计分类的软件结构图

事务型分析，不要机械地遵循，避免造成一些不必要的控制模块。在设计完毕之后要根据软件设计准则对软件结构图进行合理的优化。在对软件结构优化时，首先应保证其正确性，即先使它能工作，其次再使它快起来。一个不能工作的“最佳设计”的价值是值得怀疑的。

4.6.5 综合分析设计

在实际中，一些大型软件系统数据流图往往既不是单纯的变换型，也不是单纯的事务型，而是变换型结构和事务型结构的混合结构。对于这种既有变换型又有事务型两种类型混合在一起的综合型问题，属于综合型数据流图。对于这种系统，通常采用变换分析为主、事务分析为辅的方式进行软件结构设计。

① 首先确定数据流图整体上的类型。

② 然后利用变换型数据流图的分析方法，先找出主加工，把软件系统分为输入、变换、输出三部分，由此设计出软件系统的顶层和第一层。

③ 最后根据数据流图各个部分的结构特点，适当地运用“变换分析”或“事务分析”就可得出初始软件结构图的某个方案。

4.7 总体设计说明书

总体设计说明书主要包括以下内容。

1. 引言

1.1 编写目的：阐明编写总体设计说明书的目的，指明读者对象。

1.2 项目背景：项目的委托单位，开发单位和主管部门；该软件系统与其他系统的关系。

1.3 定义：列出文档中用到的专门术语定义和缩写词的原意。

1.4 参考资料：列出这些资料的作者、标题、编号、发表日期、出版单位或资料来源，包括项目经核准的计划任务书，合同或上级机关的批文；项目开发计划；需求规格说明书；测试计划（初稿）；用户操作手册（初稿）；文档所引用的资料、采用的标准或规范。

2. 任务概述

2.1 目标

2.2 运行环境
2.3 需求概述
2.4 条件与限制
3. 总体设计
3.1 处理流程
3.2 总体结构和模块外部设计（给出软件系统的结构图）
3.3 功能分配：表明各项功能与程序的关系。
4. 接口设计
4.1 外部接口：包括用户界面、软件接口与硬件接口。
4.2 内部接口：模块之间的接口。
5. 数据结构设计
5.1 逻辑结构设计
5.2 物理结构设计
5.3 数据结构与程序的关系
6. 运行设计
6.1 运行模块的组合
6.2 运行控制
6.3 运行时间
7. 出错处理设计
7.1 出错输出信息
7.2 出错处理对策：如设置后备、性能降级、恢复及再启动等。
8. 安全保密设计
9. 维护设计
说明为方便维护工作的设施，如维护模块等。

本章小结

软件总体设计的基本目的是用比较抽象概括的方式确定系统如何完成预定的任务。总体设计阶段主要由两个小阶段组成，首先进行系统设计，从数据流图出发设想完成系统功能的若干种推荐方案，然后比较分析这些方案，最后和用户共同选定一个最佳方案；然后进行软件结构设计，结构化设计方法把软件结构主要划分为变换型和事务型两大类，并且提出与之相应的变换型设计和事务型设计两种方法，以及综合型数据流图的设计方法。

软件结构的模块化设计遵循抽象、信息隐蔽、分解、逐步求精和模块独立性等一系列指导准则。模块独立性是一个良好设计的关键，评价标准主要是模块的耦合和内聚。

数据库设计是指在一个给定的应用环境下，确定一个最优数据模型和处理模式，主要包括数据库逻辑结构设计、物理结构设计和数据规范化。

总体设计阶段产生的文档是总体设计说明书，它既是详细设计、编码的基础，也是进行测试的依据之一。

习 题 4

4.1 总体设计阶段的主要目的和任务是什么?

4.2 为每种类型的模块耦合和模块内聚各举一个具体例子。

4.3 模块的耦合性和软件的可移植性有什么关系?说明理由。

4.4 如何区分数据流图的类型?试述“变换型数据流图”和“事务型数据流图”的设计步骤。

4.5 画出习题3中的第3.8题的软件结构图。

4.6 试将图4.17的变换型数据流图转换成软件结构图。

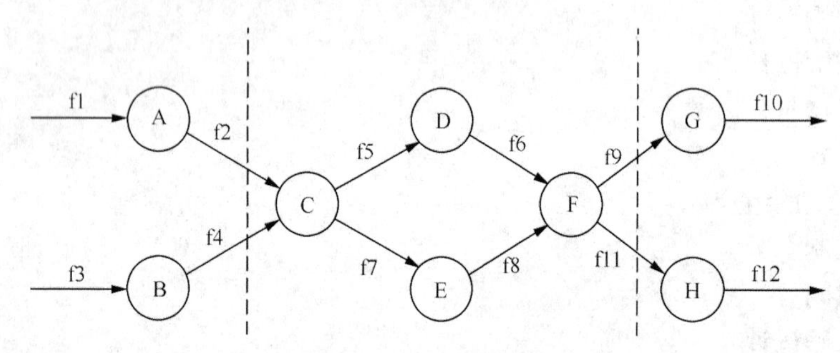

图4.17 变换型数据流图

4.7 工资管理系统中的一个子系统有如下功能。

(1)由基本工资计算应扣除(如水电气费等)的部分;

(2)根据职工的出勤情况计算奖金部分;

(3)根据输入的扣除额及奖金计算工资总额部分;

(4)由工资总额计算应扣除税金部分;

(5)根据计算总额部分和计算税金部分传递来的有关职工工资详细信息生成工资表。

试根据需求画出该问题的数据流图,并将其转换为软件结构图。

4.8 比较软件结构图和层次图的异同。

第 5 章　软件详细设计

详细设计是软件设计的第二阶段，在此之前的总体设计阶段，已将系统划分为多个模块，并将它们按照一定的原则组装起来，同时确定了每个模块的功能及模块与模块之间的外部接口。这一阶段的工作，就是要对系统中的每个模块给出足够详细的过程性描述，故也称“过程设计”。

5.1　详细设计的目的与任务

详细设计的根本目的就是确定应该怎样具体实现所要求的系统，也就是说经过这一阶段的设计工作，应该得出对目标系统的精确描述，具体的就是为软件结构图中每一个模块确定采用的算法和块内数据结构，用某种选定的详细设计工具更清晰地描述，从而在编码阶段可以把这些描述直接翻译成某种程序设计语言书写的源程序。

详细设计阶段的任务是要设计出程序的“蓝图”，以后程序员将根据这个蓝图写出实际的代码。因此，详细设计的结果基本上决定了最终程序代码的质量。考虑程序代码质量时必须注意，程序的“读者”有两个，即计算机和人。在整个软件生存周期中，软件测试、诊断程序错误、修改和软件维护等都必须先读懂程序。实际上对于长期使用的软件系统，读程序的时间可能比写程序的时间要长得多。因此，衡量程序的质量不仅仅看它的逻辑是否正确，性能是否满足要求，更重要的是看它是否易读、易理解。详细设计的目的不仅仅是逻辑上正确地实现每个模块的功能，更重要的是设计的处理过程应该尽可能地简明易懂。结构程序设计技术是实现上述目的的关键技术，因此是详细设计的逻辑基础。

5.2　结构化程序设计

结构化程序设计概念最早是自 E. W. Dijkstra 在 1965 年召开的 IFIP（国际信息处理联合会）会议上提出的。这种方法是处理详细设计中采用的一种典型方法。

结构化程序设计所使用的结构有顺序、条件和重复 3 种。顺序构造实现过程的步骤是任一算法说明的基础。条件结构提供按某些逻辑发生选择处理的条件。重复结构提供循环处理。这 3 种结构对于结构化程序设计是最基本的，也是软件工程领域中一种重要的设计技术。“只有 3 种基本控制结构就能实现任何单入口单出口，且无死循环、死语句的程序。”

结构化程序设计采用自顶向下，逐步求精的设计方法和单入口单出口的控制结构。逐步求精，在总体设计阶段用逐步求精法可以把一个复杂问题解法分解和细划成由许多模块组成的层次结构和软件系统。在详细设计阶段采用此方法可以把一个模块的功能逐层细划为一系列具体步骤。

5.3 详细设计工具

描述程序处理过程的工具称为详细设计工具，可以分为图形、表格和语言 3 类。不论是哪类工具，对它们的基本要求都是能提供对设计准确，无歧义的描述，也就是应该能指明控制流程、处理功能、数据组织及其他方面的实现细节，从而在编码阶段能把对设计的描述直接翻译成程序代码。

目前，用于软件详细设计描述的工具和手段有几十种之多，除了已经介绍过的 HIPO 图、判定表和判定树之外，下面再介绍几种常用的详细设计工具。

5.3.1 程序流程图

程序流程图又称为程序框图，它是一种最古老、应用最广泛，且最有争议的描述详细设计的工具。它易学、表达算法直观。缺点是不够规范，特别是使用箭头使质量受到很大影响，因此必须加以限制，使其成为规范的详细设计工具。

为了使它能够描述结构化的程序，限制只用前面所述的 3 种基本结构。图 5.1 所示为程序流程图的 3 种基本控制结构。

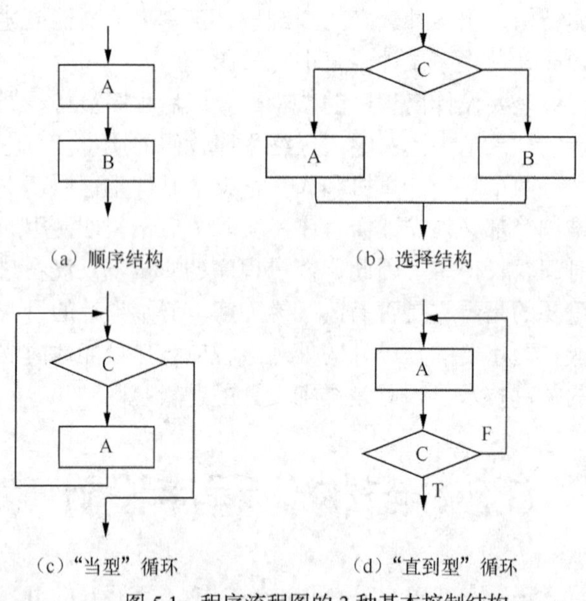

图 5.1　程序流程图的 3 种基本控制结构

程序流程图的优点是对控制流程的描绘很直观，便于初学者掌握，是开发者普遍采用的工具，但是它又有严重的缺点。程序流程图的主要缺点如下：

（1）程序流程图本质上不是逐步求精的好工具，它诱使程序员过早考虑控制流程，而不去考虑程序的整体结构；

（2）程序流程图中用箭头代表控制流，因此程序员不受任何约束，可以完全不顾结构程序设计的精神，随意转移控制，容易造成非结构化的程序结构；

（3）程序流程图不易表示数据结构和层次结构。

但由于程序流程图历史悠久，为最广泛的人所熟悉，尽管它有种种缺点，许多人建议停止使用它，但至今仍在广泛使用着，尤其适合于具体小模块程序。不过总的趋势是越来越多的人不再使用程序流程图了。

5.3.2　盒图（N-S 图）

为了克服流程图在描述程序逻辑时的随意性等缺点，1973 年，Nassi 和 Shneiderman 发表了题为“结构化程序的流程图技术”的文章，提出用盒式图来代替传统的流程图，又称为 N-S 图，N-S 图的主要特点就是只能描述结构化程序所允许的标准结构。图 5.2 所示为 N-S 图对于 3 种基本程序结构的表现方法。

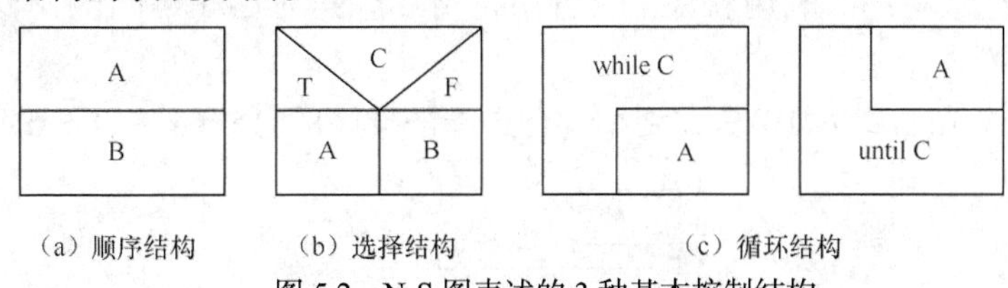

图 5.2　N-S 图表述的 3 种基本控制结构

N-S 图的优点有：

（1）功能域表达明确，功能域从盒式图上可以明显地看出来；

（2）很容易确定局部和全局数据的作用域；

（3）不可能随意转移控制；

（4）很容易表达模块的层次结构，并列或嵌套关系；

（5）使得软件设计人员遵守结构化程序设计的规定，自然地养成良好的程序设计风格。

5.3.3　问题分析图（PAD 图）

PAD（Problem Analysis Diagram）问题分析图是日本日立公司于 1979 年提出的一种算法描述工具。它采用一种由左向右展开的二维树型结构图来描述程序的逻辑。用 PAD 描述程序的流程能使程序一目了然，根据 PAD 图编出的程序，不管由谁来编写，都会得到风格相同的源程序。PAD 图的基本控制结构如图 5.3 所示。

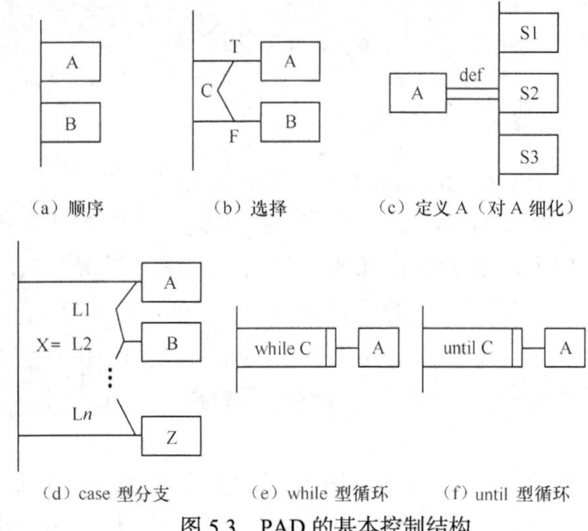

图 5.3　PAD 的基本控制结构

PAD图的主要优点如下。

（1）用PAD图设计出来的程序必然是结构化程序。

（2）PAD图所描绘的程序结构十分清晰，图中最左面的竖线就是程序的主线，即第一层结构。随着程序的层次增加，PAD图逐渐向右延伸，每增加一个层次，图形向右扩展一条竖线。PAD图中竖线的总条数就是程序的层次数。

（3）PAD图的符号支持自顶向下，逐步求精的方法，左边层次中的内容可以抽象，然后利用def从左向右逐步细化。

（4）用PAD图表示的程序逻辑易读、易懂、易记，使用方便。

（5）既可表示程序逻辑，也可用于描绘数据结构。

（6）可自动生成程序。利用软件工具自动完成，省去人工编码工作，有利于提高软件的可靠性和软件生产率。

例如：将数组A(1)到A(10)从大到小进行选择法排序的算法描述如图5.4所示。

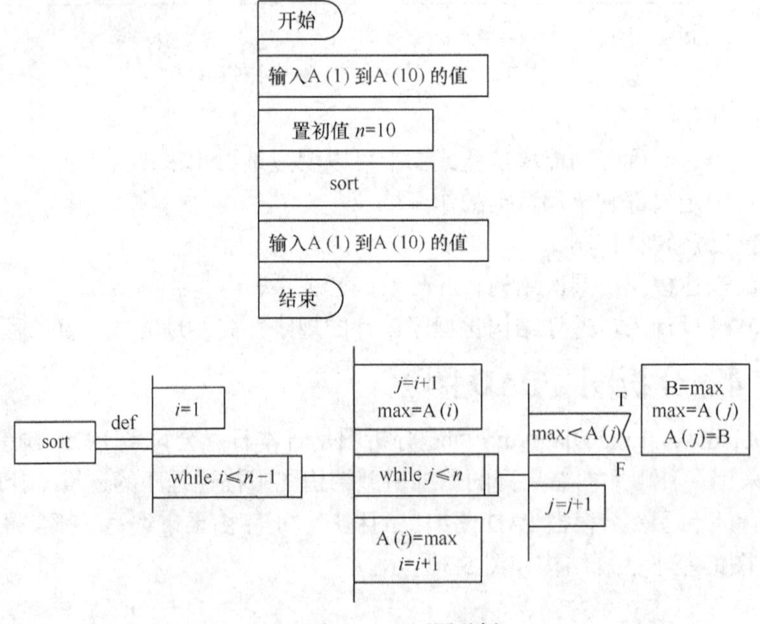

图5.4　PAD图示例

5.3.4　过程设计语言（PDL）

过程设计语言（Process Design Language，PDL）也称为伪码，是一种用于描述模块算法设计和处理细节的语言。一方面，PDL具有严格的关键字外层语法，用于定义控制结构和数据结构；另一方面，PDL表示实际操作和条件的内层语法又是灵活自由的，以便可以适应各种工程项目的需要。因此说PDL是一种混杂语言，它在使用一种语言（通常是某种自然语言）词汇的同时又使用另一种语言（某种结构化程序设计语言）的语法。PDL与实际的高级程序设计语言的区别在于：PDL的语句中嵌有自然语言的叙述，故PDL是不能被编译的。

1. PDL特点

（1）所有关键字都有固定语法，以便提供结构化的控制结构、数据说明和模块化的特征。为了使结构清晰和可读性好，通常在所有可能嵌套使用的控制结构的头和尾部都有关键字。

（2）描述处理过程的说明性语言没有严格的语法限制。

（3）具有数据说明机制，既包括简单的数据结构（例如，简单变量和数组）又包括复杂的数据结构（例如，链表或层次的数据结构）。

（4）具有模块定义和调用机制，因此，开发人员应根据系统编程所用的语种，说明过程设计语言表示的有关程序结构。

2. PDL 程序结构

用 PDL 表示的程序结构除 3 种基本结构以外，还有出口结构和扩充结构等。

（1）顺序结构

采用自然语言描述顺序结构如下：

```
处理 S1
处理 S2
  ⋮
处理 Sn
```

（2）选择结构

if-else 结构如下：

```
if    条件
  处理 S1
else
  处理 S2
endif
```

if-orif-else 结构如下：

```
    if    条件 1
      处理 S1
  orif    条件 2
      处理 S2
else    处理 Sn
endif
```

case 结构如下：

```
case of
case（1）
    处理 S1
case（2）
    处理 S2
      ⋮
    else  处理 Sn
endcase
```

（3）循环结构

for 结构如下：

```
for    i=1 to m
    循环体
endfor
```

while 结构如下：

```
while 条件
      循环体
endwhile
```

until 结构如下：

```
repeat
      循环体
until 条件
```

（4）出口结构

escape 结构如下：

```
            while 条件
                  处理 S1
cycle  l  if      条件
                  处理 S2
        endwhile
            l：……
```

cycle 结构如下：

```
            l：while 条件
                  处理 S1
cycle  l  if      条件
                  处理 S2
        endwhile
```

（5）扩充结构

模块定义：

```
procedure   模块名（参数）
    return
    end
```

模块调用定义：

```
call  模块名（参数）
```

数据定义：

```
declare  属性  变量名，……
```

注：属性有整型、实型、双精度、字符、指针、数组及结构等类型。

输入/输出定义：

get（输入变量表）

put（输出变量表）

3. PDL 应用举例

现以某系统主控模块的详细设计为例，说明如何用 PDL 描述处理过程。

```
procedure  模块名（形式参数）；
    清屏；
    显示某系统用户界面；
put（“请输入用户口令：”）；
```

```
get(password);
if  password< >系统口令
    提示警告信息;
        退出运行
endif;
    显示本系统主菜单;
while  (true)
    接受用户选择 BD;
if  BD= "退出"
break;
endif;
使用相应下层模块完成用户选择功能;
endwhile;
    清屏;
return
end
```

从以上例子可以看出，PDL 的总体结构与一般程序完全相同。外层语法与所使用的相应程序设计语言结构相同，内层语法使用自然语言，易编写，易理解，也很容易转换成源程序。除此以外，还有以下优点。

① 提供的机制比图形全面，有利于保证软件详细设计与编码的质量。

② 可以作为注释直接插在源程序中间作为程序的文档,并可以同高级程序语言一样进行编辑、修改，有利于软件的维护并保证文档和程序的一致性，提高了文档的质量。

③ 可自动生成程序代码，提高软件生产率。目前已有多种 PDL 版本，为自动生成相应代码提供了便利条件。

5.4　人机界面设计

软件产品的人机界面设计是较为常见的外部构件。通过界面，用户可以和软件进行交互。无论一个软件的内部结构设计得多好，如果它的人机界面很难理解，那么软件还是失败的。没有“正确”或“错误”的人机界面，只有“好的”或“不好的”人机界面，因为良好的人机界面设计要充分考虑用户的感受，理解用户的意图，以用户为中心，使用用户术语实现与用户交互。人机界面设计是否成功将直接影响着软件系统的质量，本节对以下 3 个方面进行介绍：界面设计问题、界面设计原则、界面设计过程。

5.4.1　人机界面设计问题

在进行人机界面设计时，几乎都有遇到以下 4 个问题：系统响应时间、用户帮助设施、出错信息处理、命令交互。

1. 系统响应时间

系统响应时间是许多交互式系统用户经常抱怨的问题。一般说来，系统响应时间指从用户完成某个控制动作（例如，按回车键或点击鼠标），到软件给出预期的响应（输出信息或做动作）之间的这段时间。

系统响应时间有两个重要属性，分别是长度和易变性。如果系统响应时间过长，用户就会感到紧张和沮丧。但是，当用户工作速度是由人机界面决定的时候，系统响应时间过短也不好，这会迫使用户加快操作节奏，从而可能会犯错误。

易变性指系统响应时间相对于平均响应时间的偏差，这是系统响应时间比较重要的属性。即使系统响应时间较长，响应时间易变性低也有助于用户建立起稳定的工作节奏。例如，稳定在 1s 的响应时间比从 0.1s～2.5s 变化的响应时间要好。

2. 用户帮助设施

几乎交互式系统的每个用户都需要帮助，当遇到复杂问题时甚至需要查看用户手册以寻找答案。大多数现代软件都提供联机帮助设施，这使得用户无需离开用户界面就能解决自己的问题。

常见的帮助设施可分为集成的和附加的两类。集成的帮助设施从一开始就设计在软件里面，通常它对用户工作内容是敏感的，因此用户可以从与刚刚完成的操作有关的主题中选择一个请求帮助。显然，这可以缩短用户获得帮助的时间，增加界面的友好性。附加的帮助设施是在系统建成后再添加到软件中的，在多数情况下，它实际上是一种查询能力有限的联机用户手册。人们普遍认为，集成的帮助设施优于附加的帮助设施。

具体设计帮助设施时，必须解决下述的一系列问题。

（1）在用户与系统交互期间，是否在任何时候都能获得关于系统任何功能的帮助信息？有两种选择：提供部分功能的帮助信息和提供全部功能的帮助信息。

（2）用户怎样请求帮助？有 3 种选择：帮助菜单、特殊功能键和 HELP 命令。

（3）怎样显示帮助信息？有两种选择：在独立的窗口中，指出参考某个文档（不理想）和在屏幕固定位置显示简短提示。

（4）用户怎样返回到正常的交互方式中？有两种选择：屏幕上的返回按钮和功能键。

（5）怎样组织帮助信息？有 3 种选择：平面结构、信息的层次结构和超文本结构。

3. 出错信息处理

出错信息和警告信息，是出现问题时交互式系统给出的“坏消息”。出错信息设计得不好，将向用户提供无用的甚至误导的信息，反而会加重用户的挫折感。

一般说来，交互式系统给出的出错信息或警告信息，应该具有下述属性。

（1）信息应该用用户可以理解的术语描述问题。

（2）信息应该提供有助于从错误中恢复的建设性意见。

（3）信息应该指出错误可能导致哪些负面后果（例如，破坏数据文件），以便用户检查是否出现了这些问题，并在确实出现问题时及时解决。

（4）信息应该伴随着听觉上或视觉上的提示，例如，在显示信息时同时发出警告铃声，或者信息用闪烁方式显示，或者信息用明显表示出错的颜色显示。

（5）信息不能带有指责色彩，也就是说，不能责怪用户。

当确实出现了问题的时候，有效的出错信息能提高交互式系统的质量，减轻用户的挫折感。

4. 命令交互

命令行曾经是用户和系统软件交互的最常用的方式，并且也曾经广泛地用于各种应用软件中。现在，面向窗口的、点击和拾取方式的界面已经减少了用户对命令行的依赖，但是，许多高级用户仍然偏爱面向命令行的交互方式。在多数情况下，用户既可以从菜单中选择软件功能，也可以通过键盘命令序列调用软件功能。

在提供命令交互方式时，必须考虑下列设计问题。

（1）是否每个菜单选项都有对应的命令？

（2）采用何种命令形式？有三种选择：控制序列（例如，Ctrl+P）、功能键和键入命令。

（3）学习和记忆命令的难度有多大？忘记了命令怎么办？

（4）用户是否可以定制或缩写命令？

在越来越多的应用软件中，人机界面设计者都提供了“命令宏机制”，利用这种机制用户可以用自己定义的名字代表一个常用的命令序列。需要使用这个命令序列时，用户无需依次键入每个命令，只需输入命令宏的名字就可以顺序执行它所代表的全部命令。在理想的情况下，所有应用软件都有一致的命令使用方法。

5.4.2 人机界面设计原则

屏幕界面设计的原则可归为 4 点：界面简洁、控件摆放规范、颜色统一、符合用户习惯。

在《用户界面设计要素》一书中，T.Mandel 提出 3 条用户界面设计的重要准则，称之为“黄金”指导准则。

1. 让用户驾驭软件，而不是软件驾驭用户

一个设计良好的界面应该把用户放在人机交互中心，提供灵活的交互机制。不同的用户有不同爱好，应该提供选择；隔离内部技术细节。对于许多关于计算机的技术及相关知识，大多数使用人员不一定愿意知道，只要操作方便即可。允许用户交互可以被中断，用户可以撤销任何动作。

2. 尽可能减少用户的记忆负担

人类只有有限的短期记忆，所以不能要求用户在完成一项任务时记住大量的信息，用户记住的东西越多和系统交互时出错的可能性就越大。提供在线帮助。当用户不知道如何操作时，可以提供在线帮助，这样他的记忆量就不是很大，用户会感觉到轻松易懂；定义直觉性的捷径。

3. 保持界面的一致性

设计一致性的外观和功能界面是最为重要的设计目标之一。在人机界面设计之前，软件工程师首先要了解用户，了解任务。这是界面设计人员能够满足人机界面设计中的最主要的原则和关键因素。例如，在同类应用中使用相同的设计规则；尽可能不改变用户已熟悉的操作功能键；设定界面的缺省状态等。一致性问题除了界面风格一致外还有术语的一致性。

5.4.3 人机界面设计过程

人机界面设计已经经历了两个界限分明的时代。第一代是以文本为基础的简单交互，如常见的命令行、字符菜单等。第二代是使用图形、语音和其他交互媒介，充分地考虑了人对美的需求。更深高层的界面甚至模拟了人的生活空间，例如，虚拟现实环境。

人机界面设计基本过程可以分为以下步骤：

（1）建立任务的目标和意图；

（2）目标和意图明确后，建立界面需求规格模型；

（3）以界面需求模型为依据创建用户界面原型；

（4）用户试用并评估该界面原型；

（5）设计者根据用户的意见修改设计并实现下一原型；

（6）不断进行下去，直到用户感到满意为止。

在上述步骤中，以界面原型创建进行界面设计迭代。

通过对人机界面的任务分析，再进行创建界面原型，有助于理解人们执行的任务，并将它们表现在界面环境中实现的一组类似任务。需要注意的是，在界面设计过程中必须邀请用户参与，而且是用户参与界面设计的过程越早，则在界面设计上所花费的精力越少，创建的界面会越具有可用性。

5.5 详细设计说明书

详细设计说明书主要包括以下内容。

1. 引言

1.1 编写目的：阐明编写详细设计说明书的目的，指明读者对象。

1.2 项目背景：应包括项目的来源和主管部门等。

1.3 定义：列出文档中用到的专门术语定义和缩写词的原意。

1.4 参考资料：列出这些资料的作者、标题、编号、发表日期、出版单位或资料来源，包括项目经核准的计划任务书，合同或批文；项目开发计划；需求规格说明书；总体设计说明书；测试计划（初稿）；用户操作手册（初稿）；文档所引用的其他资料、软件开发标准或规范。

2. 程序描述（所有模块给出以下说明）

2.1 功能

2.2 性能

2.3 输出和输入项目

2.4 算法：模块所选用的算法。

2.5 程序逻辑：详细描述各个模块实现的算法，可以采用流程图、NS 图、PDL 语言、PAD 图、判定表和判定树等描述算法的图表。

2.6 接口

2.7 存储分配

2.8 限制条件

2.9 测试要点：给出测试模块的主要测试要求。

本章小结

详细设计阶段的任务是确定如何实现所要求的目标系统，将总体设计阶段得到的模块算法用详细设计工具：程序流程图、NS 图、PAD 图和 PDL 语言描述出来，即设计出程序的“蓝图”，从而在下一编码阶段直接翻译成用某种程序设计语言书写的程序。结构化程序设计技术是软件详细设计的基础，任何一个程序都可以用顺序、选择、循环 3 种结构来设计和实现，结构化程序设计具有可理解性和可维护性。

人机界面设计质量直接影响用户对软件产品的接受程度，因此，必须对人机界面设计给予足够重视。在人机界面的设计过程中，必须充分重视并认真处理好系统响应时间、用户帮助实施、出错信息处理和命令交互 4 个设计问题。

习 题 5

5.1　软件详细设计的基本任务是什么？有哪几种描述方法？

5.2　结构化程序设计的基本要点是什么？

5.3　使用流程图、PAD 图、NS 图和 PDL 语言描述下列程序的算法：

（1）在数据 A（1）～A（10）式中求最小数和次小数；

（2）输入 3 个正整数作为边长，判断由这 3 条边构成的三角形是直角、等腰或一般三角形。

5.4　任选一种排序（从大到小）算法，分别用流程图、NS 图和 PDL 语言描述其详细过程。

5.5　画出下列程序的 PAD 图。

```
repeat
if    x>0
then  x1
else  x2
endif;
S1;
if y>0
then  y1
if z> 0
then  z1
else  z2
endif;
S2;
else  y2;
endif;
until  l;
```

5.6　程序流程图、NS 图、PAD 图和 PDL 语言的特点各是什么？你认为这 4 种详细设计工具哪一种最好？为什么？

第6章　软件编码

经过软件的总体设计和详细设计后，便得到了软件系统的结构和每个模块的详细过程描述，接着便进入了软件的制作阶段，或者叫编码阶段，也就是通常人们惯称的程序设计阶段。程序设计语言的性能和编码风格在很大程序上影响着软件的质量和维护性能，即对程序的可靠性、可读性、可测试性和可维护性产生深远的影响，所以选择哪一种程序设计语言和怎样来编写代码是要认真考虑的。但是，本章并不具体讲述如何编写程序，而是在软件工程这个广泛的范围内介绍与编程语言和编写程序有关的一些问题。

6.1　程序设计语言的分类

程序设计语言是人与计算机通信的媒介。到目前为止，世界上公布的程序设计语言已有千余种，但应用地比较好的只有几十种。现在的编程语言五花八门，品种繁多，如何分类也有不同的看法，而且从不同的分类角度出发将得出不同的分类体系。从软件工程的角度，编程语言可分为基础语言、结构化语言和面向对象语言 3 大类。

6.1.1　基础语言

基础语言是通用语言，它的特点是适用性强，应用面广，历史悠久，这些语言创始于 20 世纪 50 年代或 60 年代，这些语言随着版本的几次重大改进、除旧更新，至今仍被人们广泛使用。FORTRAN，COBOL，BASIC 和 ALGOL 都属于这类语言。

（1）FORTRAN 语言

FORTRAN 是 Formula Translation（公式翻译）的缩写。它是使用最早的高级语言之一。FORTRAN 语言主要用于科学和工程计算，因此，在科学计算与工程领域应用比较广泛。由于 FORTRAN 中的语句几乎可以直接用公式来书写，所以深受广大科技人员的欢迎。从 1956 年到现在，经过近 50 年的实践检验，始终保持着科学计算重要语言的地位。其缺点是数据类型仍欠丰富不支持复杂的数据结构。

（2）COBOL 语言

COBOL 是 Common Business Oriented Language（面向商业的公用语言）的缩写，是商业数据处理中广泛使用的语言。它创始于 20 世纪 50 年代末期，由于它本身结构上的特点，使得它能有效地支持与商业数据处理有关的各种过程技术。使用接近于自然语言的语句，易于理解，从而受到企业、事业从业人员的欢迎。它的缺点是程序不够紧凑，计算功能较弱，编译速度较慢。

（3）BASIC 语言

BASIC 是 Beginner's ALL-purpose Symbolic Code （初学者通用符号指令代码）的缩写。它是 20 世纪 60 年代初期为适应分时系统而研制的一种交互式语言，可用于一般数值计算和事务处理。它简单易学，具有人机会话功能，成为许多初学者学习程序设计的入门语言，它被广泛应用在微型计算机系统中。目前 BASIC 语言已有许多版本，例如，True BASIC 既保留了简单易学的特点，又完全支持结构程序设计的概念，并加强或增加了绘图、窗口、矩阵计算等功能；还有 Visual BASIC，它已发展成了一种面向对象的可视化的基础编程语言。

（4）ALGOL 语言

ALGOL 语言包括 ALGOL60 和 ALGOL68。其中 ALGOL60 是 20 世纪 70 年代国内流行最广的语种之一。它是所有结构化语言的前驱，它提供了非常丰富的过程构造和数据类型构造。20 世纪 70 年代出现的 Pascal 语言有强烈的影响。ALGOL68 由于过于庞大，在公布不久后就消失了。

6.1.2　结构化语言

20 世纪 70 年代以来，随着结构化程序设计思想的逐步发展，先后出现了一批常用的结构化语言，作为基础语言的 ALGOL 语言是结构化语言的基础，它衍生出了 Pascal、C、Ada 等结构化语言。

（1）Pascal 语言

Pascal 语言是第一个系统体现结构化程序设计概念的高级语言，是 20 世纪 70 年代初期由瑞士 N. wirth 教授提出的。它是一种结构程序设计语言，具有功能强，数据类型丰富，可移植性好，写出的程序简明、清晰、易读，便于查找和纠正错误等特点。这些使 Pascal 成为一种较理想的教学用的语言，它有利于培养学生良好的程序设计风格。它不仅适应于数值计算，而且适用于非数值计算问题的数据处理。既能用于应用程序设计，也能用于系统程序设计，Pascal 语言还是一门自编译语言，这就使它的可靠性大大提高了，Pascal 的各种版本中，尤其以 Turbo Pascal 功能最为强大。

（2）C 语言

C 语言是由 1973 年美国 Bell 室的 Ritchie 研制成功的。它是国际上广泛流行的，很有发展前途的计算机高级语言。它最初是作为 UNIX 操作系统的主要语言开发的，现已成功地移植到多种微型与小型计算机上，成为独立于 UNIX 操作系统的通用程序设计语言。它除了具有结构化语言的特征，如语言功能丰富，表达能力强，控制结构与数据结构完备，使用灵活方便，有丰富的运算符和数据类型外，尤其可移植性好，编译质量高，目标程序效率高，既具有高级语言的优点，又具有低级语言的许多特点。C 语言诞生后，吸引了人们的注意，许多原来用汇编语言编写的软件，现在可以用 C 语言编写了，它具有汇编语言的高效率，但又不像汇编语言那样只能局限于某种处理机上运行。而学习使用 C 语言要比学习和使用汇编语言容易得多。C 语言的这些特点，使它不仅能写出效率高的应用软件，也适用于编写操作系统、编译程序等系统软件。

（3）Ada 语言

Ada 语言是在美国国防部大力扶植下开发的，主要适用于适时、并发和嵌入式系统的语言。Ada 语言是在 Pascal 基础上开发的，但功能更强，更复杂。它除了包含数字计算、非标准的输入和输出、异常处理、数据抽象等特点外，根据文本，它还提供了程序模块化、可移植性、可扩充性等特点，并提供了一组丰富的实时特性，包括多任务处理、中断处理、任务之间同步与通信等。

Ada 语言还是一个充分体现软件工程思想的语言。它既是编码语言，又可用作设计表达工具。Ada 语言提供的多种程序单元（包括子程序、程序包、任务与类属）与实现相分离的规格说明，以及分别编译等实施，支持对大型软件的开发，也为采用现代开发技术开发软件提供了便利。

6.1.3 面向对象语言

（1）C++语言

C++语言近几年来发展比较迅速。它是从 C 语言进化而来的，它保留了传统的结构语言 C 语言的特征，同时又融合了面向对象的能力。在 C 语言的基础上，C++增加了数据抽象、继承、封装、多套性、消息传递等概念实现的机制，又与 C 语言兼容，从而使得它成为一种灵活、高效、可移植的面向对象的语言。C++是由美国 AT & T 公司的 Bell 实验室最先设计和实现的语言。目前，C++已有许多不同的版本，如 MSC/C++、Borland C++、Borland C++Builder、Visual C++和 ANSIC++等，充分发挥 Windows 和 Web 的功能。

（2）Java 语言

Java 语言是由 Sun 公司推出的一种面向对象的分布式的、安全的、高效的、易移植的当今流行的一种新兴网络编程语言，它的基本功能类似于 C++，但做了重大修改，不再支持运算符重载、多继承及许多易于混淆和较少使用的特性，增加了内存空间自动垃圾收集的功能，使程序员不必考虑内存管理问题。Java 不仅能够编写小的应用程序来实现嵌入式网页的声音和动画功能，而且还能够应用于独立的大中型应用程序，其强大的网络功能把整个 Internet 作为一个统一的运行平台，极大地拓展了传统单机或 Client/Server 模式下应用程序的外延和内涵。

Java 是一种面向对象的，不依赖于特定平台的程序设计语言。

以上是从软件工程的角度把编程语言分为 3 大类，如果按“代”划分，可以划分为一代、二代、三代和四代。它们基本反映了编程语言的发展水平。

第一代语言：1GL（First Generation Languages）主要特征是面向机器的。机器语言和汇编语言是 1GL 的代表。

第二代语言：2 GL 开始于 20 世纪 50 年代或 60 年代，主要代表是 Fortran、ALGOL、COBOL 和 BASLC，它们是 3 GL 的基础。

第三代语言：3 GL 也称现代编程语言，分三大类：通用高级语言、面向对象高级语言和专用语言。主要代表是 Pascal、C、Ada 等和 C++、Objective-C、Smalltalk 等，以及专用语言 Lisp、PROLOG 等。

第四代语言：4 GL 的概念最早提出是在 20 世纪 70 年代末。4 GL 的主要特征是：友好的用户界面、非过程性，程序员只需告诉计算机“做什么”，而不必描述“怎样做”，“怎样做”的工作由语言系统运用它的专门领域的知识填充过程细节；高效的程序代码；完备的数据库；应用程序生成器。目前流行较广的有 Delphi、Power Builder、Visual Foxpro、Visual BASIC 和 Javascript 等。它们一般都局限于某些特定的应用领域（如数据库应用、网络开发），或支持某种编程特色（如可视化编程），由于易学易用而受到广大用户欢迎。

6.2　程序设计语言的选择

不同的程序设计语言有各自不同的特点，软件开发人员应该了解这些特点及这些特点对软件质量的影响，这样在面对一个特定的软件项目时，才能做出正确的选择。为某个特定的软件项目选择程序设计语言时，既要从技术角度、工程角度和心理角度评价和比较各种语言，同时还必须考虑现实可能性。首先，希望编出的程序容易阅读和理解，方便测试和维护；其次希望编出的代码执行效率高。因此，在编码之前，一项比较重要的工作就是选择一种适宜的程序设计语言。

语言方面除特殊应用领域外，高级语言优于汇编语言，但在种类繁多的高级语言中选择哪一种呢？为了使程序容易测试和维护以减少软件开发总成本，选用的高级语言应该有比较理想的模块化机制，以及可读性好的控制结构和数据结构；为了便于调试和提高软件的可靠性，语言的特点应该使编译程序能够尽可能地发现程序中的错误；为了降低软件开发和维护的成本，选用的语言应该有良好的独立编译机制。这些要求是选择程序设计语言的理想标准，但在实际选用程序设计语言时，不能仅仅考虑理论上的标准，还必须同时考虑实际应用方面的各种因素和限制，如不同应用问题的特性、用户要求、应用环境等。主要的实用标准有下述几条。

1. 待开发软件的应用领域

各种语言都有自己的适用范围，所谓的通用程序设计语言并不是对所有的应用领域同样适用。例如，在工程和科学计算领域，FORTRAN 语言占主要优势；在商业领域，通常使用 COBOL 语言；C 语言和 Ada 语言主要适用于系统和实时应用领域；Lisp 语言适用于组合问题领域；PROLOG 语言适用于知识表达和推理，它们都适用于人工智能领域；第 4 代语言，如 Power Builder、Visual Foxpro、Delphi 和 Microsoft SQL 等都是目前主要用于数据处理与数据库应用的。因此，选择语言时应该充分考虑目标系统的应用范围。

2. 用户的要求

如果软件是委托开发或与用户联合开发，将来系统由用户负责维护，则应选择用户熟悉的语言书写程序。

3. 软件的运行环境

目标系统的运行环境往往会限制可以选用的语言范围。而良好的编程环境不但有效提高软件生产率，同时能减少错误，有效提高软件质量。因此在选择语言时，要认真考虑软件的运行环境。

4. 软件开发人员的知识

程序设计语言的选择有时与软件开发人员的知识水平及心理因素有关。人们一般习惯使用自己已经熟悉的语言编写程序，新语言的不断出现吸引着软件开发人员。学习一种新语言并不困难，但要完全掌握一种新语言需要长期、大量的编程实践。如果和其他标准不矛盾，已有的语言支持软件和软件开发工具，程序员比较熟悉并有过类似的软件项目开发经验和成功的先例，那么则应选择一种程序员熟悉的语言，这样能使得开发速度更快、质量更易保证。

5. 软件的可移植性要求

如果目标补充将来可能要在几种不同的计算机上运行，或者预期使用时间比较长，那么就应该选择一种标准化程度高、程序可移植性好的语言，这对以后的维护工作有很大的好处。

6.3 程序设计风格

软件质量不但与所选择的语言有关，而且与程序员的程序设计风格密切相关。

早期，人们在编写程序时，只追求编程的个人技巧，并不重视所编写程序的可读性、可维护性。也就是说，人们并不关心源代码的编写风格。只要程序执行效率高、正确就是好程序。但是，随着软件规模的扩大，复杂性的增加，人们逐渐认识到，程序设计风格的混乱在很大程度上制约了软件的发展，并深刻认识到一个逻辑绝对正确但杂乱无章的程序不是好程序，因为这种难以供人阅读的程序，必然难以测试、排错和维护，甚至由于变得无法维护，而提前报废。

20 世纪 70 年代以来，人们开始意识到在编写程序时，应该注意程序有良好的设计风格。程序设计的目标从强调运行速度、节省内存，转变到强调可读性、可维护性。程序设计风格也从追求所为“技巧”变为提倡“可读性”。良好的程序设计风格可以减少编码的错误，减少读程序的时间，从而提高软件的质量和开发效率。

源程序代码的逻辑简明、易读易懂是好程序的一个重要标准，为了做到这一点，应该遵循下述规则。

6.3.1 程序内部文档

程序内部文档包括标识符的选取、增加注解和好的程序布局。

（1）标识符的选取

为了提高程序的可读性，选取意义直观的名字，使之能正确提示程序对象所代表的实体，这对于帮助阅读者理解程序是很重要的。无论对大程序，还是小程序，选取有意义的标识符都会有助于理解。选取名字的长度适当，不宜太长，太长了难以记忆，又增加了出错的可能。如果名字使用缩写，缩写规则一定要一致，并且应该给每个名字加上注解，以便于阅读理解，从而提高了可维护性。

（2）程序的注解

注解是软件开发人员与源程序的读者之间重要的通信方式之一。好的注解能够帮助读者理解程序，提高程序的可维护性和可测试性。而注解可分为序言性注解和功能性注解。

序言性注解应该安排在每个模块的首部，用来简要描述模块的整体功能、主要算法、接口特点、重要数据含义及开发简史等。

功能性注解嵌入在源程序内部，用来描述程序段或者语句的处理功能。注解不仅仅是解释程序代码，还提供一些必要的附加说明。另外，书写功能性注解应该注意以下几点。

① 功能性注解主要描述的是程序块，而不是解释每行代码。

② 适当使用空行、空格或括号，使读者容易区分程序和注解。

③ 注解的内容一定要正确、准确，修改程序的同时也应修改注解。错误的或不一致的注解不仅对理解程序毫无帮助，而且会引起误导，还不如没有注解！

（3）程序的布局

程序代码的布局对于程序的可读性也有很大影响，应该适当利用阶梯形式，使程序的逻辑结构清晰、易读。

6.3.2 数据说明

虽然在设计阶段数据结构的组织和复杂程度已经确定了，但在程序设计阶段还要注意建立数据说明的风格。为了使数据更容易理解和维护，数据说明应遵循一些简单的原则。

（1）数据说明的次序应该标准化，例如，可以按数据类型或数据结构确定说明的次序，数据的规则在数据字典中加以说明，以便在测试阶段和维护阶段容易查阅。

（2）当一个说明语句说明多个变量时，最好按字典顺序排列，这样不仅可以提高可读性，而且还可以提高编译速度。

（3）如果设计时使用了一个复杂的数据结构，则应加注解说明用程序设计语言实现这个数据结构的方法和特点。

6.3.3 语句构造

语句构造的原则是：

（1）不要为了节省存储空间把多个语句写在同一行；

（2）尽量避免复杂的条件测试，尤其是减少对“非”条件的测试；

（3）避免大量使用循环嵌套语句和条件嵌套语句；

（4）利用圆括号使逻辑表达式或算术表达式的运算次序清晰直观；

（5）变量说明不要遗漏，变量的类型、长度、存储及初始化要正确；

（6）心理换位：“如果我不是编码人，我能看懂它吗？”

6.3.4 输入/输出

在设计和编写输入/输出程序时应考虑以下有关输入/输出风格的规则。

（1）对所有输入数据都要进行校验，以保证每个数据的有效性，并可以避免用户误输入。

（2）检查输入项重要组合的合法性。

（3）保持简单的输入格式，为方便用户使用，可在提示中加以说明或用表格方式提供输入位置。

（4）输入一批数据时，使用数据或文件结束标志，不要用计数来控制，更不能要求用户自己指定输入项数或记录数。

（5）人机交互式输入时，要详细说明可用的选择范围和边界值。

（6）当程序设计语言对输入/输出格式有严格要求时，应保持输入格式与输入语句的要求一致。

（7）输出报表的设计要符合用户要求，输出数据尽量表格化、图形化。

（8）给所有的输出数据加标志，并加以必要的注解。输入/输出风格还受到许多其他因素的影响，如输入、输出设备的性能、用户的水平及通信环境等。

6.3.5 效率

效率主要是指处理机工作时间和内存容量这两方面的利用率。在前面各规则符合的前提下，提高效率也是必要的。好的算法、好的编码可以提高效率，反过来，不好的算法、不好的编码在同等条件下解决同样的问题，效率会很低。关于程序效率问题应该记住下面 3 条原则：

（1）效率是属于性能的要求，因此应该在软件需求分析阶段确定效率方面的要求；

（2）良好的设计可以提高效率；

（3）提高程序的效率和好的编码风格要保持一致，不应该一味追求程序的效率而牺牲程序的清晰性和可读性。

下面进一步从 3 个方面讨论效率问题。

（1）代码效率

代码的效率直接由详细设计阶段良好的数据结构与算法决定。但是，程序设计风格也能对程序的执行速度和存储器要求产生影响，在把详细设计结果用程序来实现时，要注意坚持以下原则：

① 在编码之前，尽可能简化算术和逻辑表达式；

② 仔细研究算法中所包含的多重嵌套循环，尽可能将某些语句或表达式移到循环体外面；

③ 尽量避免使用多维数组、指针和复杂的表格；

④ 尽量使用执行时间短的算术运算；

⑤ 尽量避免混合使用不同的数据类型；

⑥ 尽量使用算术表达式和布尔表达式；

⑦ 尽量选用等价的效率高的算法。

某些特殊应用领域，如果效率起决定性因素，则应使用有良好优化特性的编辑程序，以自动生成高效的目标代码。

（2）存储效率

在大型计算机系统中，软件的存储器效率与操作系统的分页性能直接有关，对虚拟存储要注意减少页面调度，使用能保持功能域的结构化控制，从而可以提高效率。

在微处理机中，存储器容量对软件设计和编码的制约很大，许多情况下，为了压缩存储容量，提高执行速度，必须仔细评审和选用语言的编译程序，选用有紧缩存储器特性的编译程序。当今，硬件技术的飞速发展，内存容量的提高，人们不再关心存储效率问题。尽管如此，良好的程序设计风格，自然会提高软件的可维护性。

（3）输入/输出的效率

用户和计算机之间的通信是通过输入/输出来完成的，因此，输入/输出应该设计得简单清晰，这样才能提高人机通信的效率。从程序设计的角度看，人们总结出下述一些简单的原则，可以提高输入/输出效率。

① 对所有的输入/输出操作都应该有缓冲，有利于减少用于通信的开销。

② 对辅助存储器（如磁盘），选择尽可能简单的、可行的访问方式。

③ 对辅助存储器输入/输出，以块为单位进行存取。

④ 任何不易理解的，对改善输入/输出关系不大的措施是不可取的。

好的输入/输出编码风格对效率有明显的效果。这些简单原则适用于软件工程的设计和编码两个阶段。

本章小结

编码阶段是将详细设计的每个模块的算法转换为用程序设计语言编写的源程序。用程序设计语言编写源程序时，要根据实际项目的特点，既要考虑现实可能性，又要从技术角度、工程角度和心理角度评价和比较各种语言，选择一种合适的程序设计语言。

编码风格直接影响软件的质量，影响软件的可读性、可维护性和可移植性。因此，编码风格要求简明和清晰，不要追求所谓程序设计技巧，要注重程序结构清晰，层次结构分明，语言简单明了，各种标识符名字的命名要规范，程序和复杂的数据要有注释。

习 题 6

6.1　在软件项目开发时，选择程序设计语言通常考虑哪些因素？

6.2　举例说明各种程序设计语言的特点及适用范围。

6.3　什么是程序设计风格？为了具有良好的程序设计风格，应该注意哪些方面的问题？

6.4　以下 3 个表达式表示的是同一个内容：

（a）-6**A/3*B;

（b）-(6**A/3)*B;

（c）+(((6**A)/(-3))*x)

（1）你认为哪一种可读性最好？哪一种最差？

（2）如果让你列出几条关于书写表达式的指导原则，你对表达式中运算符的数量和圆括号的层数将做何规定？

6.5　第 4 代语言有哪些主要特征？为什么受到广大用户欢迎？

第 7 章　软件测试

在软件开发的一系列活动中，为了保证软件的可靠性，人们研究并使用了很多方法进行分析、设计及编码实现。但是由于软件产品本身是无形的、复杂的、知识密集的逻辑产品，其中难免有各种各样的错误，因此需要通过测试查找错误，保证软件的质量。软件测试是保证软件质量的关键，它是对需求分析、设计和编码的最终复审。对于软件测试本章主要介绍有关的概念、方法及测试的步骤。

7.1　软件测试的目标

大量统计资料表明，软件测试工作量占整个项目开发工作量的 40%左右。在极端情况下，如果测试的是关系到人的生命安全的软件，如飞行控制系统或核反应的监控等，测试的工作量还要成倍增加。那么，为什么要花费这么多代价进行测试？其目标是什么？它是要“说明程序能正确地执行它应有的功能”，还是“表明程序没有错误”。如果抱有这样的目的，就会朝着“证明程序正确”这个目标靠拢，无意识地选择一些不易暴露错误的例子。究竟什么是测试？它的目标是什么？G. J. Myers 给出了关于测试的一些观点，不妨可以看作软件测试的目标或定义。

（1）软件测试是为了发现错误而执行程序的过程。

（2）一个好的测试用例能够发现至今尚未发现的错误。

（3）一个成功的测试是发现了至今尚未发现的错误的测试。

因此，测试阶段的基本任务应该是根据软件开发各阶段的文档资料和程序内部结构，精心设计一组“高产”的测试用例，利用这些用例执行程序，找出软件中潜在的各种错误缺陷。由于测试的目标是暴露程序中的错误，从心理学的角度看，程序的编写者自己测试自己的程序不太恰当，一般在综合测试阶段由其他人员组成测试小组来完成测试工作。测试一般不可能发现程序中的所有错误，即使经过了最严格的测试之后，仍然可能还有没被发现的错误潜藏在程序中。因此测试只能证明程序中存在错误，但不能证明程序中不存在错误。

7.2　软件测试的原则

软件测试中人们的知识和经验是很重要的，但人们的心理因素也是很重要的。根据软件测试的目标确定一些测试原则，将一些容易被人们忽视的、实际上又是显而易见的问题作为原则来加以重视。

（1）测试用例既要有输入数据，又要有对应的输出结果。这样便于对照检查，做到“有的放矢”。

（2）测试用例不仅要选用合理的输入数据，还应选择不合理的输入数据。这样能更多地发现错误，提高程序的可靠性，还可以测试出程序的排错能力。

（3）除了检查程序是否做了它应该做的工作，还应该检查程序是否做了它不应该做的工作。例如，程序正确打印出用户所需信息的同时还打印出用户不需要的多余信息，即程序做了不应该做的工作仍然是一个大错。

（4）应该远在测试开始之前就制定测试计划。实际上，一旦完成了需求分析模型就可以开始制定测试计划。在建立了设计模型之后，就可以立即开始设计详细的测试方案。因此在编码之前就可以对所有测试工作进行计划和设计，并严格执行，排除随意性。

（5）测试计划、测试用例、测试报告必须作为文档长期保存。因为程序修改以后有时可能会引进新的错误，需要进行回归测试。同时可以为以后的维护提供方便，对新人或今后的工作都有指导意义。

（6）Pare to 原理说明，测试发现的错误中 80%很可能是由程序中 20%的模块造成的，即错误出现的“群集性”现象。可以把 Pare to 原理应用到软件测试中。但关键问题是如何找出这些可疑的有错模块并进行彻底测试。

（7）为了达到最佳的测试效果，程序员应该避免测试自己的程序。测试是一种“挑剔性”的行为，测试自己的程序存在心理障碍。另外，对需求规格说明的理解而引入的错误则更不容易发现。因此，应该由独立的第三方从事测试工作，会更客观、更有效。

7.3 软件测试方法及分类

按照 Myers 的定义，测试是一个执行程序的过程，即要求被测程序在机器上运行。其实，不在机器上运行程序也可以发现程序的错误。为了便于区分，一般把被测程序在机器上运行称为“动态测试”，不在机器上运行被测程序称为“静态分析”。广义地讲，它们都属于软件测试。因此，软件测试的方法一般分为动态测试和静态测试。动态测试方法中又根据测试用例的设计方法不同，分为黑盒测试法和白盒测试法两类。

7.3.1 静态测试与动态测试

1. 静态测试

静态测试就是静态分析，是指被测程序不在机器上运行，对模块的源代码进行研读，查找错误或收集一些度量数据，采用人工检测和计算机辅助静态分析手段对程序进行检测，只进行特性分析。

（1）人工测试：人工测试是指不依靠计算机而完全靠人工审查程序或评审软件。人工审查程序偏重于编码风格、编码质量的检验，除了审查编码还要对各阶段的软件产品进行检验。人工测试可以有效地发现软件的逻辑设计和编码错误，发现计算机不容易发现的错误。

（2）计算机辅助静态分析：指利用静态分析工具对被测程序进行特性分析，从程序中提取一些信息，以便检查程序逻辑的各种缺陷和可疑的程序构造。如错误使用全局变量和局部变量，不匹配的参数，循环嵌套和分支嵌套使用不当，潜在的死循环和死语句等。静态分析中还可以用符号代替数值求得程序结果，以便对程序进行运算规律检验。

2. 动态测试

动态测试是指通过运行程序发现错误。一般所讲的测试大多是指动态测试。为使测试发现更多的错误，需要运用一些有效的方法。同测试任何产品一样，一般有两种方法：如果已经知道了产品应该具有的功能，可以通过测试来检验是否每个功能都能正常使用；如果知道产品的内部工作过程，可以通过测试来检验产品内部结构及处理过程是否按照规格说明书的规定正常进行。前一种方法称为黑盒测试法，后一种方法称为白盒测试法。对软件产品进行动态测试时，也用这两种方法：黑盒测试法与白盒测试法。

7.3.2 黑盒测试与白盒测试

1. 黑盒测试法

黑盒测试，也称功能测试或数据驱动测试。它不考虑程序内部结构和处理过程。把被测程序看成一个黑盒子，只在软件接口处进行测试，依据需求规格说明书，检查程序是否满足功能要求。每个功能是否都能正常使用，是否满足用户的要求。程序是否能适当地接收输入数据并产生正确的输出信息，并且保持外部信息（例如，数据库或文件）的完整性。

通过黑盒测试主要发现以下错误：

（1）是否有不正确或遗漏了的功能；

（2）在接口上，能否正确地接受输入数据，能否产生正确的输出信息；

（3）访问外部信息是否有错；

（4）性能上是否满足要求；

（5）界面是否有错，是否美观、友好。

用黑盒测试法进行测试时，必须在所有可能的输入条件和输出条件中确定测试数据。是否要对每个数据都进行完全的测试呢？实际上，黑盒法不可能进行完全的测试。要企图遍历所有的输入数据往往是不可能做到的。例如，要测试一个简单程序，输入 3 个整数值。计算机上，每个整数可能取值有 2^{16} 个，3 个整数值的排列组合数为

$$2^{16} \times 2^{16} \times 2^{16}=2^{48} \approx 3 \times 10^{14}$$

假如这个程序执行一次需要 1ms，那么，用所有这些输入数据来测试这个程序将需要近一万年！另外再加上输入的一切不合法的数据，可见，要遍历所有输入数据进行完全测试是不可能的。

2. 白盒测试法

白盒测试，也称结构测试或逻辑驱动测试。白盒测试法与黑盒测试法不同，测试人员将程序视为一个透明的白盒子，测试人员需了解程序的内部结构和处理过程，以检查处理过程的细节为基础，要求对程序的结构特性做到一定程度的覆盖，对程序中的所有逻辑路径进行测试，并检验内部控制结构是否有错，确定实际的运行状态与预期的状态是否一致。

白盒测试法也不可能进行完全的测试，要企图遍历所有的路径往往是不可能做到的。例如，要测试一个循环 20 次的嵌套的 if 语句，循环体中有 5 条路径。测试这个程序的执行路径为 5^{20}，约为 10^{14} 条可能的路径。如果每 1ms 完成一条路径的测试，测试这样一个程序需要 3024 年！所以要遍历所有路径进行完全测试是不可能的。

对于白盒测试，企图遍历所有路径是很难做到的，即使每条路径都测试了，覆盖率达到

100%，程序仍有可能出错。例如，要求编写一个降序程序却错编成了升序程序（功能出错），就是完全路径测试也无法发现错误。再如，由于疏忽漏写了某条路径，白盒测试也同样发现不了。

总之，无论使用哪一种测试方法，对于一个大的软件系统，完全彻底测试在实际中都是不可能的。为了用有限的测试发现尽可能多的错误，人们必须精心设计测试用例，黑盒法、白盒法是设计测试用例的基本策略，每一种方法都对应着多种设计测试用例的技术，每种技术都可以达到一定的软件质量标准要求。下面就分别介绍这两类方法对应的各种测试用例设计技术。

7.4　软件测试用例的设计

测试用例设计的基本目的是确定一组最有可能发现某个错误或某类错误的测试数据。好的测试用例可以在测试过程中重复使用，但不可能测试程序的每一条路径，也不可能把所有的输入数据都试一遍。因此，测试用例的设计人员必须努力以最少量的测试用例来发现最大量的可能错误。

7.4.1　白盒技术

由于白盒测试是以程序的结构为依据，所以被测对象基本上是源程序，以程序的内部逻辑结构为基础设计测试用例。

1．逻辑覆盖

逻辑覆盖是一组覆盖方法的总称。这组覆盖方法的测试过程逐渐进行越来越完整的通路测试。测试数据覆盖程序逻辑的程序可以划分为哪些不同的等级？从覆盖源程序语句的详尽程度分析，在逻辑覆盖法中大致又可以分为语句覆盖、判定覆盖、条件覆盖、判定条件覆盖、条件组合覆盖和路径覆盖这些不同的覆盖标准。

（1）语句覆盖

语句覆盖的基本思想是：设计足够的测试用例，运行被测程序，使程序的每条可执行语句至少执行一次。例如，图 7.1 所示的程序流程图是一个被测模块的处理算法。

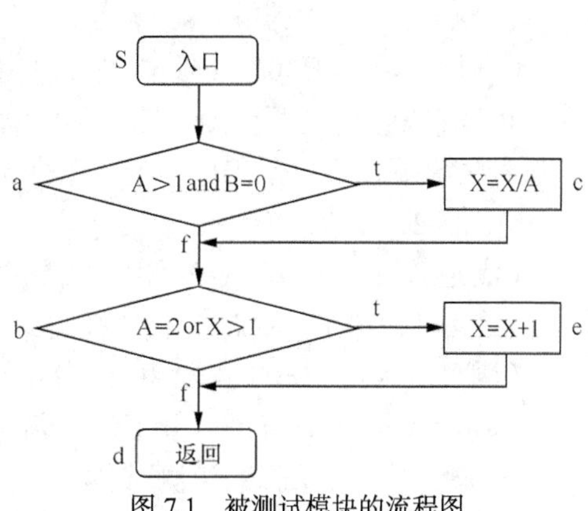

图 7.1　被测试模块的流程图

其中有两个判断，每个判断都包含复合条件的逻辑表达式。为了满足语句覆盖，程序的执行路径应该是 Sacbed，选择测试用例为：A=2，B=0，X=4（实际上 X 可以是任意实数）。

从程序中每条语句都能执行这点看，语句覆盖好像全面地检验了每条语句。实际上它只测试了逻辑表达式为“真”的情况，如果将第一个逻辑表达式中的“and”错误写成“or”，或者把第二个逻辑表达式中将“X>1”错写成“X≤1”，仍用上述数据进行测试，不能发现错误。因此，语句覆盖测试很不充分，是一种比较弱的覆盖标准。

（2）判定覆盖

判定覆盖的基本思想是：设计足够的测试用例，运行被测程序，不仅使得被测程序中每条语句至少执行一次，而且每个判定表达式至少获得一次“真”值和“假”值，从而使程序的每一个分支至少都通过一次，因此判定覆盖也称分支覆盖。

对于上述例子来说，设计测试用例只要通过路径 Sacbed 和 Sabd，或者 Sacbd 和 Sabed，都满足判定覆盖标准。

例如，选择下面两组测试数据，就可以做到判定覆盖：

① A=3，B=0，X=3（覆盖 Sacbd）；

② A=2，B=1，X=2（覆盖 Sabed）。

对于多分支（嵌套 if,case）的判定，判定覆盖要使得每一个判定表达式获得每一种可能的值来测试。

判定覆盖比语句覆盖强，但是对于程序逻辑的覆盖程度仍不充分，上述数据只覆盖了程序全部路径的一半。如果将第二个判定表达式的“X>1”错写成“X≤1”仍查不出错误。

（3）条件覆盖

条件覆盖的基本思想是：设计足够多的测试用例，不仅每条语句至少执行一次，而且使得判定表达式中的每个条件都能获得各种可能的结果。

图 7.1 的例子共有两个判定表达式，每个表达式中有两个条件，共有 4 个条件：

A>1，B=0，A=2，X>1

要选择足够多的数据，使得图 7.1 中在 a 点和 b 点两判定表达式中分别有下述各种结果出现：

a 点：A>1，A≤1，B=0，B≠0；

b 点：A=2，A≠2，X>1，X≤1

才能达到条件覆盖的标准。

为满足上述要求，选择以下两组测试数据：

① A=2，B=0，X=4

（满足 A>1，B=0，A=2 和 X>1 的条件，执行路径 Sacbed）

② A=1，B=1，X=1

（满足 A≤1，B≠0，A≠2 和 X≤1 的条件，执行路径 Sabd）

可以看出，以上两组测试用例不但满足了条件覆盖标准，而且同时满足了判定覆盖标准，在这种情况下，条件覆盖比判定覆盖强，但也有例外情况，例如，另外选择两组测试数据：

① A=2，B=0，X=1

（满足 A>1，B=0，A=2 和 X≤1 的条件，执行路径 Sacbed）

② A=1，B=1，X=2

（满足 A≤1，B≠0，A≠2 和 X>1 的条件，执行路径 Sabed）

则只满足了条件覆盖标准，并不满足判定覆盖标准（第二个判定表达式的值总为真）。

又如，再另外选择两组测试数据：

① A=1，B=0，X=3

（满足 A≤1，B=0，A≠2 和 X>1 的条件，执行路径 Sabed）

② A=2，B=1，X=1

（满足 A>1，B≠0，A=2 和 X≤1 的条件，执行路径 Sabed）

同样只满足了条件覆盖的标准，并不满足判定覆盖标准（第一个判定表达式的值总为假，第二个表达式的值总为真），而且仅测试了一条路径：Sabed，所以满足条件覆盖并不一定满足判定覆盖。为了解决这个问题，需要对条件和分支同时考虑。

（4）判定条件覆盖

判定条件覆盖实际上是前两种方法结合起来的一种设计方法，它是判定和条件覆盖的交集，即设计足够的测试用例，使得判定表达式中的每个条件的所有可能取值至少出现一次，并使每个判定表达式所有可能的结果也至少出现一次。对于图 7.1 的例子来说，下述两组测试数据满足判定条件覆盖标准：

① A=2，B=0，X=4；

② A=1，B=1，X=1。

这两组测试数据也就是为了满足条件覆盖标准最初选取的两组数据，因此，有时判定条件覆盖也并不比条件覆盖更强。

从表面上看，判定条件覆盖测试了所有条件的所有可能结果，但实际上做不到这一点，因为复合条件的某些条件都会抑制其他条件。例如，在含有“与”运算的判定表达式中，第一个条件为“假”，则这个表达式中后边的几个条件均不起作用了。同样地，如果在含有“或”运算的判定表达式中，第一个条件为“真”，则后边其他条件也不起作用了。因此，后边其他条件即使写错了也测试不出来。

（5）条件组合覆盖

条件组合覆盖是比较强的覆盖，基本思想是：设计足够的测试用例，使得每个判定表达式中的条件的各种可能组合都至少出现一次。对于图 7.1 的例子，两个判定表达式共有 4 个条件，因此有 8 种可能的条件组合：

① A>1，B=0　　② A>1，B≠0

③ A≤1，B=0　　④ A≤1，B≠0

⑤ A=2，X>1　　⑥ A=2，X≤1

⑦ A≠2，X>1　　⑧ A≠2，X≤1

要覆盖 8 种条件组合，并不一定需要设计 8 组测试数据，下面 4 组测试用例就可以满足条件组合覆盖标准：

① A=2，B=0，X=4（针对①⑤两种组合，执行路径 Sacbed）；

② A=2，B=1，X=1（针对②⑥两种组合，执行路径 Sabed）；

③ A=1，B=0，X=2（针对③⑦两种组合，执行路径 Sabed）；

④ A=1，B=1，X=1（针对④⑧两种组合，执行路径 Sabd）。

显然，满足条件组合覆盖标准的测试数据也一定满足判定覆盖、条件覆盖和判定条件覆盖标准。因此，条件组合覆盖是前述几种覆盖标准中最强的。但是，条件组合覆盖设计方法也有缺陷，从上面测试用例中可以看到，所有的条件组合覆盖不能保证所有的路径被执行，Sacbd 这条路径被漏掉了，如果这条路径有错，将不能被测出。

（6）路径覆盖

路径覆盖的含义是：设计所有的测试用例来覆盖程序中的所有可能的执行路径。

对于图 7.1 的例子，选择以下测试用例，覆盖程序中的 4 条路径：

① A=1，B=1，X=1（执行路径 Sabd）；

② A=1，B=1，X=2（执行路径 Sabed）；

③ A=3，B=0，X=3（执行路径 Sacbd）;

④ A=2，B=0，X=4（执行路径 Sacbed）。

可以看出，路径覆盖法没有覆盖所有的条件组合覆盖。

通过前面例子可以看出，采用其中任何一种方法都不能完全覆盖所有的测试用例，因此，在实际的测试用例设计过程中，可以根据需要和不同的测试用例设计特征，将不同的方法组合起来，交叉使用，一般以条件组合覆盖为主设计测试用例，然后再补充部分用例，以达到路径覆盖测试标准，以实现最佳的测试用例输出。

2. 循环覆盖

在以上讨论的逻辑覆盖技术中，只讨论了程序内部有判定存在的逻辑结构的测试用例设计技术。而循环也是程序的主要逻辑结构，企图覆盖含有循环结构的所有路径同样是不可能的，但可通过限制循环次数来测试，对单循环和嵌套循环分别考虑。

（1）单循环

设 m 为可允许执行循环的最大次数，可以从以下 4 个方面考虑测试用例的设计。

① 只执行循环零次。

② 只执行循环一次。

③ 执行循环 n 次，$n<m$。

④ 执行循环 $m-1$ 次，m 次，$m+1$ 次。

（2）嵌套循环

嵌套循环执行步骤如下。

① 对内循环进行单循环测试，此时置外循环为最小循环计数值。

② 由内向外，进行下一层的循环测试。

3. 基本路径测试

上述例子图 7.1 只有 4 条路径比较简单。但在实际问题中，即使是一个不太复杂的程序，其路径也是一个庞大的数字。为了解决这一难题，只好将覆盖的路径数压缩到一定的范围内。例如，循环只执行一次。基本路径测试是在程序控制流程图的基础上，通过分析控制结构的环路复杂性，导出基本可执行路径集合，从而设计测试用例。设计出的测试用例保证这些路径至少通过一次。

使用基本路径测试技术设计测试用例的步骤如下。

（1）根据详细设计结果或源程序画出相应的 程序图（也称为流图）。程序图是程序流程图的抽象化，它是反映控制流程的有向图，其中小圆圈称为结点，代表程序流程图中每个处理符号，即矩形框、菱形框等，有箭头的连线表示控制流向，称为程序图中的边或路径。

例如，图 7.2（a）所示是一个程序流程图，可以将它转换成图 7.2（b）所示的程序图。在转换时要特别注意：一条边必须终止于一个结点，在选择结构中的分支汇聚处，即使无语句也应有汇聚结点；如果判断中的逻辑表达式是复合条件，应当分解为一系列只有单个条件的嵌套判断。

（2）计算程序图 G 的环形复杂度 $V(G)$。环形复杂度定量度量程序的逻辑复杂性。有了描述程序控制流的程序图之后，可以用以下 3 种方法之一来计算环形复杂度。

① McCabe 定义程序图的环形复杂度等于程序图中区域的个数。由边和结点围成的面积称为区域。当计算区域个数时，应该包括图外部未被围起来的区域。

② 程序图的环形复杂度 $V(G)=E-N+2$，其中 E 是程序图中的边（弧）数，N 是结点数。

③ 程序图 G 的环形复杂度 $V(G)=P+1$，其中 P 是程序图中判定结点的个数。

用以上 3 种方法计算图 7.2（b）程序图的环形复杂度 $V(G)=4$。

（3）确定线性独立路径的基本集合。从程序的环路复杂度可导出程序基本路径集合中的独立路径条数。这是确定程序中每个可执行语句至少执行一次所必需的测试用例数目的上界。所谓独立路径，是指至少引入程序的一个新处理语句集合或一个新条件的路径。从程序图来看，一条独立路径至少包含一条在定义该路径之前不曾用过的边。例如，在图 7.2（b）所示的程序图中，由于环形复杂度为 4，因此共有 4 条独立路径。下面列出了 4 条独立路径：

路径 1：1—11；

路径 2：1—2—3—4—5—10—1—11；

路径 3：1—2—3—6—8—9—10—1—11；

路径 4：1—2—3—6—7—9—10—1—11。

这 4 条路径构成了图 7.2（b）所示的测试用例的数目。只要测试用例确保这些基本路径的执行，就可以说明程序中相应的源代码和程序逻辑是正确的。另外，基本路径集不是唯一的，对于给定的程序图，可以得到不同的基本路径集。

（4）导出测试用例。通过程序流程图的基本路径来导出基本的程序路径的集合，这个过程和前面所述的逻辑覆盖法类似。

（5）准备测试用例，确保基本路径集中的每一条路径的执行。

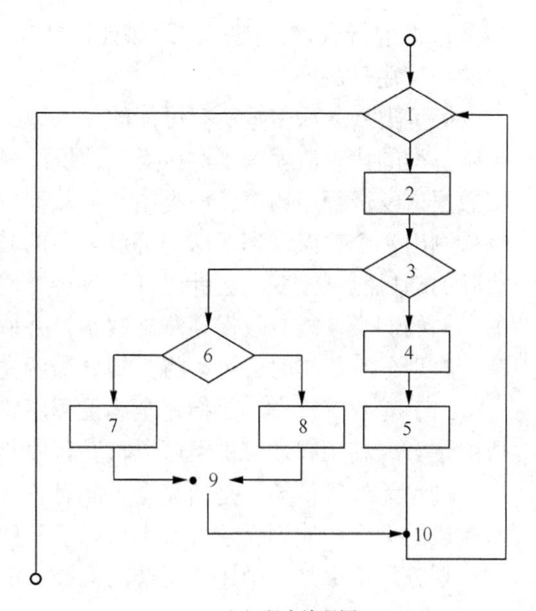

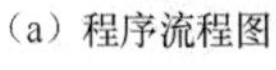
（a）程序流程图

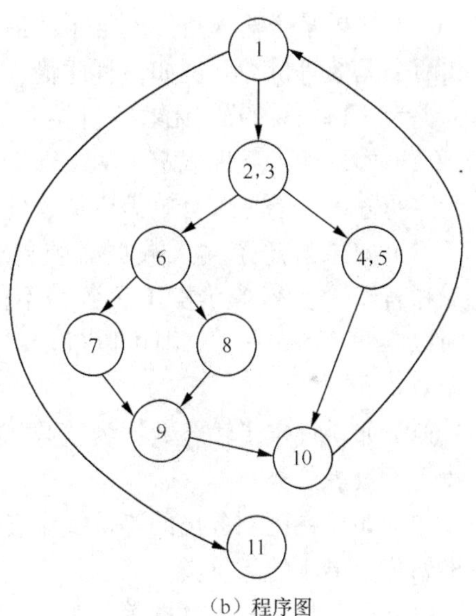

（b）程序图

图 7.2　程序流程图和程序图

7.4.2　黑盒技术

黑盒技术着重测试软件功能。因此，设计测试用例时，需要研究需求说明和总体设计说明中的有关程序功能或输入、输出之间的关系等信息，从而与测试后的结果进行分析比较。用黑盒技术设计测试用例一般有等价类划分、边界值分析、错误推测和因果图 4 种方法，但 4 种方法没有一种能提供一组完整的测试用例来检查程序的全部功能。因此，在实际测试中应该把各种方法结合起来使用。同时黑盒测试常常与白盒测试联合使用，它是与白盒测试互补的测试方法，它很可能发现白盒测试不易发现的其他类型的错误。

1. 等价类划分法

前面曾经说过，完全的黑盒测试通常是不现实的。因此只能选取少量最有代表性的输入数据作为测试数据，用较小的代价暴露出较多的程序错误。等价类划分法将不能穷举的测试过程进行合理分类，从而保证设计出来的测试用例具有完整性和代表性，减少必须设计的测试用例的数目。

等价类划分法是把所有可能的输入数据或有效的和无效的划分成若干个等价类，测试每个等价类的代表值就等于对该类其他值的测试。也就是说，如果从某个等价类中任选一个测试数据未发现程序错误，该类中其他数据也不会发现程序的错误。相反地，如果一个测试用例检测出一个错误，那么这一等价类中的其余测试用例也能发现同样的错误。这样就把漫无边际的随机测试改变为有针对性的等价类测试，用少量有代表性的测试数据代替大量测试目的相同的例子，能有效提高测试效率，并取得良好的测试结果。

在划分等价类时，可以将其划分为两类。

（1）有效等价类：是指完全满足程序输入的规范说明、合理的、有意义的输入数据所构成的集合。利用有效等价类可以检验程序是否满足规范说明书所规定的功能和性能。

（2）无效等价类：是指完全不满足程序输入的规范说明、不合理的、无意义的输入数据所构成的集合。使用无效等价类可以检验程序的容错性能。

划分等价类是一个比较复杂的问题，需要经验，在等价类划分时，可以使用以下的几条原则。

（1）如果某个输入条件规定了取值范围或者输入数据的个数，则可划分出一个有效等价类和两个无效等价类。例如，程序输入条件规定：m 取值的范围是 1～99，则可以确定有效等价类为“$1 \leqslant x \leqslant 99$”，无效等价类为“$x<1$”和“$x>99$”。

（2）如果输入条件规定了输入数据的一组值，而且程序对不同输入值做不同处理，则每个允许的输入值是一个有效等价类，此外还有一个无效的等价类（任一个不允许的输入值）。

（3）如果规定了输入数据必须遵循的规则，则可以划分出一个有效等价类（符合规则）和若干个无效等价类（从各种不同的角度违反规则）。例如，输入条件规定“标志符必须以字母开头……”，则可以确定“以字母开头者”为有效等价类，以“非字母开头者”为无效等价类。

（4）如果规定了输入数据为整数，则可以划分为正整数、零、负整数 3 个有效等价类，其他为无效等价类。

（5）如果在已划分出的等价类中各元素在程序中的处理方法不同，则应再将该等价类进一步划分为更小的等价类。

以上这些划分输入数据等价类的经验，其中绝大多数也适用于输出数据，但这些数据也只是在测试时可能遇到的情况中的很小一部分。为了正确划分等价类，一定要注意积累经验并正确分析被测程序的功能。

等价类划分好之后，按以下步骤设计测试用例。

（1）为一个等价类规定一个唯一的编号。

（2）设计一个新的测试用例，使其尽可能多地覆盖尚未被覆盖的有效等价类，重复这一步，直到所有的有效等价类都被测试用例覆盖为止，即将有效等价类分割到最小。

（3）设计一个新的测试用例，使它覆盖一个而且只能覆盖一个尚未被覆盖的无效等价类，重复这一步，直到所有无效等价类都被覆盖为止。

注意：设计一个测试用例，只能覆盖一个无效等价类，这是因为程序中的某些错误检测往往会屏蔽对其他输入错误的检测。因此必须针对每一个无效等价类分别设计测试用例。

【例 7.1】 某省公务员招聘考试，要求报考人员学历必须在本科以上，年龄在 25～40 周岁之间，即出生年月从1973年7月至1988年6月。考试报名程序具有自动检测输入数据的功能。如果年龄不在此范围内，则显示拒绝报名的信息。假设规定输入年龄用6位整数表示，前4位表示年份，后2位表示月份。试用等价类划分法为该程序设计测试用例。

（1）划分等价类并编号。

此例划分出3个有效等价类，7个无效等价类，见表7.1。

表7.1　“招聘考试”输入条件的等价类表

输入条件	有效等价类	无效等价类
出生年月的类型及长度	① 6位数字字符	② 有非数字字符 ③ 少于6位数字字符 ④ 多于6位数字字符
出生年月数值	⑤ 197307～198806	⑥ 小于197307 ⑦ 大于198806
月份	⑧ 01～12	⑨ 等于00 ⑩ 大于12

（2）为有效等价类设计测试用例。

对于表中编号为①、⑤、⑧对应的3个有效等价类，可以设计一个测试用例覆盖。

测试数据	期望结果	覆盖用例
197612	输入有效	①⑤⑧

（3）为每一个无效等价类至少设计一个测试用例。

测试数据	期望结果	覆盖范围
May，79	输入无效	②
19788	输入无效	③
19760712	输入无效	④
196002	输入无效	⑥
198306	输入无效	⑦
196800	输入无效	⑨
198013	输入无效	⑩

等价类划分法显然比随机选择测试用例好得多，但这个方法的不足之处是没有注意选择某些效率较高且能发现更多错误的测试用例。如果结合使用下面介绍的边界值分析法，则可以弥补它的不足。

2. 边界值分析法

实践表明，程序在处理边界情况时最容易发生错误。边界情况指输入等价类和输出等价类边界上的情况。因为在测试过程中，可能会忽略边界值的条件，大量的错误是发生在输入或输出范围的边界上。因此，设计使程序运行在边界情况的测试用例，查出程序错误的可能性更大一些。

使用边界值分析方法设计测试用例时，一般与等价类划分方法结合起来。通常把测试输入等价类和输出等价类的边界情况作为重点目标，应该选取刚好等于、小于或大于边界值的数据来进行测试，有较大可能发现错误。因此，在设计测试用例时，常常选择一些临界值测试它。

在实际的软件设计过程中，会涉及大量的边界值条件和过程。用边界值分析法设计测试用例时，提供以下一些设计原则供参考。

（1）如果输入条件规定了值的范围，则选择刚好等于边界值的数据作为合理的测试用例，同时还要选择刚好超过边界的数据作为不合理测试用例。如输入值的范围是[1，10]，可选取0、1、10、11 等值作为测试数据。

（2）如果输入条件规定了输入值的个数，则按最大个数、最小个数、比最大个数多 1、比最小个数少 1 等情况分别设计测试用例。例如，规定某个输入条件可能包括 1～255 个记录，则测试数据可分别选择 1 和 255，0 和 256 等值进行测试。

（3）对每个输出条件分别按照上述两条原则确定输出值的边界情况。例如，某学生成绩管理系统规定，只能查询 90～99 级本科生的各科成绩，那么在设计测试用例时，不但要设计查询范围内某一届或四届学生的学生成绩的测试用例，还需要设计查询 89 级、2000 级学生成绩的测试用例（考虑设计不合理输出等价类）。

由于输出值的边界不与输入值的边界相对应，所以要检查输出值的边界不一定可能，要产生超出输出值之外的结果也不一定能做到，但必要时可以试一试。

（4）如果程序的输入或输出范围是有序集合，则应选取集合的第一个元素和最后一个元素作为测试用例。

【例 7.2】 对于【例 7.1】“招聘考试”程序，用边界值分析法设计测试用例。先利用等价类划分法设计 3 个输入等价类：出生年月的类型及长度、出生年月数值和月份。采用边界值分析法为这 3 个输入等价类设计 14 个边界值测试用例，见表 7.2。

表 7.2 “招聘考试”边界值分析法测试用例

输入等价类	测试用例说明	测试数据	期望结果	选取理由
出生年月的类型及长度	1 个数字字符	6	显示出错	仅有一个合法字符
	5 个数字字符	19671	显示出错	比有效长度少一个字符
	7 个数字字符	1969216	显示出错	比有效长度多一个字符
	有一个非数字字符	1970*7	显示出错	只有一个非法字符
	全部是非数字字符	onemay	显示出错	6 个非法字符
	6 个数字字符	198012	输入有效	类型及长度均有效
出生年月的数值	25 岁	198106	输入有效	最小合格年龄
	40 岁	196607	输入有效	最大合格年龄
	小于 25 岁	198107	显示出错	刚好小于最小合格年龄
	大于 40 岁	196606	显示出错	刚好大于最大合格年龄
月份	月份为 1 月	196801	输入有效	合格年龄的最小月份
	月份为 12 月	197312	输入有效	合格年龄的最大月份
	月份小于 1 月	196900	输入无效	刚好小于最小月份
	月份大于 1 月	197013	输入无效	刚好大于最大月份

3. 错误推测法

在软件的测试用例设计中，人们根据经验、直觉和简单的判断来推测程序中可能存在的各种错误，从而有针对性地设计测试用例，这就是错误推测法。

由于错误推测法是基于经验和直觉的，因而没有确定的设计测试用例的步骤。其基本思想是：列举出程序中可能出现的错误和容易发现错误的症状，根据这些症状来选择和设计测试用例。

【例 7.3】 对于【例 7.1】"招聘考试"程序，在用边界值分析法为该程序测试用例的基础上，用错误推测法补充新的测试用例。可以补充其他的测试用例。

如：（1）输入"出生年月"为 0 或为空；

（2）出生年月次序颠倒。

【例 7.4】 对于一个排序程序，可以根据以下几项特别测试的情况来设计测试用例：

（1）输入表中的所有元素均相同；

（2）输入表中元素已排好序；

（3）输入表中只包含一个元素；

（4）输入表为空表

要根据具体情况具体分析，在前一个版本中发现的常见错误在下一个版本测试中有针对性地设计测试用例。在应用软件容易出错的环节，例如，C++软件的内存分配、内在泄漏、Web 程序的 session 失效问题等一些常见的普遍的问题，选择性地设计测试用例。

4. 因果图法

等价类划分法和边界值分析法都只是孤立地考虑各个输入数据的测试功能，而没有考虑多个输入数据的组合引起的错误。因果图法能有效地检测输入条件的各种组合可能会引起的错误。即在测试中使用因果图，可提供对逻辑条件和相应动作的简洁表示。因果图的基本原理是通过画因果图，把因果图转换为判定表，然后为制定表的每一列至少设计一个测试用例。

综上所述，每种测试方法各有所长。但是使用某一种测试方法设计出的一组测试用例，可能发现某种类型错误，但可能对另一类型错误发现不了。因此，在实际测试中，经常是联合使用各种测试方法，通常是选用黑盒法设计基本的测试用例，再用白盒法来补充一些必要的测试用例。

7.5　软件测试过程

软件产品在交付使用之前一般要经过单元测试、集成测试、确认测试和系统测试 4 个阶段的测试。图 7.3 描述了整个测试过程。

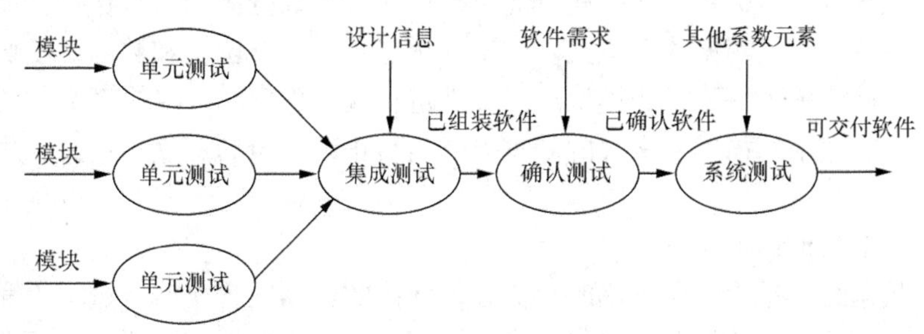

图 7.3　软件测试过程

在软件测试过程中需要 3 类信息：

（1）软件配置：指需求说明书、设计说明书和源程序等；

（2）测试配置：指测试方案、测试用例和测试驱动程序等；

（3）测试工具：指计算机辅助测试的有关工具。

单元测试是对软件基本组成单元进行的测试。检查每个独立模块是否正确地实现了规定的功能。单元测试所发现的往往是编码和详细设计中的错误。各模块经过单元测试后，接下来需要进行集成测试。

集成测试是将已分别通过测试的单元按设计要求组合起来再进行测试，以检查这些单元之间的接口是否存在问题，同时检查与设计相关的软件体系结构的有关问题。在这个测试阶段发现的往往是软件设计中的错误，也可能发现需求中的错误。

确认测试是检查所开发的软件是否满足需求规格说明书中所确定的功能和性能的需求。在这个测试阶段发现的是需求分析阶段的错误，如对用户需求的误解，有冲突的用户需求等。完成确认测试后，得到的应该是用户确认的合格的软件产品，但为了检查该产品能否与系统的其他部分协调工作，需要进行系统测试。

一般最早犯下的错误最晚才能发现。如果在需求分析阶段犯下的错误，到确认测试阶段才能发现。这也是前面强调需求分析重要性的原因。在需求分析阶段多花一分精力，在测试阶段就能节省十倍、百倍的工作量。

软件测试是相当复杂的，既需要知识，也需要技巧和经验。下面将详细介绍单元测试、集成测试和确认测试的具体任务和方法。

7.5.1 单元测试

单元测试的对象是软件设计的最小单元——模块。一个最小的单元应该是有明确的功能、性能定义、接口定义，而且可以清晰地与其他单位区分开。一个菜单、一个窗口显示界面或者能够独立完成具体的功能都可以是一个单元。某种意义上讲单元的概念已经扩展为构件（Component）。

单元测试以详细设计的说明为指导，测试模块内的重要控制路径，力求在模块范围内发现错误。单元测试总是用白盒测试法，而且多个模块可以平行地独立进行单元测试。

1. 单元测试的任务

单元测试的主要任务有模块接口测试、模块局部数据结构测试、模块出错处理通路测试、模块中重要的执行路径测试和模块边界条件测试。

（1）模块接口测试

在进行其他测试之前，首先必须测试通过模块接口的数据流。只有在数据能正确输入、输出模块的前提下，其他测试才有意义。测试的重点是：检查调用和被调用模块之间的参数个数、次序、属性等是否一致；当模块通过文件进行输入输出时，要检查文件的具体描述，包括文件的定义、记录的描述、文件的处理方式是否正确；全局变量的定义和用法在各模块中是否一致。

（2）模块局部数据结构测试

检查局部数据结构是为了保证临时存储在模块内的数据在程序执行过程中完整、正确。局部数据结构往往是错误的根源，应仔细设计测试用例，用来检查以下几方面的错误：不正确或不相容的类型说明；错误的初始化或缺省值；变量无初值，不正确的变量名，出现上溢和地址错等。

除了局部数据结构之外，如有可能的话，在单元测试期间还应该检查全局数据结构对模块的影响。

（3）模块出错处理通路测试

一个好的设计应该能预见出现错误的条件，并预设各种出错处理通路，即主要测试程序对错误处理的能力，测试应着重检查这样一些可能发生的错误：

① 输出的出错信息难以理解，记录的错误与实际遇到的错误不相符；

② 在错误处理之前，系统已进行干预；

③ 对错误的处理不正确；

④ 错误的描述中未能提供足够的确定出错数目的原因等。

（4）模块中重要的执行路径测试

由于通常不可能进行完全测试，因此在单元测试期间，重要的模块要进行基本路径测试，仔细地选择测试路径是单元测试的一项基本任务。此时设计测试用例是为了发现程序中不正确的运算、错误的比较和不适当的控制流而造成的错误。此时基本路径测试和循环测试是最常用且最有效的测试技术。

计算机中常见的错误有以下几种。

① 误解或用错了运算符优先级；运算方式不正确；变量初始化错；精度不够；表达式的符号表示错误等。

② 比较判断与控制流常常紧密相关，常见的错误比较和不适当的控制流有：不同数据类型的对象之间进行比较；逻辑运算符不正确或优先次序错误；由于精度误差相等造成比较出错；循环终止条件错误或死循环，以及错误地修改了循环变量；当遇到发散的循环时无法结束等。

（5）模块边界条件测试

边界测试是单元测试过程中最重要的一项任务。因为软件经常在边界上出现错误，采用边界值分析技术，针对边界值及其左、右设计测试用例，很有可能发现新的错误。如输入、输出数据的等价类边界，选择条件和循环条件的边界，复杂数据结构的边界等都应该进行测试。

2. 单元测试的方法

在对模块进行测试时，由于被测试的模块在整个软件系统中往往不是独立的程序，它不能单独运行，只有在被其他模块调用或调用其他模块时才能运行。因此，在单元测试时，需要为被测试模块设计驱动模块和桩模块。

驱动模块是用来模拟上级模块调用被测模块的模块，即模拟主程序。但功能要比真正的主程序简单得多，它是负责接受测试数据，并向被测模块传送测试数据，启动被测模块，接收被测模块的测试结果并输出。

桩模块是用来代替由被测模块所调用的模块，也可以称为“虚拟子程序”。它的作用是返回被测模块所需要的信息。图 7.4 表示为了测试软件结构中的模块 B（见图 7.4（a）），建立模块 B 的模拟测试环境（见图 7.4（b））。

驱动模块和桩模块在程序运行后就不再使用了，是一种额外开销。但是与被测试模块有联系的那些模块（如图 7.4（a）所示中的模块 H、E、F）在未编写好或未测试的情况下，设计驱动模块和桩模块是必要的。驱动模块和桩模块的使命在单元测试后终止。

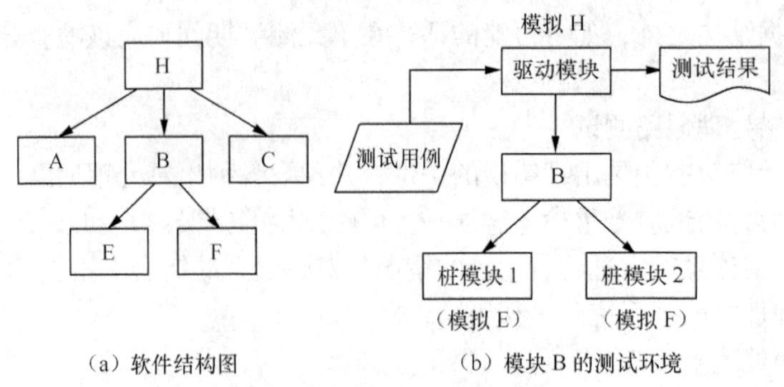

（a）软件结构图　　　（b）模块 B 的测试环境

图 7.4　单元测试的测试环境

7.5.2　集成测试

每个单元都测试过了，关键是把它们组装起来。集成测试是在单元测试的基础上，将所有模块按要求组装成一个完整的系统而进行的测试，所以也称组装测试。在所有模块都通过了单元测试后，各个模块工作都很正常。那为什么把它们组装在一起还要测试呢？实践证明，单个模块能工作，组装后不见得仍能正常工作，这主要因为模块相互调用时接口会引入许多新问题，如数据经过接口时可能会丢失；一个模块可能会破坏另一个模块的功能；各个模块的功能组装起来可能不满足所要求的主功能；全局数据结构会出现问题；单个模块可以接受的误差，组装起来不断积累达到不可接受的程度等。因此，必须进行集成测试来发现与模块接口有关的错误，最终组装成一个符合设计要求的软件系统。

集成测试是用于组装软件的一种系统化的技术，要在把模块按照设计要求组装起来的同时进行测试，用以发现和接口相联系的问题，由模块组装成程序时有两种方法，渐增式测试和非渐增式测试。

渐增式测试的基本思想是：把下一个要测试的模块同已经测试好的模块结合起来进行测试。测试一个增加一个，即在组装过程中边组装边测试。

非渐增式测试的基本思想是：先分别测试各个模块，再把所有模块按设计要求组装在一起进行测试。实际测试中软件错误纠正越早代价越低。因此，采用渐增式测试方法较好。有时在测试中采用两种方法的混合测试，兼有两种方法的优点，如果使用得当，效果会更好。当使用渐增式测试方法时，有自顶向下和自底向上两种集成方法。

集成测试阶段是以黑盒测试为主。在自底向上集成的早期，以白盒测试为主，集成测试的后期，黑盒测试占主导地位。

（1）自顶向下集成方法

在实际中，自顶向下这种渐增集成软件结构的方法用得比较多。这种方法不需要驱动模块，但需要设计桩模块。其步骤是从顶层模块开始，沿着软件的控制层次向下移动，逐步把各个模块结合起来。在组装过程中，有深度优先和宽度优先两种结合方式。

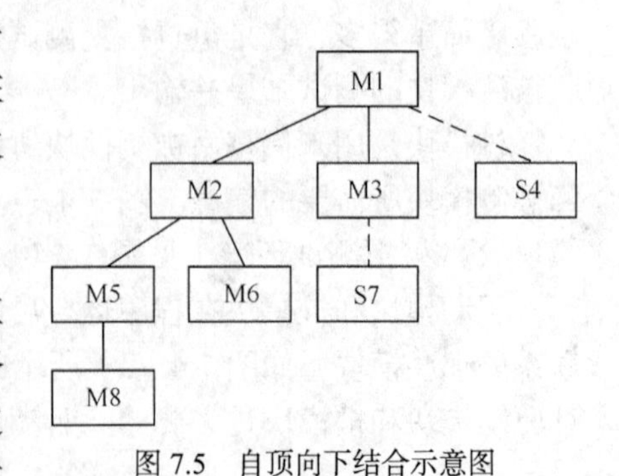

图 7.5　自顶向下结合示意图

深度优先的结合方法是首先把软件结构的一条主控制路径上的模块一个个结合起来进行测试。主控制路径的选择决定于软件的应用特性。如图 7.5 选择最左边的路径为主控制路径，先结合模块 M1、M2 和 M5，然后是 M8，如果 M2 的某个功能需要的话，可结合 M6，接着再结合中间和右边的路径。

宽度优先的方法是逐层结合直接下属的所有模块，即把每一层同一水平线的模块结合起来。对于图 7.5 的例子，先结合模块 M2、M3 和 M4（M4 用桩模块 S4 代替），然后结合 M5、M6 和 M7 这一层，如此继续进行下去，直到所有模块都被结合进来为止。

结合过程可归纳为以下具体步骤。

① 对主控制模块进行测试，测试时用桩模块代替所有直接附属于主控模块的模块。根据选择的结合方式（深度优先或宽度优先），每次用一个实际模块替换一个桩模块。每次替换时，为了检查接口的正确性，都要进行测试。即在结合下一个模块的同时进行测试。

② 为了保证加入模块不引进新的错误，可能需要进行回归测试，即全部或部分地重复以前做过的测试。

③ 这一过程从第二步开始连续进行，直到模块都结合了为止。

自顶向下集成方法的主要优点：能够在测试阶段的早期实现并验证系统的主要功能，而且能在早期发现上层模块的接口错误。其缺点是：桩模块不可能提供完整的信息，可能会遇到与桩模块相联系的测试困难，底层一些关键模块中的错误发现较晚，而且这种方法早期不能并行工作，不能充分利用人力。

（2）自底向上集成方法

自底向上集成方法是从软件结构的最底一层模块开始装配和测试，这种方法常用在软件开发阶段的早期。与自顶向下集成方法相反，它需要驱动模块，不需要桩模块，其具体步骤如下。

① 把底层模块组合成实现一个特定软件子功能的模块族。如图 7.6 所示模块族由 1、2、3 组成。

② 每一族要一个驱动模块，作为测试的控制程序来协调测试用例的输入和输出。如图 7.6 所示模块 D1、D2、D3 分别是各个族的驱动模块。

③ 对由模块组成的子功能族进行测试。

④ 去掉驱动模块，沿软件结构自底向上移动，把子功能族组合起来形成更大的子功能族。

这一过程从第二步开始连续进行，直至完成。

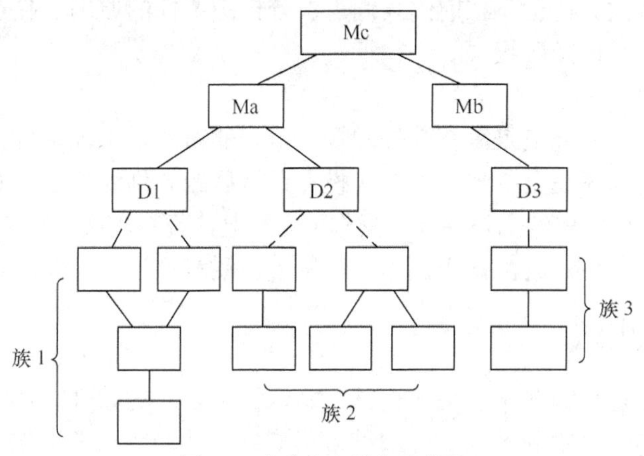

图 7.6　自底向上结合示意图

这种自底向上集成方法，随着结合向上移动，驱动模块逐渐减少。实际中，如果对软件顶部两层用自顶向下的结合方法，可以明显地减少驱动模块的数目，同时族的组合也会大大简化。

自底向上集成方法的主要优点：如果程序错误发生在底层，有利于发现错误；容易设计测试用例；早期可以并行工作。其缺点是：系统总体功能最后才能看到；上层模块的错误发现得晚。

集成测试方法的选择决定于软件的特点，有时也决定于任务的进度。一般来说，工程上常将两种方法结合起来使用，即对软件结构的较上层模块采用自顶向下的集成方法，对下层模块采用自底向上的集成方法。

7.5.3 确认测试

确认测试又称有效性测试，它和验收测试比较接近。在集成测试之后，软件已组装完毕，接口错误已经发现并纠正，则可进入确认测试。确认测试是从质量的角度，在功能、性能、可靠性、易用性等方面对软件做全面的质量检测。“当软件可以像需求者所合理的期望那样运行，则软件是有效的。”合理的期望则是指软件需求规格说明书中所确定的指标。因此，需求规格说明书是确认测试的基础。

确认测试阶段首先要进行有效性测试和软件配置审查两项工作，之后经过管理部门的批准和专家的鉴定后，软件即可交付使用。

1. 有效性测试

有效性测试通常使用黑盒测试法，由专门测试人员和用户参加的测试。通过测试要保证软件满足所有功能要求，能达到每个性能要求。有效性测试需要需求说明书，用户手册等文档，应该仔细设计测试计划和测试方案，测试用例应选用实际运用的数据。测试结束后，应写出测试分析报告。

经过确认测试后，要为所开发软件做出结论性评价。评价结果可能有以下两种：合格软件和不合格软件。

（1）合格软件：功能、性能及其他特性与需求说明书一致，该软件系统是可以接受的。

（2）不合格软件：功能、性能及其他特性与需求说明书有差距，该软件系统无法接受。

在这个阶段发现的问题往往和需求分析阶段的差错有关，不符合用户要求，对这样的错误修改，工作量非常大。这也是在前面强调需求分析重要性的原因。在这种情况下，必须同用户协商，并且提交一份问题报告。

2. 软件配置报告

确认测试的一个重要环节是审查软件配置。审查的目的是保证软件开发的所有文件资料齐全、正确，文档与程序完全一致，为软件投入运行后的软件维护工作做好充分的准备。这些资料应该包括：用户所需的用户手册，操作手册；设计资料如设计说明书等；源程序清单；测试计划、测试报告、设计的测试用例等。如发现遗漏和错误，应及时补充和改正。

7.5.4 系统测试

系统测试是将经过单元测试、集成测试、确认测试以后的软件，作为计算机系统中的一个组成部分，需要与系统中的硬件、外部设备、支持软件、数据及操作人员结合起来，在实际运行环境下对计算机系统进行一系列的严格有效的测试来发现软件的潜在问题，以保证个组成部分不仅单独的正常运行，而且在系统各部分统一协调下也能正常运行。

系统测试不同于功能测试。功能测试主要是验证软件功能是否符合用户需求，并不考虑各种环境及非功能问题，如安全性、可靠性、性能等，而系统测试是在更大范围内进行的测试，着重对系统的性能、特性进行测试。

7.5.5　α 测试和 β 测试

如果软件不是专为某个用户开发的应用软件，而是为许多用户开发的，如游戏软件或互联网软件服务拥有众多用户，不可以让每个用户都直接参加正式的验收测试，在这种情况下，绝大多数软件开发商都会采用 α（Alpha）测试和 β（Beta）测试。

α 测试是指在软件公司进行的由内部人员指导的新产品测试，经过测试的软件称为 Alpha 版本，即由用户在开发者的场所进行，在实际运行环境和真实应用过程中，开发者对用户进行“指导”性测试，来发现测试阶段没有发现的缺陷。

经过 α 测试和修正的软件产品成为 β 版本。β 测试指公司外部的典型用户在开发者不能控制的环境中“真实”应用，并要求用户报告异常情况、提出批评意见，然后对 β 版本进行修正和完善，最终得到正式发布的版本。β 版本是比较常见的试用版本，在互联网应用系统中更为普遍。

7.6　调　　试

调试是在测试发现错误之后排除错误的过程。测试和调试往往是紧密联系在一起的。

7.6.1　调试的目的和任务

软件测试的目的是为找出软件中存在的错误，即通过测试来发现错误，而调试的目的是为了解决存在的错误，即对错误定位、分析并找出原因改正错误，因此调试也称为纠错。

软件调试是一项具有很强技巧性的工作，软件测试结束以后，测试人员在分析结果时，只能看到程序错误的外部表现，而错误的内部原因与错误的外部表现没有明显的关系，要确定发生错误的内在原因和位置是一件很不容易的事情。调试是一个通过外部表现找出原因的思维分析过程。调试工作同人的心理因素和技术因素都有关系，需要很强的脑力劳动和丰富的实践经验。调试相对测试来讲，缺乏系统的理论研究。以下介绍几种调试技术，大多数是在实践中积累起来的经验。

7.6.2　常用调试技术

1. 简单的调试技术

（1）使计算机将存储器的全部内容通过打印机打印出来，然后通过逐个数据进行查找，从中寻找确定错误位置。这种方法虽然有时也能成功，但是工作量、开销都很大。

（2）在程序特定部位插入打印语句，其方法的优点是显示程序的动态过程，比较容易检查源程序的有关信息。这种方法比第一种稍好些，但效率还是较低，可能输出大量的无关数据，发现错误带有偶然性。

（3）使用自动调试工具来分析程序的动态行为，纠正错误。这种方法可以提高效率，但无关的数据量也很大。

2. 消去原因法

通过思考，分析列出发生错误的所有可能原因，逐个排除，最后找出真正的原因。试探法、折半查找法、归纳法和演绎法都属于消去原因法。下面主要介绍其中归纳法和演绎法两种。

（1）归纳法

归纳法的思考过程是从特殊到一般，即从个别现象推断出一般性结论的思维方法。从对个别事例的认识当中概括出共同特点，得出一般性规律。归纳法来源于一个简单工作过程的假设公式，这个公式基于数据，当前数据的分析和特殊收集的数据，证明或反证明该工作过程的假设。具体地说，人们从一些线索（错误迹象，征兆）入手，寻找分析它们之间的联系，导出错误原因的假设，然后再证明或否定这个假设。常常可以确定错误的位置并纠正。归纳法纠错流程如图 7.7 所示。

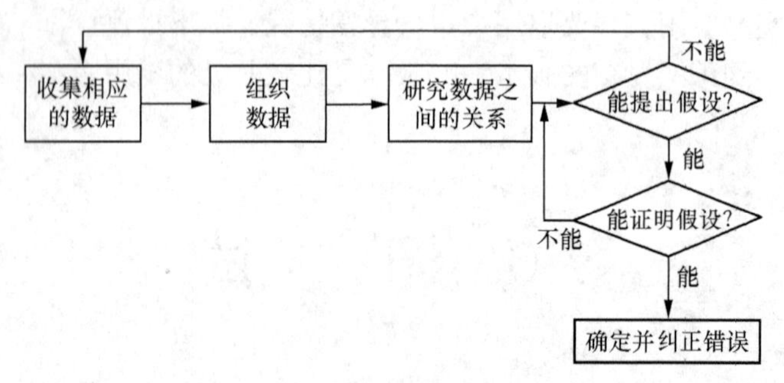

图 7.7　归纳法纠错流程

（2）演绎法

演绎法的思考过程是从一般到特殊，是一种从一般原理或前提出发，运用排除和推理过程做出结论。演绎法首先列出所有可能的原因和假设，然后排除一个又一个不可能的原因，直到最后剩下一个真正的原因为止。演绎法纠错流程如图 7.8 所示。

归纳法和演绎法用得比较多。另外，对于小程序一般常用回溯法来纠错比较有效。这种方法从发现错误征兆的地方开始，人工地往回追溯源程序代码，直到找到错误的原因为止。例如，从打印语句出错开始，通过看到的变量值，从相关的执行路径查询该变量值从何而来。但是，如果回溯的路径数目变得很大，回溯会变得比较困难，以致无法管理。

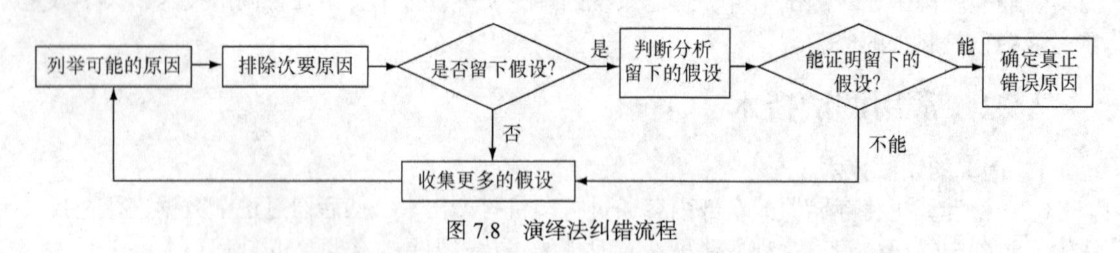

图 7.8　演绎法纠错流程

7.7　软件测试阶段终止的条件

以上所介绍的测试方法都不可能做到彻底测试，不可能彻底发现程序的所有错误。既然如此，测试应该进行到什么程度才能终止，因为测试过少，程序遗留错误较多，质量无法保证；测试过多，软件开发成本会不必要的增加。因此有必要制定测试终止的条件。

1. 根据程序的可靠性制定测试的终止条件

测试的程度与程序的可靠性有关。可靠性高的程序则要求测试终止条件要高一些，可靠性低的程序则要求的测试终止条件相对低一些。

2. 测试的覆盖率要达到一定的目标

黑盒测试时可结合程序的实际情况选择一种或数种测试方法所设计的测试用例，当把所有测试用例全部用完后便可终止测试；白盒测试一般可以规定以完全覆盖为标准，即语句覆盖率和分支覆盖率必须分别达到 100%，满足了这些条件便可终止测试。

3. 规定至少要查出的错误数量

根据以往测试经验，可确定同一类程序可能出现的错误总数，如已查出预定数量的错误，则可作为某类应用程序的测试终止条件。也可根据估计错误总数的两种方法：植入错误法和分别测试法，算出错误的总数量，若总数量达到预定数量错误，也可终止测试。

本章小结

软件测试在软件开发项目中花费的精力较多，也是保证软件质量的最后一个阶段。

软件测试的目的是发现程序的错误，而不是证明程序没有错误。软件测试的原则是选用最少的测试数据，发现尽可能多的错误。为达到这个目的，就要选择相应的测试方法。软件测试方法有动态测试方法和静态测试方法。动态测试方法又分为白盒测试方法和黑盒测试方法。在软件测试中通常以动态测试方法为主，动态测试要先选择测试用例，然后上机运行程序，将得到的实际运行结果和预期结果比较，从而发现错误。

测试用例设计方法有逻辑覆盖法、边界值分析法、等价类划分法、错误推测法和因果图法等。

在进行软件测试时，首先进行单元测试，然后进行集成测试，再进行确认测试，最后进行系统测试。单元测试可以发现模块中的问题。集成测试可以发现模块接口之间接口的问题。确认测试是从质量的角度，在功能、性能、可靠性和易用性等方面对软件做全面的质量检测。系统测试则放在安装与验收阶段进行。

经过软件测试，如果发现软件中有隐藏的错误，就要查找错误的位置和错误的原因，即进行软件调试，调试和测试经常交替进行。软件调试也叫做排错，涉及诊断和排错两个步骤。常用的调试策略有试探法、回溯法、折半查找法、归纳法和演绎法。软件调试也是一种非常困难的工作，因为软件错误的种类和原因非常多，目前还没有十分有效的调试方法。

习　题　7

7.1　软件测试的基本任务是什么？简述测试的目标和基本原则。

7.2　简述静态测试与动态测试的含义。它们之间有什么不同点和相同点。

7.3　白盒测试用例和黑盒测试用例设计的基本方法。

7.4　测试用例设计、组织和测试过程组织之间的关系和实践过程。

7.5　简述测试和调试的含义，它们之间有什么区别？

7.6　软件测试要经过哪些步骤？这些测试与软件开发各阶段之间有什么关系？

7.7　什么是单元测试，什么是集成测试，什么是确认测试？

7.8　一个C语言程序，读入3个正整数作为三角形的边长，要求程序打印如下信息：该三角形是等边的、等腰的或一般三角形。试设计一组测试用例，用来测试此程序。

7.9　某高校拟对参加计算机应用水平考试成绩好的学生进行奖励，成绩合格者奖励50元，成绩在80分以上者奖励100元，成绩在90分以上者奖励200元，并公布奖励成绩及所获奖金，编写程序流程图，设计测试用例，写出测试路径及所满足的覆盖条件。

7.10　设某个程序用于求一元二次方程 $ax^2+bx+c=0$ 的根，a、b 和 c 为整数。试采用等价类划分法和边界值分析法来设计测试用例。

7.11　Drikstra说："程序测试只能证明错误的存在，不能证明错误不存在。" Myers说："测试是为了证明程序有错，而不是证明程序无错。" 如何理解这两句话所蕴涵的意义。

7.12　一个折半查找程序可搜索按字母顺序排列的名字列表，如果查找的名字在列表中则返回真，否则返回假。为了对它进行功能测试，应该设计哪些测试用例？

第 8 章　软件维护

软件系统开发完成交付用户使用后，就进入软件的运行维护阶段。软件维护阶段是软件生存周期中时间最长的一个阶段，所花费的精力和费用也是最多的一个阶段。有关软件系统交付之后对系统实施更改的特点和成本调查结果说明，软件系统整个生存周期总成本的40%～70%要用于软件维护。软件系统投入使用后还经常会发生一些变化，如对隐含错误的修改，新功能的加入，环境变化造成的程序变动等。因此，需要充分认识软件维护工作的重要性和迫切性，以提高软件的可维护性，尽量减少软件维护的工作量和费用，从而提高软件系统的整体效益。

8.1　软件维护概述

一般地，根据软件本身的特点，软件维护的工作量大，而且随着软件数量的增多和使用寿命的延长，软件维护的工作量占整个软件开发运行过程总工作量的比例还在持续上升。软件工程化的目的之一就是要提高软件的可维护性，减少软件维护所需要的工作量，从而降低软件系统的总成本。

8.1.1　软件维护的定义

传统上，软件系统交付之后对其实施更改的学科叫做软件维护。通俗地说，软件维护是指软件系统交付使用以后，为了改正软件运行错误，或者因满足新的需求而加入新功能的修改软件的过程。

软件维护与硬件维修不同，软件维护不是由于软件老化引起的，而是由于软件设计的不正确、不完善或使用环境发生变化而引起的。因此，软件维护过程也不是简单地将软件产品恢复到初始状态，以使其正常运转，而是需要给用户提供一个经过修改的软件新产品。软件维护活动就是需要改正现有错误，修改、改进现有软件以适应新环境的过程。

软件维护与软件开发过程之间的主要差别在于，软件维护不像软件开发一样从零做起，软件维护是在现有软件结构中引入修改，并且要考虑代码结构所施加的约束，此外，软件维护所允许的时间通常只是很短的一段时间。

8.1.2　软件维护的分类

要求进行软件维护的原因多种多样，概括起来有以下 4 种类型。

① 改正在特定使用条件下暴露出来的,测试阶段未能发现的,潜在软件错误和设计缺陷。

② 因在软件使用过程中数据环境发生变化（如事务处理代码改变），或处理环境发生变化（如安装了新硬件或更换了操作系统），需要根据实际情况，修改软件以适应这些变化。

③ 用户和数据处理人员在使用软件过程中，经常会提出改进现有功能、增加新的功能或者改善系统总体性能等要求，为满足此类要求而对软件进行的修改。

④ 为预防软件系统的失效而对软件系统所实施的修改。

由上述原因引起的维护活动可以归结为以下 4 类：改正性维护、适应性维护、完善性维护和预防性维护。下面分别讨论。

1. 改正性维护（Corrective Maintenance）

软件测试不可能找出一个软件系统中所有潜伏的错误，所以软件在交付使用后，必然会有一部分隐藏的错误被带到运行阶段来，这些隐藏的错误在某些特定的使用环境下才会暴露出来。把在软件投入使用后才逐渐暴露出来的错误的诊断、定位、改错的过程，称为改正（纠错）性维护。改正性维护大约占整个维护工作总量的 21%。

改正性维护中的主要维护策略有开发过程中采用新技术，利用应用软件包，提高系统结构化程度，进行周期性维护审查等。

2. 适应性维护（Adaptive Maintenance）

适应性维护是为了适应计算机的飞速发展，使软件适应外部新的硬件和软件环境或者数据环境（数据库、数据格式、数据输入/输出方式、数据存储介质）发生的变化，而进行修改软件的过程。例如，某个应用软件原来在 DOS 环境下运行的，现在要把它移植到 Windows 环境下运行；实现某个应用问题的数据库管理系统中，需要对其中的某个指定代码进行修改，从 3 个字符长度改为 4 个字符长度；需要修改正在使用的某应用程序，使其适用于另外的终端等。适应性维护大约占整个维护工作总量的 25%。

适应性维护中的主要维护策略有对可能变化的因素进行配置管理，将因环境变化而必须修改的部分局部化，即局限于某些程序模块等。

3. 完善性维护（Perfective Maintenance）

在软件漫长的使用过程中，为了满足用户使用过程中对软件提出的新的功能与性能要求，需要对原来的软件的功能进行修改或扩充。这种为扩充软件功能、增强软件性能、提高软件运行效率和可维护性而进行的维护活动，称为完善性维护。例如，软件原来的查询响应速度比较慢，需要提高响应速度；改变原来软件的用户界面或增加联机帮助信息；为软件的运行增加监控设施等。完善性维护工作量较大，占整个维护工作总量的 50%左右。

完善性维护中的主要维护策略有尽量采用功能强、使用方便的工具，采用原型化的开发方法等。

4. 预防性维护（Preventive Maintenance）

预防性维护是为了提高软件未来的可维护性、可靠性等，或为了给未来的改进奠定更好的基础而修改软件的过程。通常，预防性维护定义为："把今天的方法学用于昨天的系统以满足明天的需要"。也就是说，该类维护工作需要采用先进的软件工程方法，对需要维护的软件或软件中的某一部分（重新）进行设计、编码和测试。例如，预先选定多年留待使用的程序；可能在最近的将来要做重大修改或增强的程序等。目前这类维护活动相对较少，对该类维护工作的必要性也有所争议，所以它在整个维护活动中所占的比例较小，大约占 4%。

预防性维护中的主要维护策略是采用提前实现、软件重用等技术。

在整个软件维护阶段所花费的全部工作中，预防性维护只占很小的比例，而完善性维护占了几乎一半的工作量，参看图 8.1。从图 8.2 中可以看到，软件维护活动所花费的工作占整个生存期工作量的 70%以上。

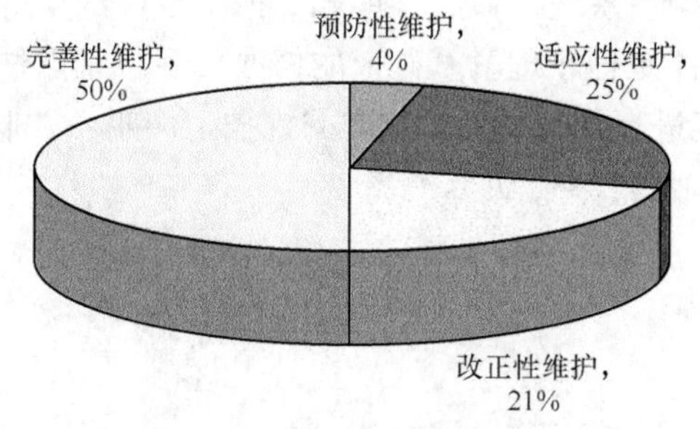

图 8.1 4 类维护占总维护的比例

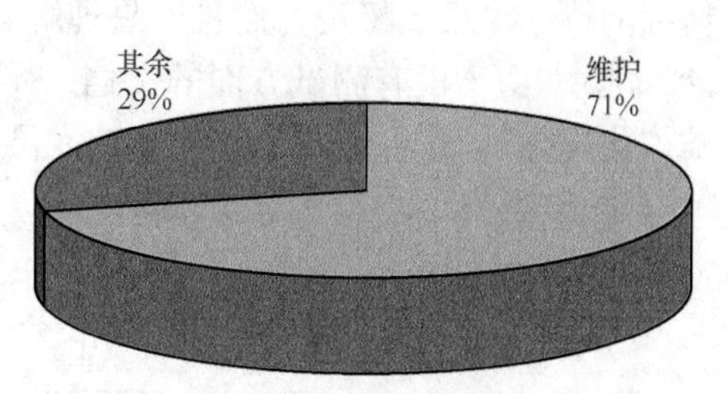

图 8.2 维护在软件生存期所占比例

8.1.3 软件维护的特点

无论软件规模多大，要开发一个完全不需要改变的软件是不可能的。软件本身的特性决定了软件维护是软件生存周期中不可或缺的一个阶段。

软件维护工作有以下特点。

① 软件维护是软件生存周期中延续时间最长、工作量最大的一个阶段。大、中型软件产品的开发时间一般为 1～3 年，运行期可达 5～10 年，在整个运行过程中需要进行上述 4 种类型的大量软件维护。

② 软件维护不仅工作量大、任务重，而且维护不当的话，还会产生一些意想不到的副作用，甚至引起新的错误。软件维护活动直接影响软件产品的质量和使用寿命。关于软件维护可能引起的副作用，本书在 8.4 节进行详细阐述。

③ 软件维护活动实际上是一个修改和简化了的软件开发活动。软件开发的所有环节（分析、设计、实现和测试等）几乎都要在维护活动中涉及，因此，软件维护活动也需要采用软件工程的原理和方法进行，这样才能保证软件维护活动的高效率、标准化。

④ 尽管软件维护需要的工作量很大，但是长期以来，软件维护工作却一直未受到软件设计者们的足够重视。与软件设计和开发阶段相比，有关软件维护方面的文献资料很少，相应的技术手段和方法也很缺乏。

8.2 软件维护的过程

从软件开发的螺旋模型来看，软件维护是软件开发的继续，是软件的进化，但大多数维护人员已不再是该软件开发团队的成员，对软件并不熟悉，造成软件维护面临很多困难。

软件维护是一件复杂而困难的事情，必须在相应的技术指导下，按照一定的步骤进行。一般地，软件维护活动首先要建立一个维护组织，然后建立维护活动的登记、申请制度及对维护方案的审批制度，规定复审的评价标准。

8.2.1 结构化维护与非结构化维护

在软件开发过程中是否采用软件工程方法，对提高软件的可维护性有着非常重要的意义。

图 8.3 阐明了请求维护后可能出现的事件流程。如果维护的软件配置只是源程序，那么维护活动只能从分析源程序开始，由于源程序的内部注解和说明往往很少，分析源程序好比读一本天书，工作很复杂，诸如软件结构、全程数据结构、系统接口、性能和（或）设计约束等精细的特性很难搞清楚，而且容易理解出错；对软件源程序理解基础上的修改，后果难以估计，同时，由于没有测试方面的文档，所以也不可能进行回归测试。这样的维护工作叫做“非结构化维护”，这种维护工作使维护人员望而生畏，常常事倍功半。

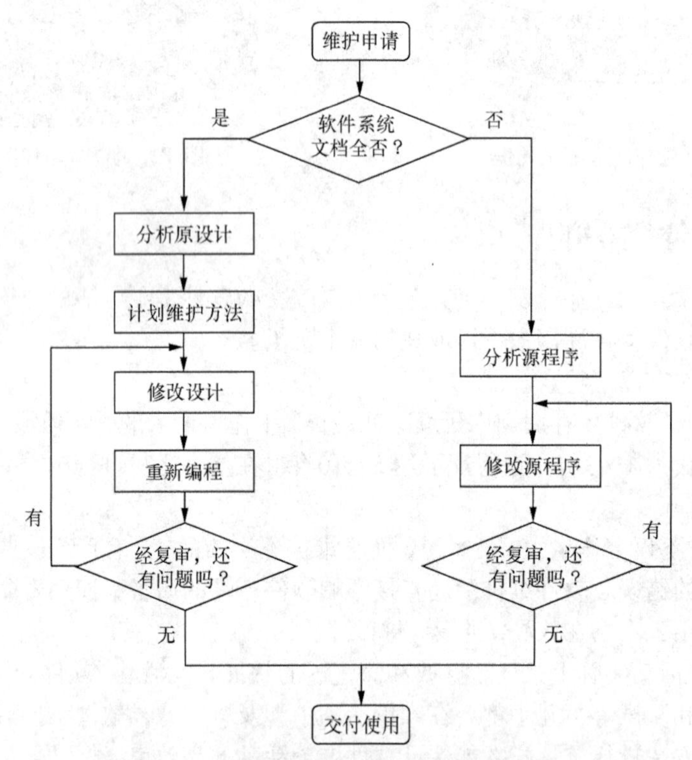

图 8.3　结构化维护与非结构化维护的对比

如果存在完整的软件配置，那么维护工作可以从评价设计文档开始，确定软件的重要的结构特点、功能特性和接口特点，并确定所要求的修改或校正的影响，并且计划一种处理方法，修改设计并进行复审，然后编制新的源程序，使用在测试报告中包含的信息进行回归测试，最后把修改后的软件再次交付使用，这就是“结构化维护”。这种维护方法会大大减少维护工作量，且维护质量较高。

通过图 8.3 可以看出，基于软件工程方法设计的软件和只有程序代码的传统的软件在维护过程上是有很大区别的。显然，是否按照软件工程的方法来开发软件系统，软件配置及文档是否完整和齐全，对软件维护有着重大的影响，虽然并不能保证维护中没有问题，但是确实极大地提高了维护效率。因此，必须按照软件工程学的方法来开发软件，这样才能降低维护成本、提高软件维护的效率和质量。

8.2.2　维护组织

对于大型软件系统，建立一个专门的维护组织机构是必须的。大多数较小的软件系统，一般都没有建立专门的维护组织，但很有必要委派一个专人负责软件维护工作，因为收集、保存、整理维护活动的文档资料的工作是必须随时要做的。图 8.4 给出了一种典型的软件维护组织方式供参考。

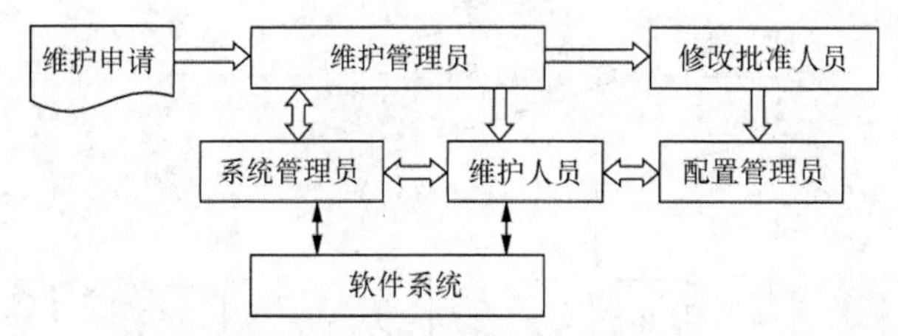

图 8.4　一种典型的软件维护组织方式

在维护活动开始之前，必须明确维护活动的审批制度。每个维护要求都要通过维护管理员转交给系统管理员去评价。系统管理员对维护申请做出评价后，由主管部门决定是否进行软件修改。维护小组在接到通过审批的维护申请报告后，将维护任务下达给指定的维护人员，并监控维护活动的开展。合理的维护机构和经验丰富的维护人员是维护活动顺利实施的基础保障。依照这样的组织方式开展维护活动，能减少混乱和盲目性，避免因小失大的情况发生。

系统管理员一般是对软件（某一部分）特别熟悉的技术人员。在维护人员对软件进行修改的过程中，由配置管理员严格把关，控制修改的范围，对软件配置进行审计。当然，上述这些岗位都不需要专职人员，但必须是胜任者，并且要在维护活动开始之前就明确各自的责任，避免互相推诿，急功近利的现象发生。

8.2.3　维护工作的流程

概括地说，软件维护过程是：建立维护机构→编写软件维护申请报告→确定软件维护工作流程→整理软件维护文档→评价软件维护性能。

1. 建立维护机构

一个典型的维护机构包括如图 8.4 所示的各类人员：维护管理员、修改批准人员、系统管理员、配置管理员和维护人员。

2. 编写软件维护申请报告

在开始维护之前，就把相关人员的责任明确下来。通常由用户（或者和维护人员共同）提出维护申请单（Maintenance Request Form, MRF），或称为软件问题报告（Software Problem Report, SPR），提交给维护机构。如果是遇到一个错误，必须完整地说明错误的情况，包括输入数据、错误清单及其他相关材料。如果申请的是适应性维护、完善性维护或预防性维护，则必须提出一份修改说明书，详细列出所希望的修改。维护申请报告将由维护管理员和系统管理员共同研究和处理，相应地做出软件变更报告（Software Change Report, SCR）。SCR 的内容包括：所需修改变动的性质；申请修改的优先级；为满足该维护申请报告所需的工作量（人员数、时间数等）；预计修改后的结果等。

3. 确定软件维护工作流程

当提出一个维护申请之后，发生的工作流程参见图 8.5。

具体执行软件维护工作时，主要的步骤是确认维护类型、实施相应维护和维护评审。

（1）确认维护类型。确认维护类型需要维护人员与用户反复协商，弄清错误概况和对业务的影响大小，以及用户希望做什么样的修改，并把这些情况存入维护数据库，然后由维护管理员判断维护的类型。针对不同的维护类型，进行不同优先级别的安排。

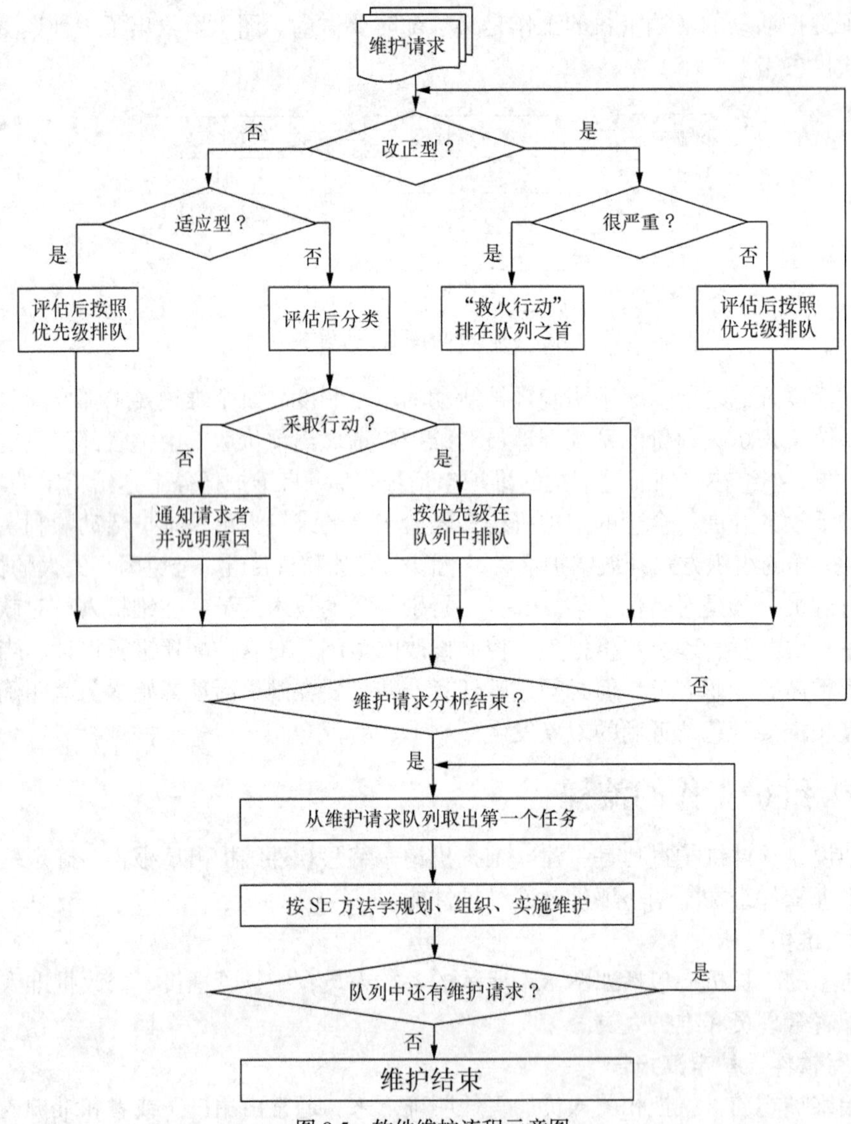

图 8.5　软件维护流程示意图

（2）实施相应维护。不管维护申请的是哪种类型，一般都要进行下述工作：修改软件需求说明；修改设计；设计评审；对源程序做必要的修改；单元测试；集成测试（回归测试）；确认测试；软件配置评审等。

（3）维护评审。维护评审中应该对以下问题进行总结。

① 在目前情况下，设计、编码和测试中哪些方面可以改进？

② 哪些维护资源应该有而实际没有？

③ 工作中主要的或次要的障碍是什么？

④ 从维护申请的类型来看，是否应该有预防性维护？

维护情况的评审对将来的维护工作如何进行将产生重要的影响，同时也可为软件机构的有效管理提供重要的反馈信息。

4. 整理软件维护文档

每项维护活动都应该收集相关的数据，以便对维护工作进行正确评价。这些数据主要包括：修改程序所增加的源程序语句条数；修改程序所减少的源程序语句条数；每次修改所付出的人员和时间数（简称人时数）；维护申请报告的名称和维护类型；维护工作的净收益等。

5. 评价软件维护性能

如果所有维护活动的文档都做得比较好，就可以统计得出维护性能方面的度量模型。可参考的度量内容包括：每次程序运行时的平均出错次数；花费在每类维护上的总人时数；每个程序、每种语言、每种维护类型的程序平均修改次数；因为维护而增加或删除每个源程序语句所花费的平均人时数等。根据这些度量提供的定量数据，可对软件项目的开发技术、语言选择、维护工作计划、资源分配及其他许多方面的选择提供参考和依据。

8.2.4 维护工作的组织管理

软件维护工作的复杂性决定了软件维护不仅需要技术性工作，还需要大量的管理工作与之相配合，才能保证维护工作的质量和效率。管理部门应对提交的修改方案进行分析和审查，并对修改带来的影响做充分的估计，对于不合适的修改应予以撤销。当需要修改主文档时，管理部门更应仔细审查。

软件维护工作的管理流程参见图 8.6。

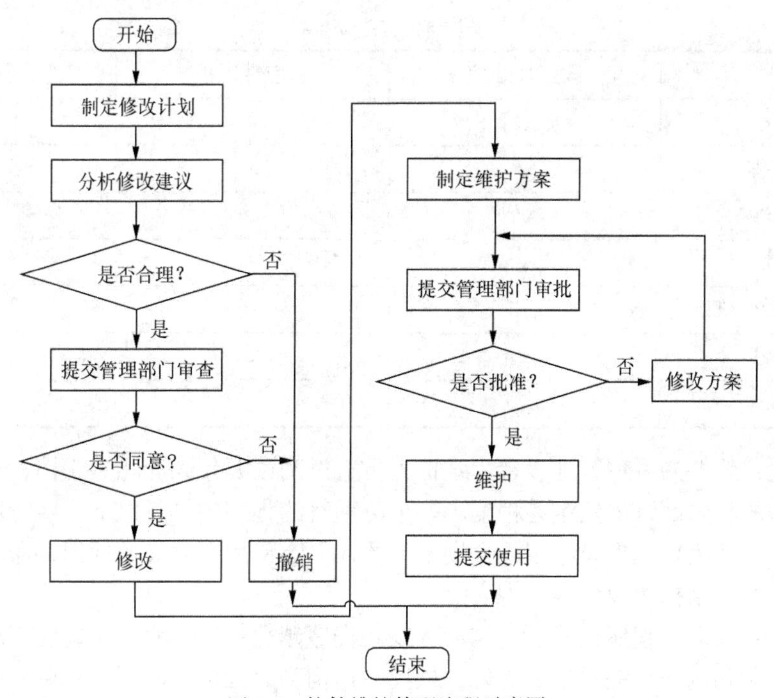

图 8.6 软件维护管理流程示意图

8.3 软件可维护性

许多软件的维护十分困难，原因在于这些软件的文档像源程序一样难以理解，又难以修改。从原则上讲，软件开发工作应严格按照软件工程的要求，遵循特定的软件标准或规范进行。但实际上往往由于种种原因并不能真正做到。例如，文档不全、质量差、开发过程不注意采用结构化方法、忽视程序设计风格等。因此，造成软件维护工作量加大，成本上升，修改出错率升高。此外，许多维护要求并不是因为程序中出错而提出的，而是为适应环境变化或需求变化而提出的。由于维护工作面广，维护难度大，稍有不慎，就会在修改中给软件带来新的问题或引入新的差错。因此，为了使得软件能够易于维护，必须考虑使软件具有可维护性。

8.3.1 软件可维护性的定义

软件可维护性是指纠正软件系统出现的错误和缺陷，以及为满足新的要求进行修改、扩充或压缩的容易程度。可维护性、可使用性、可靠性是衡量软件质量的几个主要质量特性，也是用户十分关心的几个方面。可惜的是影响软件质量的这些重要因素，目前尚没有对它们定量度量的普遍适用的方法，但是就它们的概念和内涵来说则是很明确的。

软件的可维护性是软件开发阶段各个时期的关键目标。

目前广泛使用的是用如下所示的 7 个特性来衡量程序的可维护性。而且对于不同类型的维护，这 7 种特性的侧重点也不相同。表 8.1 显示了在各类维护中应侧重哪些特性。表中的"√"表示需要侧重的特性。

表 8.1 各类维护中的侧重点

	改正性维护	适应性维护	完善性维护
可理解性	√		
可测试性	√		
可修改性	√	√	
可靠性	√		
可移植性		√	
可使用性		√	√
效率			√

可理解性：软件的可理解性表现为维护人员通过阅读源代码和相关文档，理解软件的结构、接口、功能和内部过程的难易程度。一个可理解的程序应具备以下一些特性：模块化、风格一致性、不使用令人捉摸不定或含糊不清的代码，使用有意义的标识符命名原则、良好详尽的设计文档、结构化设计等。

可测试性：指证实程序正确性的难易程度。程序越简单，证明其正确性就越容易，好的文档资料对诊断和测试至关重要。此外，软件的结构，有无可用的测试和调试工具及测试过程的确定也非常重要。软件在设计阶段就应该注意使差错定位容易，以便维护时容易找到纠错的办法。

可修改性：指修改程序的难易程度。一个可修改的程序往往是可理解的、通用的、灵活的和简明的。所谓通用，是指不需要修改程序就可使程序改变功能。所谓灵活，是指程序容易被分解和组合。

可靠性：表明一个程序按照用户的要求和设计目标，在给定的一段时间内正确执行的概率。关于可靠性的度量标准主要有平均失效时间间隔 MTTF（Mean Time To Failure）、平均修复时间 MTTR（Mean Time To Repair error）、有效性 A（= MTBD/（MTBD+MDT），其中 MTBD

为 Mean Time Between Detection，即软件正常工作平均时间，MDT 为 Mean Detection Time，即由于软件故障使系统不工作的平均时间）。

可移植性：指程序从一个计算机环境移到另一个计算机环境的适应能力，即程序在不同计算机环境下能够有效地运行的程度。一个可移植的程序应当具有结构良好、灵活、不依赖于某一具体计算机或操作系统的性能。

可使用性：从用户观点出发，把可使用性定义为程序方便、实用及易于使用的程度。一个可使用的程序应是易于使用的、能允许用户出错和改变，并尽可能不使用户陷入混乱状态的程序。

效率：表明一个程序能执行预定功能而又不浪费机器资源的程度。这些机器资源包括内存容量、外存容量、通道容量和执行时间。

可维护性是高质量软件系统具有的 9 个特性之一。一般来说，高质量软件系统除了具有可维护性以外，还具有适用性、可靠性及可理解性这样一些特性。所有这些特性都是需要的，但事实上不可能完全具备，由于时间、成本及技术条件的限制，强调某些特性常常导致降低其他方面的要求。

8.3.2　软件可维护性的度量

人们一直期望对软件可维护性做出定量度量，但是要做到这一点并不容易。许多研究工作集中在这个方面，形成了一个引人注目的学科——软件度量学。

度量一个可维护的程序的 7 种特性时，常用的方法就是质量检查表、质量测试和质量标准。其中，质量检查表是用于测试程序中某些质量特性是否存在的一个问题清单。评价者针对检查表上的每个问题，依据自己的定性判断，回答"是"或者"否"。质量测试和质量标准则用于定量分析和评价程序的质量。由于许多质量特性是相互抵触的，要考虑几种不同的度量标准，相应地去度量不同的质量特性。

8.3.3　提高软件可维护性的方法

软件的可维护性对于延长软件的生存期具有决定的意义，因此必须考虑如何才能提高软件的可维护性。为了做到这一点，需要从以下 5 个方面着手。

1．建立明确的软件质量目标和优先级

一个可维护的程序应是可理解的、可靠的、可测试的、可修改的、可移植的、效率高的、可使用的。但要实现这所有的目标，需要付出很大的代价，而且也不一定行得通。因为某些质量特性是相互促进的，如可理解性和可测试性、可理解性和可修改性。但另一些质量特性却是相互抵触的，如效率和可移植性、效率和可修改性等。因此，尽管可维护性要求每一种质量特性都要得到满足，但它们的相对重要性应随程序的用途及计算环境的不同而不同。如对于编译程序来说，效率和可移植性是主要的；对于信息管理系统来说，可使用性和可修改性可能是主要的。

大量实验表明，强调效率的程序包含的错误比强调简明性的程序所包含的错误数要高出 10 倍。所以，应当对程序的质量特性，在提出目标的同时还必须规定它们的优先级。这样有助于提高软件的质量，并对软件生存期的费用产生很大的影响。

在软件开发的整个过程中，始终应该考虑并努力提高软件的可维护性，尽力将软件设计成容易理解、容易测试和容易修改的软件。在每个阶段结束前的技术审查和管理复审中，也应着重对可维护性进行复审。

2. 使用提高软件质量的技术和工具

软件工程在不断发展，新的技术和工具在不断出现。对软件工程的新技术和新工具，应及时学习并应用。下面是一些常用的技术和方法。

（1）模块化方法：是软件开发过程中提高软件质量，降低成本的有效方法之一，也是提高可维护性的有效的技术。它的优点是如果需要改变某个模块的功能，对其他模块影响很小；如果需要增加程序的某些功能，则仅需增加完成这些功能的新的模块或模块层；程序的测试与重复测试比较容易；程序错误易于定位和纠正；容易提高程序效率。

（2）结构化方法：该方法不仅使得模块结构标准化，而且将模块间的相互作用也标准化了，因而把模块化又向前推进了一步。采用结构化方法可以获得良好的程序结构。

（3）面向对象方法：该方法以对象为中心构造软件系统，用对象模拟问题论域中的实体，以对象间的联系刻画实体间的关系，根据问题论域中的模型建立软件系统的结构。由于现实世界的实体及其关系相对稳定，所以建立的模型也相对稳定，当系统需求发生变化时，不会引起软件结构的整体变化，往往只需要做一些局部性的修改，因此用面向对象方法构造的软件系统也比较稳定。

3. 选择便于维护的程序设计语言

程序设计语言的选择，对程序的可维护性影响很大。低级语言，即机器语言和汇编语言，很难理解，很难掌握，因此很难维护。高级语言比低级语言容易理解，具有更好的可维护性。但同是高级语言，可理解的难易程度也不一样。程序设计语言对可维护性的影响参见图 8.7。

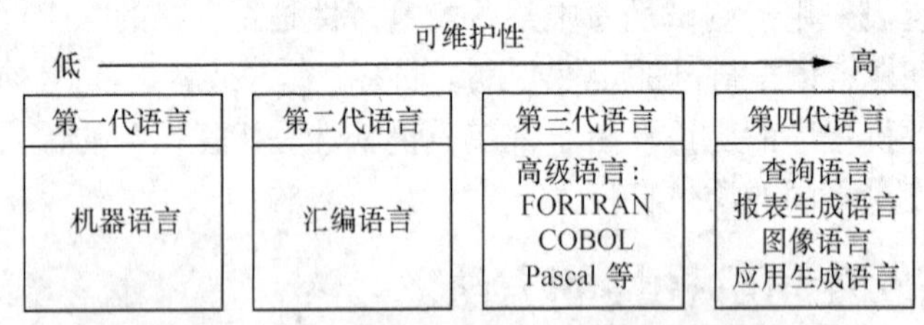

图 8.7 程序设计语言对可维护性的影响

4. 采取明确的、有效的质量保证审查措施

在软件开发时，需要确定中间及最终交付的成果，以及所有开发阶段各项工作的质量特征和评价标准，加强软件测试工作，保证软件的质量。如果做不到这一点，软件开发人员就无法生存。

质量保证审查对于获得和维持软件的质量，是一个很有用的技术。除了保证软件得到适当的质量外，审查还可以用来检测在开发和维护阶段内发生的质量变化。一旦检测出问题来，就可以采取措施来纠正，以控制不断增长的软件维护成本，延长软件系统的有效生命期。

为了保证软件的可维护性，有 4 种类型的软件审查。

（1）在检查点进行复审

保证软件质量的最佳方法是在软件开发的最初阶段就把质量要求考虑进去，并在开发过程每一阶段的终点，设置检查点进行检查。检查的目的是要证实已开发的软件是否符合标准，是否满足规定的质量需求。在不同的检查点，检查的重点不完全相同。软件开发期间各个检查点的检查重点如图 8.8 所示。

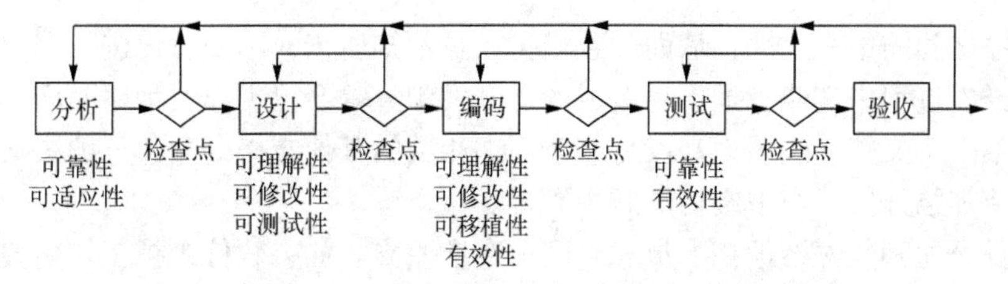

图 8.8　软件开发期间各个检查点的检查重点

（2）验收检查

验收检查是一个特殊的检查点检查，是交付使用前的最后一次检查，是软件投入运行之前保证可维护性的最后机会。它实际上是验收测试的一部分，只不过它是从维护的角度提出验收的条件和标准。

（3）周期性的维护审查

软件在运行期间，为了纠正新发现的错误或缺陷、适应计算环境的变化、响应用户新的需求，必须进行修改。因此会导致软件质量有变坏的危险，可能产生新的错误，破坏程序概念的完整性。因此，必须像硬件的定期检查一样，每月一次，或两月一次，对软件做周期性的维护审查，以跟踪软件质量的变化。

（4）对软件包进行检查

软件包是一种标准化了的，可为不同单位、不同用户使用的软件。软件包卖主考虑到他的专利权，一般不会提供给用户他的源代码和程序文档。因此，对软件包主要采取功能检验的方法来进行检查。

5. 完善程序的文档

程序文档是对程序总目标、程序各组成部分之间的关系、程序设计策略、程序实现过程的历史数据等的说明和补充。程序文档对提高程序的可理解性有着重要作用。对于程序维护人员来说，要想对程序编制人员的意图重新改造，并对今后变化的可能性进行估计，缺了文档也是不行的，软件文档的好坏直接影响软件的可维护性。在软件工程生存期每个阶段的技术复审和管理复审 中，也应对文档进行检查，对可维护性进行复审。

8.4　软件维护中存在的问题

软件维护是一件非常困难的事情，本节讨论软件维护过程中存在的一些问题，包括软件维护困难的表现、软件维护的副作用和软件维护的代价。

8.4.1　软件维护困难的表现

软件维护是一件十分困难的工作，其原因主要是由于软件需求分析和开发方法的缺陷造成的。软件开发过程中没有严格而又科学的管理和规划，便会引起软件运行时的维护困难。软件维护的困难主要表现在以下几个方面。

（1）读懂别人的程序是很困难的，而文档的不足更增加了这种难度。一般开发人员都有这样的体会，修改别人的程序还不如自己重新编写程序。

（2）文档的不一致性是软件维护困难的又一个因素，主要表现在各种文档之间的不一致及文档与程序之间的不一致性，从而导致维护人员不知所措，不知怎样进行修改。这种不一致性是由于开发过程中文档管理不严造成的，开发中经常会出现修改程序而忘了修改相关的文档，或者某一个文档修改了，却没有修改与之相关的其他文档等现象。解决文档不一致性的方法就是要加强开发工作中文档的版本管理。

（3）软件开发和软件维护在人员和时间上存在差异。如果软件维护工作由该软件的开发人员完成，则维护工作相对比较容易，因为这些人员熟悉软件的功能和结构等。但是，通常开发人员和维护人员是不同的，况且维护阶段持续时间很长，可能是10～20年的时间，原来的开发工具、方法和技术与当前有很大的差异，这也造成了维护的困难。

（4）软件维护不是一件吸引人的工作。由于维护工作的困难性，维护经常遭受挫折，而且很难出成果，所以高水平的程序员自然不愿主动去做，而公司也舍不得让高水平的程序员去做。

8.4.2 软件维护的副作用

通过维护可以延长软件的寿命，使其创造更多的价值，但是修改软件是危险的，每修改一次，可能会产生新的潜在错误。因此，维护的副作用是指由于修改软件而导致新的错误的出现或者新增加一些不希望发生的情况。一般维护产生的副作用主要有如下3种。

1. 修改代码的副作用

在修改源代码时，由于软件的内在结构等原因，任何一个小的修改都可能引起错误，因此在修改时必须特别小心。例如，删除或修改一个子程序、删除或修改一个标号、删除或修改一个标识符、改变程序代码的时序关系、改变占用存储的大小、改变逻辑运算符、修改文件的打开或关闭、改进程序的执行效率，以及把设计上的改变翻译成代码的改变、为边界条件的逻辑测试做出改变时，都容易引入错误。

2. 修改数据的副作用

在修改数据结构时，有可能造成软件设计与数据结构不匹配，因而导致软件出错。数据副作用就是修改软件信息结构导致的结果。例如，在重新定义局部的或全局的常量、重新定义记录或文件的格式、增大或减小一个数组或高层数据结构的大小、修改全局或公共数据、重新初始化控制标志或指针、重新排列输入/输出或子程序的参数时，容易导致设计与数据不相容的错误。修改数据的副作用可以通过详细的设计文档加以控制，此文档中描述了一种交叉作用，把数据元素、记录、文件和其他结构联系起来。

3. 修改文档的副作用

对软件的数据流、软件结构、模块逻辑等进行修改时，必须对相关技术文档进行相应修改，否则会导致文档与程序功能不匹配，使得软件文档不能反映软件的当前状态。如果对软件的可执行文件的修改没有反映在文档里，就会产生文档的副作用。例如，对交互输入的顺序或格式进行修改，如果没有正确地记入文档中，就可能引起重大的问题。过时的文档内容、索引和文本可能造成冲突，引起用户的失败和不满。因此，必须在软件交付之前对整个软件配置进行评审，以减少文档的副作用。事实上，有些维护请求并不要求改变软件设计的源代码，而是需要指出在用户文档中不够明确的地方。在这种情况下，维护工作主要集中在文档上。

修改文档的过程中也有可能会产生新的错误，为了控制因修改而引起的副作用，应该做到：按模块把修改分组；自顶向下的安排被修改模块的顺序；每次修改一个模块等。

8.4.3 软件维护的代价

在软件维护过程中，需要花费大量的工作量，从而直接影响了软件维护的成本。因此，应当考虑影响软件维护工作量的各种因素，并采取适当的维护策略，在软件维护过程中有效地控制维护的成本。

在软件维护中，影响维护工作量的因素主要有以下 6 种。

（1）系统的大小：系统规模越大，其功能就越复杂，软件维护的工作量也随之增大。

（2）程序设计语言：使用强功能的程序设计语言可以控制程序的规模。语言的功能越强，生成程序的模块化和结构化程度越高，所需的指令数就越少，程序的可读性越好。

（3）系统年龄：系统使用时间越长，所进行的修改就越多，而多次修改可能造成系统结构变得混乱。由于维护人员经常更换，程序变得越来越难于理解，加之系统开发时文档不齐全，或在长期的维护过程中文档在许多地方与程序实现变得不一致，从而使维护变得十分困难。

（4）数据库技术的应用：使用数据库可以简单而有效地管理和存储用户程序中的数据，还可以减少生成用户报表应用软件的维护工作量。

（5）先进的软件开发技术：在软件开发过程中，如果采用先进的分析设计技术和程序设计技术，如面向对象技术、复用技术等，可减少大量的维护工作量。

（6）其他一些因素，如应用的类型、数学模型、任务的难度、开关与标记、if 嵌套深度、索引或下标数等，对维护工作量也有影响。

有形的软件维护成本是花费了多少钱，而其他非直接的成本有更大的影响。例如，无形的成本可以是：

（1）一些看起来是合理的修复或修改请求不能及时安排，使得客户不满意；

（2）变更的结果把一些潜在的错误引入正在维护的软件，使得软件整体质量下降；

（3）当必须把软件人员抽调到维护工作中去时，就使得软件开发工作受到干扰。

软件维护的代价是在生产率方面的惊人下降，有报告说，生产率将降到原来的 1/40。维护工作量可以分成生产性活动（如分析和评价、设计修改和实现）和“轮转”活动（如力图理解代码在做什么、试图判明数据结构、接口特性、性能界限等）。Belady 和 Lehman 提出一个软件维护工作量的模型如下：

$$M=P+K*exp(C-D)$$

其中，M 表示维护中消耗的总工作量；P 表示上面描述的生产性活动工作量；K 是一个经验常数；C 表示由非结构化维护（缺乏好的设计和文档）而引起的程序复杂性的度量；D 表示对维护软件熟悉程度的度量。由上式可以发现，C 越大，D 越小，那么维护工作量就成指数的增加。C 增加主要因为软件采用非结构化设计，程序复杂性高；D 减小表示维护人员不是原来的开发人员，不熟悉程序，理解程序花费太多时间。也就是说，如果使用了不好的软件开发方法（未按软件工程要求做），原来参加开发的人员或小组不能参加维护的话，则维护工作量（及成本）将按指数级增加。

8.5 再工程和逆向工程

软件再工程旨在对现存的大量软件系统进行挖掘、整理，以得到有用的软件构件，或对已有软件构件进行维护，以延长其生存期。这是一个工程过程，能够将逆向工程、重构和正向工程组合起来，将现存系统重新构造为新的形式。

软件再工程的基础是系统理解，包括对运行系统、源代码、设计、分析和文档等的全面理解，但在很多情况下，由于各类文档的丢失，只能对源代码进行理解，即程序理解。软件再工程和逆向工程是目前预防性维护采用的主要技术，是走向自动维护的必经之路。为了执行预防性维护，软件开发组织必须选择在最近的将来可能变更的程序，做好变更它们的准备。

8.5.1 再工程与逆向工程的概念

1. 软件再工程的定义

软件再工程是一类软件工程活动，它能够使人们：

（1）增进对软件的理解；

（2）准备或直接提高软件的可维护性、复用性或演化性。

这里所说的软件不仅指源程序，还应包括文档、图形和分析。分析主要面对源程序、需求规格说明、设计方案、测试数据及其他支持软件开发或维护的文档。

对软件的理解可能涉及浏览、度量、绘图、编写文档和分析。上述软件再工程的第（2）部分的目的是改善软件的静态质量。例如，纯粹是出于改善性能的代码优化或对其重构，都不能算作软件再工程。关于软件再工程的定义，还有另外的说法，例如：

（1）软件再工程是变更系统（或程序）的内部机制或是系统（或程序）的数据结构，而不变更其功能性的活动；

（2）检查改进对象系统，按新的模式对系统进行重构，进而实现其新模式。

再工程不仅能从已有的程序中重新获得设计信息，而且还能使用这些信息改建或重构现有的系统，以改进它的综合质量。一般地，软件开发人员通过软件再工程重新实现已存在的程序，同时加进新的功能或改善它的性能。

2. 逆向工程的定义

术语“逆向工程（Reverse Engineering）”来自硬件制造业，硬件厂商通过拆卸对手的产品并进行分析，导出该产品的一个或多个设计与制造的规格说明。软件的逆向工程与此完全类似，由于受到法律的约束，进行逆向工程的程序常常不是竞争对手的，而是自己开发的程序，有些是多年以前开发出来的。这些程序没有规格说明，对它们的了解很模糊。因此，软件的逆向工程就是分析程序，力图在比源代码更高的抽象层次上建立程序表示的过程。逆向工程是一个设计恢复的过程，该过程可以从已有的程序中抽取数据结构、体系结构和程序设计信息，其中抽象的层次、文档的完全性、工具与人的交互程度，以及过程的方法等都是重要的因素。逆向工程过程如图 8.9 所示。

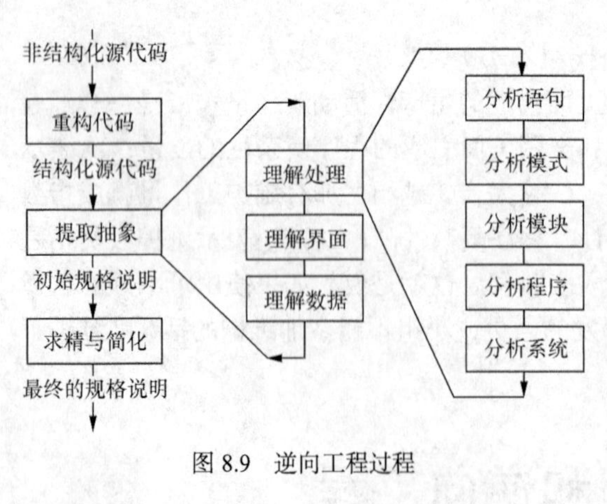

图 8.9 逆向工程过程

逆向工程的抽象层次和产生的设计信息是从源代码或目标代码中提取出来的。理想情况下，抽象层次应尽可能地高，即逆向工程过程应当能够导出过程性设计的表示（最低层抽象）、程序和数据结构信息（低层抽象）、数据和控制流模型（中层抽象）和实体联系模型（高层抽象）。随着抽象层次的增加，可以给软件工程师提供更多的信息，使得理解程序更容易。

每一个软件开发机构都会有上百万行的老代码，它们都是逆向工程和再工程的可能对象，但是由于某些程序并不频繁使用而且不需要改变，况且逆向工程和再工程的工具还处于摇篮时代，仅能对有限种类的应用程序执行逆向工程和再工程，代价又十分昂贵，因此对现有代码的每一个程序都进行逆向工程和再工程是不现实的，也没有必要。

8.5.2　为什么要实施软件再工程

再工程组合了逆向工程的分析和设计抽象的特点，具有对程序数据、体系结构和逻辑的重构能力。执行重构可生成一个设计，它产生与原来程序相同的功能，但具有比原来程序更高的质量。下面列出一些实施软件再工程所带来的好处。

1. 再工程可帮助软件机构降低软件演化的风险

当改进原有软件时，不可避免地需要对软件实施变更。如果采用手工的办法修改源程序，会使得软件在以后更难于变更，同时降低了软件的可靠性。而软件再工程可以降低变更带来的风险，有利于保护软件机构的投资，比局部变更或是通过传统的维护来改进软件有更多的优越性。

2. 再工程可帮助软件机构补偿软件的投资

许多软件机构每年要花费大量的资金用于开发软件。如果采用再工程，而不是扔掉原来的软件，可以部分补偿它们在软件上的投资。

3. 再工程可使得软件易于进一步变更

软件再工程可使得程序员更容易理解程序，更容易开展工作，从而提高维护工作的生产率。另外，软件再工程可以给软件机构更大的灵活性，更顺利地实施变更，适应商业上的需要。因而，软件再工程为软件机构扩充了可供选择的余地。

4. 再工程有着广阔的市场

许多软件系统和系统构件都面临着更新问题。软件再工程技术、软件开发辅助工具和软件过程的发展可满足软件开发技术不断增长的需要。

8.5.3　软件再工程技术

表 8.2 给出几种软件再工程相关的技术，表后给出相关论题的陈述。

表 8.2　再工程相关的技术

再工程课题	相关技术
改进软件	重构、文档重写、加注释更新文档、复用工程、重新划分模块、数据再工程、业务过程再工程、可维护性分析、业务分析、经济分析
理解软件	浏览、分析并度量、逆向工程、设计恢复
获取、保存及扩充软件的知识	分解、逆向工程设计恢复、对象恢复、程序理解、知识库及变换

1. 改进软件

（1）软件重构：是对软件进行修改，使其易于理解或易于维护。所谓重构，意味着变更源代码的控制结构。

（2）文档重写、加注释及文档更新：软件文档重写是要生成更新的、校正了的软件信息。重写代码是要将程序代码、其他文档及程序员知识转换成更新了的代码文档。这种文档一般是文本形式的，但可以有图形表示（包括嵌入的注释、设计和程序规格说明等），用更新文档来实现软件改进是一种早期的软件再工程方法。文档重写对于软件维护十分重要，程序员可以通过嵌入的注释了解程序的功能。

（3）复用工程：复用工程的目的是将软件修改成可复用的。通常的做法是：首先寻找软件部件，然后将其改造并放入复用库中。开发新的应用时，可从复用库中选取可复用的构件，实现复用。

（4）重新划分模块：重新划分模块时要变更系统的模块结构，这项工作有赖于对系统构件特性分析和模块耦合性的度量值。

（5）数据再工程：数据再工程是为了改善系统的数据组织，使得数据模式可以辨认和更新。它往往是其他任务（如将数据迁移到其它数据库管理系统）的前期工作。例如，将多模式看作单模式；使得数据词典条目达到语义上的一致，并去除一些无效数据。

（6）业务过程再工程：现在的趋势是使软件去适应业务，而不是让业务去适应软件。经验表明，生产率的显著提高有时可能来自在软件帮助下对业务过程所做的自动地重新思考。这种思考可能会导致新的软件设计，新的设计可以成为软件系统再工程、演化的基础。

（7）可维护性分析、业务量分析和经济分析：可维护性分析对于寻找出系统的哪些部分需要再工程十分有用。一般来讲，大多数维护工作往往集中在系统的少数模块。这些部分对于维护成本有着最为强烈的初始冲击。

2. 理解软件

（1）浏览：利用文本编辑器来浏览软件是最早的理解软件的手段。近年来，浏览方法已大有改进，利用超文本，可以在鼠标的帮助下，提供多种视图。另一种重要的浏览手段是交叉索引。

（2）分析与度量：这也是理解程序特性（如复杂性）的重要方法。软件度量问题已受到软件界的广泛关注。与再工程相关的技术是程序分片、控制流复杂性度量及耦合性度量等。

（3）逆向工程与设计恢复：这两者有相同的含义，都是从另外的途径取得软件信息。这一方法已被人们普遍采用，但用其确定某些设计信息（如设计说明）仍有风险。目前广泛应用的逆向工程是从源程序产生软件设计的结构图或数据流图，但这又在很大程度上取决于由程序本身能否比较容易得到和分析出有关的信息来。

3. 获取、保护及扩充软件的已有知识

（1）程序分解：利用程序分解从程序中找出对象和关系，并将它们存入信息库。而对象和关系一般用于分析、度量及进一步对信息实施分析和提取。不是直接对源程序实现分解可以节省利用工具进行程序语法分析和生成对象和关系的工作量。这项工作对于多数语言都不困难，但很费时。使用像 UNIX 中的 lex 和 yacc 那样的词法、语法分析器辅助工具是很方便的。

（2）对象恢复：它可以从源程序中取得对象，这可以帮助人们用面向对象的方法来观察以前的一些非面向对象的源程序。面向对象（类、继承、方法、抽象数据类型等）可能是部分的，也可能是全部的。把源程序转化成面向对象的程序的工作目前正在受到重视，特别是将 C 程序转化为 C++程序已经取得了一些有益的经验。

（3）程序理解：程序理解有几种形式。一种是程序员用手工的或自动的方式获得对软件的较好理解，另一种是将有关编程的信息保存起来，再利用这些信息找到编程知识的实例。

理解是否正确，需要由软件与编程知识库中信息相匹配的程度决定。

（4）知识库和程序变换：知识库和程序变换是许多再工程技术的基础。变换在程序图上和存于知识库的对象图上进行。为开发新的再工程工具，基于对象的、针对再工程工具的变换结构正在受到广泛关注。

软件再工程是一种软件工程活动，它与任何软件工程项目一样，可能会遇到在过程、人员、应用、技术、工具和策略等方面的各种风险。软件管理人员必须在工程活动之前有所准备，采取适当对策，防止风险带来的损失。

本章小结

软件系统开发完成，经测试达到可靠性指标后，就交给用户，进入软件生存周期的最后一个阶段，即运行维护阶段。软件维护阶段是软件生存周期中时间最长的一个阶段，也是所花费精力和费用最多的一个阶段。软件维护有 4 种类型，即改正性、适应性、完善性和预防性维护。软件维护过程需要建立相应的维护组织，按照一定的维护流程进行结构化维护工作。

软件可维护性是衡量软件质量的重要指标，主要通过可理解性、可测试性、可修改性等 7 个特性来度量，提高软件可维护性需要从 5 个方面入手完善维护工作。软件维护工作本身的特性决定了软件维护工作的困难，同时软件维护也可能带来修改代码、数据和文档等方面的副作用，因此，维护人员更应遵守软件维护的流程。

软件维护阶段还有一个重要工作是进行软件再工程，实施软件再工程首先需要理解系统，此外还会涉及软件再工程的一些相关技术。

习 题 8

8.1　为什么软件需要维护？维护有哪几种类型？简述它们的维护过程。

8.2　什么是软件可维护性？可维护性度量的特性是什么？提高可维护性的方法有哪些？

8.3　改正性维护与“排错”是否是一回事？为什么？

8.4　软件维护困难的原因是什么？提高可维护性的方法有哪些？

8.5　什么是软件维护的副作用？软件维护的副作用有哪几种？试举例说明？

8.6　在软件计划中是否应该把维护费用计划在内？实际情况如何？

8.7　什么是软件再工程？软件再工程的意义是什么？软件再工程的相关技术有哪些？

第 2 篇

面向对象的软件工程

第 9 章　面向对象方法学
第 10 章　面向对象的分析
第 11 章　面向对象的设计与实现
第 12 章　软件开发工具 StarUML 及其应用
第 13 章　软件体系结构
第 14 章　设计模式
第 15 章　软件工程新技术

第 9 章　面向对象方法学

所谓方法学是指组织软件生产过程的一系列方法、技术和规范，是软件开发者长年成功和失败经验的理论性总结。研究方法学的目的是，使后人分享前人的成功，避开前人的失败，把注意力集中在尚未开拓领域的创造性劳动上。但没有放之四海而皆准的方法学，任何方法学都有其局限性，软件开发人员大可不必拘泥于某种特定的方法学。

本章主要包括面向对象的基本概念、面向对象的方法学、面向对象软件工程、面向对象建模工具、统一建模语言 UML 及统一软件开发过程 RUP 的介绍。

9.1　面向对象方法概述

面向对象（Object Oriented，OO）方法学的出发点和基本原则是尽可能模拟人类习惯的思维方式，使开发软件的方法与过程尽可能接近人类解决问题的方法与过程。客观世界都是由实体及实体间的相互关系构成的，客观世界中的实体可以抽象为对象。

面向对象方法是一种新的思维方法，它不是把程序看作是工作在数据上的一系列过程或函数的集合，而是把程序看作是相互协作而又彼此独立的对象的集合。每个对象如同一个小程序段，有自己的数据、操作、功能和目的。

面向对象的方法学可以用下式来表述：

OO = Objects + Classes + Inheritance + Communication with messages

即面向对象包括既使用对象，又使用类和继承等机制，而且对象之间仅能通过传递消息实现彼此通信。

若仅使用对象和消息，则该方法称为基于对象的（Object-based）方法，而不是面向对象的方法；若进一步把所有对象都划分为类，则该方法称为基于类的（Class-based）方法。只有同时使用对象、类、继承和消息的方法，才是真正的面向对象的方法。

9.1.1　面向对象方法学的发展

在软件工程领域，面向对象的发展历史大致可以划分为 3 个阶段。

（1）初期阶段（20 世纪 60 年代开始）。20 世纪 60 年代末由挪威计算中心和奥斯陆大学共同研制 Simula 语言，以首次引入类、继承和对象等概念为标志，后来的一些著名面向对象编程语言（如 Smalltalk、C++）都受到 Simula 的启发。20 世纪 80 年代，Xerox 研究中心推出了 Smalltalk 语言和环境，使面向对象程序设计方法趋于完善，掀起了面向对象研究的高潮。

（2）发展阶段（20 世纪 80 年代中期到 90 年代）。该阶段面向对象语言十分热门，大批比较实用的面向对象编程语言涌现出来，以面向对象程序设计语言 C++和面向对象软件设计的逐渐成熟为代表。面向对象编程语言的繁荣是面向对象方法走向实用的重要标志，也是面向对象方法在计算机学术界、产业界和教育界日益受到重视的推动力。

（3）成熟阶段（20 世纪 90 年代以后）。在 C++语言十分热门的时候，人们开始了面向对象分析（Objected Oriented Analysis, OOA）的研究，进而延伸到面向对象设计（Objected Oriented Design, OOD）。特别是 20 世纪 90 年代以后，许多专家都在尝试用不同的方法进行面向对象的分析与设计，其中比较著名的有 Booch 方法、Coad/Yourdon 方法、Rumbaugh 的 OMT 方法、Jocobson 的 OOSE 方法、Wrifs-Brock 的 RDD 方法等，这些方法各有所长，力图解决复杂软件系统的开发问题。这段时期，面向对象分析与设计技术逐渐走向实用，最终形成了从分析、设计到编程、测试与维护的一整套软件工程体系。因此，该阶段以面向对象分析与设计技术的成熟、面向对象方法学的形成为标志，在支持面向对象建模的方法学大战中，统一建模语言 UML 最终胜出，成为建模领域的标准。

9.1.2 面向对象方法学的优点和不足

1. 面向对象方法学的主要优点

（1）与人类习惯的思维方式一致

传统的程序设计技术是面向过程的设计方法，这种方法以算法（功能）为核心，把数据和过程作为相互独立的部分，数据代表问题空间中的客体，程序代码则用于处理这些数据。把数据和代码作为分离的实体，忽视了数据和操作之间的内在联系，可能造成代码与数据的不对应产生的错误。

面向对象的软件技术以对象为核心，软件系统由对象组成。对象是由描述内部状态的静态属性数据，以及可以对这些数据施加的操作（表示对象的动态行为）封装在一起所构成的统一体。对象之间通过传递消息互相联系。面向对象的软件开发过程始终围绕着建立问题领域的对象模型来进行，对问题领域进行自然分解，确定需要使用的对象和类，在对象之间传递消息实现必要的联系，与人类习惯的思维方式一致。

（2）软件稳定性好

传统的软件开发方法以算法为核心，开发过程基于功能分析和功能分解，当功能需求发生变化时将引起软件结构的整体修改。因此，这样的软件系统是不稳定的。面向对象方法基于构造问题领域的对象模型，以对象为中心构造软件系统。当系统的功能需求变化时仅需要做一些局部性的修改。例如，从已有类派生出一些新的子类以实现功能扩充或修改，增加或删除某些对象等，并不会引起软件结构的整体变化。因此，以对象为中心构造的软件系统也是比较稳定的。

（3）可重用性好

面向对象的软件技术在利用可重用的软件成分构造新的软件系统时，有很大的灵活性。一种方法是创建该类的实例，从而直接使用它；另一种方法是从它派生出一个满足当前需要的新类。继承性机制使得子类不仅可以重用其父类的数据结构和程序代码，而且可以在父类代码的基础上方便地修改和扩充，这种修改并不影响对原有类的使用。软件重用技术在构建系统时可以使用已有系统中可用部分，提高软件工程效率。

（4）较易开发大型软件产品

当开发大型软件产品时，开发人员的合理分工和协作对软件开发成功是十分重要的。用面向对象方法开发软件时，可以把一个大型系统看作是一系列本质上相互独立的小系统来处理，从而不仅降低了开发的技术难度，且易于实现开发过程的管理，有利于提高软件质量和降低软件成本。

（5）可维护性好，易于测试

当对软件的功能或性能的要求发生变化时，通常不会引起软件的整体变化，仅需做局部修改。类是理想的模块机制，它的独立性好，修改一个类通常很少会牵扯到其他类。面向对象软件技术特有的继承机制，使得对软件的修改和扩充比较容易实现。因此用面向对象方法所开发的软件具有很好的可维护性。

为了保证软件质量，对软件交付使用之前和进行维护之后必须进行必要的测试。由于类是独立性很强的模块，向类的实例发消息即可运行它，观察它是否能正确地完成要求的功能，对类的测试通常比较容易实现，如发现错误也往往集中在类的内部，比较容易调试。

如上所述，面向对象方法具有与人类习惯思维方式一致、软件稳定性好、可重用性好、较易于开发大型软件产品及可维护性好和易于测试的优点，因此面向对象的方法和技术在软件工程领域得到了日益广泛的应用。

伴随着 UML 的日臻成熟和完善，作为面向对象软件开发平台的各种 UML 工具软件也不断推出。如 Together、Argo UML、Visual UML、Magic Draw UML、Poseidon for UML 等，以及本书后续章节将要详述的 StarUML、Rational Rose 及 Visio。这些采用面向对象方法、支持 UML 语言的软件开发平台在软件开发过程中的应用，对提高软件开发效率和提高软件质量都起到了重要的作用。

2. 面向对象方法学不足之处

（1）相对面向过程而言比较麻烦，需要写更多的代码。

（2）占用空间比较多，程序效率比较低，如多态等特性会降低性能。

（3）创建对象实例的过程往往是非常耗时的工作，因此一些认为“万事皆对象”的语言对于一些简单类型的操作性能比较低。

（4）对系统动态特征表述不充分（主要是整体动态特征），且反映系统整体功能特征的能力较差。如需要一定的软件支持环境，只能在现有业务基础上进行分类整理，不能从科学管理角度进行理顺和优化，初学者不易接受、难学。

（5）面向对象方法学 4 大特性（抽象、封装、继承和多态）在一定程度上避免了不合理的操作，并能有效地阻止错误的扩散，减轻了维护工作量，但是也加大了测试的难度，给软件测试带来不便。

9.2 面向对象的软件工程

面向对象的软件工程是面向对象方法在软件工程领域的全面应用，从生存周期角度讲，包括面向对象的分析 OOA、面向对象的设计 OOD、面向对象的编程（Objected Oriented Programming, OOP）、面向对象的测试（Objected Oriented Test，OOT）和面向对象的软件维护（Objected Oriented Software Maintenance，OOSM）等主要内容；从软件工程过程的角度讲，包括了管理、过程和技术 3 个方面，参见图 9.1。

OOA 和 OOD 的理论与技术从 20 世纪 80 年代后期开始出现，到目前仍是十分活跃的研究领域。一系列关于 OOA 和 OOD 的专著问世，表明面向对象方法从早期主要注重于编程理论与技术，发展成一套较为完整的软件工程体系。

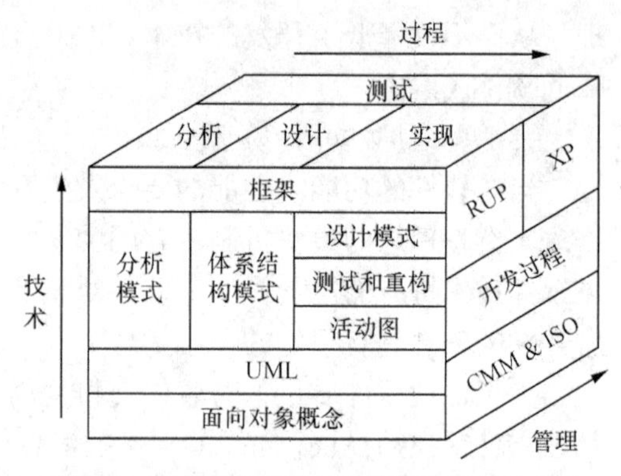

图 9.1　面向对象软件工程的概念模型示意图

OOA 强调直接针对问题域中客观存在的各项事物设立 OOA 模型中的对象。另外，OOA 模型也保留了问题域中事物之间关系的原貌。

OOD 包括两方面的工作，一是把 OOA 模型直接搬到 OOD，作为 OOD 的一个部分；二是针对具体实现中的人机界面、数据存储、任务管理等因素补充一些与实现有关的部分。这些部分与 OOA 采用相同的表示法和模型结构。

在 OOA→OOD→OOP 这一软件工程过程的系列中，OOA 和 OOD 阶段需要对系统设立的每个对象类及其内部构成与外部关系都达到透彻的认识和清晰的描述，这样的话 OOP 工作就简单多了，即用同一种面向对象的编程语言把 OOD 模型中的每个成分书写出来：用具体的数据结构来定义对象的属性，用具体的语句来实现操作流程图所表示的算法。

在用面向对象编程语言编写的程序中，对象的封装性使对象成为一个独立的程序单位，只通过有限的接口与外部发生关系，从而大大减少了错误的影响范围。

OOT 以对象的类作为基本测试单位，查错范围主要是类定义之内的属性和服务，以及有限的对外接口所涉及的部分。有利 OOT 的另一个因素是对象的继承性，对父类测试完成之后，子类的测试重点只是那些新定义的属性和服务。

关于 OOSM，面向对象的软件工程方法中，程序与问题域是一致的，各个阶段的表示是一致的，从而大大减少了理解的难度。另外，系统功能被作为对象的服务封装在对象内部，使一个对象的修改对其他对象影响很少，避免了所谓的“波动效应”。这些优势都大大降低了软件维护的难度，减少了维护的工作量。

9.2.1　面向对象基本概念

1. 对象

对象是对问题域中客观存在的事物的抽象，是一组属性和在这些属性上的操作的封装体。对象包括两大要素：属性（用来描述对象的静态特征）和操作（用来描述对象的动态特征）。对象是面向对象方法学中的基本成分，每个对象都可以用它本身的一组属性和它可以执行的一组操作来定义。对象的 UML 表示符号参见图 9.2。

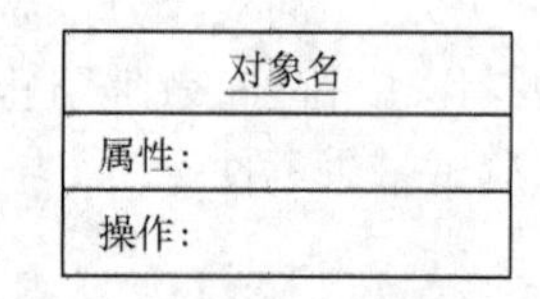

图 9.2　对象的 UML 表示符号

2. 类（Class）

人类习惯于把有相似特征的事物归为一类，分类是人类认识客观世界的基本方法，在面向对象方法中使用类的概念符合人类认识客观世界的方法。类是具有相同属性和操作的一组相似对象（实体）的集合，类为属于该类的全部对象提供了统一的抽象描述。同类的对象具有相同的属性和方法。UML 中类图的描述通常表示为长方形，其中，长方形又分 3 个部分，分别用来表示类的名字、属性（静态）和操作（动态）。例如，“小汽车”类的 UML 类图描述可以参见图 9.3。

类的属性如同类自身一样，具有抽象、无值的特征，只有在通过类产生出具体的对象之后，属性才能够具有具体的值。操作用于定义类的行为特征，而方法用于说明操作的实现细节。例如，利用不同用量的饮料成分来制作饮料的饮料机器，可以将其定义为一个类，该类描述如下：

类名：DrinksMachine

静态属性描述：牛奶量、茶叶量、咖啡量、糖量、橘子精量、水量

操作：制作饮料

方法：制一杯茶的方法定义

　　　制一杯咖啡的方法定义

　　　制一杯橘子汁的方法定义

小汽车
- 注册号：String - 日期：Date - 速度：Integer - 颜色：Color - 方向：Direction
+ drive (direction: Diretion,speed: Integer=50) + GetDate (): Date

图 9.3　小汽车类的 UML 类图描述

读者可以参照“小汽车”类的 UML 类图给出 DrinksMachine 类的 UML 描述。

3. 消息

消息是面向对象系统中对象之间交互的途径，是向另外一个对象发出的服务请求，请求对象参与某一处理或回答某一要求的信息，是对象之间建立的一种通信机制。通常一个消息的关键要素包括消息的发送者、消息的接收者、消息所要求的具体服务及其参数、消息的应答等。例如，若有已定义的类 Circle，定义 MyCircle 是 Circle 类的一个对象，则语句 MyCircle.Show（GREEN）用来表示该对象向系统发送一个要以绿颜色显示自己的消息，其中 MyCircle 是发送消息的对象名字，Show 是消息名，GREEN 是消息的参数。

4. 封装

封装指把对象的属性和操作结合成一个独立的系统单位,并尽可能隐藏对象的内部细节。封装是对象和类的一个基本特性，又称信息隐藏。通过对象的封装特性，用户只能看到对象封装界面上的信息，对象内部对用户是隐蔽的，有效地实现了模块化功能。封装的目的是将对象的使用者与设计者分开。封装的作用有 3 个方面：一是使对象形成接口和实现两个部分；二是封装的信息隐藏将所声明的功能（行为）与内部实现（细节）分离；三是封装可以保护对象，避免用户误用，也可以保护客户机，对象实现过程的改变不会影响到相应客户机的改变。

例如，日常生活中的电视机遥控板可以看作一个对象案例，通过电视机遥控板这个对象的封装特性，一般用户不需要了解电视机和遥控板的内部构造原理，只需要通过电视机遥控板的外部接口，如变更频道、开机请求、关机请求、调节声音等相应功能键发起请求就可以了。电视机遥控板对象的封装特性示意图参见图 9.4。

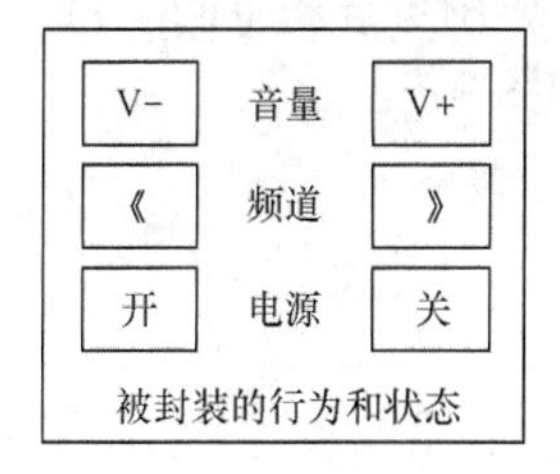

图 9.4　电视机遥控板对象的封装特性示意图

9.2.2　对象、类及类之间关系的分析

1. 类与对象的关系

类给出了属于该类的全部对象的抽象定义，而对象则是符合这种定义的一个实体。因此，对象又称为是类的一个“实例（Instance）”，类又称为是对象的“模板（Template）”。类与对象的关系可以通过下面的图 9.5 的示例予以说明。

关于类和对象的比较，需要注意的是，“同类对象具有相同的属性和服务”是指它们的定义形式相同，但并不表示每个类对象的属性值都相同。

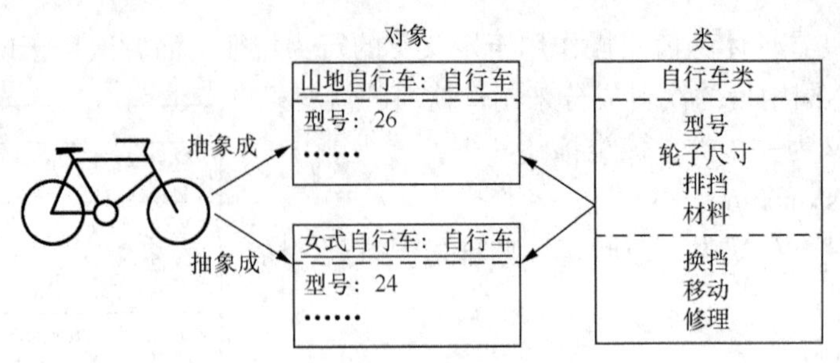

图 9.5　类与对象的关系示意图

另外，类是静态的，类的语义和类之间的关系在程序执行之前已经定义，但对象是动态的，在程序执行过程中可以动态地创建和删除对象。

类代表一类抽象的概念或事物。对象是在客观世界中实际存在的类的实例。类体现了人们认识事物的基本思维方法——分类。在面向对象的系统分析和设计中，并不需要逐个对对象进行说明，而是着重描述代表一批对象共性的类。

2. 类与类之间的关系

（1）继承（Inheritance）

继承就是指能够直接获得已有的性质或特征，而不必重复定义它们。在面向对象的软件技术中，继承是子类自动地共享父类中定义的数据和方法的机制。反过来，从子类抽取共同通用的特征形成父类的过程也叫做泛化（Generalization）。继承可以表示类与类、接口与接口之间的继承关系，或类与接口之间的实现关系。泛化关系是从子类指向父类的，与继承或实现的方法相反。例如，图 9.6 所示为继承关系的示意图，汽车、渡轮和火车都是父类“交通工具”的子类。

具有继承关系的类之间，既具有共享特性又具有差别或新增部分，并且类之间具有层次结构。继承具有传递性，这使得类能够继承它上层的全部父类的所有描述，大大减少程序中的冗余信息。继承性使得低层的性质屏蔽高层的同名性质；使软件维护变的容易；使得用户开发新的应用系统时不必完全从零开始；还使得开发人员可以将与现实生活空间相一致的思维方式应用于程序空间。当一个类只有一个父类时，为单重继承；有多个父类时，为多重继承，如图 9.7 所示。

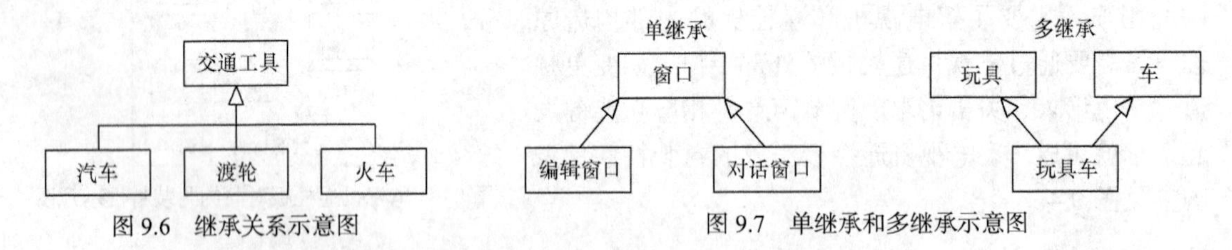

图 9.6　继承关系示意图　　　　图 9.7　单继承和多继承示意图

（2）多态性（Polymorphism）

多态性指子类对象可以像父类对象那样使用，它们可以共享一个操作名，然而却有不同的实现方法，换句话说，指在父类中定义的属性或操作被子类继承后可以具有不同的数据类型或表现出不同的行为。也就是说，在类等级的不同层次中可以共享（公用）一个行为（方法）的名字，然而不同层次中的每个类却各自按自己的需要来实现这个行为。当对象接受到发送给它的消息时，根据该对象所属于的类，动态选用在该类中定义的实现算法。简而言之，多态性指的是使一个实体在不同上下文条件下具有不同意义或用法的能力。

多态性是一个重要的概念，由消息的接收者确定一个消息应如何解释，而不是由消息的发送者确定，消息的发送者只需知道另外的实例可以执行一种特定操作即可。多态性对于可塑系统的开发特别有用。按这种方法，只需指明哪个实例出现、哪个实例不出现，因而容易获得易维护、可塑性好的系统。如果希望加一个对象到类中，这种维护只涉及新对象，而不涉及发送消息给它的对象。

【例 9.1】 一个经理第二天要到某地参加某个会议，他会把这个消息告诉给不同的人：他的夫人、秘书、下属，这些人听到这个消息后，会有不同的反应：夫人为他准备行装；秘书为他安排机票和住宿；下属为他准备相应的材料。这就是一种多态性：发给不同对象的同一条消息会引起不同的结果。

图 9.8 所示是表示多态性的另一个例子。在图 9.8 的继承结构中，可以声明一个 Graph 类型对象的变量，但在运行时，可以把 Circle 类型或 Rectangle 类型的对象赋给该变量。也就是说，该变量所引用的对象在运行时会有不同的形态。如果调用 draw()方法，则根据运行时该变量是引用 Circle 还是 Rectangle 来决定调用 Circle 中的 draw()方法还是 Rectangle 中的 draw()方法，即多态性是保证系统具有较好适应性的一个重要手段，也是使用 OO 技术所表现出来的一个重要特征。

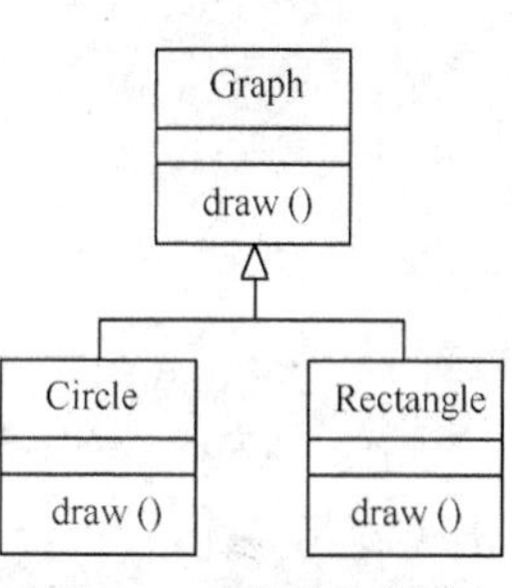

图 9.8　多态性示意图

多态性的实现有两种形式：编译时的多态性和运行时的多态性。其中，编译时的多态性是指在程序编译阶段就可确定的多态性，由重载机制实现，包括函数重载和运算符重载；运行时的多态性指到程序运行时才可以确定的多态性，由继承性结合虚函数的动态绑定技术实现。多态性机制不仅增加了面向对象软件系统的灵活性，进一步减少了信息冗余，而且显著提高了软件的可重用性和可扩充性。当扩充系统功能增加新的实体类型时，只需派生出与新实体类相应的新的子类，并在新派生出的子类中定义符合该类需要的虚函数，完全无需修改原有的程序代码，甚至不需要重新编译原有的程序。

（3）关联（Association）

关联是模型元素间的一种语义联系，它是对具有共同的结构特性、行为特性、关系和语义的连接（Link）的描述，相互关联的两个对象间的连接是关联的一个实例。UML 中的对象类的关联是面向对象技术中的实例连接，是通过对象的属性所建立的对象之间的联系。

关联体现的是两个类之间语义级别的一种强依赖关系，如我和我的朋友，这种关系比依赖更强，不存在依赖关系的偶然性，关系也不是临时性的，一般是长期性的，而且双方的关系一般是平等的。关联可以是单向的、双向的。表现在代码层面，被关联类 B 以类的属性形式出现在关联类 A 中，也可能是关联类 A 引用了一个类型为被关联类 B 的全局变量，就说明类 A 和类 B 发生了关联关系。图 9.9 所示为单向关联的示意图。双向关联和带角色和多重性标记的关联示意图参见本书第 11 章。在 UML 类图设计中，关联关系用由关联类 A 指向被关联类 B 的带箭头实线表示，在关联的两端可以标注关联双方的角色和多重性标记。

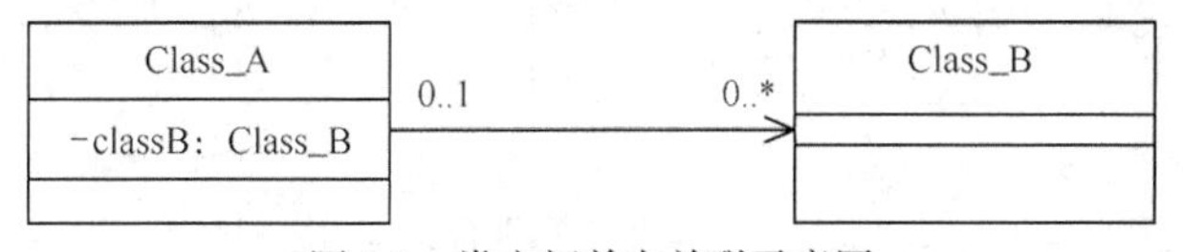

图 9.9　类之间单向关联示意图

（4）依赖（Dependency）

简单地理解，依赖就是一个类A使用到了另一个类B，而这种使用关系是具有偶然性的、临时性的、非常弱的，但是类B的变化会影响到类A。如某人要过河，需要借用一条船，此时人与船之间的关系就是依赖。表现在代码层面，假如类A的某个方法中使用了类B，那么就说类A依赖于类B，它们是依赖关系。类A的某个方法使用类B，可能是方法的参数是类B，也可能是在方法中获得了一个类B的实例，但无论是哪种情况，类B在类A中都是以**局部变量**的形式存在的。因此，类A中有B类型的局部变量，就说类A依赖于类B。在UML类图设计中，依赖关系用由类A指向类B的带箭头虚线表示，虚线箭头表示依赖，箭头指向被依赖的类，参见图9.10。

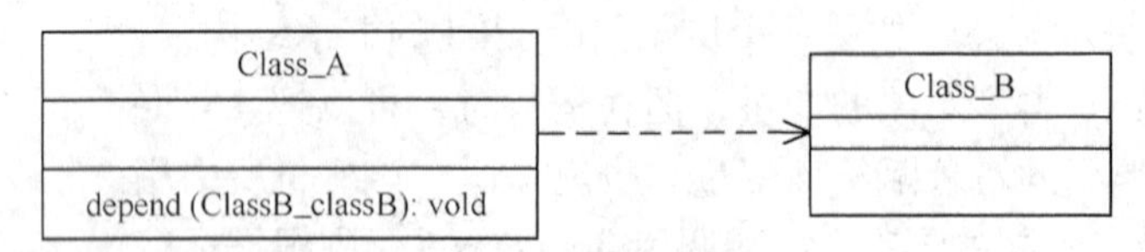

图9.10　类之间依赖关系示意图

综上所述，关于关联关系和依赖关系有一个简单的判断原则：某个类以**成员变量**的形式出现在另一个类中，二者是关联关系；某个类以**局部变量**的形式出现在另一个类中，二者是依赖关系。

（5）实现（Realization）

实现是用来规定接口和实现接口的类之间的关系，接口是操作的集合，而这些操作就用于规定类或者构件的一种服务。接口之间也可以有与类之间关系相似的继承和依赖关系，但是接口和类之间存在的这种实现关系中，类实现了接口，类中的操作实现了接口中所声明的操作。实现是类和接口之间最常见的一种关系，一个类实现接口（可以是多个）的功能。在UML中，类与接口之间的实现关系用带空心三角形的虚线来表示，参见图9.11。

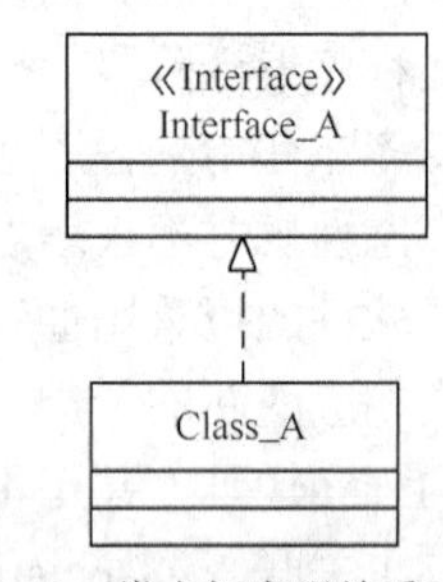

图9.11　类之间实现关系示意图

（6）聚集（Aggregation）与组合（Composition）

一个类有时可以由一个或多个部分类组成，这种表示组成关系的整体和部分类之间的关联又可以细分为聚集和组合。在对系统进行分析和设计时，需求描述中的“包含”、“组成”、“分成……部分”等词常常意味着存在组成关系。如一辆轿车包含四个车轮、一个方向盘、一个发动机和一个底盘，这些构成部分和轿车之间是聚集关联，不组成轿车时，这些构成部分类也会单独存在。还有一种情况是整体拥有各部分，部分与整体具有同样的生存期，如整体不存在了，部分也会随之消失，称为组合。例如，打开一个视图窗口，该窗口由标题、外框和显示区组成。一旦关闭视图窗口，则各部分也同时消失。组合是一种特殊形式的强类型的聚集。在UML中，聚集表示为空心菱形，组合表示为实心菱形，如图9.12所示。

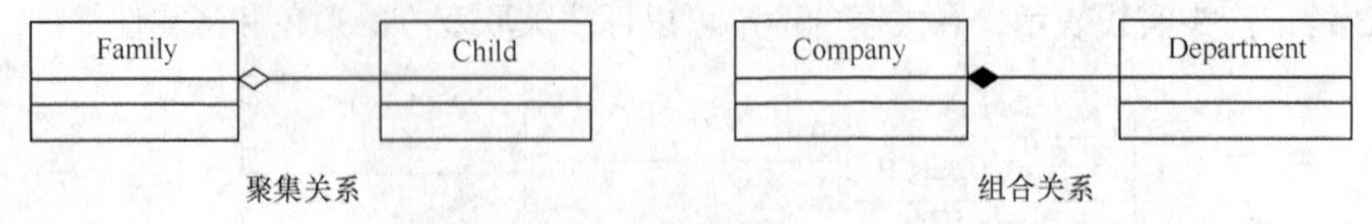

图9.12　类之间聚集和组合关系示意图

关联和聚合（聚集和组合）的区别如下。

① 关联和聚合在代码层面的表现是一致的，只能从语义级别来区分。关联的两个对象之间一般是平等的，如你是我的朋友，聚集则一般不是平等的，表示一个对象是另一个对象的组成部分。

② 关联是一种结构化的关系，指一种对象和另一种对象有联系。

总的来说，继承与实现体现的是一种类与类或类与接口之间的纵向关系。其他 4 种（组合、聚集、关联、依赖）表示的是类与类或者类与接口之间的引用、横向关系，是比较难区分的，因这几种关系都是语义级别的，所以从代码层面并不能完全区分各种关系，四者之间的强弱关系依次为：组合>聚集>关联>依赖。

9.2.3　典型的面向对象开发方法

自 20 世纪 80 年代后期以来，相继出现了多种面向对象开发方法，如 Booch 方法、Coad/Yourdon 方法、OOSE 方法和 OMT 方法等，每种方法都有自己的一套系统分析过程和方法，都有一组可描述过程演进的图形标识，以及能使得软件工程师以一致的方式建立模型的符号体系。这些方法对目前的面向对象方法有重大影响，现将其中几种典型的 OO 方法做一个简介和比较。

1. Booch 方法

Booch 最先描述了面向对象软件开发方法的基础问题，指出面向对象开发是一种根本不同于传统的功能分解的方法。面向对象的软件分解更接近人对客观事务的理解，而功能分解只通过问题空间的转换来获得。Booch 方法把系统的开发工作分为“微观过程”和“宏观过程”两个部分，参见图 9.13。

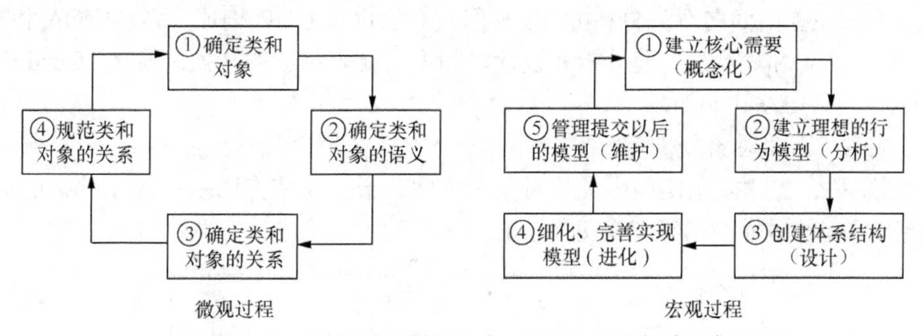

图 9.13　Booch 方法的“微观”与“宏观”两个部分示意图

Booch 方法所采用的对象模型要素包括封装、模块化、层次类型、并发等，其重要的概念模型是类和对象、类和对象的特征、类和对象之间的关系。使用的图形文档包括 6 种：类图、对象图、状态转换图、交互图、模块图和进程图。

Booch 方法的设计部分可分为逻辑设计和物理设计，其中逻辑设计包含类图文件（描述类与类之间的关系）和对象图文件（描述实例和对象间传递信息）；物理设计包含模块图文件（描述构件）和进程图文件（描述进程分配处理器的情况），用以描述软件系统结构。

从模型的角度，Booch 方法也可划分为静态模型和动态模型，其中静态模型表示系统的构成和结构；动态模型表示系统执行的行为。动态模型包含顺序图（描述对象图中不同对象之间的动态交互关系）和状态转换图（描述一个类的状态变化）。

Booch 方法的实施过程：第一，在一定抽象层确定类（从问题域中找出关键的对象和类）；

第二，确定类和对象的含义（从外部研究类，研究对象之间的协议）；第三，定义类与对象的关系；第四，实现系统中的类与对象；第五，给出类的界面与实现。Booch 方法实施过程参见图 9.14。

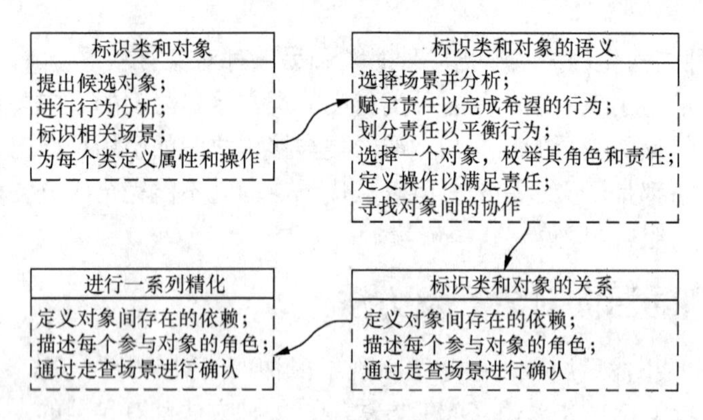

图 9.14　Booch 方法实施过程示意图

2. Coad/Yourdon 方法（简称 Coad 方法或 OOAD 方法）

OOAD（Object Oriented Analysis and Design）方法是由 Peter Coad 和 Edward Yourdon 于 20 世纪 90 年代初提出的，是一种逐步进阶的面向对象建模方法。该方法建模符号相当简单，开发分析模型的导引直接明了，集中于建立类和对象模型。其主要优点是通过多年来大系统开发的经验与面向对象概念的有机结合，在对象、结构、属性和操作的认定方面，提出了一套系统的原则。尽管 Coad 方法没有引入类和类层次结构的术语，但事实上已经在分类结构、属性、操作、消息关联等概念中体现了类和类层次结构的特征。

Coad 方法主要由面向对象分析 OOA 和面向对象设计 OOD 构成，强调 OOA 和 OOD 采用完全一致的概念和表示法，使分析和设计之间不需要表示法的转换。因此，Coad 方法主要包括两个过程：OOA 和 OOD。

（1）OOA（面向对象分析）

在 OOA 中，建立概念模型由类与对象、属性、服务、结构和主题 5 个分析层次组成，这 5 个层次的问题域模型示意图参见图 9.15。

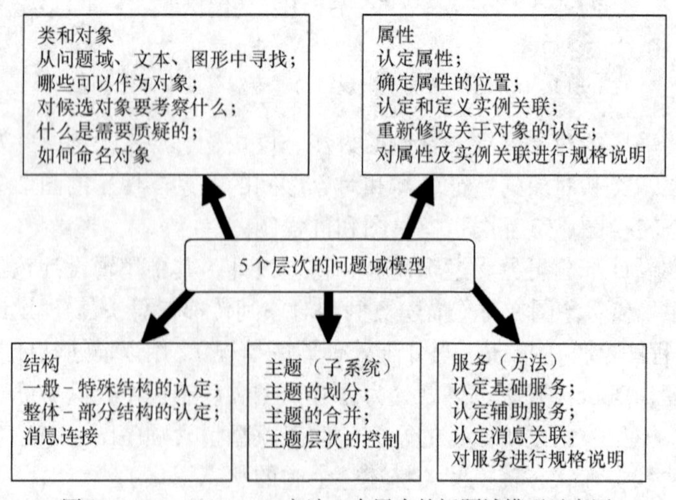

图 9.15　Coad/Yourdon 方法 5 个层次的问题域模型示意图

OOAD 方法的分析过程跟 Booch 方法一样，第一步要在给定的抽象层次上发现类和对象。第二步在类和对象的基础上识别类的层次结构、识别整体与部分之间的关系结构。第三步就是主题划分，通过主题划分来将整个大系统分解为若干主题的子系统。第四步定义属性，即定义对象的数据或状态信息。第五步定义服务，所谓服务就是对象的具体行为。

（2）OOD（面向对象设计）

OOD 的设计模型在面向对象分析的 5 个层次基础上由 4 个部件组成：问题域部件、人机交互部件、任务管理部件、数据管理部件。

问题域部件设计的目的是了解开发系统的应用领域，即在客观世界中由该系统处理的业务范围，在此基础之上对面向对象分析的 5 个层次不断完善。

人机交互部件即对人机交互界面的设计，包括问题域与用户、系统外部和专用设备、磁盘文件和数据管理界面等。

任务管理部件设计即明确划分任务的类型，并把任务分配到硬件或软件上去，包括任务的运行和任务的交互管理等。

数据管理部件即各种数据存储的设计，通常有文件系统和数据库管理系统两类存储模式。

3. OMT/Rumbaugh 方法

对象模型化技术 OMT（Object Modeling Technique）最早是由 Loomis、Shan 和 Rumbaugh 在 1987 年提出的，曾扩展应用于关系数据库设计。Jim Rumbaugh 在 1991 年正式把 OMT 应用于面向对象的分析和设计。该方法是在实体关系模型上扩展了类、继承和行为而得到的，开发工作的基础是对真实世界的对象建模，然后围绕这些对象使用分析模型来进行独立于语言的设计。面向对象的建模和设计促进了对需求的理解，有利于开发出更清晰、更容易维护的软件系统。

OMT 方法覆盖了分析、设计和实现 3 个阶段，它包括一组相互关联的概念：类、对象、一般化（或称泛化）、继承、链、链属性、聚合、操作、事件、场景、属性、子系统、模块等，主要用于分析、系统设计和对象级设计。分析的目的是建立可理解的现实世界模型；系统设计确定高层次的开发策略；对象设计的目的是确定对象的细节，包括定义对象的界面、算法和操作。实现对象则在良好的面向对象编程风格的编码原则指导下进行。

OMT 方法需从 3 个不同的角度来描述系统，建立 3 个模型：代表系统静态结构的对象模型、反映系统时间顺序操作的动态模型和表现系统对象内部状态关系的功能模型，这些模型贯穿于每个步骤，在每个步骤中被不断地精化和扩充。OMT 方法对系统的分析描述示意图参见图 9.16。

OMT 方法支持软件系统生存周期开发，其开发实施过程可以分为 3 个阶段：分析、设计和实现。分析阶段主要是建立问题领域，确定对象模型、动态模型和功能模型，该阶段将用户需求模型化，在需求人员和开发者之间建立一致模型，为后面的设计提供一个框架；设计阶段主要是系统设计和对象设计，一般地，系统设计阶段将系统分解为几个子系统，将对象分成可以并行开发的对象组，对象设计阶段则通过反复分析，产生一个比较实用的设计，并且确定主要算法、对象代码等；实现阶段将设计转化为编程，其实现细节和具体的实现环境有关。OMT 方法突出的特点是在分析阶段可以较为全面地描述系统的静态结构，比较适合于数据密集型的信息系统开发。

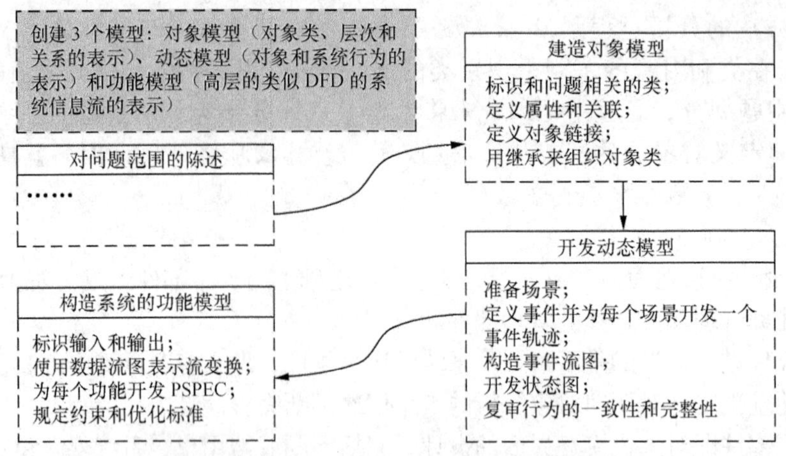

图 9.16　OMT 方法对系统的分析描述示意图

4. OOSE 方法/Jacobson 方法

面向对象软件工程（Object Oriented Software Engineering, OOSE）方法是 Ivar Jacobson 在 1992 年提出的一种用例驱动的面向对象开发方法，也称为 Jacobson 方法。

OOSE 主要包括下列概念：类、对象、继承、相识（Acquaintance）、通信（Communication）、激励（Stimuli）、操作、属性、参与者（Actor）、用例、子系统、服务包（Service Package）、块（Block）、对象模块（Object Module）。相识表示静态的关联关系，包括聚集关系。激励是通信传送的消息。参与者是与系统交互的事物，它表示所有与系统有信息交换的系统之外的事物，因此不关心它的细节。参与者与用户不同，参与者是用户所充当的角色。参与者的一个实例对系统做一组不同的操作。当用户使用系统时，会执行一个行为相关的事务系列，这个系列是在与系统的会话中完成的，这个特殊的系列称为用例，每个用例都是使用系统的一条途径。用例的一个执行过程可以看作是用例的实例。当用户发出一个激励之后，用例的实例开始执行，并按照用例开始事务。事务包括许多动作，事务在收到用户结束激励后被终止。在这个意义上，用例可以被看作是对象类，而用例的实例可以被看作是对象。用例驱动的 OOSE 方法建模示意图参见图 9.17。

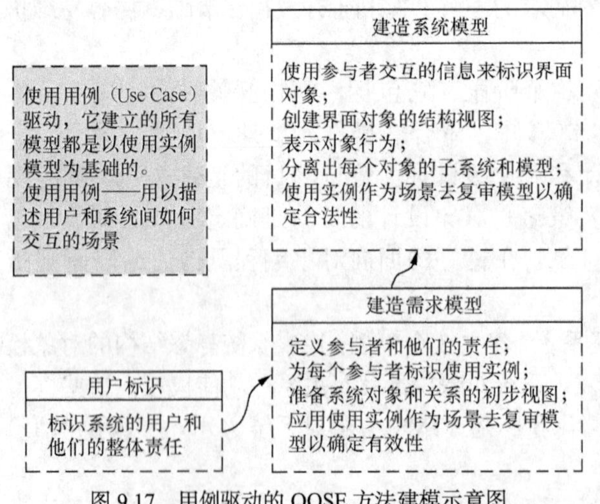

图 9.17　用例驱动的 OOSE 方法建模示意图

OOSE 开发过程中会建立以下 5 种模型，这些模型是自然过渡和紧密耦合的。

（1）需求模型，包括由领域对象模型和界面描述支持的参与者和用例。对象模型是系统的概念化的、容易理解的描述；界面描述刻画系统界面的细节。要求模型从用户的观点完整地刻画系统的功能需求，因此在需求模型基础上与最终用户交流比较容易。

（2）分析模型，是在需求模型的基础上建立的，主要目的是要建立在系统生命期中可维护、有逻辑性、健壮的结构。分析模型中有 3 种对象，界面对象刻画系统界面；实体对象刻画系统要长期管理的信息和信息上的行为，实体对象生存在一个特别的用例中；第三种是按特定的用例做面向事务的建模的对象，这 3 种对象使得需求的改变总是局限于其中一种。

（3）设计模型，进一步精化分析模型并考虑当前的实现环境。块用于描述实现的意图。分析模型通常要根据实现做相应变化，但分析模型中基本结构要尽可能保留。在设计模型中，块进一步用用例模型来阐述界面和块间的通信。

（4）实现模型，主要包括实现块的代码。OOSE 并不要求用面向对象语言来完成实现。

（5）测试模型，包括不同程度的保证，这种保证从低层的单元测试延伸到高层的系统测试。

5. Wirfs-Brock 方法

Wirfs-Brock 方法是由对象技术大师、面向对象设计技术的先驱 Rebecca Wirfs-Brock 所提出的。她于 1990 年出版的“Designing Object-Oriented Software”是最早的面向对象设计书籍之一（该书中译本《面向对象软件设计经典》已由电子工业出版社出版），该书清晰阐述了“类”、“责任”、“协作”这些人们今天耳熟能详的概念，提出责任驱动设计的方法。她在新书《对象设计》（该书中译本已由人民邮电出版社出版）中很好地融合了其对 CRC 卡、协作（Collaborations）和灵活性（Flexibility）这些主题。

Wirfs-Brock 方法主要包括以下步骤：

（1）评估客户规约；

（2）使用语法分析从规约中抽取候选类；

（3）组合类以试图标识超类；

（4）为每个类定义责任；

（5）为每个类赋予责任；

（6）标识类之间的关系；

（7）定义类之间基于责任的协作；

（8）构造类的层次表示以显示继承关系；

（9）构造系统的协作图。

6. 上述 5 种方法的比较

Booch 方法并不是一个开发过程，只是在开发面向对象系统时应遵循的一些技术和原则。Booch 方法是从外部开始，逐步求精每个类，直到系统被实现。因此，它是一种分治法，支持循环开发，它的缺点在于不能有效地找出每个对象和类的操作。

OMT 方法覆盖了应用开发的全过程，是一种比较成熟的方法，用几种不同的观念来适应不同的建模场合，它在许多重要观念上受到关系数据库设计的影响，适用于数据密集型的信息系统的开发，是一种比较完善和有效的分析与设计方法。

在 OOAD 方法中，OOA 把系统横向划分为 5 个层次，OOD 把系统纵向划分为 4 个部分，从而形成一个清晰的系统模型。OOAD 适用于小型系统的开发。

OOSE 能够较好地描述系统的需求，是一种实用的面向对象的系统开发方法，适用于商务处理方面的应用开发。

Wirfs－Brock 方法不明确区分分析和设计任务，从评估客户规格说明到设计完成，是一个连续的过程。

7. 统一建模语言 UML（Unified Modeling Language）

1995 年 10 月，Grady Booch 和 Jim Rumbaugh 联合推出了 Unified Method 0.8 版本，该方法力图实现 OMT 方法和 Booch 方法的统一。同年秋天，Ivar Jacobson 加入了 Booch 和 Rumbaugh 所在的 Rational 软件公司，于是 OOSE 方法也加入了统一的过程中。1997 年 9

月1日产生了UML 1.1，并被提交到了OMG（Object Management Group），同年11月被OMG采纳。随着OMG将UML定为标准建模语言，面向对象领域的方法学大战也宣告结束，各种方法的提出者也开始转向UML方面的研究。UML不仅统一了Booch方法、OMT方法、OOSE方法及其他面向对象的表示方法，而且对其做了进一步的发展，最终统一为大众接受的标准建模语言。UML是一种定义良好、易于表达、功能强大且普遍适用的建模语言。它融入了软件工程领域的新思想、新方法和新技术。它的作用域不限于支持面向对象的分析与设计，还支持从需求分析开始的软件开发全过程。

软件工程领域在1995年～1997年取得了前所未有的进展，其成果超过软件工程领域过去15年的成就总和，其中最重要的成果之一就是统一建模语言（UML）的出现。UML将是面向对象技术领域内占主导地位的标准建模语言。

9.3 统一建模语言UML

UML是一种编制软件蓝图的标准化语言，它提供了描述软件系统模型的概念和图形的表示方法，以及语言的扩展机制和对象约束语言。需要强调的是，UML是一种建模语言而不是一种方法，UML本身是独立于过程的。UML建立在当今国际上最有代表性的3种面向对象方法（Booch方法，OMT方法，OOSE方法）的基础之上，由OMG于1997年11月批准为标准建模语言，支持面向对象的技术和方法，能够准确方便地表达面向对象的概念，体现面向对象的分析和设计风格。

UML的建模过程包括分析和设计两个建模阶段。分析阶段主要通过用例图、类图、活动图、类分析图、顺序图等表示分析结果；设计阶段则主要通过类设计图、通信图、状态图、构件图、部署图等表示设计结果。

9.3.1 UML的发展

统一建模语言UML起源于两位杰出的面向对象方法大师Booch和Rumbaugh及著名的软件工具制造企业Rational Software。它们于1994年10月加盟了该公司，于1995年10月将两种方法合并，推出统一方法（Unified Method）。同年，随着Jacobson的加盟逐渐形成一套完整的对象建模方法体系，并于1996年推出了UML0.9版本。UML很快受到工业界的认可，得到IBM、微软、HP、ORACLE、DIGITAL等国际计算机应用软件商的支持，并于1997年1月将UML1.0版本正式提交国际对象管理组织（Object Management Group），于1997年9月被该组织接纳为标准建模方法和语言，形成UML1.1版。该语言在1999年4月和2001年9月分别进行了完善，形成1.3和1.4版本，于2002年推出2.0版本，目前最新版本是2.4.x。随着OMG采纳UML为标准语言，UML已成为当前可视化建模语言事实上的工业标准。

对象管理组织OMG是一个由几个计算机厂商（IBM、HP、DIGITAL等）发起的计算机工业界自发组织的非盈利性团体，于1989年诞生。目前，该组织已经有800多个成员，总部设在美国，网址为：http://www.omg.org。其核心任务是在软件开发方面探讨面向对象实践技术和理论，并形成相应的工业界标准，目前推出的标准有UML和CORBA。

学习UML建模语言，重点是建立相关概念，并能够结合软件工程实际，灵活地应用。为使用方便，本书中选用支持UML标准的开源软件StarUML，力求掌握其基本集。另外，作为最早支持 UML 集合的 Rational ROSE 工具，其使用方法与 StarUML 工具类似，读者可以自行对照或参考专门的教材。

9.3.2　UML 的定义及主要内容

UML 是一种标准的可视化（即图形化）建模语言，它由元模型和图组成。元模型给出图的定义，是 UML 的语义。图是 UML 的语法。

1. UML 的语义

UML 的语义在一个四层抽象级别的建模框架中定义。

（1）元元模型（Meta-Meta Model）层

元元模型由 UML 最基本的元素事物（thing）组成，表示要定义的所有事物。

（2）元模型（Meta Model）层

元模型由 UML 的基本元素组成，包括面向对象和面向构件的概念。该层的每个概念都是元元模型中事物概念的实例。

（3）模型（Model）层

模型层由 UML 模型组成，该层的每个概念都是元模型层中概念的实例，一般称为类模型或类型模型。

（4）用户模型（User Model）层

用户模型由 UML 模型的例子组成，该层每个概念都是模型层的一个实例，也是元模型层概念的一个实例，通常称为对象模型或实例模型。

2. UML 的表示方法

UML 由视图（View）、图（Diagram）、模型元素（Model Element）和公共机制（Common Mechanism）等部分组成。

（1）视图

从多个不同的角度描述一个系统，可以得到多个视图。从其中一个角度描述一个系统可以得到系统的一个视图，每个视图都是整个系统描述的投影，说明系统的一个侧面。若干个不同的视图可以完整地描述整个系统。

（2）图

图用来表示一个视图的内容。一般情况下，一个视图由多张图组成。UML 中共定义了 39 种不同的图，将其组合起来可以描述所有视图。

（3）模型元素

包括用例、类、对象、消息和关系等可以在图中使用的概念，统称为模型元素。模型元素在图中用相应的视图元素即图形符号表示。一个模型元素可在多个不同的图中出现，但具有相同的符号表示和相同的含义。

（4）公共机制

使用公共机制可以为图附加额外的信息，使 UML 中的图含义更加明确、直观。在公共机制中还可以提供扩展机制，以满足用户使用新的模型特征和表示法，或为模型添加某些非语义信息。

3. UML 的构成

图 9.18 给出了 UML 的构成示意图。从图 9.18 可知，UML 中有 3 类主要元素：

（1）基本构造块（Basic Building Block）；

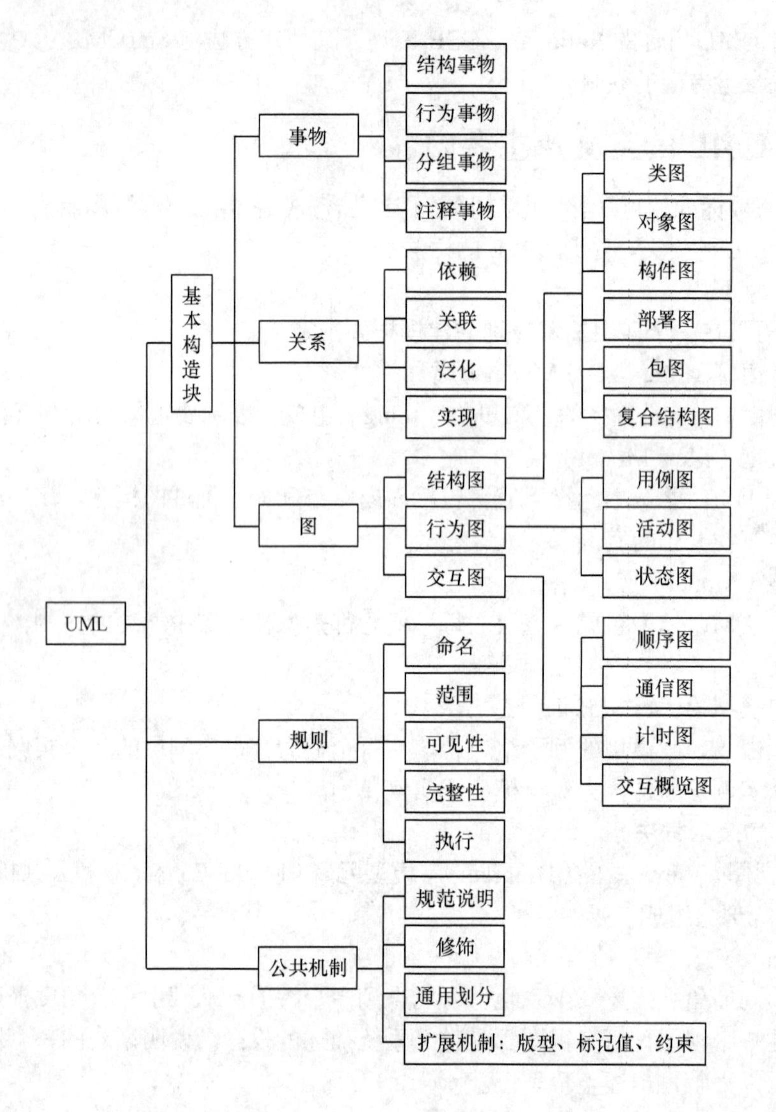

图 9.18　UML 的构成图

（2）规则（Rule）；

（3）公共机制（Common Mechanism）。

其中基本构造块又包括 3 种类型：

（1）事物（Thing）；

（2）关系（Relationship）；

（3）图（Diagram）。

其中事物又分为 4 种类型。

（1）结构事物（Structural Thing）。UML 中的结构事物包括类（Class）、接口（Interface）、协作（Collaboration）、用例（Use Case）、主动类（Active Class）、构件（Component）和结点（Node）。

（2）行为事物（Behavioral Thing）。UML 中的行为事物包括交互（Interaction）和状态机（State Machine）。

（3）分组事物（Grouping Thing）。UML 中的分组事物是包（Package）。

（4）注释事物（Annotation Thing）。UML 中的注释事物是注解（Note）。

关系有 4 种类型，即依赖（Dependency）、关联（Association）、泛化（Generalization）、实现（Realization）。

本书后续章节中会对以上 UML 中的元素做详细介绍。

9.3.3　UML 的特点和用途

UML 的主要特点如下。

1. 统一的标准

UML 融合了当前一些流行的面向对象开发方法的主要概念和技术，成为一种面向对象的标准化的统一的建模语言，结束了以往各种建模语言的不一致和差别。

UML 提供了标准的面向对象的模型元素的定义和表示方法，以及对模型的表示法的规定，使得对系统的建模有章可循，有标准的语言工具可用，有利于保质保量地建立起软件系统模型。

UML 已经被对象管理组织 OMG 接受为标准的建模语言，并被越来越多的软件开发厂商和软件开发人员认可和使用。

2. 面向对象

UML 支持面向对象技术的主要概念。UML 提供了一批基本的表示图形的模型元素和方法，可以简洁地表达面向对象的各种概念。

3. 可视化，表示能力强大

UML 是一种图形化语言，系统的逻辑模型或实现模型都能用相应的图形清晰地表示。每一个 UML 的图形表示符号都有良好的定义语义。

UML 可以处理与软件的说明和文档有关的问题，包括需求说明、体系结构、设计、源代码、项目计划、测试、原型、发布等。

UML 提供了语言的扩展机制，用户可以根据需要增加定义自己的构造型、标记值和约束等。

UML 可以用于各种复杂类型的软件系统的建模。

4. 独立于过程

UML 是系统建模语言，独立于开发过程。UML 与 RUP（Rational Unified Process）Rational 统一过程配合使用，将发挥强大的效用。但 UML 不依赖于特定的软件开发过程，故 UML 也可以在其他面向对象的开发过程中使用，在传统的软件生存周期法中也可使用 UML。

5. 易于掌握应用

UML 的概念明确，建模表示法简洁明了，图形结构清晰，容易掌握使用。学习 UML 应着重学习它 3 方面的主要内容：UML 的基本模型元素；把这些模型元素组织在一起的规则；UML 语言中的公共机制。具备一定的软件工程和面向对象技术的基础知识，通过实际案例运用 UML 的实践，可以较快掌握和熟悉 UML。

使用 UML 进行软件系统的分析与设计，能够加速软件开发的进程，提高代码的质量，支持变动的业务需求。UML 适用于各种大小规模的软件系统项目，能促进软件复用，方便地集成已有的系统软件资源。UML 的这些特点使其在软件开发过程中的应用日益广泛。

UML 不是一个独立的软件工程方法，而是面向对象软件工程方法中的一个部分。UML 是一种标准的系统分析和建模语言，适用于对包括系统软件、企业信息管理系统、Web 应用、嵌入式实时系统等各类软件系统的建模。

UML 不是程序设计语言，不能用来直接书写程序、实现系统。UML 所建立的系统模型（逻辑模型和实现模型）必须转换为某种程序设计语言的源代码程序，然后经过该语言的编译系统生成可执行的软件系统。UML 建模支持软件开发的正向工程（Forward engineering）和逆向工程（Reverse engineering）。

作为一种建模语言，UML 是一种标准的表示方法。因此可以在许多领域使用 UML，无论采用何种方法，它们的基础都是 UML 的图，这样 UML 最终为不同领域的人提供了一种统一的交流方法。

UML 采用面向对象的图形方式来描述任何类型的系统，因此，UML 具有广泛的应用领域。其中最常用的是实现软件系统的建模，UML 同样也可以用于描述非计算机软件的其他系统，如机械系统、电子系统、企业机构或业务过程、处理复杂数据的信息系统、具有实时要求的工业过程等。总之，UML 是一个通用的标准建模语言，可以为任何具有静态结构和动态行为的系统建立模型。

在系统开发的各个阶段都可使用 UML，其应用覆盖了从需求分析到软件测试的各阶段。

（1）需求分析阶段：该阶段使用 UML 用例图来描述用户的需求。通过用例建模，可以描述对系统感兴趣的外部角色及其对系统的功能要求（用例图）。

（2）系统分析阶段：该阶段主要关心问题域中的基本概念（例如，抽象、类和对象等）和机制，需要识别这些类及它们相互间的关系，可以用 UML 的逻辑视图和动态视图来描述。类图描述系统的静态结构，通信图（UML1.0 中为协作图）、顺序图、活动图和状态图描述系统的动态行为。在这个阶段只为问题域的类建模，而不定义软件系统的解决方案细节。

（3）系统设计阶段：该阶段把系统分析阶段的结果扩展成技术解决方案，加入新的类来定义软件系统的技术方案细节，引入具体的类来处理用户接口、数据库的访问、通信和并行性等问题。

（4）编码阶段：该阶段的任务是把来自设计阶段的类转换成某种面向对象程序设计语言实现的代码。

（5）测试阶段：对系统的测试通常分为单元测试、集成测试、系统测试和验收测试等几个不同的步骤。UML 模型可作为设计测试用例的依据，测试小组使用不同的 UML 图作为测试工作的依据：使用类图和类规格说明进行单元测试；使用构件图和通信图进行集成测试；系统测试使用用例图来验证系统的行为；验收测试由用户进行，用与系统测试类似的方法，验证系统是否满足在分析阶段确定的所有需求。

UML 适用于以面向对象方法来描述的任何类型的系统，而且可用于系统开发的全过程，从需求规格描述直到系统建成后的测试和维护阶段。

9.3.4 UML 的模型视图简介

UML 是用来对软件系统进行可视化描述、规范定义、构造和文档化的建模语言。可视化模型的建立为设计人员、开发人员、用户和专家之间的交流提供了便利。规范定义意味着 UML 建立的模型是准确的、无二义的、完整的。构造意味着可以将 UML 模型映射到代码实现。文档化是指 UML 可以为系统的体系结构及系统的所有细节建立文档。

UML 用模型来描述系统的静态特征结构及动态特征行为，从不同的角度为系统建模，形成不同的视图。每个视图代表完整系统描述中的一个对象，表示这个系统中的一个特定的方面，每个视图又由一组图构成，每幅图强调系统中某一方面的信息。在 UML 中提供了静态图和动态图，共计 13 种（UML　1.0 中共 9 种图，UML　2.0 版本中，新增 4 类图，另外有几种图形有所变化），以及 5 种视图。

1. 静态图

（1）类图（Class Diagram）描述了类、接口、协作及它们之间的关系。在面向对象系统建模中，类图是最常用的图，类图描述了系统的静态结构。

（2）对象图（Object Diagram）描述了对象及对象之间的关系，对象图也描述了系统在某个时刻的静态结构。

（3）用例图（Use Case Diagram）描述了用例、参与者及它们之间的关系，用例图用来描述系统的功能。

（4）构件图（Component Diagram）描述模型元素之间的组织结构和依赖关系，构件图描述了实现系统的元素的组织。

（5）部署图（Deployment Diagram）描述系统环境元素的配置。

（6）包图（Package Diagram）描述能作为一个集合进行命名和处理的建模元素组织，包的存在只是为了帮助组织模型的元素，在系统运行时不出现，完全是组织设计的机制。

（7）组合结构图（Composite Structure Diagram）展示类或协作的内部结构。

2. 动态图

（1）状态图（Statechart Diagram）描述系统元素的状态条件和响应。

（2）顺序图（Sequence Diagram）按时间顺序描述系统元素之间的交互。

（3）通信图（Communication Diagram）按时间和空间的顺序描述系统元素间的交互和关系，UML1.0 中为协作图（Collaboration Diagram）。

（4）活动图（Activity Diagram)描述系统元素的活动。

（5）计时图（Timing Diagram）主要用于表示交互过程中不同对象状态改变的定时约束。

（6）交互概览图（Interaction Overview Diagram）是将活动图和顺序图综合在一起的图，并没有引入新的建模元素，其组成元素包括活动图和顺序图两种元素。

上面给出的 13 个图是 UML 中的基本构造块。UML 中的几个主要图之间的关系如图 9.19 所示，其中用例图是在需求获取阶段要使用的图，活动图、类图、顺序图是在分析阶段要使用的图，状态图、类图、对象图、通信图是设计阶段要使用的图，由于在面向对象的方法中，分析阶段和设计阶段没有明确的界限，因此这种划分并不是一成不变的。

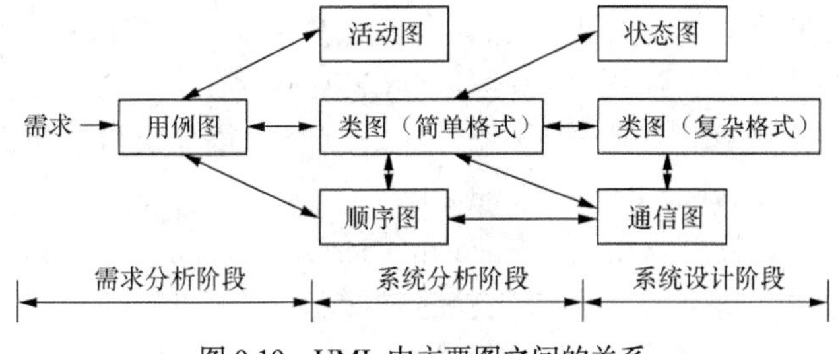

图 9.19　UML 中主要图之间的关系

UML 还定义了 5 个方面的语义规则，即命名（Name）、范围（Scope）、可见性（Visibility）、完整性（Integrity）和执行（Execution）。

UML 中包括 4 种类型的通用机制，即规范说明（Specification）、修饰（Adornment）、通用划分（Common Division）和扩展机制（Extensibility Mechanism），其中扩展机制包括版型（Stereotype）、标记值（Tagged Value）和约束（Constraint）3种类型。这些内容将在本书后续章节中介绍。

3. 视图

（1）用例视图（Use Case View）表示系统的功能性需求，使用用例图来描述，用活动图来进一步描述其中的用例。

（2）逻辑视图（Logical View）表示系统的概念设计和子系统结构等，用类图、对象图、逻辑结构图和包图描述系统静态结构，用状态图、顺序图、通信图（UML 1.0版本中的协作图）和活动图描述系统动态行为。逻辑视图又称为结构模型视图。

（3）进程视图（Process View）表示系统的动态行为及其并发性，使用状态图、顺序图、通信图、活动图、计时图、构件图和部署图来描述动态行为，又称为行为模型视图。

（4）实现视图（Realization View）表示系统实现的代码结构和行为特征，用构件图来描述，又称构件视图。

（5）部署视图（Deployment View）用于定义硬件结点的物理结构，表示实现环境和构件被部署到物理结构中的映射，部署视图用部署图来描述。

上述5个视图被称为“4+1”视图，如图9.20所示。UML中的视图是UML中图的组合，用户还可以根据需要自行定义自己的视图。

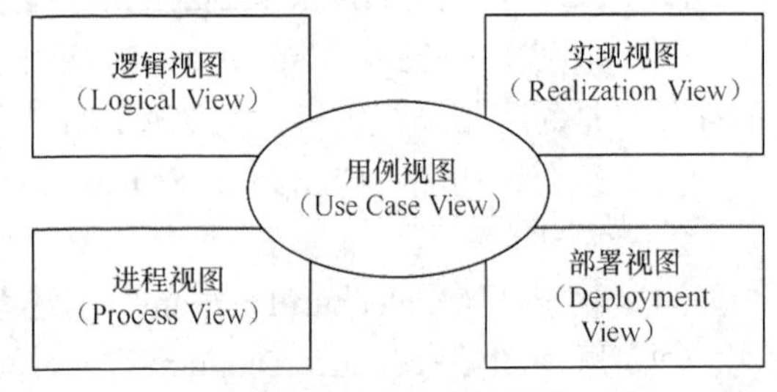

图9.20　UML中的视图

9.3.5　UML常用软件开发工具

目前有很多支持UML的工具，例如，Rational Rose2003、Together 6.1、ArgoUMLv0.14等。其中Rose是Rational公司开发的用于分析和设计面向对象软件系统的工具，可以与Rational公司其他开发工具如ClearCase、RequisitePro等很好地集成使用，目前有较高的市场占有率。Together是用纯Java开发的支持UML的工具，而ArgoUML是开放源代码项目。StarUML是由韩国公司主导开发的一款开放源码的UML开发工具，基于UML1.4版本，支持UML的建模，采纳了UML2.0的表示法，提供11种不同类型的图。StarUML通过支持UML轮廓（Profile）的概念积极地支持UMD（Model Driven Architecture，模型驱动结构）方法。StarUML特点在于用户环境可定制，功能上高度可扩充。微软公司的Visio Professional是一个功能很强的绘图工具，使用Visio可以画出包括流程图、电路图等各种科学和商务应用方面的图。Visio支持UML规范说明中定义的9个图，因而也可应用于UML语言的系统建模中，目前最新版本是Visio Professional 2013。

由于在软件分析与设计中Rational Rose和Microsoft Visio工具比较常用，而且Rational Rose也是支持软件分析与设计全过程最完善的工具之一，因此本节对Rational Rose 2003和Visio Professional 2013进行简要介绍。在教学环节中，Rational Rose工具虽然全面支持软件生存周期，但该工具包体积比较大，安装后占用资源较多，还涉及使用版权问题，不适合教学用，因此本书的分析与设计部分选用小巧的开源工具软件StarUML（只有20多兆大小）。关于StarUML的详细介绍和使用，参见本书第12章内容。

1. Rational Rose

Rational Rose（以下简称 Rose）是采用面向对象方法分析和设计软件系统的可视化工具，对系统先建模而后编写代码，可以保证系统的结构合理，使用模型便于发现设计缺陷并及时修正，从而可以减少所消耗的时间和人力。采用计算机对系统建模替代手工建模，可以高效地实现对复杂的软件系统进行全面准确的描述，最终可提高软件系统的开发质量和速度。

Rose 以规范的图形符号 UML 对系统的需求和设计进行形式化描述。采用 Rose 详细描述系统的内容和工作方法的模型是软件开发人员的蓝图。软件开发团队包括客户、设计人员、项目经理和测试人员等，可以通过模型中不同的图从不同的角度观察系统，便于团队中不同人员的交流。

在 Rose 中也可以使用 Booch 或 OMT 方法建模，这两种方法与 UML 方法建模仅表示方法不同，可以相互转换。

Rose 的最新版本是 Rose 2003，支持 UML 的各种模型图，包括用例图、顺序图、通信图、类图、状态图、活动图、构件图和部署图等。虽然 Rose 不直接支持对象图，但可在通信图和类图中画出对象图。

Rose 支持软件开发的正向工程和逆向工程，使用 Rose 的正向工程和逆向工程，可以保证系统建模和代码的一致性。

Rose 支持面向对象的系统分析和系统建模，表现在对面向对象的主要概念和成分的支持。

Rose 支持团队开发，可提供团队开发的管理功能。

Rose 提供对螺旋上升开发过程的支持。

由于多个第三方开发商提供支持 Rose 的产品，使 Rose 成为一种功能完善的 UML 软件开发平台，因此 Rose 是当前应用最广泛的 UML 建模工具之一。

这里对 Rational Rose 家族的一些主要功能做简要介绍，下列的每一项功能可能需要一个或多个 Rational 软件产品协同工作实现。

（1）对面向对象模型的支持

Rational Rose 支持面向对象的系统分析与设计模型。这直接体现在它对面向对象的主要概念和成分的支持，如对象类、对象、操作、服务、状态、模块、子系统、处理器，以及它们之间的各种联系。Rational Rose 把这些模型成分组成系统的 4 个视图：用例视图、逻辑视图、实现视图和部署视图。

Rational Rose 支持用户分别从静态、动态和实现三方面建立系统的逻辑模型和物理模型。

Rational Rose 通过图形与符号表示系统模型，同时用描述特性的文字增加模型的语义说明，从而保证避免了二义性的理解，以及便于有关人员的理解和交流。

Rational Rose 是可视化的建模工具，它可以创建下列图形：包图（子系统）、用例图、对象类和对象图、顺序图、通信图、状态图、活动图、构件图和部署图。此外还有对象消息图、消息踪迹图、过程图、模块图等。

使用活动图还可以为工作流建立模型。通过建立工作流模型能够理解一个组织（Organization）的构造和动态，便于顾客、终端用户、开发者对组织达成共识，便于得到支持该组织工作的系统的需求。

Rational Rose 支持 UML 的语言扩展功能，允许用户自定义构造型（Stereotype），增强表达模型语义的能力。

Rational Rose 提供对模型元素的特性描述和软件文档的编辑和生成的功能。

Rational Rose 提供了在创建模型过程中的一致性维护功能。当某一种图形的图形元素被修改，与其相关的图形也会自动地修改。如果在某两个实体（如对象类）之间建立一个不可能存在的联系，则将受到拒绝。

Rational Rose 支持 UML 方法，也支持 Booch 方法和 OMT 方法。

（2）对螺旋上升式开发过程的支持

Rational Rose 支持螺旋上升式开发过程。从项目开发的开始阶段、精化阶段、系统构建阶段到过渡阶段，每一个阶段中都进行多次循环，每一个循环产生一个软件的原型，每一个循环基于前一个循环，是前一个循环的深化。Rational Rose 为每一个模型产生一个扩展名为“.mdl”的模型文件，它是本次循环的结果，又是下一轮循环的输入。

此外，Rational Rose 提供了对双向工程（正向和逆向工程）支持的工具。从总体看，双向工程具有螺旋上升式开发过程的特点。

Rational Rose 家族提供了软件的调试工具。Rational Robot 支持软件的功能测试和性能测试。使用 Rational Robot 可以生成两类脚本（Script）：用于功能测试的 GUI 脚本和用于性能测试的虚拟用户脚本。功能测试主要是测试软件的 GUI 对象的操作和表现（Appearance），也可以测试非可视对象的功能，例如，隐藏的 PowerBuilder 的数据窗口（DataWindow）或 Visual BASIC 的隐藏控制，测试它们是否符合预期的功能要求。性能测试则是确定一个多用户系统在不同的装载下运行时，其性能是否满足用户定义的标准。此外，测试管理工具 Rational Test Manager 可以用于计划调试策略，在整个开发过程中跟踪软件的测试信息，测试和修改周期，管理调试的数据和文档，并且可以管理开发组的分布式测试。

Rational Rose 家族中的 Rational Unified Process 是开发过程的全面管理工具，可以管理开始阶段、精化阶段、系统构建阶段和过渡阶段，以及它们的循环迭代过程。Rational Unified Process 含有工作间管理、并行开发、集成和建造管理等功能，便于控制系统开发中的各项变更。

（3）对双向工程的支持

Rational Rose 支持双向工程（Round-Trip Engineering）。当采用传统的软件生存周期方法（瀑布模型）进行系统开发时，只能按照线性的流程推动开发的进程，很难根据实现阶段所发现的问题来修改系统的设计。双向工程则可以帮助开发人员把实现中的修改变动映射到系统模型，从而修改原设计的系统模型。

Rational Rose 提供了一套支持双向工程的工具，通过代码生成（Customizable Code Generation）、逆向工程（Reverse Engineering）、区分模型差异（Modeling Difference）、设计修改（Design-Update）等机制来实现双向工程。

代码生成由初始模型和上一次迭代产生的模型驱动。Rational Rose 代码生成器根据该模型和开发人员设置的代码生成特性，自动生成源代码框架。例如，可以生成 C++的源代码文件：.h 文件和.cpp 文件。代码生成特性包括模型不能表示的且与代码生成有关的特定的语言信息，开发人员可以通过设置代码生成特性控制代码的生成。

逆向工程由源代码（如 C++源代码）驱动。Rational Rose 的逆向工程包括语义分析和设计输出。逆向工程的第一步是对源代码进行语义分析，抽取其中的设计信息，产生相应的数据文件。这些源代码可能包含在具体的实现过程中所做的人为修改。这是一个从代码到设计的映射过程。逆向工程的第二步是输出设计，根据语义分析所产生的数据文件生成 Rational Rose 模型文件（.red 文件），同时产生一个 as-built 模型。开发人员可以通过设置不同特性控制输出的结果。

区分模型差异是指 Rational Rose 的工具可以对迭代模型（.mdl 文件）和 as-built 模型进行语义比较，区分模型差异，帮助开发人员发现在实现时的变更已在模型上引起哪些变化。

设计修改是由 Rational Rose 根据逆向工程生成的模型文件（.red 文件）修改原迭代模型（.mdl 文件），产生本次新的迭代模型。

（4）对团队开发的支持

一个有一定规模的软件系统往往是由许多人员共同开发的。Rational Rose 支持由领域分析员、系统分析员、程序员等组成的开发队伍进行团队的受控迭代式开发。

Rational Rose 提供的团队开发管理功能如下。

① 个人工作间（Workspace）。允许每一个开发人员在个人工作间内进行自己的开发工作，并且可以控制其他开发者的工作不至于延伸到自己的工作间。个人工作间是在代表项目整体工作间的目录下的一个子目录，个人可以对它设置写保护。

② 配置管理 CM（Configuration Management）。对开发的项目设置配置管理，并允许把一个模型划分为不同的受控单元 CU（Controlled Unit）。CU 可以是模型的内核，它属于某个模型的对象类或子系统，它们与该项目的 CM 结合在一起，自动维护这些 CU 的完整性。

③ 虚拟路径地图（Virtual Path Maps）。Rational Rose 使用独立于平台的模型文件，实现对受控单元 CU 的永久存储，对 CU 的引用在模型文件和父单元中作为文件路径存储。Rational Rose 提供一种称为虚拟路径地图的路径映射机制，用于引用一个受控单元，而不使用绝对文件路径。Rational Rose 在存储一个模型时，用一个虚拟路径代替绝对路径。当打开一个单元或使用一个在特性中规定的路径时，每一个虚拟路径转化回绝对路径。虚拟路径地图使得模型很容易在不同的文件夹结构间移动，而且可从不同的工作间更新它。

④ 提供与 ClearCase（Rational 公司的软件版本控制产品）和 Microsoft Visual SourceSafe 的内置（build-in）集成，使开发组通过集成标准版本控制系统进行模型管理，保持与项目的其他成果协调一致。

此外，Rational Rose 家族中的模型集成器（Model Integrator）可以用于比较、合并模型及其受控单元。

在对项目团队开发的管理方面，Rational Rose 支持的每次迭代包括 6 个阶段。

① 计划。本次迭代的总体规划阶段，在整体工作间内进行。识别模型中存在的风险，建立本次迭代的目标和清单，抽取新的剧本（Scenario），策划剧本测试。

② 蔓延。本次迭代的分配阶段，在整体工作间内进行。主要工作是把 CU、实现的源代码和辅助集合（包括需求、说明书、计划、文件、测试）分配给个人工作间。

③ 延伸。本次迭代的并行开发阶段，在个人工作间内进行。每个开发者对自己进行本次迭代分配，设计和实现源代码，并且进行脚本测试，直到确认完成。

④ 整合。本次迭代的初步归总阶段，在整体工作间内进行。把个人工作间已完成的结果调入整体工作间，消除其中的不一致性，并确认所有的剧本测试和回归测试均已成功完成。

⑤ 评估。本次迭代的对比评价阶段，在整体工作间内进行。识别实现中的设计变更，对比迭代目标，评估迭代结果，并修改系统模型以反映设计的变更。

⑥ 发布。本次迭代的总结阶段，在整体工作间内进行。产生对本次迭代进行说明的文档，包括需求、说明书、计划、模型中的 CU、源代码、测试等内容。

（5）对工具的支持

Rational Rose 支持当今广泛使用的软件开发工具，可以通过它的 Add-Ins 管理器，把外部软件与 Rational Rose 集成在一起，协同工作。

在程序设计语言方面，Rational Rose 支持标准 C++、Microsoft Visual C++、Visual BASIC、Java 等，可以从模型直接生成相应语言的源代码框架结构，也可以从这些语言的程序中抽象出模型，即可以实现逆向工程。

数据库方面支持 Oracle 9、Sybase、SQL Server、My SQL Server 等。

Rose 提供 Add-Ins 功能管理器，用于集成使用外部软件，扩充功能菜单。使用 Add-Ins 功能管理器，可将 Data Modeler（数据模型器）、Model Integrator（模型集成器）、Rational Test（Rational 测试器）、Web Publisher（Web 发布器）等 Rose 家族中的软件集成到 Rational Rose 工具菜单，也可将 Java、Oracle9、ANSI C++、Visual BASIC、PowerBuilder、CORBA、COM、Microsoft Visual SourceSafe 等非 Rose 家族的软件，根据用户的需要集成到 Rational Rose 工具菜单中，从而形成功能完善的、用户化的系统开发环境。

2. Visio

Microsoft Visio 是一种绘图软件，它可以帮助商务与专业技术人员将思想、信息与系统进行可视化和交流——从工艺流程与组织结构到网络拓扑与应用开发，从而协助项目的计划与实施。商务专业人员和技术专业人员可以从使用 Visio 中受益。通过极易制作的清晰图表，Visio 标准版帮助商务专业人员查看和向他人展示它们的商业运作方式。Visio 专业版提供了综合的绘图工具，可以帮助商务和技术专家直观地理解和交流技术信息。Visio 提供了增强的图形、文字与彩色功能，可作为企业网络、工艺流程、企业组织的设计工具，改进的性能报告和数据库连接、更强的查找功能和更新的用户界面提高了用户效率。通过使用新 XML 文件格式、扩展对象模型和 COM 插件支持功能来创建 Visio 应用时，团体开发者可获得更多的灵活性。

特别是 Visio 2002 以上版本支持 UML 语言，可用作面向对象的可视化建模工具，支持正向工程，将 UML 图表转换，产生程序的代码框架结构。同时支持逆向工程，通过逆向工程将代码转换为 UML 静态结构图表。Visio 2002 以上专业版和企业版支持通过正向工程将 UML 图表转换为 VC++、VB、VJ++的代码框架，也支持通过逆向工程将 VC++、VB 和 VJ++代码转换为统一建模语言（UML）类图表模型。因此作为一种知名的绘图工具，Visio 新版本中添加了众多 UML 相关的功能后，成为一种功能很强的面向对象的建模工具。目前 Visio 最新版本是 2013 版本。

9.4 统一软件开发过程 RUP 概述

RUP（Rational Unified Process）是一个面向对象软件工程的通用业务流程。它描述了一系列相关的软件工程过程，它们具有相同的过程框架。RUP 为在开发组织中分配任务和职责提供了一种规范方法。其目标是确保在可预计的时间安排和预算内开发出满足最终用户需求的高品质的软件。RUP 汇集现代软件开发中多方面的最佳经验，为适应各种项目及组织的需要提供了灵活的形式。

9.4.1　RUP 的历史

RUP 中的很多概念最早是由 Jacobson 提出来的。Jacobson 早年在爱立信（Ericsson）公司工作，因此所提出的方法就称为 Ericsson Approach，后来 Jacobson 从爱立信公司出来成立了 Objectory 公司，因此采用的方法就称为 Objectory Process，随着 Objectory 公司被 Rational 公司收购，Jacobson 本人也到了 Rational 公司，采用的方法也改成为 Rational Objectory Process。之后 Rational 公司的软件工程师对该方法做了很多改进，1998 年将该方法正式改名为 RUP5.0。目前最新的 RUP 版本是 2003 版本。图 9.21 给出了 RUP 的发展历程。

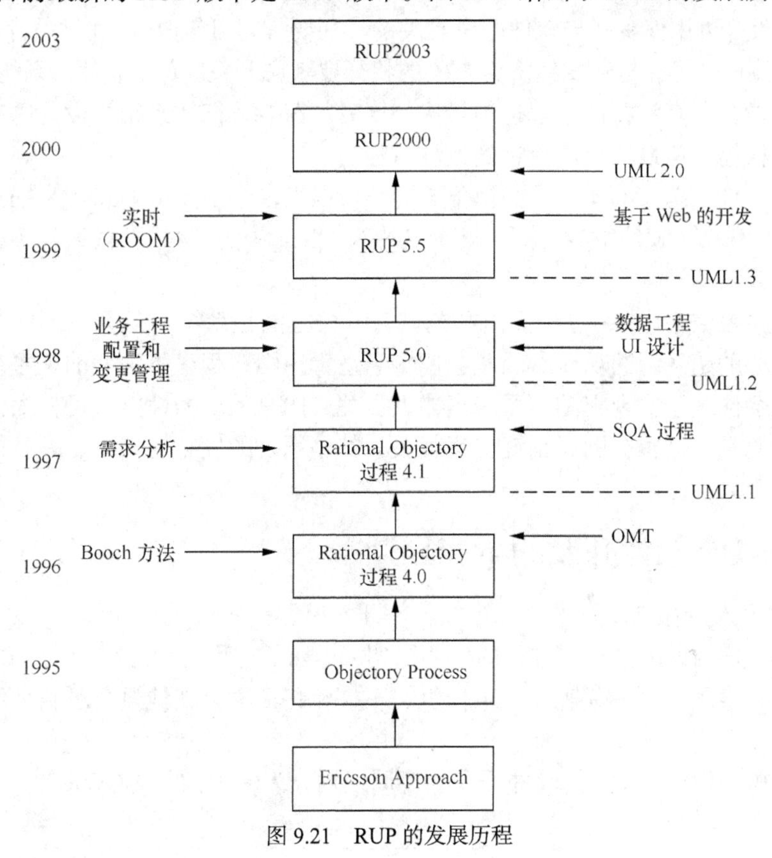

图 9.21　RUP 的发展历程

9.4.2　RUP 的特色

（1）迭代和增量方法

传统的软件开发过程采用瀑布式生存周期方法，开发过程顺序经历需求分析、设计、编码实现、测试等阶段，该方法将风险留在后面的阶段，清除早期阶段引入的错误需要付出很大的代价。

RUP 强调要采用迭代和增量的方式来开发软件，把整个项目开发分为多个迭代过程。在每次迭代中，只考虑系统的一部分需求，进行分析、设计、实现、测试、部署等过程，每次迭代是在已完成部分的基础上进行的，每次增加一些新的功能实现，依次进行下去，直至最后项目的完成。显然与生存周期方法相比较，RUP 采用迭代和增量方式开发软件可以在软件开发的早期就对关键的、影响大的风险进行处理，因此可以降低整个系统开发的风险，并且可以更好地处理不可避免的需求变更，提高软件重用性，从而提高软件产品的整体质量。

（2）以软件体系结构为中心

RUP 中的开发活动是围绕体系结构展开的，软件体系结构刻画了系统的整体设计，它去掉了细节部分，突出了系统的重要特征。软件体系结构的设计和代码设计无关，也不依赖于具体的程序设计语言。

软件体系结构是软件设计过程中的一个层次。体系结构层次的设计问题包括系统的总体组织和全局控制、通信协议、同步、数据存取、给设计元素分配特定功能、设计元素的组织、物理分布、系统的伸缩性和性能等，在软件体系结构中不考虑计算过程中的算法和数据结构。

体系结构的设计在功能性特征方面要考虑系统的功能；在非功能性特征方面要考虑系统的性能、安全性、可用性等；与软件开发有关的特征要考虑可修改性、可移植性、可重用性、可集成性、可测试性等；与开发经济学有关的特征要考虑开发时间、费用、系统的生命期等。一个系统不可能在所有的特征上都达到最优，这时就需要系统体系结构设计师在各种可能的选择之间进行权衡，使系统总体上达到设计目标。

对于一个软件系统，不同人员的视角不同，可以用多个视图（View）来描述软件体系结构。参见本书 9.3 节 UML 中的视图，该图又称为 UML 中的“4+1”模型视图，可用于描述软件系统的体系结构。

在“4+1”视图模型中，分析人员和测试人员关心的是系统的行为，因此会侧重于用例视图；用户关心的是系统的功能，因此会侧重于逻辑视图；程序员关心的是系统配置、装配等问题，因此会侧重于实现视图；系统集成人员关心的是系统的性能、可伸缩性、吞吐率等问题，因此会侧重于进程视图；系统工程师关心的是系统的发布、安装、拓扑结构等问题，因此会侧重于部署视图。

9.4.3　RUP 软件开发的生存周期

RUP 软件开发生存周期是一个二维的软件开发模型，如图 9.22 所示。

图中横轴代表时间，显示了过程的生存周期，体现了过程的动态结构，通过周期、阶段、迭代和里程碑来表示。纵轴代表核心工作流，工作流将活动自然地进行逻辑分组，体现了过程的静态结构。

图 9.22 的横轴表示 RUP 把软件开发生存周期划分为多个循环（Cycle），每个 Cycle 生

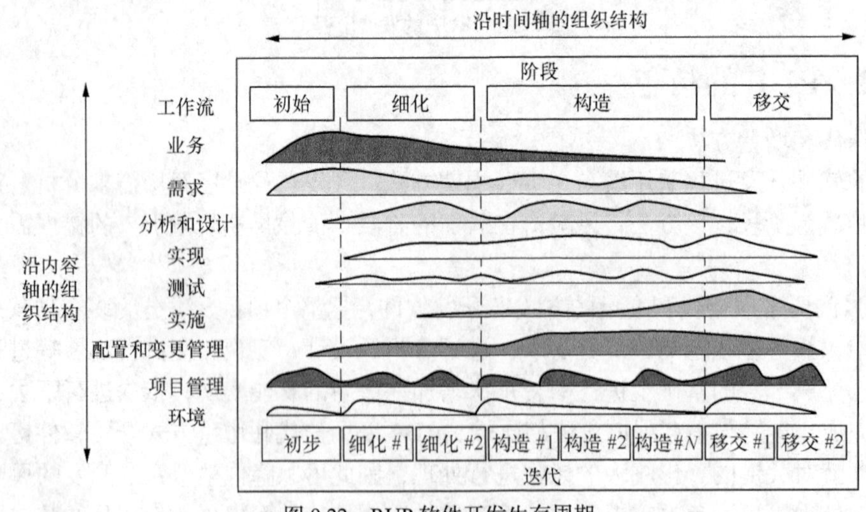

图 9.22　RUP 软件开发生存周期

成产品的一个新的版本，每个 Cycle 依次由 4 个连续的阶段（Phase）组成，每个阶段完成确定的任务，这 4 个阶段体现了 RUP 软件开发过程的动态结构。

（1）初始（Inception）阶段：定义最终产品视图和业务模型，并确定系统范围。

（2）细化（Elaboration）阶段：设计及确定系统的体系结构，制定工作计划及资源要求。

（3）构造（Construction）阶段：构造产品并继续演进需求、体系机构、计划，直至产品提交。

（4）交付（Transition）阶段：把产品提交给用户使用。

每一个阶段都有一个或多个连续的迭代（Iteration）组成。迭代是针对不同用例的细化和实现。每一个迭代都是一个完整的开发过程，它需要项目经理根据当前迭代所处的阶段及上次迭代的结果，适当地对核心工作流中的行为进行裁剪。

在每个阶段结束前有一个里程碑（Milestone）评估该阶段的工作。如果未能通过该里程碑的评估，则决策者应该做出决定，是取消该项目还是继续做该阶段的工作。

迭代式开发方法是一种渐增过程。使用这种方法，可以先考虑一部分需求分析、设计、实现，并确认这一部分后，再做下一部分的需求分析、设计、实现和确认，依次进行下去，直至整个项目的完成。

在图 9.22 中可以看到，RUP 的每个阶段可以进一步被分解为多个迭代过程。迭代过程是导致可执行产品版本（内部或外部）更新的主因。从一个迭代过程到另一个迭代过程递增式增长形成最终的系统。每个迭代过程像瀑布式开发方法的一个完整的生存周期，都生成一个产品，它的工作流包括需求获取和分析、设计和实现、集成和测试的各项活动。不同的迭代过程，其重点关注的活动不同。

与传统的瀑布模型软件开发方法相比，迭代方法降低了软件过程的早期风险，易于实现变更控制，可以提高软件重用性，保障软件产品的整体质量。

图 9.22 的纵轴给出了 RUP 软件开发过程中的 9 个核心工作流，表示 RUP 软件开发过程的静态结构。

（1）业务建模（Business Modeling）：理解待开发系统所在的机构及其商业运作，确保所有参与人员对待开发系统所在的机构有共同的认识，评估待开发系统对所在机构的影响。

（2）需求（Requirements）：定义系统功能及用户界面，使客户知道系统的功能，使开发人员理解系统的需求，为项目预算及计划提供基础。

（3）分析与设计（Analysis & Design）：把需求分析的结果转化为分析与设计模型。

（4）实现（Realization）：把设计模型转换为实现结果，对开发的代码做单元测试，将不同实现人员开发的模块集成为可执行系统。

（5）测试（Test）：检查各子系统的交互与集成，验证所有需求是否均被正确实现，对发现的软件质量上的缺陷进行归档，对软件质量提出改进建议。

（6）部署（Deployment）：打包、分发、安装软件，升级旧系统，培训用户及销售人员，并提供技术支持。

（7）项目管理（Project Management）：为软件开发项目提供计划、人员分配、执行、监控等方面的指导，为风险管理提供框架。

（8）配置与变更管理（Configuration & Change Management）：跟踪并维护系统开发过程中产生的所有制品的完整性和一致性。

（9）环境（Environment）：为软件开发机构提供软件开发环境，即提供过程管理和工具的支持。

其中前 6 个核心工作流称为核心过程工作流，后 3 个称为核心支持工作流。这些工作流在整个软件开发的生存周期中被多次访问，一个完整的项目工作流程中通常交错引用这 9 个工作流，并在每次迭代中以不同重点重复这些工作流。

9.4.4 RUP 过程的建模

RUP 的可视化建模，可以将一个软件系统构架的结构和行为以可视化模型表示，便于开发组中的成员清晰地、无二义地相互交流设计思想和方案。可视化模型是在 RUP 生存周期的各个阶段即大部分核心工作流中得到应用。

RUP 建模的 4 个阶段分别为初始阶段、细化阶段、构造阶段和交付阶段。

（1）初始阶段

初始阶段从业务模型开始，首先分析待开发系统的业务，确定系统中的角色和用例。RUP 是用例驱动的过程，为系统定义的用例将成为整个开发过程的基础。系统的分析、设计、实现、测试等都将围绕用例进行。使用 Rational Rose 创建角色、使用用例，建立业务用例模型，并对这些用例和角色建档。

（2）细化阶段

细化阶段包括计划、分析和结构化设计，要对每个使用用例进行细化。Rational Rose 可以创建活动图，显示图形化的业务处理流程。细化处理流程时，通常还可以利用活动图和通信图，显示用例中的功能流程及对象之间的交互，帮助设计系统所需要的对象。用例完全细化并被用户接受后，就要涉及系统的设计准备，以便开发人员能开始开发，这可以通过 Rose 创建类图和状态图实现。最后，细化阶段要确定系统组成，Rose 可以创建构件图，显示系统的组成部分及其关系。

（3）构造阶段

构造阶段的任务包括确定需求、开发软件和测试软件。设计完成时，Rational Rose 生成系统的框架代码。要使用这个特性，就要在构造阶段早期创建构件和构件图。产生的代码通常包括类声明、属性声明、函数原型和继承语句。产生框架代码后，开发人员即可关注项目的特定业务方面。如果构造期间增加了对象的属性和方法，或对象间的交互有所改变，则应通过逆向工程更新 Rose 模型，保持模型与代码的同步。Rose 还要在构造阶段创建部署图，描述系统如何部署。

（4）交付阶段

交付阶段将完成的软件产品交给用户。Rose 在交付阶段主要用于在软件产品完成时更新模型，交付阶段通常要更新构件图与部署图，以保持模型与代码的同步。在软件维护阶段，模型是对软件改进的主要依据。

在软件需求分析过程中，对象建模工作主要分为分析阶段和设计阶段。

分析阶段的模型是分析人员和用户交流的基础，不涉及任何的实现细节。设计阶段模型以分析阶段模型为基础建立，包含大量的设计策略和实现细节，它的使用者主要是编程人员。尽管从分析到设计是无缝转换，但是明确区分设计模型和分析模型仍然是必要的。两者是从外部用户的观点到内部实现的观点的转移，设计模型包含了许多优化和实现的技巧。清晰的、面向用户的系统分析模型对软件的有效使用和维护是必要的。

由于软件开发过程就是一个多次反复修改、逐步完善的迭代过程，因此在建模的任何一个步骤中，如果发现了模型的缺陷，都必须返回到前期阶段进行修改。

在实际工作中，系统的分析、设计人员可以合并几个步骤的工作一起完成，或者交叉进行几个步骤的工作，先初步完成几项工作，然后再返回来加以完善。

面向对象的分析与设计及面向对象的程序设计（编码）同 RUP 开发过程一起使用时，这种方法提供了从业务需求、系统分析、系统设计到编码的整体解决方案，各阶段的制品对于后期的制品是可重用和可跟踪的，直到形成最终的可运行的系统。

一个好的分析模型应该正确完整地反映问题的本质属性，且不包含与问题无关的内容。分析的目标是全面深入地理解问题域，其中不应该涉及具体实现的考虑。但是，在实际的分析过程中完全不受与实现有关的影响也是不现实的。

虽然分析的目的是用分析模型取代需求陈述，并把分析模型作为设计的基础，但是事实上，在分析与设计之间并不存在绝对的界限。

本章小结

面向对象方法学尽可能模拟人类认识客观世界的思维方式来进行软件开发，使开发软件的方法与过程尽可能接近人类解决问题的方法与过程，能够开发出稳定性好、可重用性好、可维护性好的软件，并且较易开发大型软件产品，这些都是面向对象方法学的突出优点。

面向对象软件工程是面向对象方法学在软件工程领域的全面应用，可应用在生存周期的各个阶段。本章在面向对象基本概念的基础上介绍了 Booch、OMT 等 5 种典型的面向对象方法及其特点。

统一建模语言 UML 是在面向对象方法学大战后的集成和统一，被国际对象管理组织 OMG 接纳为标准建模方法和语言。最新的 UML2.0 版共包含 3 类主要元素、4 类事物和 13 种图形，并提供 5 种视图用于系统的建模指导。本章还介绍了支持 UML 的相关工具。

统一软件开发过程 RUP 是一个面向对象软件工程的通用业务流程，强调整个开发过程中的多次迭代，为在开发组织中分配任务和职责提供了一种规范的方法。RUP 软件开发生存周期是一个二维的软件开发模型，横轴代表时间，显示过程的生存周期，体现了过程的动态结构；纵轴给出 RUP 软件开发过程中的核心工作流，表示 RUP 软件开发过程的静态结构。

本章所介绍的面向对象方法定义及表示符号，可借助于 UML 支持工具在 RUP 指导下进行面向对象软件的开发，在软件整个生存周期中都适用。

习 题 9

9.1　面向对象方法的要点包括哪些内容？

9.2　什么是基于对象？什么是面向对象？

9.3　什么是类，什么是对象，类和对象是什么关系？

9.4　传统软件开发方法存在哪些问题？面向对象方法学有哪些优点？

9.5　类与类之间的关系包括哪几种？各自适用于什么问题的描述？

9.6 典型的面向对象方法有哪些？各自的特点是什么？

9.7 UML 的组成元素有哪些？UML 包含的 13 种图分别是什么？适用于什么场合？

9.8 UML 有哪些特点，为什么 UML 已成为软件行业的标准建模语言？

9.9 UML 中有哪些视图，“4+1”视图中的各图有什么功能？

9.10 简述 UML 中主要图之间的关系，各种图在软件开发阶段的作用。

9.11 支持 UML 的软件开发工具主要有哪些？

9.12 表示 RUP 软件开发生存周期的二维模型中，横轴表示什么，纵轴表示什么？

9.13 Rational 统一过程中有哪 4 个阶段，各阶段需要完成的主要工作有哪些？

第 10 章　面向对象的分析

不论采用哪种方法学开发软件，分析过程都是提取系统需求的过程。需求分析的任务是对目标系统提出完整、准确、清晰、具体的要求，分析工作主要包括 3 项内容：理解、表达和验证。首先，分析员通过与用户及领域专家的充分交流，力求充分理解用户需求和该应用领域的关键性背景知识，用某种无二义性的方式把这种理解表达成文档资料（软件需求规格说明）。由于问题复杂，理解过程通常不能一次达到理想效果，还需进一步验证软件需求规格说明的正确性、完整性和有效性，发现问题则进行修正。与传统的面向数据流的结构化方法以功能为导向的分析不同，面向对象的分析 OOA 以对象类作为分析的基础，借助于面向对象方法构建的是面向类的模型。依赖于对面向对象概念的透彻理解，面向对象分析是对要解决的问题相关的所有类及与其有关系的行为进行定义，一般地，可通过对象模型、用例（功能）模型、动态行为模型和物理实现模型来表达分析结果。为实现这些目的，通常需要按照下述步骤完成相关工作：

① 在客户和软件工程师之间对基本用户需求进行交流；

② 定义类（包含属性和方法）；

③ 定义类的层次结构；

④ 定义类与类之间的关系；

⑤ 为对象行为和物理实现建模；

⑥ 重复上述步骤直到模型完成。

本章就按照面向对象分析的上述步骤展开介绍分析过程。

10.1　面向对象的分析过程

面向对象的分析就是抽取和整理用户需求并建立问题领域精确模型的过程。OOA 强调运用面向对象方法，对问题域和系统职责进行分析和理解，找出描述问题域及系统职责所需要的对象，定义对象的属性、服务及它们之间的关系，以便建立一个符合问题领域、满足用户需求的 OOA 模型。

面向对象分析过程，首要的是先建模，通常需要建立 4 种形式的模型：用类和对象表示的对象（静态）模型、由用例和场景表示的用例（功能）模型、由状态机图和交互图表示的动态行为模型、由构件图和部署图表示的物理实现模型。根据所解决问题类型的不同，这 4 类模型的重要性也有所不同。这 4 种模型从 4 个不同的角度描述目标系统，从不同侧面反映系统的实质内容，总体可以全面反映对目标系统的需求。其中对象（静态）模型是上述分析阶段几个模型的核心，是动态模型和功能模型的框架。

不同的面向对象方法建模的步骤各有不同，有些方法从建立对象模型入手，而有些方法从建立用例模型入手，在使用各种工具辅助建模时，用例视图一般位于浏览器的最顶部，预示着一般地建议首先建立用例模型，当然工具本身并不限制必须先建立用例模型。目前普遍的做法是从用例建模开始（尤其是对新项目），在实际建模时往往在几个模型之间交替进行，多次迭代和反复。

在面向对象分析建模中需注意，首先，必须向领域专家学习领域知识，必须有领域专家的密切配合；其次，应该仔细研究以前针对相同的或类似的问题域进行面向对象分析得到的结果，这些结果在当前项目中往往有许多是可重用的。

10.1.1 用例模型

用例（功能）模型往往是从用户需求的角度来描述系统，指明系统应该“做什么”，直接反映用户对目标系统的需求，描述数据在系统中的变换过程及系统的功能。

在 UML 中，把用用例图建立起来的系统模型也称为用例模型。建立用例模型有助于软件开发人员更深入地理解问题域，改进和完善自己的分析和设计过程。通常，用例模型由一组用例图和数据流图组成，数据流图主要起辅助作用。但在面向对象方法学中，数据流图远不如在结构化方法中那样重要。一般来说，与对象模型和动态模型比较起来，数据流图并没有增加新的信息。但在解决运算量很大而需求基本变化不大的问题，如高级语言编译、科学和工程计算等时，数据流图表达的功能模型就非常重要。UML 中的用例图是进行需求分析和建立功能模型的强有力工具，用例模型描述的是外部参与者（Actor）所理解的系统功能。用例模型的建立是系统开发者和用户反复讨论的结果，它描述了开发者和用户对需求规格所达成的共识。

10.1.2 对象模型

面向对象方法强调围绕对象而不是围绕功能来构造系统。对象模型是面向对象方法最基础、最核心，也是最重要的模型，无论解决什么问题，都需要从客观世界对象及对象之间的联系中抽象出有价值的信息，用于表示静态的、结构化的、系统的“数据”性质。该模型主要关心系统中对象的结构、属性与操作，以及对象与对象之间关系的映射。对象模型是对模拟客观世界的对象及对象彼此间的关系静态结构的描述，为建立动态模型和用例（功能）模型提供了实质性的框架。

对象模型通过对象、类的属性、操作及其相互联系的描述，给出系统静态结构的刻画，在 UML 中常用类图和对象图来描述。关于如何建立对象模型的详细阐述参见本章第三节的介绍。

10.1.3 动态模型

一旦建立起对象模型之后，就需要考察对象的动态行为。所有对象都具有自己的生存周期（或称为运行周期）。对一个对象来说，生存周期由许多阶段组成，在每个特定阶段中，都有适合该对象的一组运行规律和行为规则，用以规范该对象的行为。动态模型可以借助于交互（顺序图或通信图）或状态机（状态图或活动图）进行建模。交互主要用于对共同工作的群体对象的行为建模，而状态机则是对单个对象的行为建模。状态机是一个行为，说明对象在其生存周期中响应事件所经历的状态序列及对那些事件的响应。动态模型可以先从简单的顺序图或通信图的建模开始，这将有助于找出系统中更重要的用例，用以对用例模型进行补充和扩展。

动态模型表示瞬时的、行为化的、系统的“控制”性质，定义对象模型中对象的合法变化序列，描述系统中不同对象类之间的交互。动态模型是基于事件共享而互相关联的一组状态图的集合。当问题系统涉及交互作用和时序，如用户界面交互和过程控制时，动态模型是重点。

10.1.4　物理（实现）模型

物理实现模型关注的是系统实现过程的建模，常常用构件图和部署图表示静态的物理实现模型，用交互图和状态机描述动态实现模型。构件是系统中可替换的部分，遵循并提供一组接口的实现，是物理实现模型中构件图的基本组成部件。可以通过组织类的方式来组织构件，用包将构件分组，也可以通过描述构件之间的依赖、泛化、关联和实现关系来组织构件。结点是对系统的物理实现方面建模的一个重要构造块，利用结点可以对系统在其上执行的硬件拓扑结构建模，结点是部署图的基本组成部件。

物理实现模型从实现子系统和实现元素（即构件）的角度来表现系统实现的物理组成。实现模型与设计模型的映射既可以非常紧密也可以非常松散，但最好是保持一对一的映射关系(即一个设计包对应一个设计子系统，这样可以保证从设计到源代码的可追溯性更容易些)。关于物理实现模型的详细阐述参见本章第五节的介绍。

10.1.5　4 种模型之间的关系

在面向对象方法学中，面向对象建模技术所建立的 4 种模型，分别从 4 个不同侧面描述所要开发的系统，这 4 种模型相互补充、相互配合，使人们对系统的认识更加全面：由于对象模型中用类、对象、接口等定义做事情的实体，这些实体是软件的基本组成单元，因此，对象模型是必须建立的，是核心模型之一，为其他 3 种模型奠定了基础；用例（功能）模型指明系统应该“做什么”，一般选择用例图或数据流图来描述，用例模型从用户的角度描述系统功能，是整个后续工作的基础，也是测试与验收的依据；动态模型明确规定什么时候（即在何种状态下接受什么事件的触发）做什么事情，当问题涉及交互作用和时序（如用户交互和过程控制）时，动态模型尤为重要；物理实现模型通过构件图和部署图描述系统实现和分析设计中的对应关系。通常，人们依靠场景描述完成这 4 种模型的集成。下面扼要地叙述这 4 种模型之间的关系。

（1）针对每个类建立的动态模型，描述类实例的生存周期或运行周期。

（2）状态转换驱使行为发生，这些行为在数据流图中被映射成处理，在用例图中被映射成用例，它们同时与类图中的服务相对应。

（3）用例（功能）模型中的用例（或处理）对应于对象模型中的类所提供的服务。

（4）数据流图中的数据存储及数据的源点/终点通常是对象模型中的对象。

（5）数据流图中的数据流往往是对象模型中对象的属性值，也可能是整个对象。

（6）用例图中的参与者可能是对象模型中的对象。

（7）用例（功能）模型中的用例（或处理）可能产生动态模型中的事件。

（8）对象模型描述数据流图中的数据流、数据存储及数据源点/终点的结构。

（9）物理实现模型中的构件通常对应对象模型中的类。

面向对象分析的关键工作是分析、确定问题域中的对象及对象间的关系，并建立起问题域的对象模型。大多数分析模型都不是一次完成的，为理解问题域的全部含义，必须反复多次地进行分析。因此，分析工作不可能严格地按照预定顺序进行；分析工作也不是机械地把需求陈述转变为分析模型的过程。分析员必须与用户及领域专家反复交流、多次磋商，及时纠正错误认识并补充缺少的信息。分析模型是同用户及领域专家交流时有效的通信手段，最终的模型必须得到用户和领域专家的确认。在交流和确认的过程中，原型往往能起很大的促进作用。

10.2 建立用例模型

该阶段的目标是获得对问题领域的清晰、精确的定义，产生描述系统功能和问题领域基本特征的综合文档。用例是从用户的角度出发来描述系统的功能，用例图用于展示系统将提供什么样的功能，以及用户将如何与系统交互来使用这些功能。当软件开发小组获得软件需求后，分析员可以据此建立一组场景，用一个用例图描述一组相似场景，这个步骤有时称为功能建模，因为主要是面向系统功能的建模行为。

10.2.1 需求分析与用例建模

建立用例模型的目的是提取和分析足够的需求信息，该模型应该表达用户需要什么，而不涉及系统将如何构造和实现的细节。

用例模型由若干个用例图组成，主要用于需求分析阶段。用例模型是系统开发者和用户反复讨论的结果，表明开发者和用户对需求规格达成的共识。建立用例模型的过程就是对系统进行功能需求分析的过程。建立用例模型的过程包括确定系统范围和边界、确定参与者、确定用例、确定用例之间的关系等几个步骤，其中，确定关注业务系统的参与者的工作这一步，需要将重点放在如何使用系统而不是如何构造系统上，这样有助于进一步明确系统的范围与边界。

当系统比较庞大和复杂时，通过明确参与者可以针对参与者确定系统需求，这样有助于保证系统需求的完整性。

10.2.2 确定系统范围和系统边界

当设计复杂系统时，系统边界可以帮助分析人员清晰地划分要建模的子系统，同时系统边界也为软件系统建立了范围，分析员根据这个范围可以估计在规定时间内完成项目所需的资源。项目范围通常包括系统功能、资源和可用时间等方面的约束。要确定项目范围，必须完成以下几件事情：确认系统需求；设定需求的优先级别以确定后续迭代的顺序；估计实现需求所要求的工作量；分析实现系统每项需求的影响。另外，在创建项目范围时，需要估计项目中实现每个新增需求的影响，因为新增需求对项目的预定时间和/或预算都会有影响。

在 UML 表示法中，系统是由一条边界包围起来的未知空间，系统只通过边界上的有限个接口与外部交互。系统边界是一个系统所包含的所有系统成分与系统以外各事物的分界线，通常用矩形框表示，但边界不是用例图的必要成分。系统边界以外是与系统进行交互的人员、设备、外部系统或组织。

10.2.3 确定参与者

参与者（Actor，也叫做活动者）是具有行为能力的事物，可以是一个人（由所扮演的角色来识别）、计算机系统或硬件设备，它们位于系统边界之外，通过和系统进行有意义的交互来实现它们的目标。参与者可以发出请求，要求系统提供服务，系统以某种方式进行响应，或者把响应的结果给其他的参与者；系统也可以向参与者发出请求，参与者对此做出响应。按照在系统中的作用，可以将参与者分为主要参与者、次要参与者和后台参与者。

主要参与者指的是在使用系统服务的过程中满足自己目标的那些参与者，如使用在线考试系统的任课教师和学生。识别出这类参与者，可以帮助找到用户目标，从而确定系统的功能需求。一般将主要参与者画在用例图中系统边界的左边。

次要参与者指的是为系统提供服务的那些参与者，如一个对信用卡支付进行授权的外部系统。识别出这类参与者，可以帮助确定外部接口和协议。

后台参与者指的是对用例的行为感兴趣的那些参与者，如政府的税务机关。识别出这类参与者，可以保证找到所有方面的兴趣并让用例满足它。一般将次要参与者和后台参与者画在用例图中系统边界的右边。

识别参与者的任务就是找到参与者并明确其在系统中要实现的目标。可以充当参与者的对象包括人员、外部系统和设备。首先可以从直接使用系统的人员中发现参与者，这些直接使用系统的人员从系统获取信息，或者向系统提供信息；所有与系统交互的外部系统也可能是参与者；另外，所有与系统交互的设备，向系统提供外界信息，或者从系统获取信息，在系统的控制下运行，也可能是参与者，例如，传感器、受控电动机、条形码扫描设备等。

通常通过回答以下问题找到参与者。

（1）谁使用系统的主要功能?

（2）谁需要系统的支持以完成其日常工作任务?

（3）谁负责维护、管理并保证系统的正常运行?

（4）系统需要和哪些外部系统交互?

（5）系统需要处理哪些设备?

（6）对系统产生的结果感兴趣的人或事物是哪些?

也可以通过回答以下问题识别参与者的目标。

（1）某个参与者要求系统为其提供什么功能? 该参与者需要做哪些工作（可能有些工作需要系统帮助完成）?

（2）参与者需要阅读、创建、销毁、更新或存储系统中的某些（类）信息吗?

（3）系统中的事件一定要告知参与者吗? 参与者需要告诉系统一些什么吗? 那些系统内部的事件从功能的角度代表什么?

（4）由于系统新功能的识别（如那些典型的还没有实现自动化的人工系统），参与者的日常工作被简化或效率提高了吗? 若是，则该用例对于该参与者有意义、值得实现。

因为参与者是一个类，所以在参与者之间可以引入类之间的继承关系，通过定义某个抽象参与者来简化参与者的定义。如果一组参与者具有共同的性质，可以把这些性质抽取出来放在另一个参与者中，这组参与者再从中继承，这种关系称为参与者之间的继承关系。

10.2.4　确定用例

一个用例（Use Case）描述系统的一项功能，功能被描述为一组动作序列（场景）的集合。每一个动作序列表示参与者与系统的一次交互，将为参与者产生一个可观察的结果值。

每一个用例使用动词短语定义，该短语描述了系统必须完成的目标。

对用例定义的理解包括以下几个方面。

（1）一个用例描述系统的一项功能，是参与者使用系统来达成目标时一组相关的成功场景（Scenario）和失败场景的集合。

（2）用例通常是由某个参与者来驱动执行，只有当外部的参与者与系统交互时，该功能才会发生作用。

（3）用例中，只描述参与者可以看到的系统行为特征。

（4）用例描述的是一个参与者所使用的一项系统级功能，该项功能应该相对完整。

（5）可观察的结果值是指系统对参与者的动作要做出响应，在经过若干次交互之后，系统把最终有意义的结果值反馈给参与者。

用例的确定可以从参与者角度出发，识别每类参与者在系统中要实现的目标，从中抽取用例。用例可以分为 3 种不同的级别：企业级别的目标，如盈利、扩大目标市场等；用户级别的目标，如取款、在线考试等；子功能级别的目标，如验证用户身份、记录系统日志等。识别用例重点要识别的是用户级别用例。

用例描述的目标是将用例的功能和应用场景描述清楚，包括：用例在何时开始，何时结束；参与者何时与系统交互；交互什么内容；所有可能的交互场景等。对用例的描述，可以用自然语言，也可以采用用户自定义的语言。为了更清楚地说明问题，也可以采用面向对象的类图、顺序图、状态图或活动图来做进一步的描述。用例描述模板参见表 10.1。

表 10.1　　用例描述模板示意

用例编号：	每一个用例一个唯一的编号，方便在文档中索引
用例名称：	（状语+）动词+（定语+）宾语，体现参与者的目标
范围：	应用的软件系统范围
级别：	企业目标级别/用户目标级别/子系统目标级别
主要参与者：	调用系统服务来完成目标的主要参与者
项目相关人员及其兴趣：	用户应包含满足所有相关人员兴趣的内容
前置条件：	规定了在用例中的一个场景开始之前必须为“真”的条件
后置条件：	规定了用例成功结束后必须为“真”的条件
主要成功场景：（基本路径）描述了能够满足项目相关人员兴趣的一个典型的成功路径，不包括条件和分支	
1	
……	
n.	
扩展（或替代流程）：（备选路径）说明了基本路径以外的所有其他场景或分支	
*a.	描述任何一个步骤都有可能发生的条件，前边加*
5a.	对基本路径中某个步骤的扩展描述，前边加基本路径编号
特殊需求：	与用例相关的非功能性需求
技术与数据的变化列表：	输入输出方式上的变化及数据格式的变化
发生频率：	用例执行的频率
待解决的问题：	不清楚的、尚待解决的问题可集中的再次进行罗列

10.2.5　确定用例之间的关系

用例之间主要有两大类关系，即包含和扩展，可以细分为 4 种关系：包含、使用、扩展和泛化关系，它们的共性：都是从现有的用例中抽取出公共的那部分信息，作为一个单独的用例，然后通过不同的方法来重用这个公共的用例，以减少模型维护的工作量。

1. 包含关系

包含关系可以把几个用例的公共步骤分离出来，成为一个单独的被包含用例，以便多个用例复用。用例 A 在其内部说明的某一位置上显式地使用用例 B 行为的结果，称为用例 A 包含用例 B。注意用例包含关系中要避免用例中相同功能的重复描述，避免过长的用例。例如，管理信息系统中最常见的查、删、改操作之前通常都需要先查询员工信息，可以把这个共同的操作独立出来供查、删、改操作共用，包含关系用例图参见图 10.1。

2. 扩展关系

扩展关系可以在不能改变已有用例（也称为基用例）的情况下，在已有用例的扩展点上扩展用例的功能，扩展用例中必须包含触发和扩展点说明。扩展用例用于为已有用例添加新的行为，根据已有用例的扩展点当前状态判断是否执行自己，扩展用例对基用例不可见。例如，图书管理系统中，管理员在接收还书操作时要判断是否涉及罚款事件，对还书操作而言，罚款是不可见的（并不是所有还书操作都要罚款），罚款和还书行为相对独立，而且给还书操作添加了新行为。扩展用例的图示如图 10.2 所示。

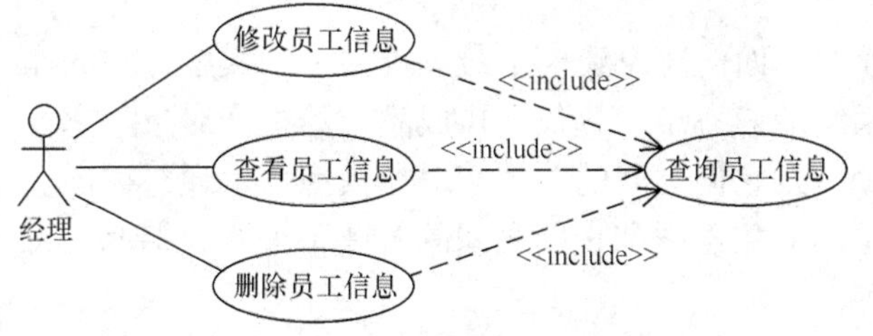

图 10.1　用例之间的包含关系示意图

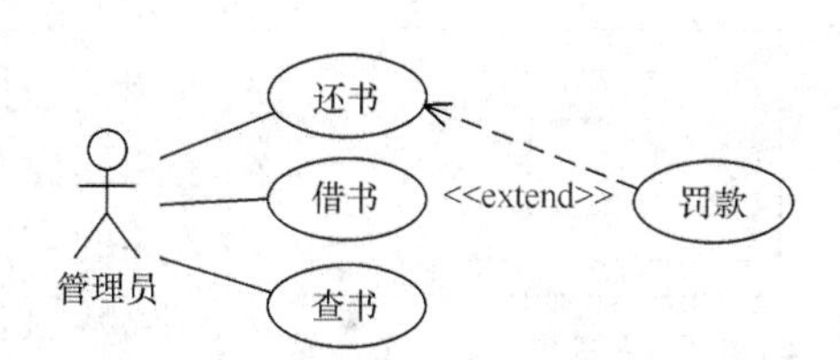

图 10.2　用例之间的扩展关系示意图

在以下几种情况下，可使用扩展用例：

（1）表明用例的某一部分是可选的系统行为（这样，您就可以将模型中的可选行为和必选行为分开）；

（2）表明只在特定条件（如例外条件）下才执行的分支流；

（3）表明可能有一组行为段，其中的一个或多个段可以在基本用例中的扩展点处插入。所插入的行为段和插入的顺序取决于在执行基本用例时与主角进行的交互。

3. 泛化关系

泛化关系和类中的泛化概念是一样的，子用例继承父用例的行为和含义，还可以增加或覆盖父用例的行为；子用例可以出现在任何父用例出现的位置（父和子均有具体的实例），也可以重载它。实际使用中，父用例通常是抽象的。UML 用例图中的泛化关系在实际应用中很少使用，子用例中的特殊行为都可以作为父用例中的备选流存在。用例之间的泛化关系示意图参见图 10.3。

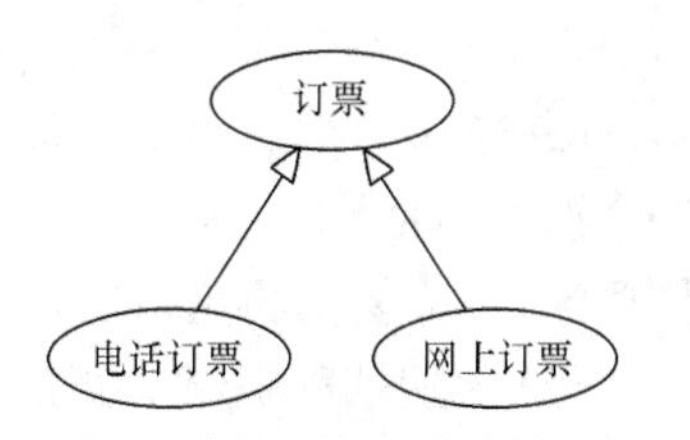

图 10.3　用例之间的泛化关系示意图

通过包含、扩展和泛化关系描述的棋牌馆管理系统分析示例参见图 10.4。

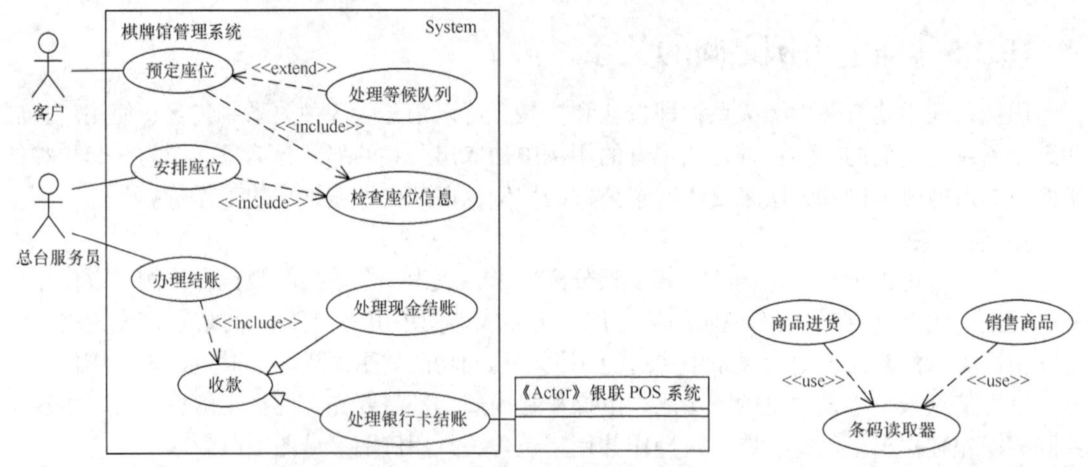

图 10.4　包含、扩展和泛化关系描述的棋牌馆管理系统分析用例图

图 10.5　用例之间的使用关系示意图

4. 使用关系

使用关系非常像一个函数调用，以这种方式被使用的用例称为抽象用例，因为它不能单独存在而必须被其他用例使用。用例之间的使用关系示意图参见图 10.5。

10.3　建立对象模型

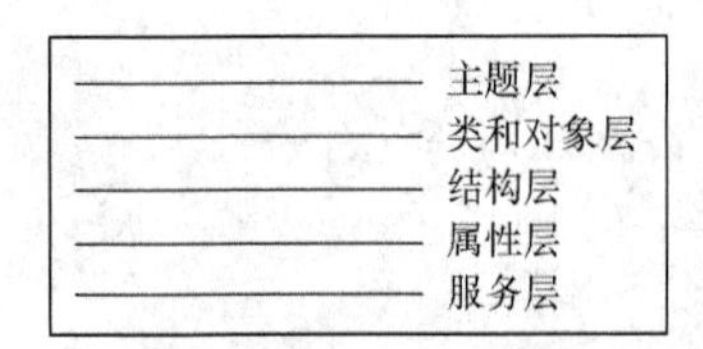

图 10.6　对象模型的 5 个构成层次

对象模型是面向对象建模中最关键的一个模型，它的作用是描述系统的静态结构，包括构成系统的类和对象、它们的属性和操作及它们之间的关系。对象模型通常通过类图、类的实例（即对象）图和它们之间的关系（关联、继承、聚集和组合等）表示。

大型系统的对象模型通常由如图 10.6 所示 5 个层次组成。其中，主题是指导读者理解大型、复杂模型的一种机制。即通过划分主题把一个大型、复杂的对象模型分解成几个不同的概念范畴。

面向对象分析通过控制可见性和指导读者的注意力两个方面来体现 Miller（7±2）原则，其中，通过控制读者能见到的层次数目来控制可见性，通过主题层从一个相当高的层次描述总体模型，并对读者的注意力加以指导。

5 个层次对应着建立对象模型的 5 项活动：找出类与对象、识别结构、识别主题、定义属性、定义服务。在概念上，面向对象分析大体上按照下列顺序进行：寻找类与对象→识别结构→识别主题→定义属性→建立动态模型→建立功能模型→定义服务，但是分析工作不可能严格地按照顺序进行，大型复杂系统的模型需要反复构造多遍才能完成。对象模型的上述 5 项活动完全没有必要顺序完成，也无需彻底完成一项工作以后再开始另外一项工作。通常，先构造出模型的子集，然后再逐渐扩充，直到完全、充分地理解了整个问题，才能最终把模型建立起来。

分析也不是一个机械的过程。大多数需求陈述都缺乏必要的信息，所缺少的信息主要从用户和领域专家那里获取，同时也需要从分析员对问题域的背景知识中提取。在分析过程中，系统分析员必须与领域专家及用户反复交流，以便澄清二义性，改正错误的概念，补足缺少的信息。面向对象建立的系统模型尽管在最终完成之前还是不准确、不完整的，但这些模型对于做到准确、无歧义的交流仍然是大有益处的。

10.3.1　确定类和对象

面向对象分析的第一个层次主要是识别类和对象，类和对象是对与应用有关的概念的抽象。实际操作中，分析员需要首先找出候选的类和对象，然后进行筛选，通过区分实体类、边界类和控制类来检查对象模型的完整性。

候选的类和对象包括：可感知的物理实体，如汽车、飞机等；人或组织的角色，如教科办、学生等；应该记忆的事件，如球赛、演出等；两个或多个事件的相互作用，通常具有交易或接触性质，如教学、供应等；需要说明的概念，如交通规则、政策法律等。除此之外，更简单直接的一种非正式分析方法是将需求描述中的名词作为类和对象的候选者，然后通过筛选去掉不正确或无关的类和对象。

筛选过程主要依据下列标准来删除不正确或不必要的类和对象：

① 冗余：如果两个类表达同样的信息，则应合并这两个类或对象的说明；

② 无关：系统只需要包含与本系统密切相关的类或对象；

③ 笼统：需求分析中除了明确的名词之外，还包含一些笼统、泛指的名词，分析系统需求，确定有更明确描述的前提下，应该把笼统的名词类或对象去掉；

④ 属性：如果分析过程中，某个类只有一个属性，可以考虑将它作为另一个类的属性；

⑤ 操作：需求陈述中如果使用一些既可做动词也可做名词的词汇，应该根据本系统的要求，正确决定把它们作为类还是类中的操作；

⑥ 实现：分析阶段不应过早考虑系统的实现问题，所以应该去掉只和实现有关的候选类和对象。

除了针对软件开发的不同阶段确定不同的类的描述外，还可以通过用例图帮助识别类，如用例描述中出现的实体、完成用例需要配合的实体、用例执行过程中产生的存储信息、用例要求及反馈与之关联的每个角色的输入/输出、用例需要操作的设备，上述这些信息都可能是系统中的类。

在对象建模时，一般地首先从问题域的实体类入手分析，如果能够在分析过程中同时考虑类和对象的不同类型，一方面有助于深刻理解系统，另一方面可以检查对象模型的完整性。实体类表示系统将跟踪的持久信息；边界类表示参与者与系统之间的交互，边界对象收集来自参与者的信息，并转换为可用于实体类和控制类的对象的表示形式，边界类对象只对用户界面进行粗略的建模，不涉及如菜单项、滚动条等细节；控制类对象负责用例的实现，协调实体类和边界类对象，控制类对象在现实世界中没有具体的对应物，它通常从边界类对象处收集信息，然后把这些信息分配给实体类对象。但边界类和实体类之间并不是必须有控制类，只有当用例的事件流比较复杂并具有可以独立于系统的接口（边界类）或存储信息（实体类）的动态行为时，才有系统控制类。如事务管理器、资源协调器和错误处理器等都可以作为控制类。分析过程中，实体类、边界类和控制类分别用 UML 的不同的图形标记，参见图 10.7。

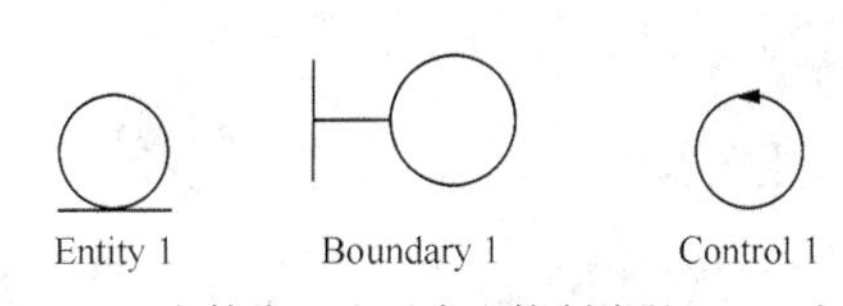

图 10.7　实体类、边界类和控制类的 UML 表示

10.3.2　确定关联

在确定了类和对象之后，需要确定类和对象之间的关系。关联是指两个或多个对象之间

的相互依赖、相互作用关系的统称。分析、确定对象类之间的关联关系，能促使分析员考虑问题域的边缘情况，有助于发现那些尚未被发现的类和对象。大多数关联可以通过直接提取需求陈述中的动词或动词词组得到，同时还需要进一步分析需求分析中隐含的关联。另外，通过与用户及领域专家的交流，还可能补充一些潜在的关联。

标识关联的启发式规则有：

① 从需求描述中查找动词或动词短语，识别动作的主体和客体，从角色寻找关联；

② 准确地命名关联和角色；

③ 尽量使用常用的修饰词标识名字空间和关键属性；

④ 应删除派生关联，即可由其他关联导出的关联；

⑤ 在一组关联被确定下来之前，先不必考虑实例之间的多重性；

⑥ 为适用于不同的关联，必要时要分解以前确定的类；

⑦ 分析过程中，及时补上遗漏的关联。

类模型的结构及由类和子类构成的类层次，表示问题域中的复杂关系，是客观世界实体间关系的抽象。从结构角度分析，类及对象间的关系可概括为归纳关系和组合关系。其中归纳关系（一般-特殊结构、分类结构）是针对事物类之间的组织关系；组合关系（整体-部分结构、组装结构）是表示事物的整体与部分之间的组合关系。

如果再细化的话，类和对象之间的关联关系可以分为继承、实现、依赖、关联、聚集和组合关系，但在分析、确定关联的过程中，早期不必花过多精力去区分这几种关系，事实上，聚集和组合都是关联的一种特例，这些关联关系的细化可以留待设计过程中再行细化。

10.3.3 确定属性

属性是对前面已识别的类和对象做进一步的说明，借助于属性能够对类和对象的结构有更深入、更具体的认识。需求陈述中，属性通常用名词词组表示，如汽车的颜色或公民的年龄等，对于需求陈述中没有显式说明的内容，需要借助于领域知识和常识找到相应属性。属性的确定既与问题域有关，也与目标系统的任务有关。类的属性所描述的是状态信息，每个实例（对象）的属性值表达了该实例（对象）的状态值。

标识属性的方法和策略：只考虑与具体应用直接相关的属性，不考虑那些超出所要解决的问题范围的属性；先找出最重要的属性，再逐渐把其余属性增添进去；分析阶段不考虑纯粹用于实现的属性。

属性的标识也有一些启发式规则，如每个对象至少需包含一个编号属性，如_id；系统的所有存储数据必须定义为属性；导出属性应该略去；描述对象的外部不可见状态的分析属性应该从分析模型中删掉；最后考虑取值范围、极限值、缺省值、建立和存取权限、精确度、是否会受到其他属性值影响等。

10.3.4 建立对象类图

在软件开发的不同阶段都会用到类图，但这些类图表示了不同层次的抽象。在分析阶段，类图主要研究领域概念；在设计阶段，类图主要描述类与类之间的接口关系；在实现阶段，类图描述软件系统中类的实现，因此，在不同阶段类图有不同的层次。概念层的类图描述应用领域的概念，与现实世界及所研究的问题相关；说明层的类图描述软件的接口部分，在概念层类描述的基础上增加了和接口有关的描述属性；实现层的类图揭示软件的实现部分，此时的类才是严格意义上的类，包含了类图所有的内容。3 个不同层次的类图描述参见图 10.8。

建立类图的原则如下。

① 简化的原则。在项目点初始阶段不要使用所有完备的符号，主要能够有效表达语义就可以。

② 分层理解的原则。根据项目开发的不同阶段，使用不同层次的类图进行表达，便于理解，不要一开始就陷入实现的细节中去。

③ 关注关键点的原则。不要试图为每个事物都画完善的模型，应该把精力放在关键点上。

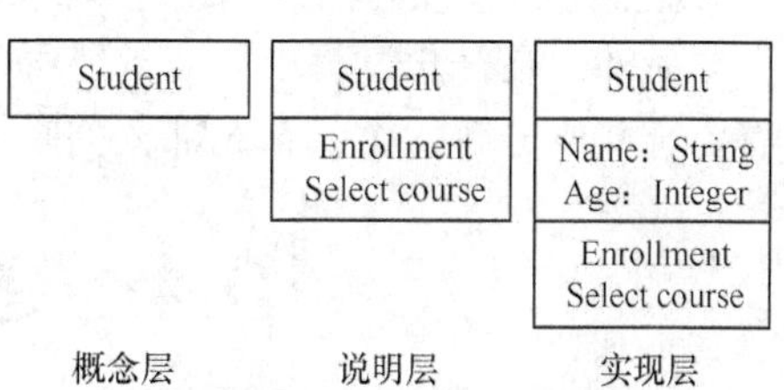

图 10.8　3 个不同层次的类图描述

类图建模，就是要表达类与类之间的关系，以便于人们理解系统的静态逻辑，通常需要对两个方面建模：对简单协作建模和对数据库模式建模。

对象图是表示在某一时刻一组对象及它们之间的关系的图形表示。对象图由结点和它们之间的连线组成，这里的结点可以是对象或类。对象图是类图的实例化，其表示方法也和类图相似。参见图 10.9，其中对象名常用“对象名：类名”来表示。任何一个类都可以实例化为很多对象，每个对象具有不同的属性值和相同的操作，因此对象图只包含两部分：对象名和特定的属性值。对象图显示对象集及其相互关系，代表系统某个时刻的状态。通过分析和设计阶段创建的对象图，可以捕获交互点静态部分，详细描述瞬态图，还可以捕获类的实例和连接。

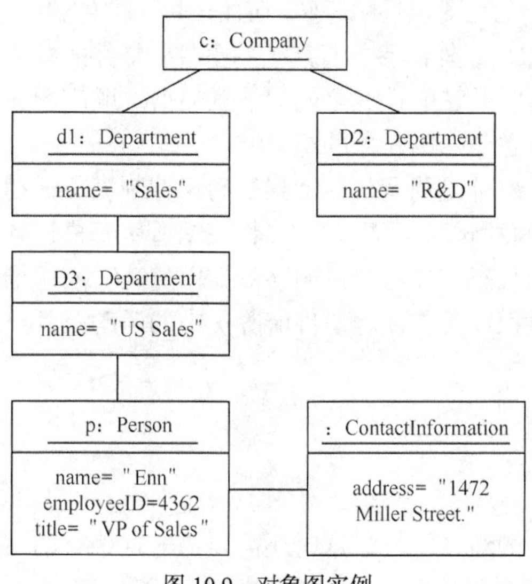

图 10.9　对象图实例

10.3.5　划分主题

在开发大型、复杂的系统时，为了降低复杂程度，人们习惯于把系统再进一步划分成几个不同的主题，也就是在概念上把系统包含的内容分解成若干个范畴。主题是按照问题领域来确定的，不同主题内的对象类之间的相互依赖和交互应尽可能少。

在开发很小的系统时，可能根本无需引入主题层；对于含有较多对象的系统，则往往先识别出类与对象和关联，然后划分主题，并用它作为指导开发者和用户观察整个模型的一种机制；对于规模极大的系统，则首先由高级分析员粗略地识别对象和关联，然后初步划分主题，经进一步分析，对系统结构有更深入的了解后，再进一步修改和精炼主题。在 UML 中，主题可以通过包图来表现。

在已经确定类之间关联关系的基础上，有些结构也可以提升为主题，例如，可以将每一种结构（包括整体-部分结构、一般-特殊结构）中最上层的类提升成为主题；将不属于任何结构的类提升为主题；检查在相同或类似的问题论域以前做面向对象分析的结果，看是否有可直接复用的主题。

10.3.6　优化对象模型

事实上，通过前述步骤建立的对象模型很难一次就得到满意的结果。好在面向对象的分析方法支持迭代和反复过程，在建模的任何一个环节，如果发现有分析遗漏或出错，都可以返回到对应点进行修改和完善，经过多次反复修改，才能逐步完善，从而得到正确的对象模型。

另外，在优化过程中，通常还可以包含对前述工作的逐步优化，如删除冗余的类，根据需要合并或分解的类，补充部分关联关系，对类结构层次进行优化（如识别继承关系）等。

10.4 建立动态行为模型

本章第一节已经简单介绍了动态模型的概念，对于仅存储静态数据的系统（如数据库）来说，动态模型没什么意义，然而在开发交互式系统时，动态模型却起着重要的作用。

交互图和状态机都用于系统的动态方面建模。交互图包括顺序图和通信图（UML1.0 中为协作图）。顺序图用来表示在用例的一个特定场景中，外部参与者产生的事件、事件的顺序及系统之间的交互事件。通信图描述对象之间的关联及它们彼此之间的消息通信。顺序图强调消息发送的时间顺序，而通信图则强调接收和发送消息的对象的组织结构。

状态机可以用两种方式来可视化执行的动态：一种是强调从活动到活动的控制流（活动图）；另一种是强调对象潜在的状态和这些状态之间的转移（状态图）。状态图适用于描述状态和动作　的顺序，不仅可以展现一个对象拥有的状态，还可以说明事件如何随着时间的推移来影响这些状态。活动图用来描述过程（业务过程、工作流、事件流等）中的活动及其迁移，简单地讲，活动图是“面向对象的流程图”。

本节从这 4 种图形的角度介绍系统动态行为模型的建立方法。

10.4.1 建立顺序图

在标识出系统的类图之后，仅给出了实现用例的组成结构，这时还需要描述这些类的对象是如何交互来实现用例功能的，即不但需要有用例图模型对应的类图模型，还需要有它对应的顺序图模型。顺序图表示类（对象）按时间顺序的消息交换过程，体现出系统用例的行为。顺序图是用来显示参与者如何采用若干顺序步骤与系统对象交互的模型。

在交互期间，参与者会向系统发送事件，系统通过响应这些事件来满足参与者的目标。为了识别系统事件，需要从用例的主要成功场景及频繁或复杂的替代场景中寻找系统事件，建立系统顺序图。系统顺序图应看作是用例模型的一部分，是用例中交互的可视化。

在顺序图中，所有的系统都被当作黑盒子看待，顺序图的重点是参与者发起的跨越系统边界的事件。系统行为描述系统做什么，而不解释系统怎么做。系统顺序图是对系统行为所做的描述的一部分。系统事件是由某个参与者发起的指向某个系统的输入事件。一个事件的发生能够触发一个响应操作的执行。系统操作是系统为响应一个事件而执行的一个操作。

每个用例需要一张或多张顺序图来描述其行为。每张顺序图显示用例的一个特定的行为序列。一般地，最好是显示用例的某一部分，不要太宽泛。尽管允许在顺序图之间显示条件，但通常为每个主要的控制流绘制一张顺序图会更清楚一些。需要注意的是，不要一次性创建所有用例所有场景的系统顺序图，应该只为当前迭代所选择的场景创建系统顺序图。

顺序图有两个主要的标记符：活动对象和这些活动对象之间的通信消息。活动对象可以是任何在系统中扮演角色的对象，不管是对象实例还是参与者。活动对象之间发送的消息是顺序图的关键。消息说明了对象之间的控制流，对象是如何交互的，以及什么条件会改变控制流。

对象拖出的长虚线称为生命线。生命线说明按照时间顺序对象所发生的事件。消息用来说明顺序图中不同活动对象之间的通信，消息用从活动对象生命线到接收对象生命线的箭头表示，箭头上面标记要发送的消息。对于 Compile Application 用例，可以创建一个成功编译工作流的顺序图，参见图 10.10。这个顺序图中有 4 个活动对象：Developer、Compiler、Linker 和 FileSystem。Developer 是系统的参与者。Compiler 是 Developer 交互的应用程序。Linker 是一个用来链接对象文件的独立进程。FileSystem 是系统层功能的包装器，用来执行文件的输入和输出例程。Compile Application 用例的顺序图操作：

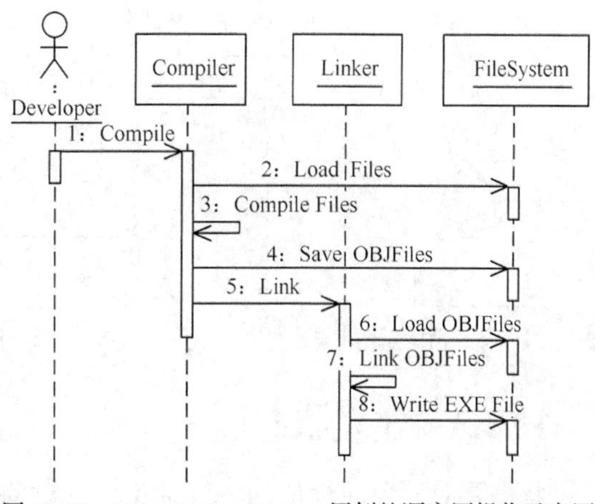

图 10.10 Compile Application 用例的顺序图操作示意图

① Developer 请求 Compiler 执行编译；

② Compiler 请求 FileSystem 加载文件；

③ Compiler 通知自己执行编译；

④ Compiler 请求 FileSystem 保存对象代码；

⑤ Compiler 请求 Linker 链接对象代码；

⑥ Linker 请求 FileSystem 加载对象代码；

⑦ Liker 通知自己执行链接；

⑧ Linker 请求 FileSystem 保存编译的结果。

10.4.2 建立通信图

与顺序图类似，通信图也是描述类（对象）之间的关联及其彼此之间的消息通信，但顺序图强调交互的时间次序，而通信图强调交互的空间结构，这两者在语义上是等价的，二者可以相互转换，而不会丢失信息。在支持 UML 的建模工具如 Rational Rose 或 StarUML 中，一般地主要做出其中一种图，另一种图可以通过工具转换得到，详细操作参见相关书籍。

要想使由类构成的系统具有指定功能，这些类的实例（对象）需要彼此通信和交互。通信图要建模系统的交互，因此它必须处理类的实例。由于类在运行时不做任何工作，而是由它们的实例形式（对象）完成所有工作，因此，通信图主要关心对象之间的交互。

通信图的构成主要包括对象、链接和消息 3 部分。除了对象之外，在通信图中还可以使用对象角色和类角色代替对象；链接用来在通信图中关联对象，链接的目的是让消息在不同系统对象之间传递，链接以连接两个对象的单一线条表示；消息是通信图中对象与对象之间通信的方式，消息又可以分为简单消息、异步消息、同步消息和反身消息，分别参见图 10.11～图 10.14。另外，图 10.15 通过同一个用例的顺序图和通信图示例给出两者之间的对比。

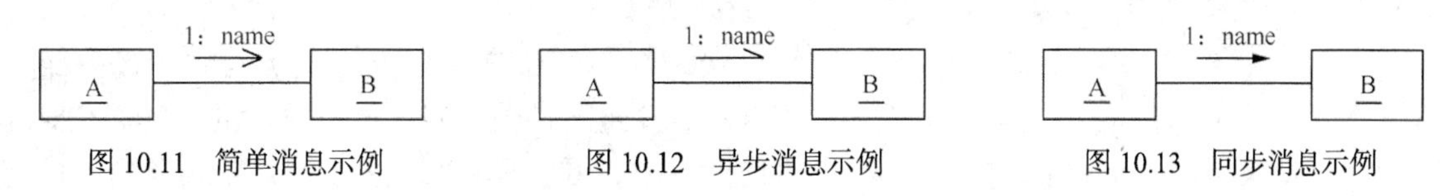

图 10.11 简单消息示例　　图 10.12 异步消息示例　　图 10.13 同步消息示例

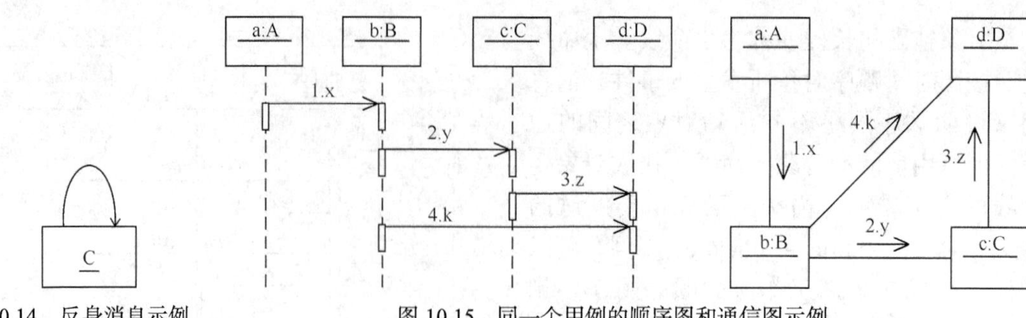

图 10.14　反身消息示例　　　　图 10.15　同一个用例的顺序图和通信图示例

10.4.3　建立状态图

状态是对对象属性值的一种抽象，各对象之间相互触发（即作用）就形成了一系列的状态变化。一个触发行为称作一个事件。一个事件分开两个状态，一个状态隔开两个事件。事件表示时刻，状态代表时间间隔。状态图通过建立类对象的生存周期模型来描述对象的状态、触发状态转换的事件及对象随时间变化的动态行为（对事件的响应）。每个类的动态行为用一张状态图来描绘，各个类的状态图通过共享事件合并起来，从而构成系统的动态模型。

1．状态机及状态图的定义

状态机包含了一个类的对象在其生命期间所有状态的序列及对象对接受到的事件所产生的反应，利用状态机可以精确地描述对象的行为。状态机的组成包括状态、转换、事件、活动、动作。状态机可以通过状态图或活动图来描述。

状态图由表示状态的结点和表示状态之间转换的带箭头的直线组成，表现从一个状态到另一个状态的控制流，是展示状态与状态转换的图。状态图的组成包括状态、转换、初始状态、终结状态、判定。

在 UML 的表示中，状态由一个带圆角的矩形表示，状态图标可以分为 3 部分：名称、内部转换和嵌套状态。转换用带箭头的直线表示，一端连接源状态即转出的状态，箭头一端连接目标状态即转入的状态；转换可以标注与此转换相关的选项，如事件、动作和监护条件。初始状态代表状态图的起始位置，只能作为转换的源，而不能作为转换的目标，初始状态在一个状态图中只允许有一个，它用一个实心的圆表示。终止状态是模型元素的最后状态，是一个状态图的终止点，终止状态只能作为转换的目标，而不能作为转换的源。一个状态图中可以有多个终止状态，用一个套有一个实心圆的空心圆表示终止状态。状态图中的判定用空心小菱形表示，工作流在判定处按监护条件的取值而发生分支，根据监护条件的真假可以触发不同的分支转换。因为监护条件为布尔表达式，所以通常条件下的判定只有一个入转换和两个出转换。状态图示例参见图 10.16。

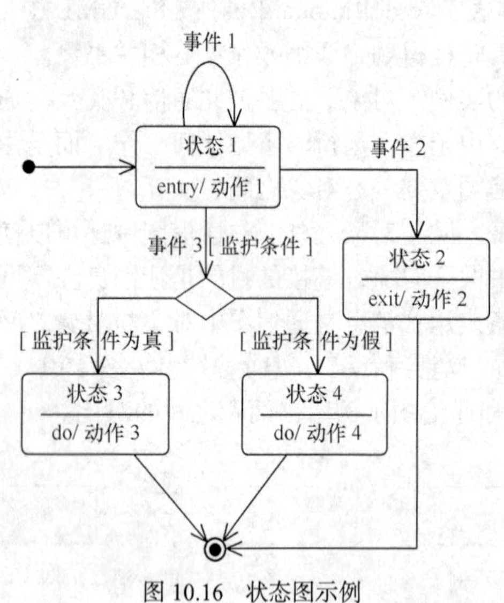

图 10.16　状态图示例

2．状态

状态图中的状态一般是给定类对象中的一组属性值，这组属性值是对象所有属性的子集。在对系统建模时，可以只关心那些明显影响对象行为的属性及由它们表达的对象状态，而不用理睬那些与对象行为无关的状态。状态可以分为简单状态（指不包含其他状态的状态，没有子结构，但可以具有内部转换、入口动作和出口动作等）和复合状态（包含一些嵌套的子状态的状态）。每个状态的组成包括状态名、活动、入口动作和出口动作。入口动作和出口动作表示进入或退出这个状态所要执行的动作，入口动作用“entry/要执行的动作”表达，而出口动作用“exit/要执行的动作”表达。

3. 事件

事件表示在某一特定的时间或空间出现的能够引发状态改变的一种运动变化。事件是一个激励的出现，它定义一个触发子以触发对象改变其状态，任何影响对象的事物都可以是事件。事件种类包括以下几种。

入口事件：表示一个入口的动作序列，在进入状态时执行。入口事件的动作是原子的，并且先于人和内部活动或转换。

出口事件：表示一个出口的动作序列，在退出状态时执行。出口事件也是原子的，它跟在所有的内部活动之后，但是先于所有的出口转换。

动作事件：也称为“do 事件”，表示对一个嵌套状态机的调用。与动作事件相关的活动必定引用嵌套状态机，而非引用包含它的对象的操作。

信号事件：信号是指从一个对象到另一个对象的明确的单向信息流动，信号事件指发送或接收信号的事件，发送者和接收者可以是同一个对象。

调用事件：至少涉及两个以上的对象，指一个对象对调用的接收。调用事件既可以为同步调用，也可以为异步调用。

修改事件：依靠特定属性值的布尔表达式所表示的条件的满足来触发状态的转换，修改事件表示一种具有时间持续性的，并且可能是涉及全局的计算过程。

时间事件:代表时间的流逝,指在绝对时间上或在某个时间间隔内发生的事情所引起的事件。

延迟事件：指在本状态不处理，要推迟到另外一个状态才处理的事件。

4. 转换

转换表示当一个特定事件发生或者某些条件得到满足时，一个源状态下的对象在完成一定的动作后将发生状态转变。UML 中转换用带箭头的直线表示，一端连接源状态即转出的状态，箭头一端连接另一个称之为目标状态的状态。转换进入的状态为活动状态，转换离开的状态变为非活动状态。转换的组成包括源状态、目标状态、触发事件、监护条件、动作。转换可以标注与此转换相关的选项，如事件、动作和监护条件。

转换种类包括以下几种。

外部转换：外部转换是一种改变对象状态的转换，是最常见的一种转换。外部转换用从源状态到目标状态的箭头表示。

内部转换：内部转换有一个源状态但是没有目标状态，它转换后的状态仍旧是它本身。内部转换的激发规则和改变状态的外部转换的激发规则相同。内部转换用于对不改变状态的插入动作建立模型。

内部转换和自转换（完成转换）不同。自转换是离开本状态后重新进入该状态，它会激发状态的入口动作和出口动作的执行。内部转换自始至终都不离开本状态，所以没有出口或入口事件，也就不执行入口和出口动作。

完成转换：完成转换又称为自转换。完成转换是因为没有标明触发器事件的转换是由状态中的活动的完成引起的，是自然而然完成的转换。完成转换也可以带一个监护条件，这个监护条件在状态中的活动完成时被赋值，而非活动完成后被赋值。

复合转换：复合转换由简单转换组成，这些简单转换通过分支判定、分叉或接合组合在一起。除了双分支判定，还有多条件的分支判定。多条件的分支判定又分为链式的和非链式的分支，分别参见图 10.17 和图 10.18。

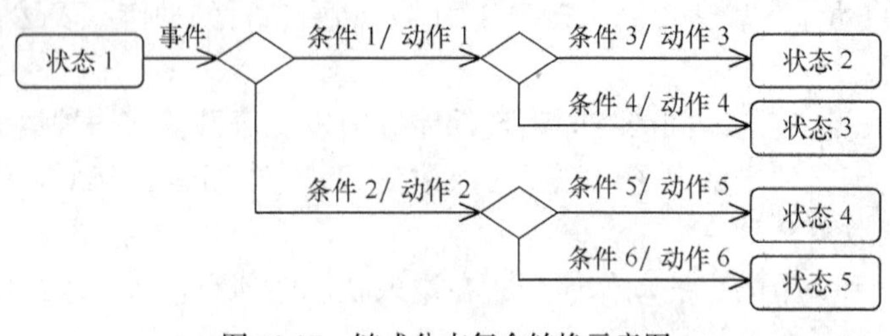

图 10.17　链式分支复合转换示意图

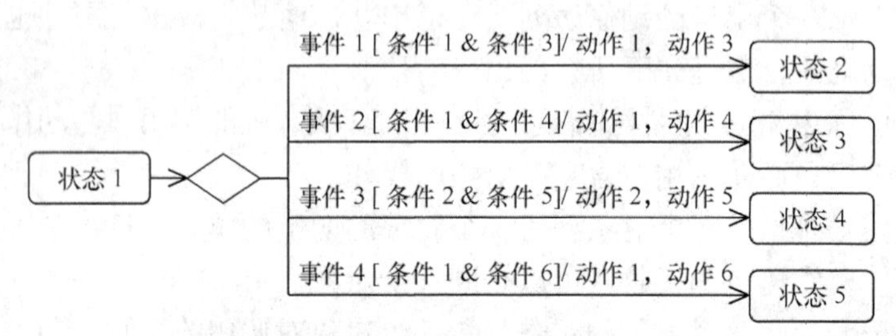

图 10.18　非链式分支复合转换示意图

5. 触发事件

触发也称为迁移，是指从一个状态到另一个状态的瞬时变化。触发事件是能够引起状态转换的事件，触发事件可以是信号、调用、时间段等。触发的源和目标通常是不同的状态，但也可能会相同。

6. 监护条件

监护条件也称为警戒条件，是触发转换必须满足的条件，它是一个布尔表达式。监护条件只能在触发事件发生时被赋值一次，如果在转换发生后监护条件才由假变为真，那么转换也不会被触发。从一个状态引出的多个转换可以有同样的触发器事件，但是每个转换必须具有不同的监护条件。注意，监护条件与变化事件不同——监护条件只会触发一次，而变化事件实际上是要连续检查的。

7. 动作

动作是一组可执行语句或者计算处理过程。动作可以包括发送消息给另一个对象、操作调用、设置返回值、创建和销毁对象等。动作是原子的，不可中断的，动作或动作序列的执行不会被同时发生的其他动作影响或终止。整个系统可以在同一时间执行多个动作。

8. 状态图的建模步骤

① 找出适合用模型描述其行为的类。不需要给所有的类都创建状态图，只有具有重要动态行为的类才需要。

② 确定对象可能存在的状态。

③ 确定引起状态转换的事件。

④ 确定转换进行时对象执行的相应动作。

⑤ 对建模的结果进行相应的精化和细化。

9. 建立状态图

在开发交互式系统时，动态模型中的状态图起着重要作用。

建立状态图的步骤如下。

① 编写典型交互行为脚本，必须保证脚本中不遗漏常见的交互行为。

② 从脚本中提取出事物，确定触发每个事件的动作对象及接受事件的目标对象。

③ 排列事件发生的次序，确定每个对象可能有的状态及状态间的转换关系，并用状态图描绘出来。

④ 比较各个对象的状态图，检查它们之间的一致性，确保事件之间的匹配。

10.4.4　建立活动图

活动是某件事情正在进行的状态，既可以是现实生活中正在进行的某一项工作（写文章、维修机器等），也可以是软件系统中正在运行的某个类对象的一个操作。活动具体表现为由一系列动作组成的执行过程。将各种活动及不同活动之间的转换用图形进行表示，就构成了活动图，活动图的作用是对系统的行为建模。

1. 活动图与流程图

活动图与流程图相比有很多相似之处，活动图描述系统使用的活动、判定点和分支，看起来和流程图没什么两样，并且传统的流程图的各种成分在活动图中都有，活动图在本质上是一种流程图，同时活动图借鉴了工作流建模、Petri 网等领域的相关概念，其表达能力比流程图更强，应用范围也更宽。但活动图与流程图是有区别的，不能将两个概念混淆：首先，流程图着重描述处理过程，它的主要控制结构是顺序、选择和循环，各个处理过程之间有严格的顺序和时间关系，活动图描述的是对象活动的顺序关系所遵循的规则，它着重表现的是系统的行为，而非系统的处理过程；其次，活动图能够表示并发活动的情形，而流程图不能；最后，活动图是面向对象的，而流程图是面向过程的。

2. 活动图与状态图

活动图与状态图都是状态机的表现形式，但是两者还是有本质区别：活动图着重表现从一个活动到另一个活动的控制流，是内部处理驱动的流程；状态图着重描述从一个状态到另一个状态的流程，主要有外部事件的参与。

3. 活动图的组成及 UML 图形表示

活动图的 UML 图形表示中，如果一个活动引发下一个活动，两个活动的图标之间用带箭头的直线连接。与状态图类似，活动图也有起点和终点，表示法和状态图相同。活动图中还包括分支与合并、分叉与汇合等模型元素。分支与合并的图标和状态图中判定的图标相同，而分叉与汇合则用一条加粗的线段表示。活动图的示例描述参见图 10.19。

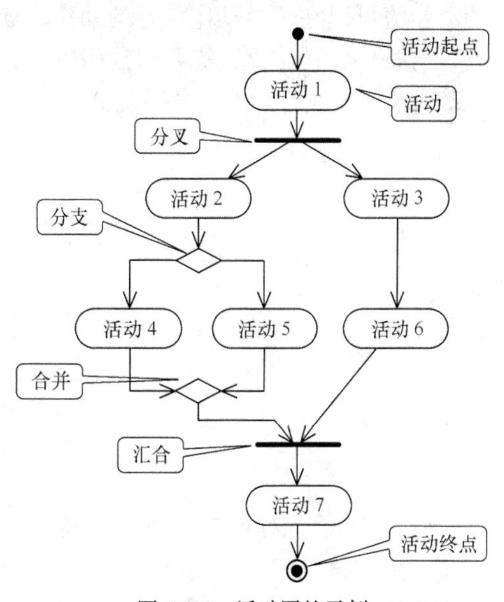

图 10.19　活动图的示例

UML 的活动图中包含的图形元素有动作状态、活动状态、动作流、分支与合并、分叉与汇合、分区和对象流等。

动作状态：指执行原子的、不可中断的动作，并在此动作完成后通过完成转换转向另一个状态。在 UML 中，动作状态使用平滑的圆角矩形表示，动作状态所表示的动作写在圆角矩形内部。动作状态有如下特点。

（1）动作状态是原子的，它是构造活动图的最小单位，已经无法分解为更小的部分。

（2）动作状态是不可中断的，它一旦开始运行就不能中断，一直运行到结束。

（3）动作状态是瞬时的行为，它所占用的处理时间极短，有时甚至可以忽略。

（4）动作状态可以有入转换，入转换既可以是动作流，也可以是对象流。动作状态至少有一条出转换，这条转换以内部动作的完成为起点，与外部事件无关。

（5）动作状态和状态图中的状态不同，它不能有入口动作和出口动作，更不能有内部转移。

（6）在一张活动图中，动作状态允许多处出现。

活动状态：用于表达状态机中的非原子的运行。活动状态的表示图标和动作状态相同，都是平滑的圆角矩形，稍有不同的是活动状态可以在图标中给出入口动作和出口动作等信息。活动状态的特点如下。

（1）活动状态可以分解成其他子活动或动作状态，由于它是一组不可中断的动作或操作的组合，所以可以被中断。

（2）活动状态的内部活动可以用另一个活动图来表示。

（3）和动作状态不同，活动状态可以有入口动作和出口动作，也可以有内部转移。

（4）动作状态是活动状态的一个特例，如果某个活动状态只包括一个动作，那么它就是一个动作状态。

动作流：所有动作状态之间的转换流称之为动作流。与状态图不同，活动图的转换一般都不需要特定事件的触发。一个动作状态执行完本状态需要完成的动作后，会自发转换到另外一个状态。一个活动图有很多动作或者活动状态，活动图通常开始于初始状态，然后自动转换到活动图的第一个动作状态，一旦该状态的动作完成后，控制就会不加延迟地转换到下一个动作状态或者活动状态。转换不断重复进行，直到碰到一个分支或者终止状态为止。

分支与合并：条件行为用分支和合并表达。动作流一般会自动进行控制转换，直到遇到分支。分支在软件系统流程中很常见，一般用于表示对象类所具有的条件行为。一个无条件的动作流可以在一个动作状态的动作完成后自动触发动作状态的转换，以激发下一个动作状态，有条件的动作流则需要根据条件，即一个布尔表达式的真假来判定动作的流向。活动图中的分支与合并示例参见图 10.20。

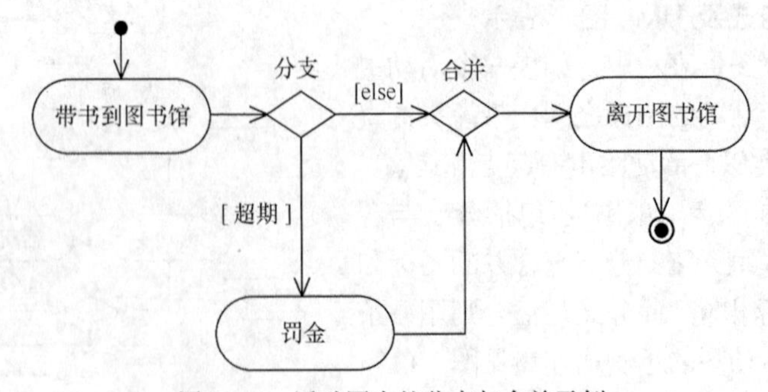

图 10.20　活动图中的分支与合并示例

分叉与汇合：对象在运行时可能会存在两个或者多个并发运行的控制流，为了对并发的控制流建模，在 UML 中引入了分叉与汇合的概念。分叉和汇合都使用加粗的水平线段表示。分叉用于将动作流分为两个或者多个并发运行的分支，而汇合则用于同步这些并发分支，以达到共同完成一项事务的目的。分叉可以用来描述并发线程，每个分叉可以有一个输入转换和两个或多个输出转换，每个转换都可以是独立的控制流。汇合代表两个或多个并发控制流同步发生，当所有的控制流都达到汇合点后，控制才能继续往下进行。每个汇合可以有两个或多个输入转换和一个输出转换。活动图中的分叉与汇合示例参见图 10.21。

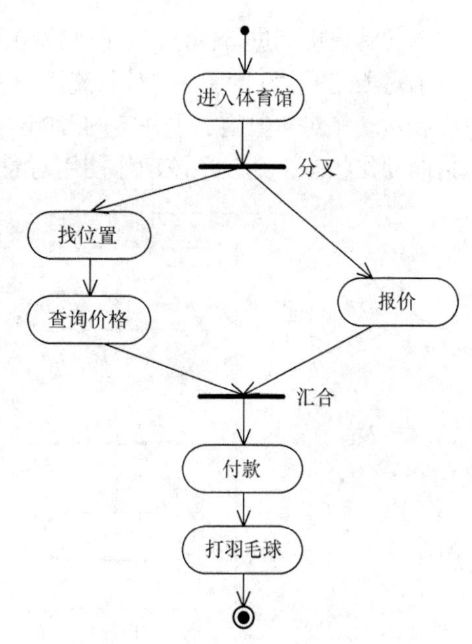

图 10.21　活动图中的分叉与汇合示例

分区：分区（UML1.0 中称为泳道）将活动图中的活动划分为若干组，并把每一组指定给负责这组活动的业务组织，即对象。分区标识负责活动的对象的范围，明确表示哪些活动是由哪些对象进行的。在包含分区的活动图中，每个活动只能明确地属于一个分区。在活动图中，分区可以用垂直或水平实线绘出（UML1.0 中的泳道只能是垂直线），本例只给出垂直线标识的分区示例。垂直线分隔的区域就是分区，在分区上方可以给出分区的名字或对象（对象类）的名字，该对象（对象类）负责该分区内的全部活动。分区没有顺序，不同分区中的活动既可以顺序进行也可以并发进行。动作流和对象流允许穿越分隔线。活动图中分区示例参见图 10.22。

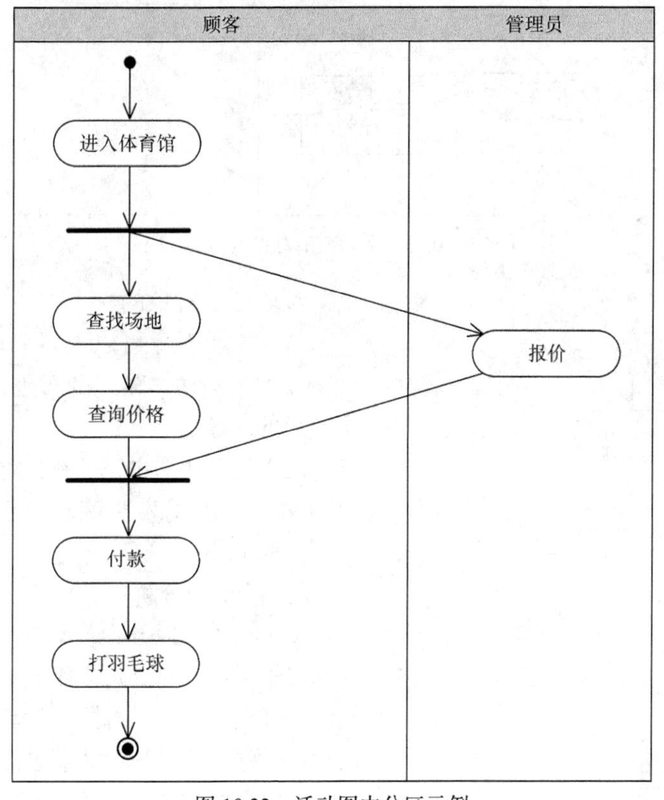

图 10.22　活动图中分区示例

对象流：对象流是动作状态或者活动状态与对象之间的依赖关系，表示动作使用对象或者动作对对象的影响。用活动图描述某个对象时，可以把涉及的对象放置在活动图中，并用一个依赖将其连接到进行创建、修改和撤销的动作状态或者活动状态上，对象的这种使用方法就构成了对象流。在活动图中，对象流用带有箭头的虚线表示。如果箭头从动作状态出发指向对象，则表示动作对对象施加了一定的影响。施加的影响包括创建、修改和撤销等。如果箭头从对象指向动作状态，则表示该动作使用对象流所指向的对象。活动图中对象流示例参见图 10.23。

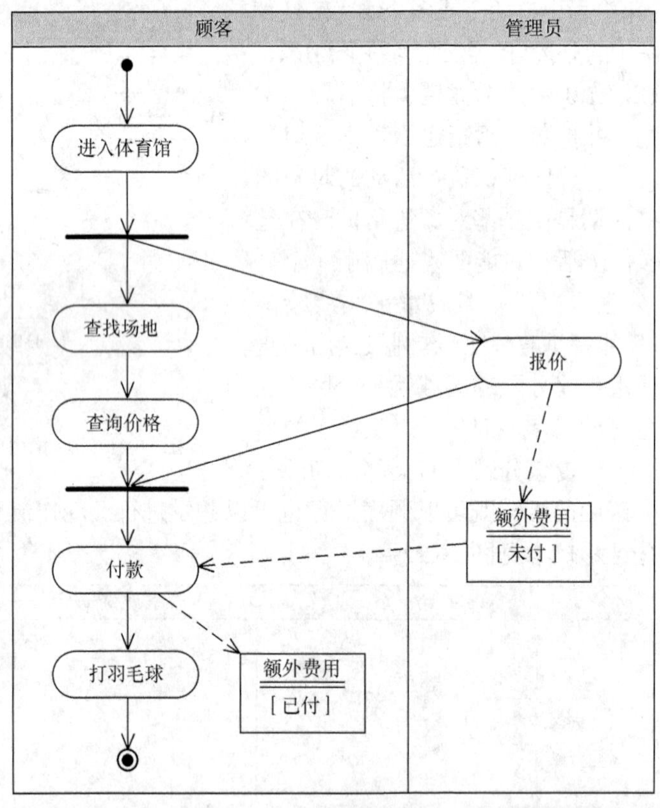

图 10.23　活动图中对象流示例

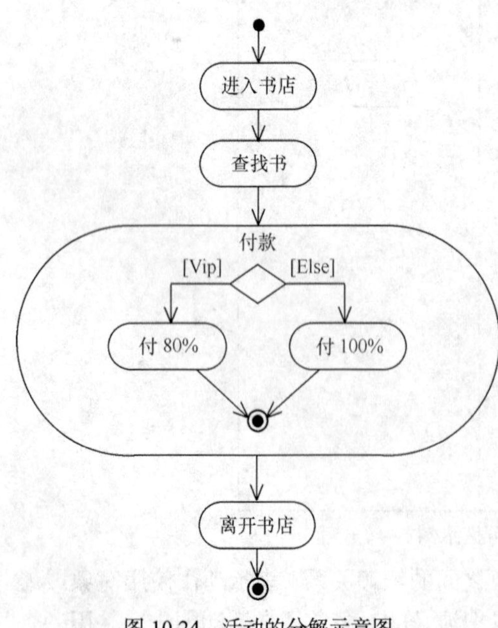

图 10.24　活动的分解示意图

对象流中对象的特点：

（1）一个对象可以由多个动作操纵；

（2）一个动作输出的对象可以作为另一个动作输入的对象；

（3）在活动图中，同一个对象可以多次出现，它的每一次出现表明该对象正处于对象生存期的不同时间点。

4. 活动的分解

一个活动可以分为若干个动作或子活动，这些动作和子活动本身又可以组成一个活动图。不含内嵌活动或动作的活动称之为简单活动；嵌套了若干活动或动作的活动称之为组合活动，组合活动有自己的名字和相应的子活动图。示例参见图 10.24。

5. 活动图建模技术

活动图建模步骤如下。

（1）识别要对工作流描述的类或对象。找出负责工作流实现的业务对象，这些对象可以是显示业务领域的实体，也可以是一种抽象的概念和事物。找出业务对象的目的是为每一个重要的业务对象建立分区（泳道）。

（2）确定工作流的初始状态和终止状态，明确工作流的边界。

（3）对动作状态或活动状态建模。找出随时间发生的动作和活动，将它们表示为动作状态或活动状态。

（4）对动作流建模。对动作流建模时，可以首先处理顺序动作，接着处理分支与合并等条件行为，然后处理分叉与汇合等并发行为。

（5）对对象流建模。找出与工作流相关的重要对象，并将其连接到相应的动作状态和活动状态。

（6）对建立的模型进行精化和细化。

10.5　建立物理实现模型

构件图用来建模系统的各个构件及其关系，这些构件通过功能或者文件组织在一起。使用构件图可以帮助读者了解某个功能位于软件包的哪一位置，以及各个版本的软件各包含哪些功能等。

部署图用来帮助读者了解软件中的各个构件驻留在什么硬件位置，以及这些硬件之间的交互关系。部署图用来展示运行时进行处理的结点和在结点上生存的制品的配置，实质上是针对系统结点的类图。

构件图和部署图统称为实现图，是对面向对象系统的物理方面建模的图。

10.5.1　建立构件图

1. 构件（Component）

构件是一个相对独立的可装配的物理块，一般作为一个独立的文件存在。构件具有确定的接口，相互之间可以调用，构件之间存在依赖关系。构件定义了一个系统的功能，一个构件是一个或多个类的实现。

UML2.0 将构件划分为部署构件、工作产品构件、执行构件。部署构件是运行系统需要配置的构件，如 DLL、EXE、COM+、CORBA 构件、EJB、动态 Web 页、数据库表等；工作产品构件如 Java、C++等源代码文件、数据文件等，这些构件可以产生部署构件；执行构件指系统执行后得到的结果构件。

构件和类非常相似，两者都有名称；都可以实现一组接口；都可以参与依赖关系；都可以被嵌套；都可以有实例；都可以参与交互。但两者又有所不同：类是逻辑抽象，构件是物理抽象，即构件可以位于结点上；构件是对其他逻辑元素，如类、协作的物理实现，也就是说，构件是软件系统的一个物理单元；类可以有属性和操作，而构件通常只有操作，而且这些操作只能通过构件的接口才能使用。

在 UML 中，构件通过左部带有两个小矩形的大矩形来表示，如图 10.25 所示。

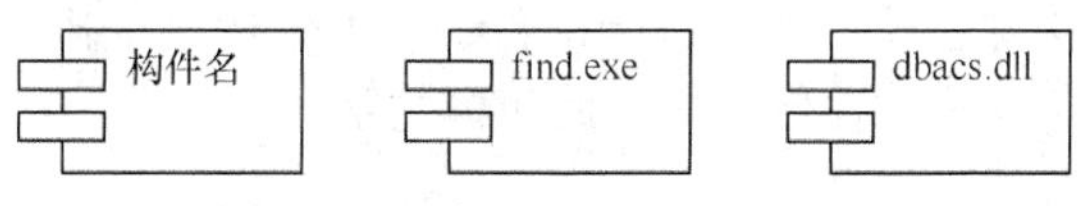

图 10.25　构件的 UML 表示示意图

2. 构件的接口

就像对类的访问只能通过类的公有操作进行一样，对构件定义的操作的访问也只能通过构件的接口进行。也就是说，一个构件可以访问另一个构件所提供的服务。这样，提供服务的构件呈现一个提供服务的接口，访问服务的构件使用所需的接口。

接口和构件之间的关系分为两种：实现关系和依赖关系，如图 10.26 所示。简略图中，接口和构件之间用实线连接表示实现关系；而接口和构件之间用虚线箭头连接则表示依赖关系，箭头从依赖的对象指向被依赖的对象。

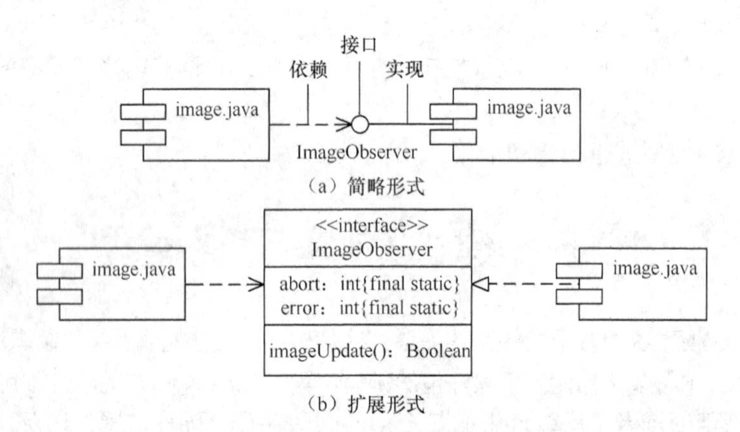

图 10.26　接口和构件之间的连接示意图

3. 对构件和构件关系建模的用途

① 使客户能够看到最终系统的结构和功能。

② 让开发者有一个工作目标。

③ 让编写技术文档和帮助文件的技术人员能够理解所写的文档是哪方面内容。

④ 利于复用。

4. 构件图（Component Diagram）

构件图是描述构件及其相互关系的图，构件之间是依赖关系。通常，构件图包含 3 种元素：构件、接口和依赖关系。每个构件实现一些接口，并使用另一些接口。

（1）源代码文件建模（构件图）

有助于可视化源代码文件之间的编译依赖关系。

策略：

① 识别出感兴趣的相关源代码文件集合，把它们表示成《file》的构件；

② 对于较大的系统，利用包对源代码文件进行分组；

③ 如有必要，可以为构件添加相应的标记值，说明版本号、作者等信息；

④ 用依赖关系对这些文件之间的编译依赖关系建模。

图 10.27 所示的源代码文件建模的构件图中有 signal.h 的两个版本，这个头文件被文件 interp.cpp 和 signal.cpp 引用，interp.cpp 依赖于 irp.h。

（2）可执行文件和库建模

对构成系统的实现构件建模，如果系统由若干个可执行程序和相关对象库构成，最好文档化。图 10.28 所示的是可执行文件和构件库建模的示意图，图 10.29 所示的是一个 C 程序的组成构件图示例。

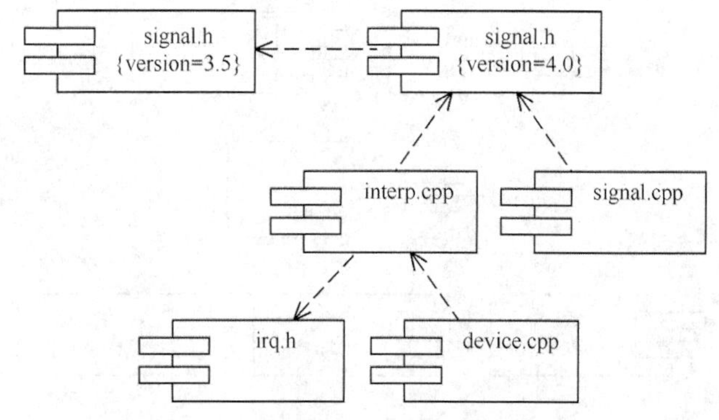

图 10.27　源代码文件建模的构件图示例

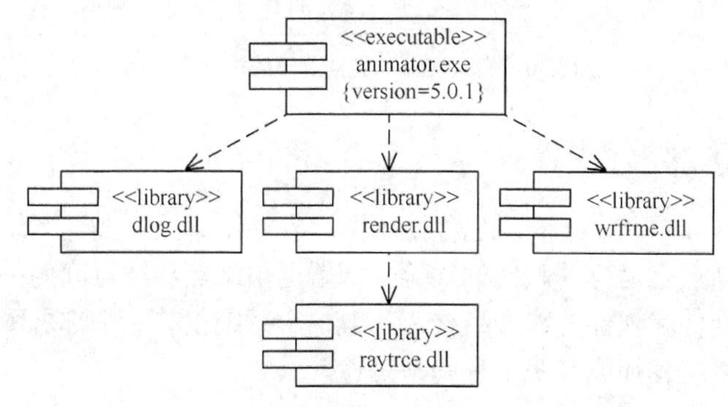

图 10.28　可执行文件和库建模的构件图示例

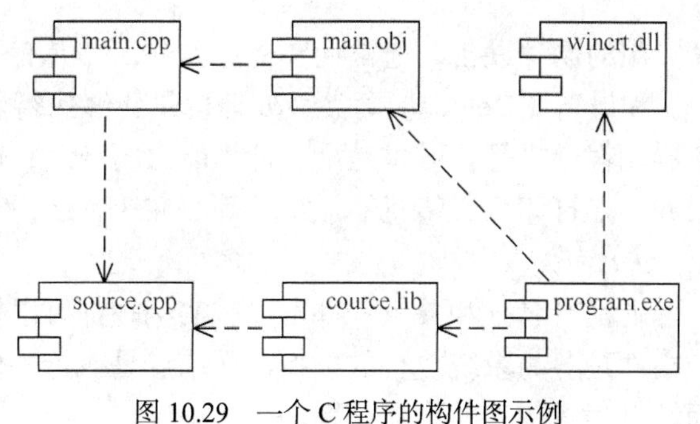

图 10.29　一个 C 程序的构件图示例

策略：

① 识别所要建模的构件集合，一般是一个结点上的部分或全部构件；

② 为构件选择合适的构造型；

③ 对每一个构件，考虑与相邻构件之间的关系，通常涉及接口；

（3）表、文件和文档建模

对系统中附属实现构件，如数据文件、帮助文档、脚本、日志文件等进行建模。图 10.30 所示是关于表、文件和文档建模的一个构件图示例。

策略：

① 识别出作为系统的物理实现部分的附属构件；

② 将这些事物建模为构件；

③ 对这些附属构件与其他可执行程序、库及接口之间的关系建模。

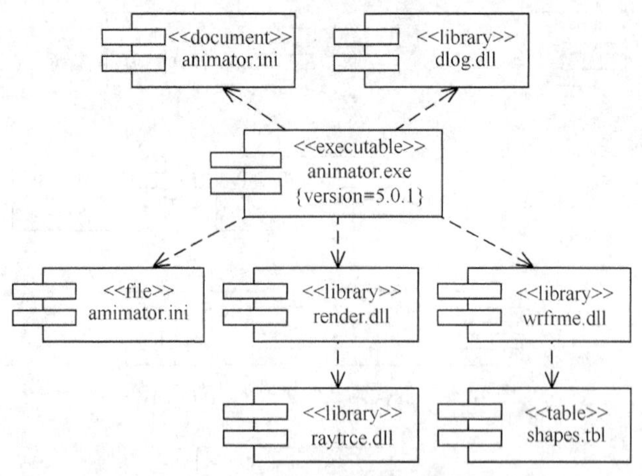

图 10.30　表、文件和文档建模的构件图示例

10.5.2　建立部署图

部署图（Deployment Diagram）也称配置图、实施图，用来描述系统中计算结点的拓扑结构和通信路径与结点上运行的软件构件等。部署图由结点和结点间的关联关系组成，描述运行软件的系统中硬件和软件的物理结构，一般一个系统仅有一个部署图。通常部署图由体系结构工程师、网络工程师或系统工程师来描述。

1. 部署图的要素

（1）结点（Node）

结点表示独立计算资源的物理设备，通常拥有一些内存，并具有一定的处理能力，可以分为处理机（Processor）和设备（Device）两类。处理机是能够执行软件、具有计算能力的结点，包括主机、服务器、客户机等。设备是没有计算能力的结点，通常情况下都是通过其接口为外部提供某种服务，如打印机、传感器、终端等。在 UML 中，结点用一个立方体来表示。

结点和构件相比，两者都有名称和关系；都可以有实例；都可以被嵌套；都可以参与交互。但两者也有不同：构件是参与系统执行的事物，而结点是执行构件的事物；构件表示逻辑元素的物理包装，而结点表示构件的物理配置。

部署图可以将结点和构件结合起来，以建模处理资源和软件实现之间的关系。当构件驻留在某个结点时，可以将它建模在图上该结点的内部。为显示构件之间的逻辑通信，需要添加一条表示依赖关系的虚线箭头。

（2）连接

连接表示两个结点之间的物理连接关系，用直线表示，在连接上可以加多重性、角色、约束等。连接代表一种交流的机制，可以是物理媒介或软件协议。部署图可以显示结点及它们之间的必要连接，也可以显示这些连接的类型，还可以显示构件和构件之间的依赖关系，但是每个构件必须存在于某些结点上。

2. 如何开发部署模型

部署模型通常与构件模型并行开发，为了开发部署模型，可以迭代使用以下步骤：

（1）确定模型范围；

（2）确定分布结构；

（3）确定结点和它们的连接；

（4）把构件分布到结点；

（5）为不同构件之间的依赖建模。

【例 10.1】 为家用计算机系统创建部署模型。

（1）确定模型范围：家用计算机。

（2）确定分布结构：以计算机为中心的网络。

（3）确定结点和它们的连接：结点包括计算机、调制解调器、ISP、显示器、打印机，它们分别以不同方式连接。

（4）把构件分布到结点。计算机中有软件构件：Windows、Office、IE。

（5）为不同构件之间的依赖建模。

按照上述步骤为家用计算机系统创建的部署模型参见图 10.31。

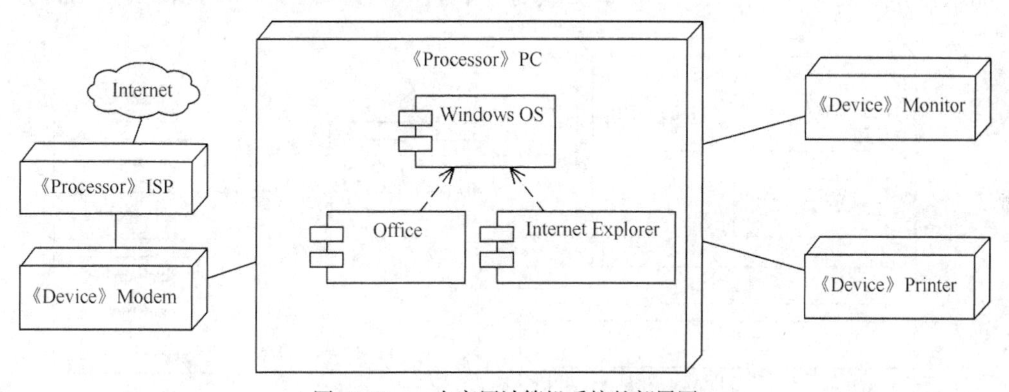

图 10.31　一个家用计算机系统的部署图

【例 10.2】 建模一个网上扫描系统的部署图。其详细的需求如下所述。

（1）扫描仪用来扫描产品信息。扫描仪通过内部的 PCI 总线连接到网卡。需要编写代码来控制扫描仪，代码驻留在扫描仪内部。

（2）扫描仪通过无线网卡与插入到 Web 服务器 KONG 的无线 hub 通信，服务器通过 HTTP 协议向客户 PC 提供 Web 页。

（3）Web 服务器安装定制的 Web 服务器软件，通过专用数据访问构件与产品数据库交互。

（4）在客户的 PC 上将提供专用的浏览器软件，它运行产品查询插件，只与定制的 Web 服务器通信。

解决方案如下。

第一项任务是确定系统的结点，图 10.32 显示需求列表中提及的所有硬件。

图 10.32 【例 10.2】需求列表中的硬件结点图示

第二项任务是为确定的结点添加通信关联，从需求列表中可以确定如下所示通信关联。

扫描仪通过内部的 PCI 总线连接到网卡；网卡通过无线电波与无线 hub 通信；无线 hub 通过 USB 连接到名为 KONG 的服务器实例；KONG Web 服务器通过 HTTP 与客户构件通信。添加通信关联后的硬件结点图示参见图 10.33。

接下来第三步需要确定构件和其他内容，如类和对象。

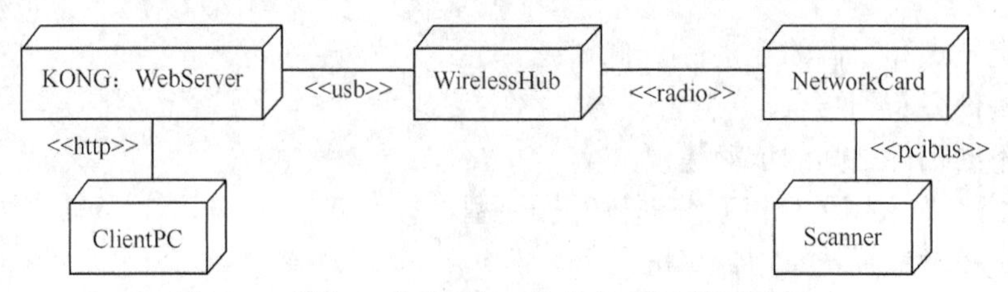

图 10.33 【例 10.2】中添加通信关联后的硬件结点图示

需求列表显示下列构件可以用于图中：控制扫描仪的代码（名为 ScanEngine 构件）；定制的 Web 服务器软件（名为 WebSeverSoft 构件）；专用的数据访问构件（名为 DataAccess 构件）；专用的浏览器软件（名为 Browser 构件）；产品查询插件（名为 ProductLookupAddIn 构件）。另外，前面还提到了产品数据库，但是它不必像前面的几个项目那样也建模为软件构件，要把产品数据库建模为一个类实例 ProductDB。添加构件和其他内容后的结点图示参见图 10.34。

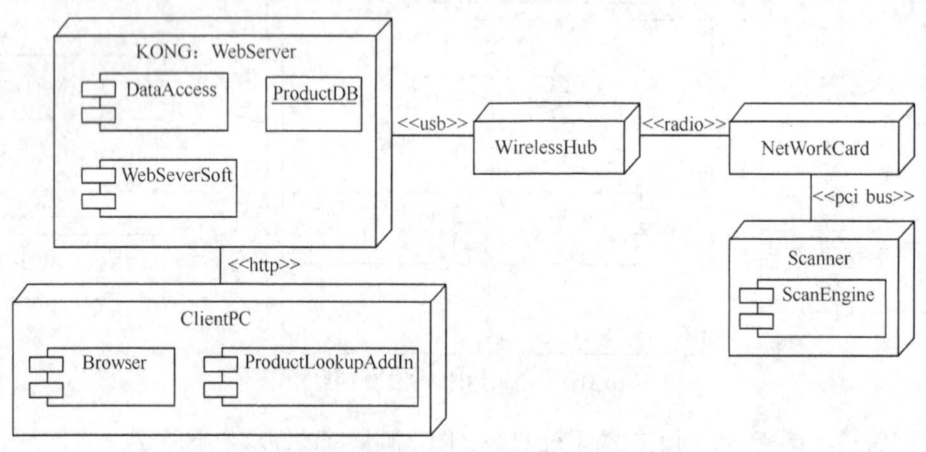

图 10.34 【例 10.2】中添加构件和其他内容后的结点图示

实现部署图的最后一步是添加构件和对象之间的依赖关系。本题目具有下列依赖关系：WebServerSoft 构件依赖于 DataAccess 构件；DataAccess 构件依赖于 ProductDB 对象；专用浏览器软件只通过运行查询插件与定制的 Web 服务器交互，它提供依赖关系：Browser 构件依赖于 WebServerSoft 构件；ProductLookupAddln 构件依赖于 Browser 构件。

添加构件和对象之间的依赖关系后，最终完成的网上扫描系统的部署图参见图 10.35。

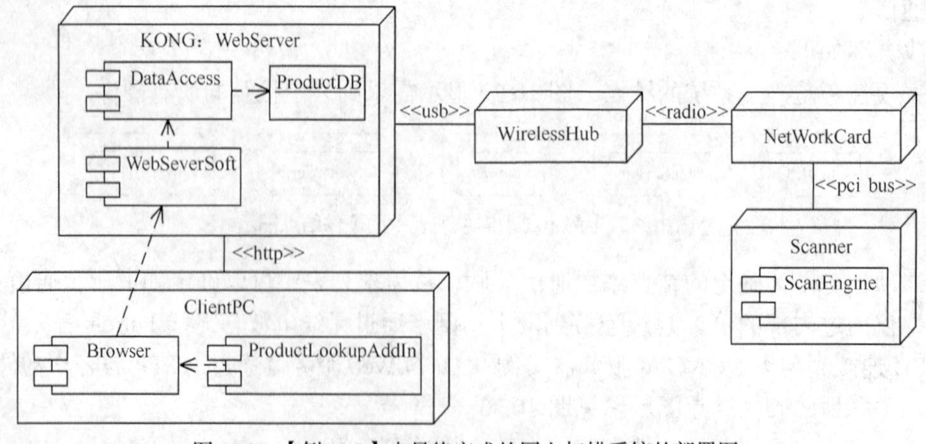

图 10.35 【例 10.2】中最终完成的网上扫描系统的部署图

3. 几种部署图建模方法

（1）构件的分布建模

① 将系统中每个有意义的构件部署到一个给定的结点上。

② 如有必要，可以将同一个构件同时放在多个不同的结点上。

③ 构件在结点上的部署，可以参考【例 10.2】。

（2）嵌入式系统建模

① 识别嵌入式系统中的设备和结点。

② 使用构造型结点对处理器和设备建模。

③ 在部署图中对处理器和设备间的关系进行建模。

④ 必要时，可以把设备展开，用更详细的部署图对它的结构进行建模。参考图 10.36 示例。

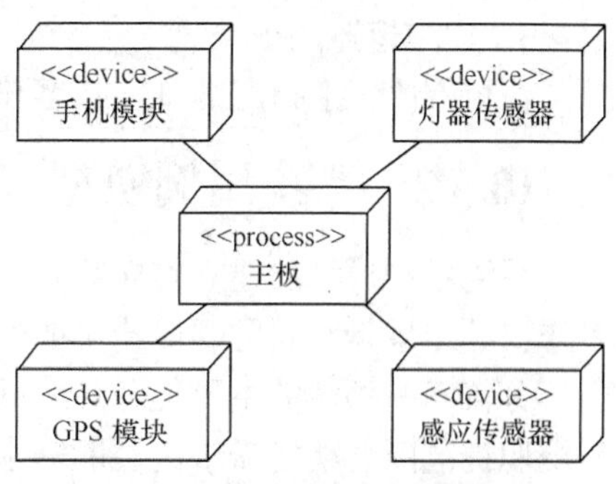

图 10.36　嵌入式系统建模部署图示例

（3）客户机/服务器建模

① 识别代表客户机和服务器的结点。

② 标识出与系统行为有密切关系的设备。

③ 利用构造型为处理器和设备提供可视化表示。

④ 在部署图中为这些结点的拓扑结构建模。

参考图 10.37 示例。

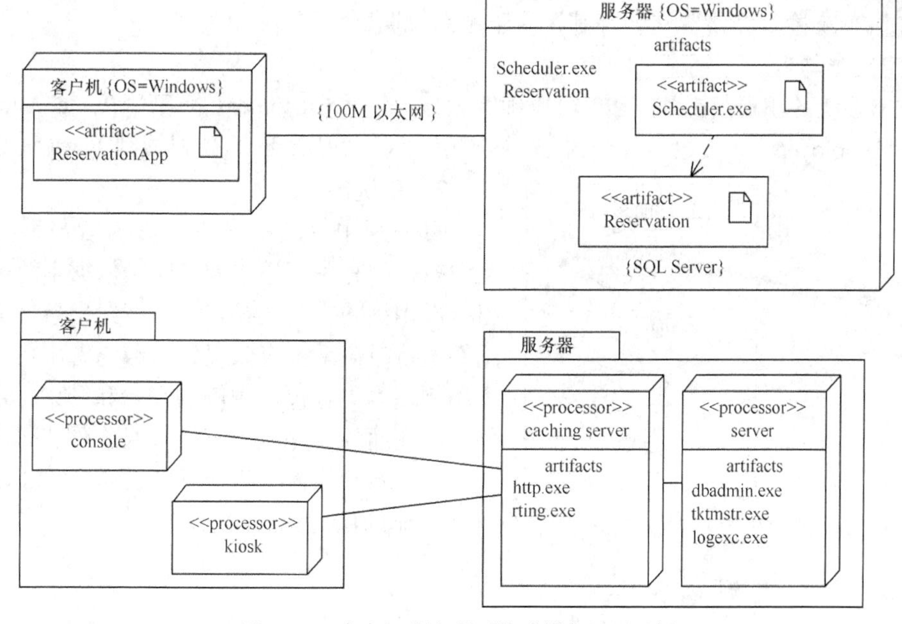

图 10.37　客户机/服务器系统建模部署图示例

10.6　面向对象软件开发过程的案例分析

10.6.1　系统需求

本案例给出一个简易的汽车租赁系统，用于讨论面向对象软件开发过程。其系统需求包括 3 个方面。

1. 客户预约汽车

在获得汽车前，客户必须进行预约。客户与租赁机构联系，进行请求。租赁机构根据一些标准接受或拒绝请求，如汽车是否存在，或客户的租赁历史。如果预约被接受，租赁机构完成包含客户详细情况的表格。保证金交付后完成预约。

2. 客户得到汽车

当客户到达租赁机构后，租赁机构根据目前的库存情况分配客户请求的某类型的汽车。在付完全部费用后，客户收到汽车。

3. 客户返还汽车

在租赁协议上指定的日期，客户将汽车返还租赁机构。

10.6.2 系统用例模型

系统用例模型的建立首先需要分析问题领域，分析问题领域是软件系统开发的一项基本工作，其结果是对问题领域给出明确定义，明确目标主要完成的工作。

分析问题领域的主要任务是对问题领域进行抽象，提出解决方案，进行需求分析，确定系统职责范围、功能需求、性能需求、应用环境及假设条件等，用用例图对系统行为建模，初步确定未来系统的体系结构等。

本案例中的汽租赁系统包括客户预约汽车、客户得到汽车、客户返还汽车等，其他的管理内容如汽车车检、养路费交纳等都不属于本系统职责范围。

1. 定义参与者

根据本系统的职责范围和需求，可以确定参与者包括 Customer（顾客）、Rental Agency（出租代办）、Employee（雇员）、Rental Agent（出租经办人）、Mechanic（机械师）及 Car（汽车）。

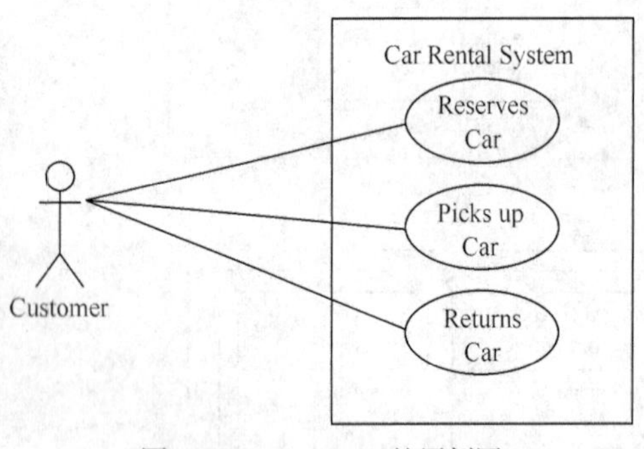

图 10.38 Customer 的用例图

2. 用例图

每一张用例图都是一个参与者与系统在交互中执行的有关事务序列，应当依据系统需求找出全部用例图，并从参与者角度给出事件流。当用例执行时，系统应该提供给参与者服务。每一个用例基本内容包括用例的开始和结束、正常事件流、变通的事件流、意外情况事件流等。

对于本简易汽车租赁系统，图 10.38 给出了 Customer 的用例图。

10.6.3 系统对象模型

在建立用例模型的基础上，下面的任务是对涉及的对象和它们的关系进行分类，建立对象模型——对象类图。检查使用事件有助于识别类别。使用静态结构或类显示系统整体结构的图表，以及关系和行为属性，可以对对象的类进行模型化。

在类图表中，汽车租赁系统涉及的对象被划分为不同的类。每个类包含一个名字部分和属性部分。有些类也包含操作部分，指出类中对象的行为。

在客户中，属性包括名字、电话号码、驾驶执照和地址。需要出生日期来确定客户是否满足租赁汽车的最低年龄要求。客户类还存储操作、预约。

图 10.39 给出了汽车租赁系统软件的对象模型（静态结构图）。

类图支持继承，在图 10.39 中，Mechanic 和 Rental Agent 类继承了 Employee 的属性，如名字和地址。

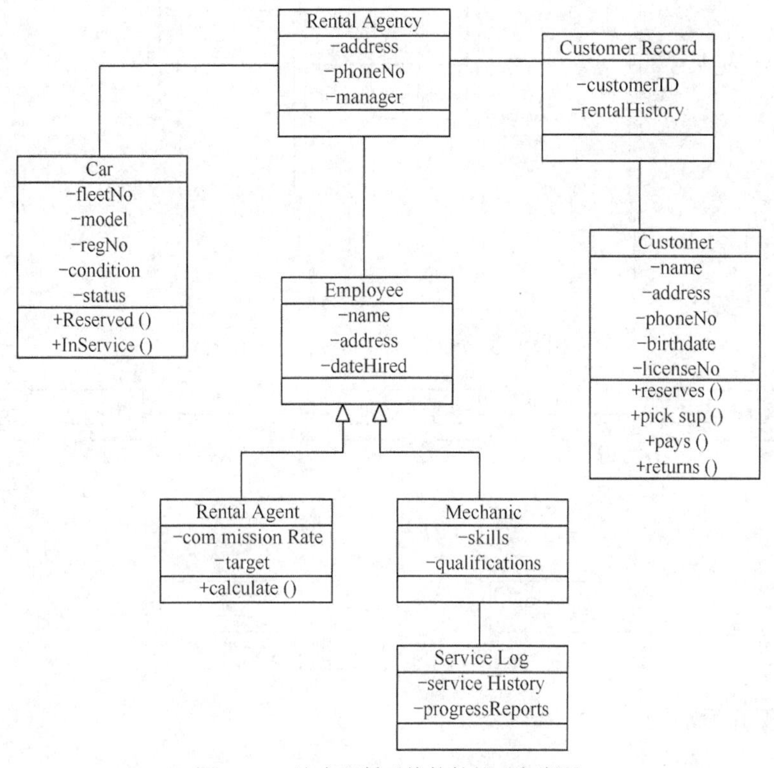

图 10.39　汽车租赁系统软件的对象类图

10.6.4　系统动态行为模型

系统动态行为模型一般包含顺序图、通信图、状态图和活动图 4 类图，本节给出汽车租赁系统的动态行为模型所包含的这 4 类图。

1. 顺序图和通信图

（1）顺序图

顺序图提供了使用事件的详细视图，它按时间顺序显示了相互作用，有助于文档化应用程序的逻辑，显示了参与的双方及它们之间传递的消息。

假定一个客户要预约一辆汽车。租赁机构必须首先检查客户的记录，以确保能够进行租赁。如果客户以前从公司租过汽车，他或她的租赁历史将被记录，机构只需确保以前所有交易运行得很好。例如，机构要确认客户以前所租的汽车能按时返还。一旦客户的租赁情况得到批准，租赁机构就可以批准租赁预约。这个过程可以表示在顺序图中。

图 10.40 给出了汽车租赁系统软件的顺序图，本图省略了除 Customer 和 Rental Agent 之外其他对象之间交互返回的表示。

（2）通信图

通信图是另一类型的交互图。与顺序图相似，它显示了使用事件中的一组对象如何与另一组通信，每个消息都被标上序号以显示它发生的顺序。图 10.41 给出汽车租赁系统软件的通信图。

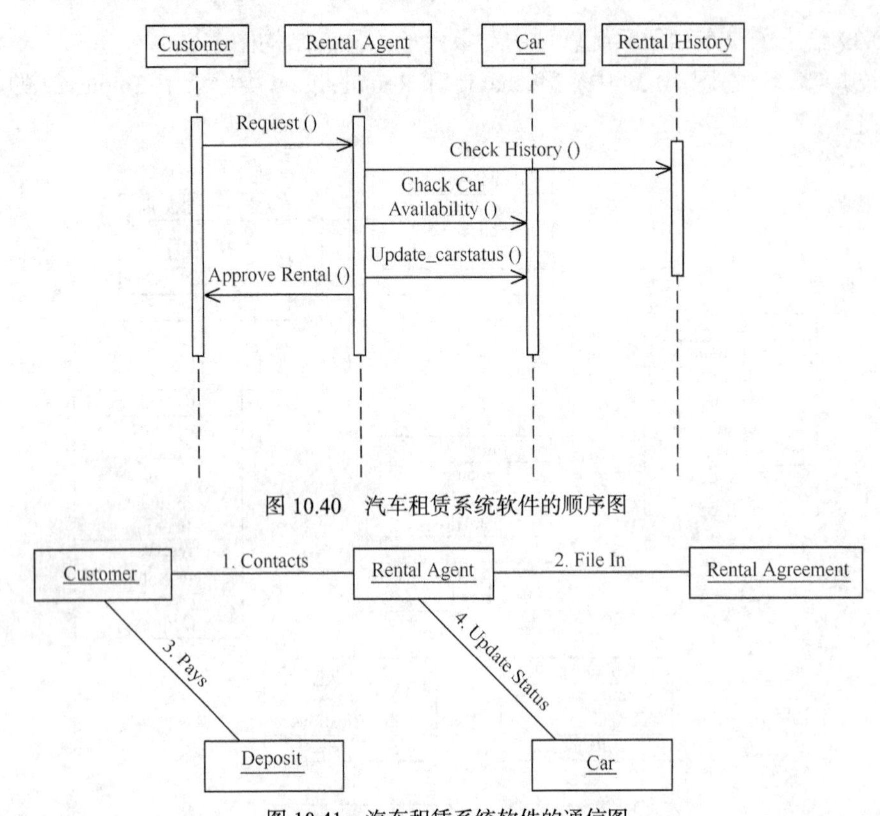

图 10.40　汽车租赁系统软件的顺序图

图 10.41　汽车租赁系统软件的通信图

2. 状态图和活动图

（1）状态图

一个对象的状态由某个时刻的属性决定。对象在外部刺激的影响下在不同的状态间转换。状态图映射这些状态及使对象处于特定状态的激发事件。例如，在租赁系统中，考虑汽车对象，当租赁系统运行时，汽车对象生成复杂但具有代表性的状态图。如图 10.42 所示，它首先加入到车队中，直到被租赁前它一直处于 InStock 状态。在租赁结束后，汽车返回车队，又进入 InStock 状态。在它的商业生命的不同时刻，汽车需要修理（InService）。当汽车到达使用期限后，它被卖掉或被分解以生产新汽车。

图 10.42 给出了汽车租赁系统软件中 Car 对象的状态图。

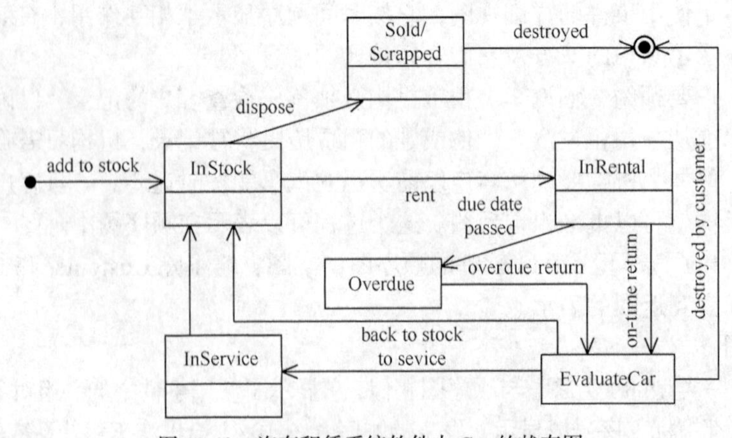

图 10.42　汽车租赁系统软件中 Car 的状态图

（2）活动图

活动图显示与发生的活动相对应的逻辑。活动图与一个特定的类或使用事件相关，显示执行特定操作涉及的步骤。

图 10.43 给出了汽车租赁系统软件的活动图。

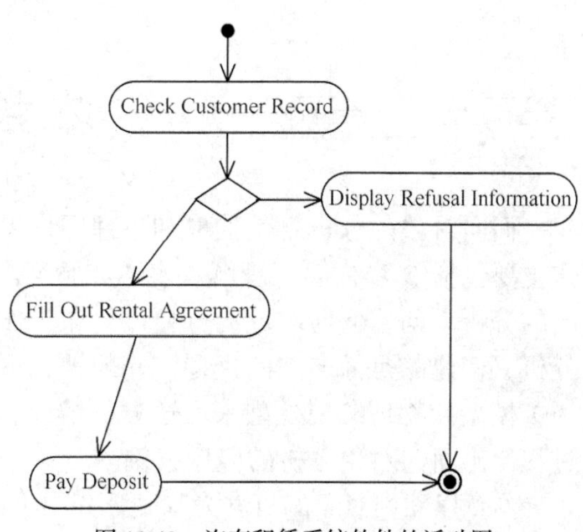

图 10.43　汽车租赁系统软件的活动图

10.6.5　系统物理实现模型

系统物理实现模型主要包括构件图和部署图两类。

1. 构件图

构件图显示组成系统整个结构的不同的软件子系统，本系统构建在一个中心数据库上，此数据库包含了过去的租赁记录、汽车详细情况、服务记录、客户和雇员的详细情况。这些数据被集中到一个数据库中是很重要的，因为库存情况是按小时发生变化的，所有部分必须有精确到分钟的详细信息。对数据保持最新状态需要对所有部分的信息进行实时更新。此例的软件子系统包括汽车记录、服务记录、销售记录、客户记录和雇员记录。

图 10.44 给出了汽车租赁系统软件的构件图。

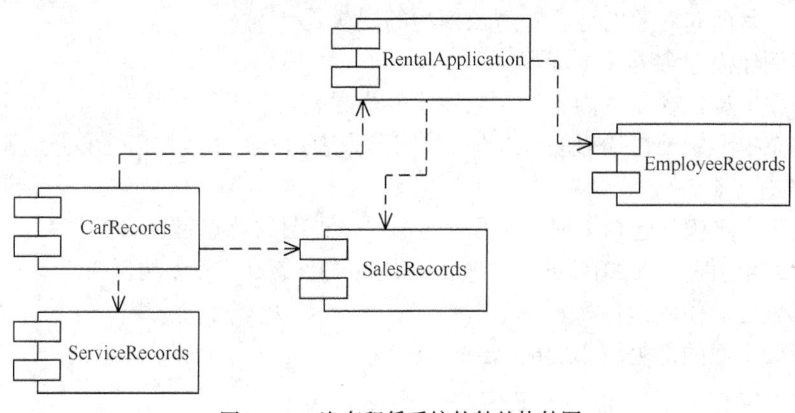

图 10.44　汽车租赁系统软件的构件图

2. 部署图

部署图显示系统中的软件和硬件如何配置。租赁机构需要带有中心数据库的员工可访问的客户机/服务器系统。租赁机构需要访问存在的汽车的数据。同时，机构要能将一个特定的汽车标记为处于 InService 状态。

图 10.45 给出了汽车租赁系统软件的部署图。

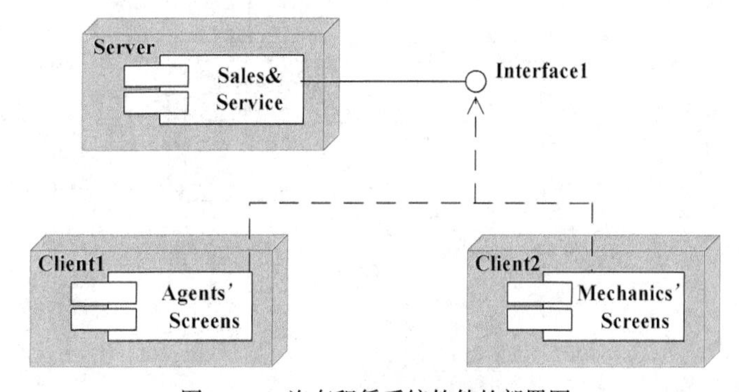

图 10.45　汽车租赁系统软件的部署图

本例是一个简化的面向对象软件开发过程的案例分析，本章所介绍的相关概念可在本例中进行相应的验证。

本章小结

面向对象的分析就是抽取和整理用户需求，并建立问题领域精确模型的过程。分析工作主要包括 3 项内容：理解、表达和验证。与传统的面向数据流的结构化方法以功能为导向的分析不同，面向对象的分析以对象类作为分析的基础，借助于面向对象方法进行需求分析，构建的是面向类的模型。一般地，可通过对象模型、用例（功能）模型、动态（行为）模型和物理实现模型来表达分析结果。本章最后通过一个简化的汽车租赁系统的分析过程给出面向对象分析的应用案例。

本章以面向对象的概念为基础，介绍了以这 4 种模型为基础进行建模的基本方法和注意事项，为面向对象软件的分析过程提供指导。

习 题 10

10.1 面向对象建模主要建立哪几种模型？各自的特点是什么？

10.2 什么是面向对象的分析？对象模型的层次是什么？

10.3 用例建模包含哪几个步骤？

10.4 对象模型包含哪些内容？对象建模的步骤是什么？

10.5 动态模型主要是通过 UML 的哪些图形来表示？这些 UML 图形分别建模问题中的哪些方面？各有什么特点？

10.6 物理实现模型包含 UML 的哪些图形？每种图的特点是什么？

10.7 什么叫构件，构件有哪几种类型，UML 中构件怎么表示？构件图的作用是什么？

10.8 部署图的作用是什么？

10.9 阅读下面的部署图 10.46，要求：

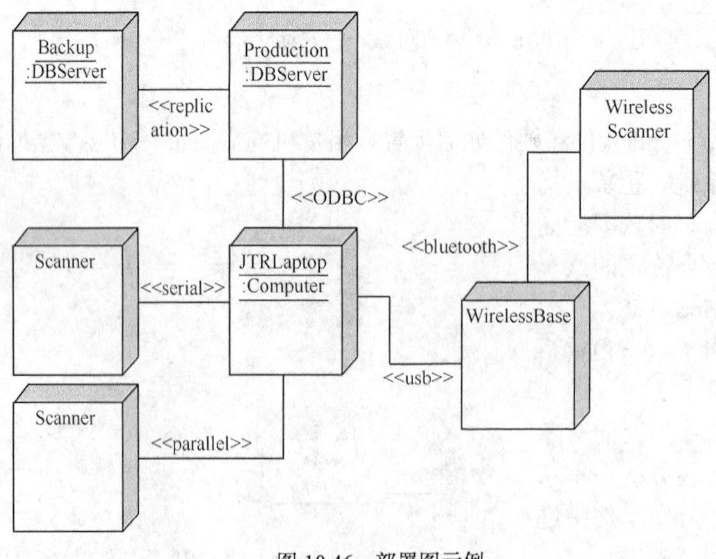

图 10.46 部署图示例

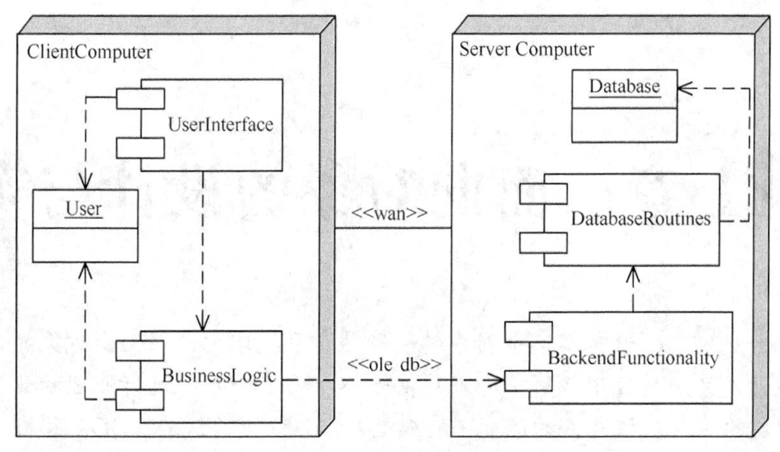

图 10.46　部署图示例（续）

① 标识出通用结点；

② 标识出实例化的结点；

③ 标识出通信关联；

④ 标识出构件之间的关系。

第 11 章　面向对象的设计与实现

面向对象分析 OOA 针对现实世界中的问题域与系统职责，用面向对象的方法建立起针对问题域（被开发系统的应用领域，即在现实世界中由这个系统进行处理的业务范围）和系统职责（所开发的系统应该具备的职能）的模型，作为分析的结果。OOA 模型不考虑与系统的具体实现相关的因素（譬如，采用什么程序设计语言和数据库），从而使 OOA 模型独立于具体的实现环境。

面向对象设计 OOD 则是把分析阶段得到的对目标系统的需求转变成符合成本和质量要求的、抽象的系统实现方案的过程。设计的目的是为了确定如何构建系统，获得足够的信息，以便驱动系统的真正实现。设计时应反映实现环境的特征、设计概念的特征和设计模式应用的特征等。此外，设计时还需要考虑这些问题：选择纯对象方法还是基于构件的方法；是否遵循公共业务体系结构；是否遵循公共技术体系结构；在什么程度上支持为系统定义的功能需求和约束等。尽管分析和设计的定义有明显区别，但是在实际的软件开发过程中，二者的界限是模糊的；许多分析结果可以直接映射成设计结果，而在设计过程中又会加深和补充对系统需求的理解。一般地，设计工作包括两方面：一是根据实现条件对 OOA 模型做某些必要的调整和修改，使其成为 OOD 模型的一部分；二是针对具体实现条件，建立人机界面、数据存储和控制驱动等模型。

面向对象方法学在概念和表示方法上的一致性，保证了在各开发活动之间的平滑过渡，从面向对象分析、面向对象设计，再到面向对象的实现，实际上就变成一个逐渐扩充模型的过程，或者说，面向对象设计就是利用面向对象观点建立求解域模型的过程，面向对象的实现就是选择一种面向对象的程序设计语言进行编码、测试、审查、调试和优化的过程。面向对象分析、设计和实现是一个多次反复迭代的过程，这是面向对象方法的一大优点。

11.1　面向对象的设计准则和启发式规则

11.1.1　面向对象设计准则

面向对象设计的过程可以看作是按照设计准则，对分析模型进行细化的过程。虽然这些设计准则并非面向对象的系统所特有，但对面向对象设计起着重要的支持作用。面向对象的设计准则包括以下 6 个方面。

1. 模块化

对象是面向对象软件系统中的模块，它把数据结构和操作这些数据的方法紧密地结合在一起构成模块。

2. 抽象

抽象强调对象的本质、内在的属性，而忽略了一些无关紧要的属性。面向对象的程序设计语言不仅支持过程抽象，而且支持数据抽象。对象类实际上就是具有继承机制的抽象数据类型。此外，某些面向对象的程序设计语言还支持参数化抽象。

3. 信息隐藏

在面向对象方法中，信息隐藏具体体现为类的封装性。类是封装良好的可重用构件，类的定义结构将接口与实现分开，软件外部对内部的访问通过接口实现，从而支持信息隐藏。

4. 弱耦合

按照抽象与封装性，弱耦合是指子系统之间的联系应该尽可能少。面向对象系统中的耦合包括交互耦合和继承耦合两种类型。

（1）交互耦合：是对象之间的关联关系的一种形式，交互耦合通过消息连接来实现。交互耦合应尽可能松散，即：一应尽量降低消息连接的复杂程度；二应尽量减少消息中的参数个数，降低参数的复杂程度；三应减少对象发送（或接收）的消息数。

（2）继承耦合：是一般化类与特殊类之间耦合的一种形式。继承耦合程度应该尽可能提高，因为从本质上看，通过继承关系结合起来的父类和子类，构成了系统中粒度更大的模块，因此，它们彼此之间应该结合得越紧密越好。为获得紧密的继承耦合，特殊类应该是对其一般化类的具体化。

5. 强内聚

强内聚指子系统内部各构成元素对完成一个定义明确的目的所做出的贡献程度。面向对象系统中的强内聚包括服务内聚、类内聚和一般-特殊内聚。

（1）服务内聚指一个服务应该完成一个且仅完成一个功能。

（2）类内聚指一个类应该只有一个用途，它的属性和服务应该是高内聚的，也就是说，类的属性和服务应该全都是完成该类对象的任务所必需的，其中不包含无用的属性或服务。实际上，对于面向对象软件来说，最佳的内聚是通信内聚，即一个模块可以完成许多相关的操作，每个操作都有各自的入口点，它们的代码相对独立，而且所有操作都在相同的数据结构上完成。

（3）一般-特殊内聚指设计出的一般-特殊结构应该是对相应的领域知识的正确抽取。一般说来，紧密的继承耦合与高度的一般-特殊内聚是一致的。

6. 可重用

重用是提高软件开发生产率和目标系统质量的重要途径，目前可重用内容大多从设计阶段开始。重用有两方面的含义：一是尽量使用已有的类（包括开发环境提供的类库及以往开发类似系统时创建的类）；二是如果确实需要创建新类，则在设计这些新类的协议时，应该考虑将来的可重复使用性。

11.1.2　启发式规则

面向对象方法学在发展过程中也逐渐积累起一些经验法则，总结这些经验得出了几条启发式规则，它们在面向对象设计中往往能帮助设计人员提高设计质量。

1. 设计结果应该清晰易懂

使设计结果清晰、易读、易懂是提高软件可维护性和可重用性的重要措施。保障设计结果清晰易懂的主要因素如下。

（1）用词一致：设计中应该使名字与它所代表的事物一致，而且应该尽量使用人们习惯的名字。不同类中相似服务的名字应该相同。

（2）使用已有的协议：如果开发同一软件的其他设计人员已经建立了类的协议，或者在所使用的类库中已有相应的协议，则应该使用这些已有的协议。

（3）减少消息模式的数目：如果已有标准的消息协议，涉及人员应该遵守这些协议。如果确需自己建立消息协议，则应该尽量减少消息模式的数目，只要可能，就使消息具有一致的模式，以利于读者理解。

（4）避免模糊的定义：一个类的用途应该是有限的，而且应该从类名可以较容易地推导出它的用途。

2. 一般-特殊结构的深度应适当

应该使类等级中包含的层次数适当。一般说来，在一个中等规模（大约包含 100 个类）的系统中，类等级层次数应保持为 7±2。不应该仅仅从方便编码的角度出发随意创建子类，应该使一般-特殊结构与领域知识或常识保持一致。

3. 设计简单的类

经验表明，如果一个类的定义不超过一页纸（或两屏），则这个类比较容易使用。为使类保持简单，应该做到以下几点：不要包含过多的属性；类有明确的定义，即分配给每个类的任务应该简单；尽量简化对象之间的合作关系，不要提供太多的服务。

4. 使用简单的协议

一般说来，消息中的参数不要超过 3 个。经验表明，通过复杂消息相互关联的对象是紧耦合的，对一个对象的修改往往导致其他对象的变化。

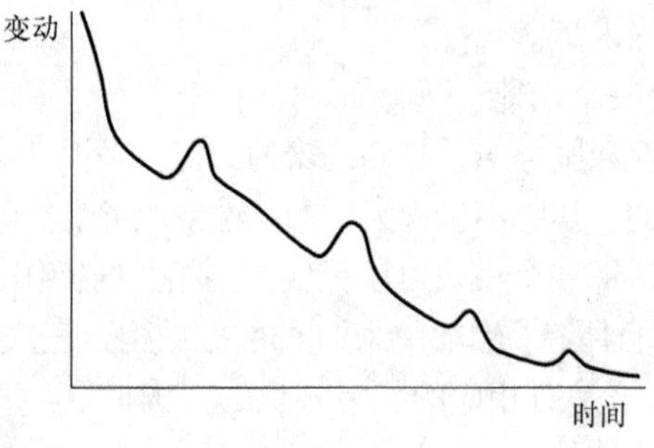

图 11.1　理想的设计变动情况

5. 使用简单的服务

通常，面向对象设计的类中的服务都很小，可以用仅含一个动词和一个宾语的简单句子描述它的功能。

6. 把设计变动减至最小

通常，设计的质量越高，设计结果保持不变的时间就越长。即使出现必须修改设计的情况，也应该使修改的范围尽可能小。理想的设计变动曲线如图 11.1 所示。

11.2　系统设计

正如面向过程的软件工程将软件设计分为总体设计和详细设计一样，面向对象的软件设计也可以分为两个层次：系统架构设计（也叫体系结构设计）和系统元素设计。系统架构设计是指系统主要组成元素的组织或结构，以及各组成元素之间进行交互的接口定义。该设计工作主要包含 6 个方面的活动：系统高层结构设计、确定设计元素、确定任务管理策略、实现分布式机制、设计数据存储方案和设计人机界面。系统架构设计是针对整个系统的，其设计结果将影响整个系统，对系统元素的设计有指导作用。关于系统架构的常用设计方案，读者可参考本书第 13 章，此处不再赘述。系统元素包括组成系统的类、子系统与接口、包等，系统元素设计就是指对每个设计元素所进行的详细设计。

从另外一个角度讲，一般在求解复杂系统时，人们总是将其分解为一系列小系统，从而实现“分而治之，各个击破”。在面向对象设计中，软件设计师也采取这种方式，大多数面向对象系统的逻辑设计模型可以划分为 4 部分，分别对应组成目标系统的 4 个子系统，即问题域子系统、人机交互子系统、任务管理子系统和数据管理子系统。当然，不同的软件系统中，这 4 个子系统的重要程度和规模不是同等重要的，可根据具体情况做适当调整。本节就从这 4 个子系统的设计角度出发，分别介绍各子系统的设计原则和注意事项。

11.2.1 问题域子系统设计

通过面向对象分析所得出的问题域精确模型，为设计问题域子系统奠定了良好的基础，建立了完整的框架。只要可能，就应该保持面向对象分析所建立的问题域结构。通常，面向对象设计仅需从实现角度对问题域模型做一些补充或修改，主要是增添、合并或分解类、属性及服务，调整继承关系等。当问题域子系统过于复杂庞大时，应该把它进一步分解成若干个更小的子系统。问题域子系统设计可以对应到面向对象分析中所划分的主题部分，因此也称为主题部件设计。

在问题域子系统设计中，常用的增添、合并或分解思路和方法包括以下几个方面。

（1）为复用设计与编程的类而增加结构

如果 OOA 识别和定义的类是本次开发中新定义的，那就需要进行从头开始设计。如果已存在一些可复用的类，而且这些类既有分析、设计时的定义，又有源程序，那么复用这些类即可提高开发效率与质量。注意可复用的类可能只是与 OOA 模型中的类相似，而不是完全相同，因此需对其进行修改。设计目标是尽可能使复用成分增多，新开发的成分减少。

假设当前可复用类定义的信息为 A，当前所需的类的信息为 B，当 A 比 B 少时，可以通过继承复用；当 A 比 B 多时，可以删除 A 的多余信息来复用；当 A 与 B 大约相当时，可以删除多余信息，直接复用，或将 A 作为 B 的父类实现继承复用。

另外，现有的若干类中，如果有某几个类有相似性，则可以将所有的具有相似协议的类组织在一起，抽取其共同特征，提供通用的协议，增加一个父类。

（2）按编程语言调整继承关系

一般地，OOA 强调如实地反映问题域，而 OOD 要考虑实现问题。在实现领域中，面向对象编程语言有些不支持多继承，所以在 OOD 中，需要按照所选择的编程语言调整分析结果中的继承关系。

（3）提高性能

为提高系统整体性能，可以从以下几个方面考虑：把需要频繁交换信息的对象尽量地放在一台处理机上；增加属性或类，以保存中间结果；提高或降低系统的并发度，可能要人为地增加或减少主动对象；合并通信频繁的种类。

【例 11.1】 根据上述原则进行类设计的合并前后对照示意图参见图 11.2。

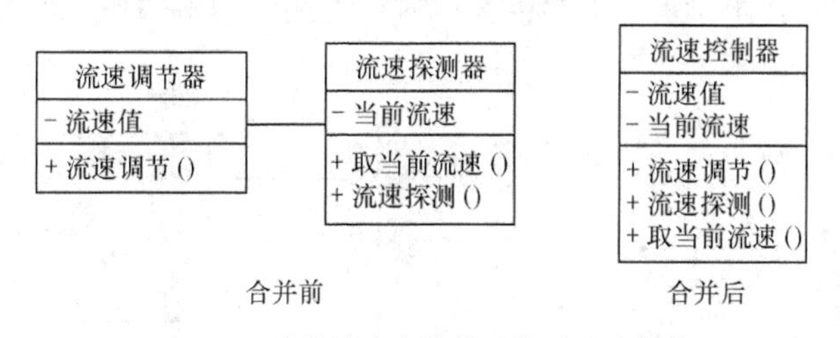

图 11.2 类设计中合并前后的对照示意图

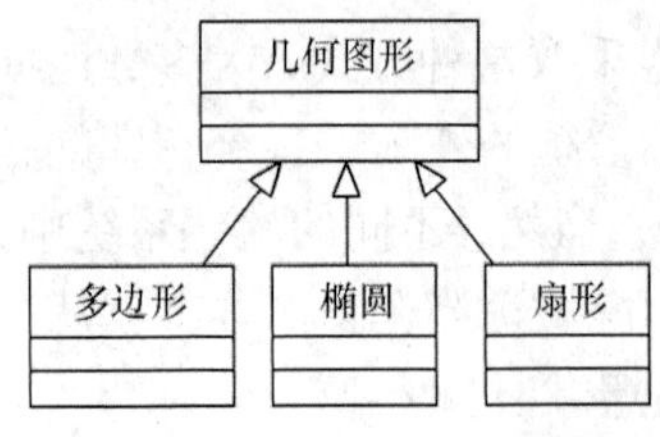

图 11.3　表达继承关系的类图

（4）为编程方便增加底层成分，通过细化对象的分类来实现

【例 11.2】 将几何图形分成多边形、椭圆、扇形等特殊类型图形，通过继承关系实现这几个图形类之间的联系，参见图 11.3。

（5）对复杂关联的转化并决定关联的实现方式

【例 11.3】把多对多关联转化为一对多关联，参见图 11.4。

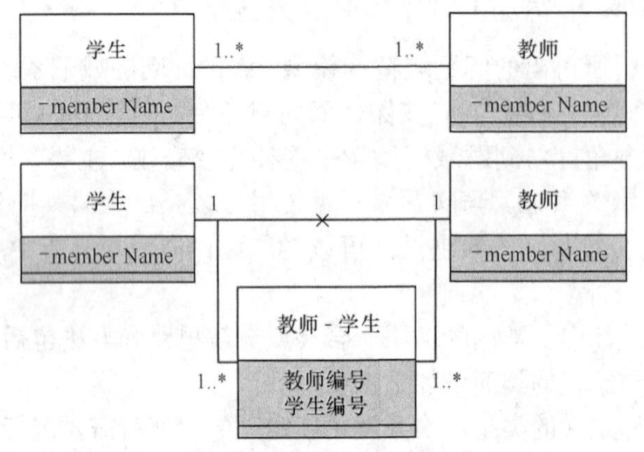

图 11.4　把多对多关联转化为一对多关联示意图

【例 11.4】 把多元关联转化为二元关联，参见图 11.5。

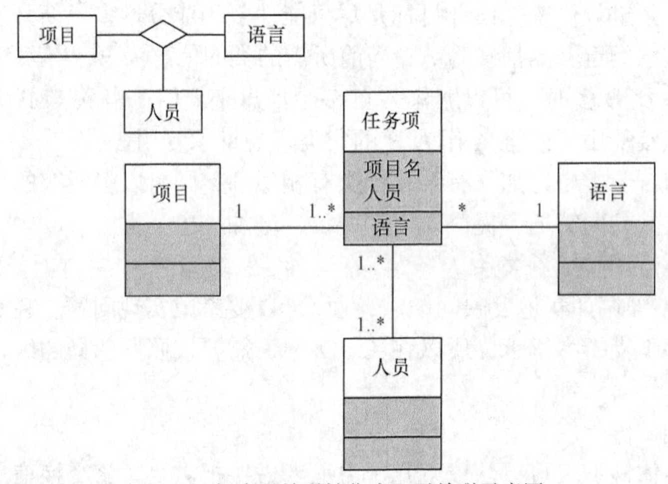

图 11.5　把多元关联转化为二元关联示意图

（6）调整与完善属性

按照语法：[可见性] 属性名 [‘：’ 类型] [‘=’ 初始值] 对属性的定义进行完善。

每一个属性或者包含单个值，或者包含作为一个整体的密切相关的一组值，参见图 11.6。

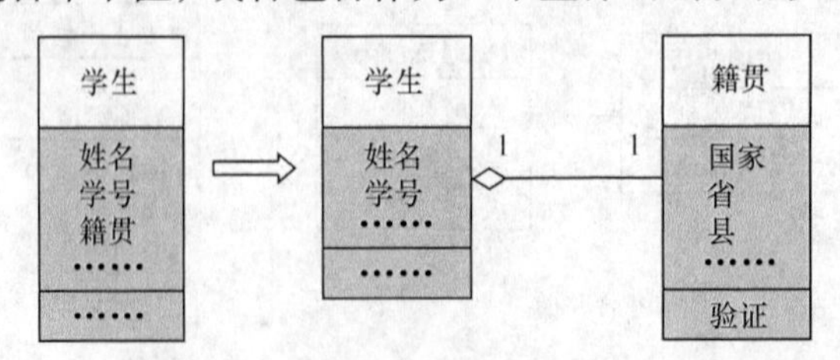

图 11.6　一个属性包含作为一个整体的密切相关的一组值示意图

若要给出对属性的性质的约束，如“工龄<60”或“0≤英语成绩≤100”等，也要看语言是否对其直接支持，否则要在算法上考虑如何实现。

如果编程语言限制了可用的属性类型，则要通过操作的算法来调整。

（7）构造或优化算法，调整服务

对于需要设计的操作，要从如下几方面进行详细地定义。

① 按照定义操作的格式：[可见性] 操作名 [‘(’ 参数列表 ‘)’] [‘:’ 返回类型] 完善操作的定义。

② 从问题域的角度，根据其责任，考虑实现操作的算法，即对象是怎样提供操作的。

③ 若操作有前后置条件或不变式，考虑编程语言是否予以支持。若不支持，在操作的方法中要予以实现。

④ 建议进一步分析特定类对象相关的所有交互图，找出所有与之相关的消息。一个对象所要响应的每个消息都要由该对象的操作处理，其中的一个操作也可能要使用其他操作。如果类拥有状态图，还可根据内部转换及外部转换的动作等，设计算法的详细逻辑。可用自然语言或伪代码描述算法，也可以使用程序框图或活动图描述算法。

⑤ 在算法中还要考虑对异常和特殊情况的处理。如考虑对输入错误、来自中间件或其他软硬件的错误消息，以及其他例外情况的处理。

⑥ 在系统较为复杂或需要处理大批量数据的情况下，若系统在性能上有要求，就要对系统的体系结构和算法进行优化。

（8）其他

在 OOD 的问题域部分，根据情况，还有一些其他需要考虑的问题。例如，为数据存储管理增补属性与服务；决定对象间的可访问性；考虑加入进行输入数据验证这样的类等。另外，还应该根据具体问题考虑使用合适的设计模式。

当两个子系统互相通信时，可建立客户机/服务器（C/S）结构或对等结构（P2P）。在 C/S 结构中，每个子系统只承担一个由客户机端或服务器端隐含的角色，服务只是单向地从服务器端流向客户机端；在 P2P 结构中，服务可以双向流动。在划分子系统时，往往进行分层设计。系统的每一层包含一个或多个子系统，表示完成系统功能所需的功能性的不同抽象层次。抽象级别由与其相关的处理对用户的可见程度来确定。关于子系统之间通信架构的详细设计信息可参考本书第 13 章内容。

11.2.2　人机交互子系统设计

人机界面部分的好坏直接影响用户的情绪和工作效率。好的设计会增强用户对系统的好感，让用户积极投入到工作中并提升创造力和效率；不好的设计会让用户感觉不方便，甚至会产生厌烦情绪。对人机界面的评价在很大程度上由人的主观因素决定，因此，使用原型支持的系统化的设计策略，是成功地设计人机交互子系统的关键。此外，把人机交互部分作为系统中一个独立的组成部分进行分析和设计，有利于隔离界面，支持系统的变化对问题域部分的影响。

在 OOA 阶段给出了系统所需的属性和操作，已经对用户的界面需求做了初步分析。在 OOD 过程中，应该对目标系统的人机交互子系统进行相应设计，以确定人机交互界面的细节，其中包括指定窗口和报表的形式，设计命令层次等内容。根据需求把交互细节加入到用户界面设计中，包括人机交互所必需的实际显示和输入。用户界面设计部分主要由以下几个方面组成。

1. 用户分类

对用户的分类可以有多种标准，如按组织层次分为高层领导、中层领导、技术骨干、办事员；按职能分为技术类、管理类；按照用户使用系统的目的分为顾客、职员、维护人员等；不同分类标准可以提供界面设计的不同要求。

2. 描述与系统交互的参与者的脚本

对前面定义的每类用户分类考虑其目的、特点、操作熟练程度、任务要求等因素。

3. 设计详细的交互

人机界面的设计准则包括：

① 易学、易用、操作方便；

② 尽量保持一致性；

③ 及时提供有意义的反馈；

④ 使用户的注意力集中在当前的任务上而不是界面上；

⑤ 尽量减少用户的记忆负担；

⑥ 具有语境敏感的帮助功能；

⑦ 减少重复的输入和操作；

⑧ 对用户的操作具有容错性，如具有撤销功能；

⑨ 防止灾难性的错误；

其他：如艺术性、趣味性、风格、视感等。

4. 设计命令层

除了图形化界面外，对于命令层的设计需要考虑以下问题：

① 把使用最频繁的操作命令放在最前面，其他命令按照用户工作步骤排列；

② 通过逐步分解，对命令层中的操作适当分块，按照“每次记忆 3 块，每块 3 项”的特点，把深度尽量限制在 3 层以内；

③ 尽量减少操作步骤，把点击、拖动和键盘操作减到最少。

5. 设计人机交互类

首先设计组织窗口和相关部件的用户界面类，用同样的类初始化系统中其他人机交互部件类，保证整个系统人机交互界面的一致性。

6. 继续做原型

系统原型是人机交互设计中的重要工作之一，通过快速原型工具或应用构造器尽快做出原型让用户试用，可以快速得到用户反馈，帮助界面设计更符合用户需求。

11.2.3 任务管理子系统设计

构成一个系统的各组成部分之间经常会存在相互依赖现象，因此任务管理子系统的一项重要工作就是确定哪些对象是必须同时动作的，哪些对象是相互排斥的，然后根据问题域任务描述，进一步设计任务管理子系统。

Coad 和 Yourdon 建议通过下列步骤来设计管理并发任务的对象策略：

（1）确定任务的特征（如事件驱动、时钟驱动等）；

（2）定义协调者任务和关联的对象；

（3）集成协调者和其他任务。

两种最常见的任务是事件驱动任务和时钟驱动任务。事件驱动任务是指可由事件来激发的任务，常常是一些负责与硬件设备、屏幕窗口、其他任务或子系统进行通信的任务；时钟驱动任务是指以固定的时间间隔激发某种事件来执行相应处理的任务，例如，某些设备需要周期性地获得数据，某些人机接口、子系统、任务或处理器需要与其他系统进行周期性通信等，所以产生了时钟驱动任务。

此外，还可以根据任务优先级来安排各个任务，高优先级的任务必须能够立即访问系统资源，高关键性的任务即使在资源可用性减少或系统处于退化的状态下，也必须能够立即运行。当系统中包含 3 个以上的任务时，就应该考虑增加一个任务，专门用来协调任务之间的关系，该任务被称为协调任务。这些协调任务可为封装不同任务之间的协调控制带来好处，该任务的行为可用状态转换矩阵来描述。

除了上述任务外，在任务管理子系统中，还可能会涉及资源使用矛盾的问题，这时需要设计者综合考虑各种因素，以决定在最高性价比条件下实现资源的合理调配和使用。例如，考虑同样功能要求的硬件和软件实现时，设计者必须综合权衡一致性、成本和性能等因素，还要考虑未来的可扩充性和可修改性等，设计合理的选择方案。

11.2.4　数据管理子系统设计

数据管理部分包括两个不同的关注区域：对应用本身关键的数据管理和创建用于对象存储和检索的基础设施。数据管理部分提供在特定的数据管理系统中存储和检索对象的基本结构，包括对永久性数据的访问和管理。数据管理部分主要负责存储问题域的持久对象、封装这些对象的查找和存储机制，以及为了隔离数据管理系统对其他部分的影响，使得选用不同的数据管理系统时，问题域部分基本相同。选用不同的数据管理系统，对数据管理部分的设计有不同的影响。

数据管理子系统的设计首先要根据问题范围选择数据存储管理模式，然后针对选定的管理模式设计数据管理子系统，下面分别进行阐述。

1. 选择数据存储管理的模式

目前，可供选择的数据存储管理模式主要有 3 种，即文件管理系统、关系数据库管理系统和面向对象数据库管理系统。设计者应根据应用系统的特点来选择合适的数据存储管理模式。

（1）文件管理系统

一般地，文件管理系统提供基本的文件处理和分类能力，特点是能够长期保存数据，成本低，简单。但文件操作的级别很低，使用文件管理数据时还必须编写额外的代码，而且不同的操作系统的文件管理系统往往有很大差异。

（2）关系数据库管理系统

关系数据库管理系统通过若干二维表格来管理数据，其中，二维表由行和列组成，一个关系数据库由多张表组成。关系数据库管理系统的理论基础是关系代数，在多年的发展完善中，关系数据库管理系统能够提供最基本的数据管理功能，支持标准化的 SQL 语言，可以为多种应用提供一致的接口，但是其缺点也比较明显，包括运行开销大、不能满足高级应用需求、与程序设计语言的连接不自然等。

（3）面向对象数据库管理系统

面向对象数据库管理系统是一种新技术，有两方面的特征，一是面向对象的，应支持对象、类、操作、属性、继承、聚合、关联等面向对象的概念；二是它具有数据库系统所应具有的特定和功能，因此，面向对象数据库管理系统通常通过扩充关系型数据库管理系统或扩充面向对象编程语言的方式来实现。其产品大概分 3 类。

① 在面向对象编程语言的基础上，增加数据库管理系统的功能，即长久地存储、管理和存取对象的语法和功能。

② 对关系数据库管理系统扩充抽象数据类型和继承性，再增加一些一般用途的操作供创建和操作类与对象等，使之支持面向对象数据模型，并向用户提供面向对象的应用程序接口。

③ 第三种是按“全新的”面向对象数据模型进行的设计。由对象数据库管理组 ODMG 提出的一些数据库标准正在逐渐地得到广泛的接受，如对象定义语言（Object Definition Language，ODL）是一种描述对象数据库结构和内容的语言。

面向对象的数据库系统与应用系统的逻辑模型都是一致的，不需要再设计负责保存与恢复其他类的对象的类，因为每个类的对象都可以直接在 OODBMS 中保存。面向对象的数据库系统相对来说还比较新，在理论上和技术上还不太完善，而且目前还没有被广泛接受的标准。

2. 设计数据管理子系统

针对选定的数据存储管理模式，数据管理子系统的设计包括数据格式设计和相应服务设计两部分。

（1）数据格式设计

下面分别介绍每种管理模式的数据格式设计的方法和步骤。

① 文件管理系统：列表给出每个类的属性，将所有属性表格规范化为第一范式，为每个类定义一个文件，然后测量性能和需要的存储容量是否满足实际性能要求，若文件太多，就要考虑把一般-特殊结构的类文件合并成一个文件，必要时还需要把某些属性组合起来，通过处理时间来减小所需要的存储空间。

② 关系数据库管理系统：列出每个类的属性表，将所有属性表格规范化为第三范式，为每个类定义一个数据库表，然后测量性能和需要的存储容量是否满足实际性能要求，若不满足则修改部分表设计到较低范式，通过存储空间来换取时间方面的性能指标。

③ 面向对象数据库管理系统：对于在关系数据库上扩充的面向对象数据库管理系统，其处理步骤与关系数据库管理系统的处理步骤类似；对于由面向对象编程语言扩充的面向对象数据库管理系统，由于数据库管理系统本身具有把对象映射成存储值的功能，不需要对属性进行规范化；对于新设计的面向对象数据库管理系统，系统本身就包含了合理的数据格式。

（2）服务设计

如果某个类的对象必须要存储起来，则在类中应增加一个属性和服务，用于完成存储自身的操作。按照面向对象设计的思想，这种属性和服务可以定义在对应类的构造函数中，这样相应类的对象就知道怎样存储自己的属性和服务，在数据管理子系统和问题域管理子系统之间自动架构必要的桥梁。不同数据存储管理系统的服务设计要点如下。

① 文件管理系统：被存储的对象需要知道打开哪些文件，在文件中如何定位，如何检索出旧值及如何更新它们。此外还需要定义一个 ObjectServer 类，并通过该类对象提供下列服务：通知对象保存自己；检索已存储的对象（查找、读取值、创建并初始化对象等），以便由其他子系统使用这些对象。文件管理系统的访问常常采用批处理方式以提高效率。

② 关系数据库管理系统：对象必须确定访问哪些数据库表，如何检索到所需要的元组，如何检索出旧值及如何更新它们。为此也需要定义一个 ObjectServer 类，并通过该类对象提供下列服务：告知对象如何存储自己；检索已存储的对象（查找、读取值、创建并初始化对象等），以便由其他子系统使用这些对象。

③ 面向对象数据库管理系统：对于在关系数据库上扩充的面向对象数据库管理系统，其

使用方法与关系数据库管理系统的使用方法类似；对于由面向对象编程语言扩充的面向对象数据库管理系统，无需增加服务，这种数据库管理系统已经给每个对象提供了存储自己的行为，只需给需要长期保存的对象加个标记，这类对象的存储和恢复即可由面向对象数据库管理系统负责完成；对于新设计的面向对象数据库管理系统，系统本身就包含了相关的服务。

11.3　服务、关联与聚合关系设计

面向对象分析的模型，通常不详细描述类中的服务及类与类之间的关联关系。面向对象设计则是扩充、完善和细化模型的过程。设计和细化类中的服务、关联关系是设计阶段的一项重要工作。

11.3.1　服务设计

面向对象设计中服务的设计可以分为两个步骤：确定类中应有的服务、设计实现服务的方法。

1. 确定类中应有的服务

当软件系统开发进行到分析与设计阶段后，需要综合考虑分析阶段的 4 种模型才能正确确定类中应有的服务。一般地，实现模型与服务的关系不大，可以忽略实现模型对服务的影响。对象模型是进行对象设计的基本框架，但是分析阶段得到的对象模型通常只在每个类中列出了很少的几个最核心的服务，设计者需要把动态模型中对象的行为和用例模型中的用例（数据处理）转换成由适当的类所提供的服务。

（1）从对象模型中引入服务

根据面向对象分析与设计阶段可以平滑过渡的原理，分析阶段对象模型中所包含的服务可直接对应到设计阶段的服务，只是需要比分析阶段更详细地定义这些服务。

（2）从动态模型中确定服务

一般地，一张状态图描绘一类对象的生存周期，图中的状态转换就是执行对象服务的结果。对象接收到事件请求后会驱动对象执行服务，对象的动作既与事件有关，也与对象的状态有关，因此，完成服务的算法自然也与对象的状态有关。如果一个对象在不同状态可以接收同样的事件，而且在不同状态接收到同样事件时其行为不同，则实现服务的算法需要有一个依赖于状态的多分支控制结构来实现服务的算法。

（3）从用例模型中确定服务

用例图中的用例表达了数据的加工处理过程，这些加工处理可能与对象提供的服务相对应，因此需要先确定操作的目标对象，然后在该对象所属的类中定义相应的服务。如果某个服务特别复杂而庞大时，可以考虑将复杂的服务分解为简单的服务以方便实现，当然分解过程要符合分解的原理，分解后要易于实现。

2. 设计实现服务的方法

设计实现服务的方法主要包括以下几项工作。

（1）选择数据结构

分析阶段，分析人员只需考虑系统需要的逻辑结构，而在面向对象设计中，则需要选择能够方便、有效实现算法的物理数据结构。多数面向对象程序员设计语言都提供了基本的数据结构，方便用户选择使用。

（2）定义内部类和内部操作

基于分析阶段的模型，在进行面向对象设计时，有时需要添加一些在需求陈述中没有提到的类，这些新增加的类主要用来存放在执行服务操作过程中的中间结果。此外，分解复杂服务和操作时，常常需要引入一些新的低层操作，这些都属于需要重新定义的内部类和内部操作。

（3）设计实现服务的算法

面向对象设计阶段应该给出服务的详细实现算法，在此过程中需要综合考虑以下因素。

① 算法复杂度。通常选用复杂度较低（效率较高）的算法，但也不要过分追求高效率，应以能满足用户需求为准。

② 容易理解与实现。容易理解与实现往往和高效率是一对矛盾，设计者需要权衡利弊，在两者之间找一个折中点，综合考虑各种因素，选择适当的算法。

③ 易修改和易维护。设计者应该尽可能预测将来可能做的修改和维护，并在设计时提前做些准备。

11.3.2 关联设计

对象模型中，关联是连接不同对象的纽带，指定对象相互之间的联系路径。分析阶段给出的关联可能是笼统的关联关系，在设计阶段就需要对关联关系进行细化的分析和设计。在此过程中，首先要做的就是确定优先级，分析关联关系是单向关联还是双向关联，然后对关联命名，标注关联中的类的角色，需要的时候可以补充关联类及其属性，关联的约束及关联的限定符。

UML 中对象关联的一般表示如图 11.7 所示。在对象类图上，关联用一条把对象类连接在一起的实线表示。一个关联至少有两个关联端，每个关联端连接到一个类，关联端是有顺序的。关联线旁可以标出关联的名字，线旁的小实心三角箭头表示关联的方向，从源对象类指向目标对象类，关联的方向也可以在关联端加上箭头表示。

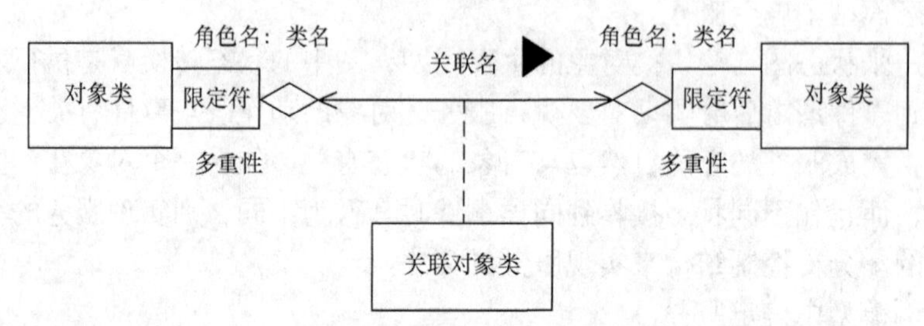

图 11.7　UML 对象类关联的一般表示

（1）单向关联与双向关联

关联可以分为单向关联与双向关联，若无方向箭头，则表示双向关联，箭头表示关联的指向。图 11.8 和图 11.9 分别给出了两个对象类之间的单向关联和双向关联的 UML 表示。对于单向关联，类 A 为关联的源类，类 B 为关联的目的类，表示类 A 的属性中包含了一个或多个类 B 的属性。对于双向关联则类 A 属性和类 B 属性中分别包含了对方的一个或多个属性。

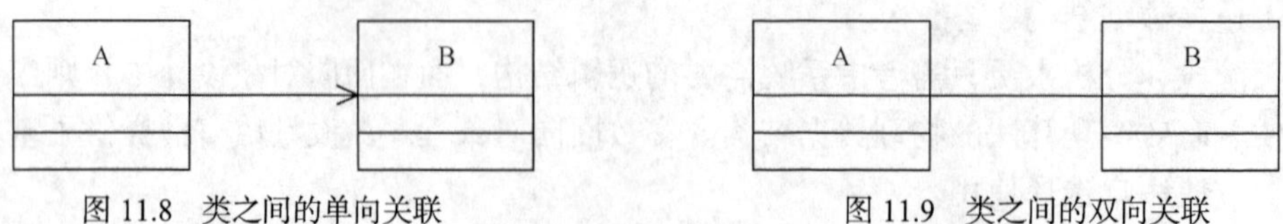

图 11.8　类之间的单向关联　　　图 11.9　类之间的双向关联

（2）关联的命名

若给关联加上关联名来描述关联的作用，则关联在语义上更加明确。图 11.10 是使用关联名的一个例子，其中 Company 类和 Person 类之间的关联如果不使用关联名，则可以有多种解释，如 Person 类可以表示是公司的客户、雇员或所有者等。但如果在关联上加上 Employs 这个关联名，则明确表示 Company 类和 Person 类之间是雇佣（Employs）关系。关联名通常是动词或动词短语。

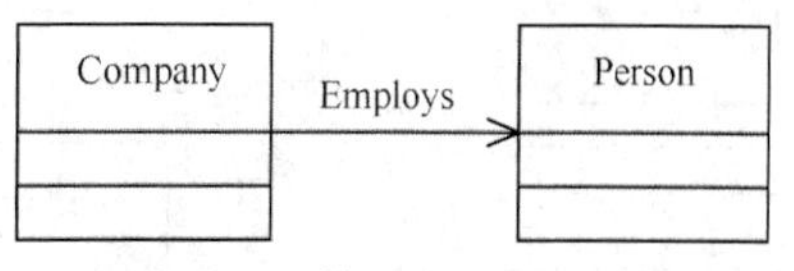

图 11.10　使用关联名的关联

关联命名的原则是命名有助于模型的理解，若一个关联意思已经明确，则不需关联名。

在关联端可以标出多重性，其表示方法与类属性的多重性描述方法相同。关联端的多重性标记规定该对象类中有多少个对象参与该关联，常用的多重性标记有“0..1”、“1”、“*”等。

（3）角色

在关联的对象类图标旁可以标出类的角色名（Role）。角色表示被关联的类参与关联的特定的行为。角色名可以后跟一个冒号“:”和类名。这个类名常是一个接口或类型（Type）的名字，表示该角色在关联中的行为是通过相关的接口或类型实现的。角色名前可以标有可视性标记“+”、“#”、“-”等。可视性标记的含义与类属性的可视性标记类似，“+”表示属性为公共属性，“#”表示属性为保护属性，“-”表示属性为私有属性。

关联两端的类可以某种角色参与关联。例如，在图 11.11 中，Company 类以 employer 的角色、Person 类以 employee 的角色参与关联，employer 和 employee 称为角色名。如果在关联上没有标出角色名，则隐含地用类的名称作为角色名。

角色也具有多重性（multiplicity），表示可以有多少个对象参与该关联。在图 11.11 中，雇主（公司）可以雇佣多个雇员，表示为 0..n；雇员只能被一家雇主雇佣，表示为 1。

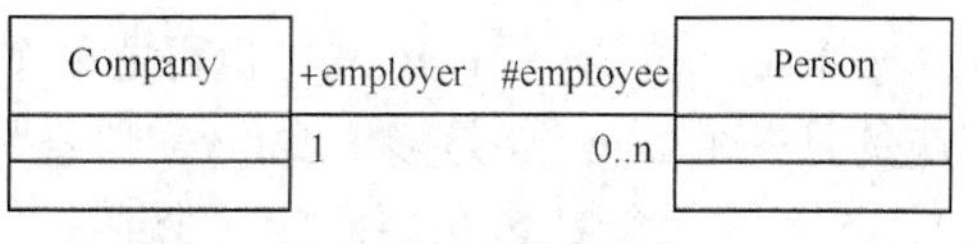

图 11.11　关联的角色

（4）关联类及其属性

关联本身也可以有属性，通过关联类可以进一步描述关联的属性、操作及其他信息。关联类通过一条虚线和关联连接。图 11.12 中的 Contract 类是一个关联类，Contract 类中有属性 duty，这个属性描述的是 Company 类和 Person 类之间的关联的属性。

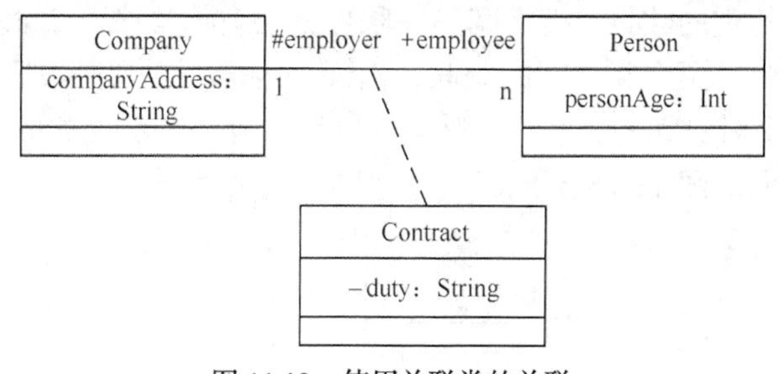

图 11.12　使用关联类的关联

由于指定了关联角色的名字，由类图转换为代码的框架中就直接用关联角色名作为所声明的变量的名字，如 employer 为类 Company 的变量名，employee 为类 Person 的变量名等。另外，employer 的可见性是 protected，也在生成的代码框架中体现出来。

因为指定关联的 employee 端的多重性为 n，所以在生成的代码框架中，employee 是类型为 Person 的数组，关联类 Contract 有自己独立的属性。

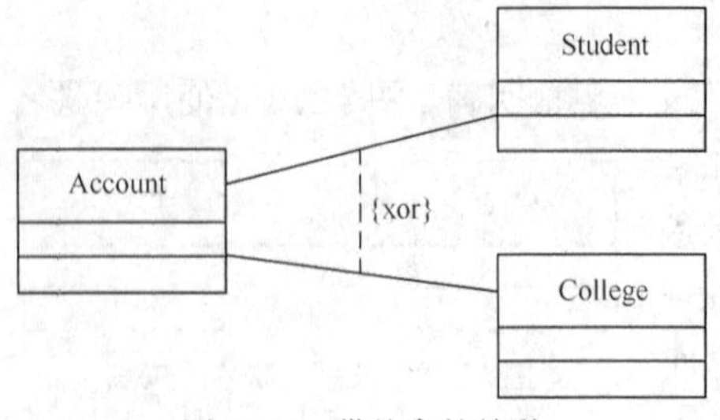

图 11.13 带约束的关联

（5）关联的约束

关联还可以加上一些约束，以加强关联的含义。图 11.13 所示是两个关联之间存在异或约束的例子，即 Account 类或者与 Student 类有关联，或者与 College 类有关联，但不能同时与 Student 类和 College 类都有关联。

约束是 UML 中的 3 种扩展机制之一，另外两种扩展机制是版型（Stereotype）和标记值（Tagged Value）。约束不仅可以作用在关联，也可以作用在其他建模元素上。

（6）关联的限定符

在关联端紧靠源对象类图标处可以有限定符，这种关联称为限定关联。限定符有名字或标识，代表被关联的对象的一个属性或多个属性的列表。限定符包含在一个小矩形框内，限定符的名字可以缺省。限定符的作用就是在给定关联一端的一个对象和限定符值以后，可确定另一端的一个对象或对象集。使用限定符的例子如图 11.14 所示，表示一个 User 可以在 Bank 中有多个 Account。但给定一个 Account 值后，就可以对应一个 User 值，或者对应的 User 值为 Null，因为 User 端的多重性为 0..1。这里的多重性表示的是 User 和（Bank，Account）之间的关系，而不是 User 和 Bank 之间的关系。即：

（Bank，Account）→0 个或者 1 个 User

User→多个（Bank，Account）

但图 11.14 没有表明 User 类和 Bank 类之间是一对多的关系还是一对一的关系，既可能一个 User 只对应一个 Bank，也可能一个 User 对应多个 Bank。如果一定要明确一个 User 对应的是一个 Bank 还是多个 Bank，则需要在 User 类和 Bank 类之间另外增加关联来描述。图 11.15 表示一个 User 可以对应一个或多个 Bank。

限定符是关联的属性，而不是类的属性。在实现图 11.14 中的结构时，Account 可能是 User 类中的一个属性，也可能是 Bank 类中的一个属性或其他类中的一个属性。

引入限定符可以将多重性从 n 降为 1 或 0..1，做查询操作，则返回的对象最多是一个，如果查询操作的结果是单个对象，则查询操作的效率较高。

（7）关联的种类

按照关联所连接的类的数量，类之间的关联可分为自返关联、二元关联和 *N* 元关联共三种关联，其中二元关联是两个类之间的关联，前面已经介绍。递归关联是一个类与自身的关联，即同一个类的两个对象间的关联。自返关联虽然只有一个被关联的类，但有两个关联端，每个关联端的角色不同。图 11.16 给出了一个递归关联的例子。

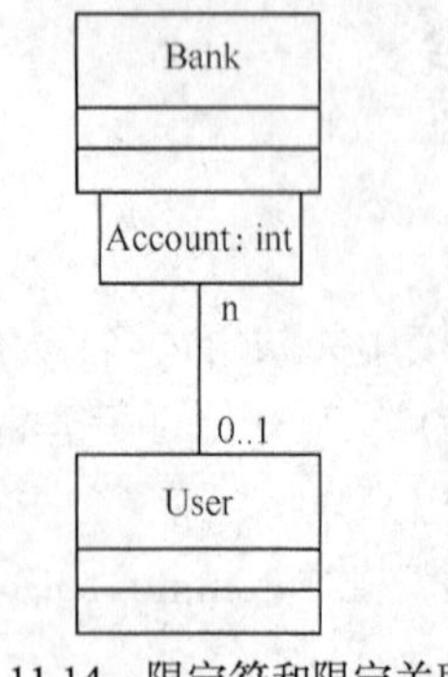

图 11.14 限定符和限定关联

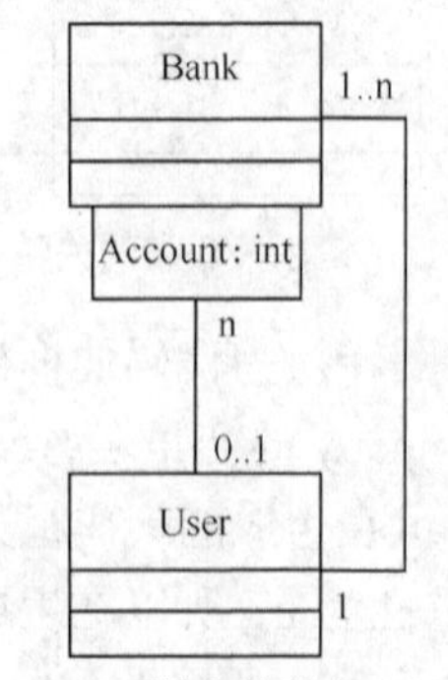

图 11.15 限定关联和一般关联

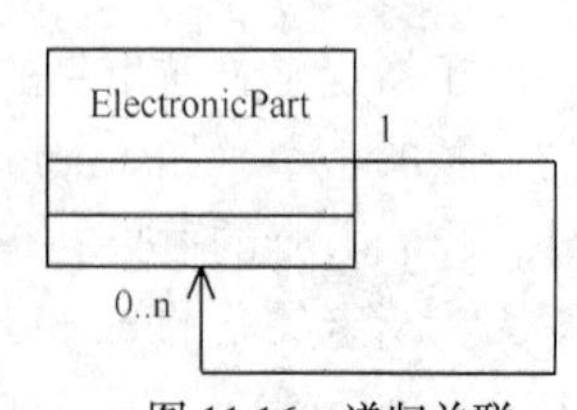

图 11.16 递归关联

当 Rose 或 Visio 等工具将此递归关联类图转换为代码框架时，在 ElectronicPart 类中产生 ElectronicPart 类型的变量 ElectronicPart[ ]。

N 元关联是在 3 个或 3 个以上类之间的关联。三元关联的例子如图 11.17 所示，Company、Trader、Commodity 这 3 个类之间存在三元关联，而 Orderform 类是关联类。*N* 元关联中多重性的意义是：在其他 *N*-1 个实例值确定的情况下，关联实例元组的个数。图 11.17 所示的三元关联中，在某个公司（Company）和交易者（Trader）中可以有多种商品（Commodity），对于一个公司提供的一种商品，可以有多个交易者订货，对于一个交易者需要的一种商品，可以向多个公司订货，一个交易者可以从一个公司中订购多种产品。订单（Orderform）是图 11.17 三元关联的关联类。

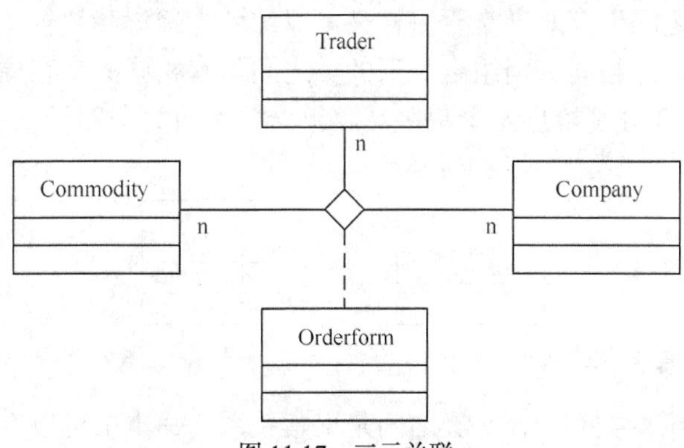

图 11.17　三元关联

在 UML 的规范说明中，用菱形表示 *N* 元关联建模元素。*N* 元关联没有限定符的概念，也没有聚集、组合等概念。

图 11.18 给出了一个对象类图及其关联的示例，图中包含了对象关联、继承、聚集等关系。图中的对象类包括 Order（订货）、OrderLine（订货线）、User（用户）、IndividualUser（个人用户）、CoUser（协作用户）、Employee（雇员）、Product（产品）、Hardware（硬件产品）、Software（软件产品）等。

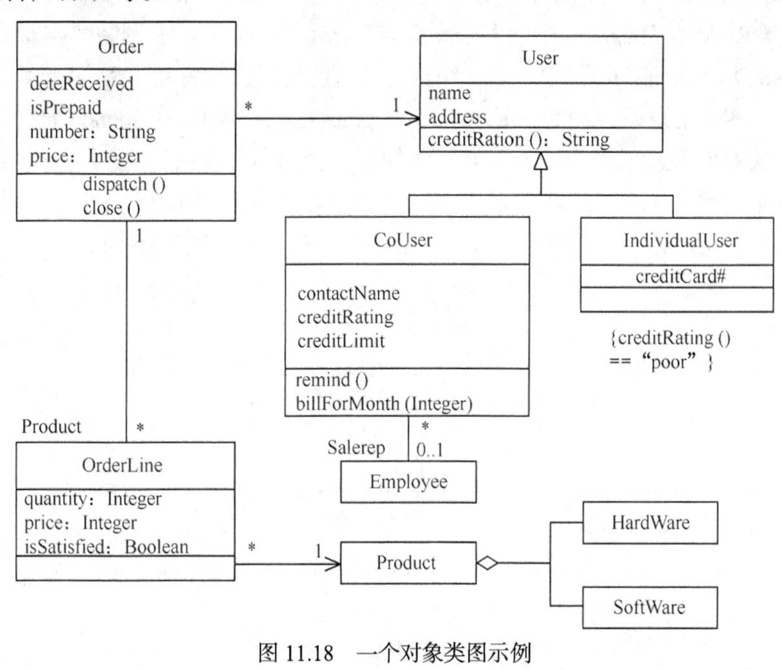

图 11.18　一个对象类图示例

图中存在着多个关联关系，从图中可知一个协作用户可与一个或零个雇员联系，一个雇员可以与多个协作用户联系。对象类“用户”与“个人用户”、“协作用户”之间存在着继承关系。在“个人用户”类图标下面的文字串“{creditRating（）==”poor”}”是对该类的一个约束，说明凡列入“个人用户”类的对象都是一些信誉等级差（Poor）的用户。在类“订货线”和类“雇员”的关联分别标有文字串“Product”和“Salerep”，这些附加的文字串说明该类在关联中的角色。

11.3.3 聚合关系设计

聚合（聚集和组合）是表达类与类之间组成关系的一种特殊的关联关系描述，根据组成类的部分类和整体类之间生存周期是否一样又可以细分为聚集和组合，其中，形成聚集关系的类之间生存周期不一定相同，但组合关系的类之间具有相同的生存周期。

图 11.19 和图 11.20 分别给出了聚集关系和组合关系的两个例子。

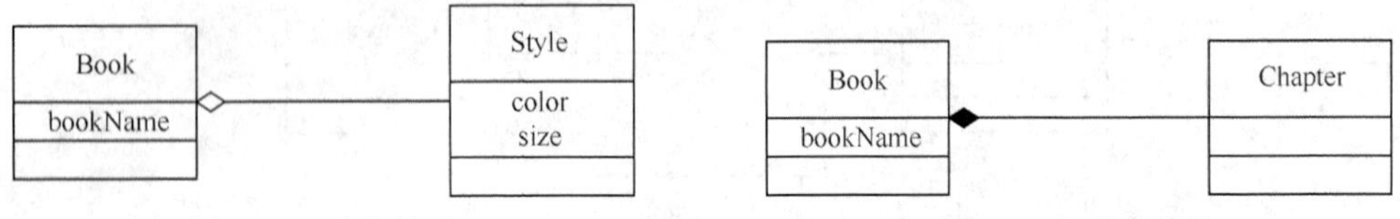

图 11.19　聚集关系　　图 11.20　组合关系

图 11.19 中的 Book 类和 Style 类之间是聚集关系。一本书可以有色彩及尺寸这些样式（Style）方面的属性，可以用一个 Style 对象表示这些属性，但同一个 Style 对象也可以表示别的对象（如图片（Picture））的一些样式方面的属性，也就是说，Style 对象可以用于不同的地方。如果 Book 这个对象不存在，不一定意味着 Style 这个对象也不存在了。

图 11.20 中的 Book 类和 Chapter 类之间是组合关系。一本书可以由章节内容确定，若书不存在，那么表示这本书内容的章节也就不存在，所以 Book 类和 Chapter 类是组合关系。

在复杂系统中，聚集可以有层次结构。图 11.21 给出了个人计算机系统聚集的层次结构表示。个人计算机系统（Personal Computer）是由主机箱、键盘（Keyboard）、鼠标（Mouse）、显示器（Monitor）、CD-ROM 驱动器、一个或多个硬盘驱动器（Hard Drive）、调制解调器（Modem）、软盘驱动器（Disk Drive）、打印机（Printer）组成，还可能包括几个音箱（Speaker）。而主机箱内除 CPU 外还带着一些驱动设备，例如，显示卡（Graphics Card）、声卡（Sound Card）和其他构件。

按照聚集关系的表示法，“整体”类（例如，个人计算机系统）位于层次结构的最顶部，以下依次是各个“部分”类。整体和部分之间用带空心菱形箭头的连线连接，箭头指向整体。图 11.21 表示了个人计算机系统的组成，聚集关系构成了一个层次结构。

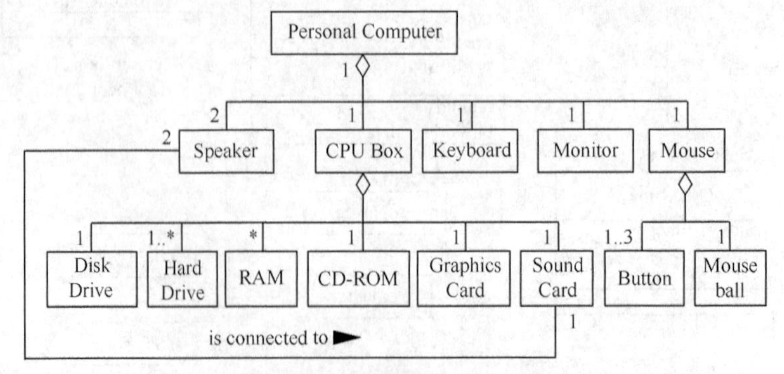

图 11.21　聚集的层次结构表示

聚集与组合表示的部分/整体结构关系对系统建模具有重要的作用，这表现在以下两个方面。

（1）简化了对象的定义：一个复杂的对象，可以把它的部分特征（属性和操作）分离出来，建立独立的代表部分的对象，形成聚集或组合关联结构，简化了原来整体对象的定义，有利于对复杂事物的分析和理解，减少出错的可能性。

（2）支持软件重用：聚集与组合结构支持软件重用。如果在两个或多个对象类中都有一组属性和操作是它们共同的组成部分，则可以把其分离出来，建立独立的代表部分的对象，形成聚集或组合关联结构，这个部分对象为多个类共享，而不必在每一个对象类中重复定义。

聚集和组合的区别如下。

（1）聚集关系也称为“has-a”关系，组合关系也称为“contains-a”关系。

（2）聚集关系表示事物的整体/部分关系的较弱的情况，组合关系表示事物的整体/部分关系的较强的情况。

（3）在聚集关系中，代表部分事物的对象可以属于多个聚集对象，可以为多个聚集对象所共享，而且可以随时改变它所从属的聚集对象。代表部分事物的对象与代表聚集事物对象的生存期无关，一旦删除它的一个聚集对象，不一定也就随即删除代表部分事物的对象。在组合关系中，代表整体事物的对象负责创建和删除代表部分事物的对象，代表部分事物的对象只属于一个组合对象。一旦删除组合对象，也就随即删除相应的代表部分事物的对象。

在设计类图时，设计人员是根据需求分析描述的上下文来确定是使用聚集关系还是组合关系。对于同一个设计，可能采用聚集关系和采用组合关系都是可以的，不同的只是采用哪种关系更为合适。

11.4　面向对象设计优化

按照前述分析和设计规则进行系统分析与设计得到的系统模型，不能保证一定是最优的设计，通常还需要根据系统需求和设计要求做一些优化，本节介绍在面向对象设计阶段中常用的优化策略。

1. 确定优先级

系统分析与设计中包含很多不同的质量指标，但这些质量指标并不是同等重要的，设计人员必须确定各项质量指标的相对重要性，即确定优先级，以便在优化设计时制定折中方案。

系统整体质量与选择的折中方案密切相关，设计优化要进行全局考虑，确定各项质量指标的优先级，否则容易导致系统资源的严重浪费。在折中方案中设置的优先级一般是模糊的，最常见的情况是在效率和清晰性之间寻求适当的折中方案。

下面两部分分别讲述在优化设计时提高效率的技术和建立良好继承结构的方法。

2. 提高效率的几项技术

（1）增加冗余关联以提高访问效率

在面向对象分析过程中，应该避免在对象模型中存在冗余关联，以避免冗余关联降低模型清晰度。但在面向对象设计过程中，在考虑用户访问模式及不同类型访问彼此间的依赖关系时，设计人员会发现，分析阶段确定的关联可能并没有构成效率最高的访问路径，在这种情况下，设计人员需要根据实现的具体要求补充部分冗余关联以提高访问效率。

（2）调整查询次序

根据优化要求，改变了对象模型的结构后，还可以通过优化算法进一步优化设计。优化算法的一个途径是尽量缩小查找范围，因此根据具体问题的查询请求，通常需要调整查询次序以便改进和优化设计。

（3）保留派生属性

一般情况下，通过某种计算从其他数据派生出来的数据在模型中是不再保存的，否则就会出现数据冗余，但在某些特殊情况下，为避免重复计算复杂的表达式，可以把派生数据作为派生属性保存起来，在类似的表达式中重用，这也是采用空间来换取时间的一种效果。派生属性既可以定义在原有类中，也可以用对象保存起来并定义在新类中，只是在修改了基本对象时，必然引起所有依赖于它的、保存派生属性的对象的修改。

3. 调整继承关系

在面向对象设计过程中，建立良好的继承关系是优化设计的一项重要内容。继承关系能够为一个类族定义一个协议，并能在类之间实现代码共享以减少冗余。一个父类和它的子类被称为一个类继承。利用类继承可以把若干类组织成一个逻辑结构。

在建立类继承过程中，要注意下列问题。

（1）抽象与具体

在设计类继承时，一般使用自顶向下或自底向上相结合的方法，设计方法为：

① 首先创建一些满足具体用途的类；

② 其次对它们进行归纳，归纳出一些通用的类作父类；

③ 然后根据需要再次派生出具体类；

④ 最后如果需要再次归纳。

经过上述持续不断的演化过程，设计出具有良好继承关系结构的类族。

（2）为提高继承程度而修改类定义

在系统设计过程中，利用继承关系时，有时需要进行类归纳来提高继承程度，如果在一组相似的类中存在公共的属性和行为，就可以把这些公共的属性和行为抽取出来重新定义一个新类，作为这些相似类（即子类）的共同的祖先类，以便供它的子类继承，这个过程称为类归纳。类归纳时，要注意两点：一是不能违背领域知识和常识；二是应该确保现有类的协议（即同外部世界的接口）不变。

在进行类归纳时，常见的一种情况是，各个现有类中的属性和行为（即操作）相似却不完全相同，这需要对类的定义稍加修改，才能定义一个父类供其子类从中继承需要的属性或行为。类归纳时，另一种常见的情况是，有时抽象出一个父类后，系统中暂时只有一个子类能从该父类继承属性和行为，显然当前情况下抽象出这个父类并没有获得共享的好处，甚至还觉得有点多此一举的感觉，但是这样做通常能使得将来可以重用这个类，便于维护，还是非常值得的。

（3）利用委托实现行为共享

一般地，只有当子类确实是父类的一种特殊形式时，利用继承机制实现共享才是合理的，但很多时候，程序员只是想利用继承作为实现操作共享的一种手段，并不打算确保子类和父类具有相同的行为，这时，如果从父类继承的操作中包含了子类不应有的行为，则可能引起麻烦。

如果程序员只想用继承作为实现操作共享的一种手段，则利用委托（把一类对象作为另一类对象属性，在两类对象间建立组合关系）也可以达到同样的目的，而且这种方法更安全。使用委托机制时，只有有意义的操作才会委托另一类对象实现，因此，不会发生不慎继承了无意义甚至有害操作的问题。

11.5　面向对象系统的实现

所谓面向对象实现，主要包括下述两项工作：一是把面向对象设计结果翻译成用某种程序设计语言书写的面向对象程序；二是测试并调试面向对象程序。

面向对象程序的质量基本上由面向对象设计的质量决定，但是所采用的编程语言的特点和程序设计风格也将对程序的可靠性、可重用性和可维护性产生深远影响。

目前，测试仍然是保证软件可靠性的主要措施。对于面向对象的软件来说，情况也是如此：面向对象测试的目标，也是用尽可能低的测试成本发现尽可能多的软件错误。但是，面向对象程序中特有的封装、继承和多态等机制，也给面向对象测试带来一些新特点。关于面向对象测试部分的内容，本节不再探讨，读者可参考测试相关书籍。

11.5.1　面向对象程序设计语言的选择

面向对象实现就是要把设计结果映射到实际运行的程序中去，首先遇到的问题就是程序设计语言的选择问题。

1. 面向对象程序设计语言的优点

面向对象设计的结果既可以用面向对象语言，也可以用非面向对象语言实现。使用面向对象语言时，由于语言本身充分支持面向对象概念的实现，因此，编译程序可以自动把面向对象概念映射到目标程序中。此外，面向对象程序设计语言还具有以下优点：一致的表示方法；可重用性高；可维护性好。可见，面向对象实现还是尽量选用面向对象语言为好。

2. 面向对象语言的技术特点

目前主要有两大类面向对象语言，一类是纯面向对象语言，如 C#、Smalltalk 和 Eiffel 等语言，另一类是混合型面向对象语言，也就是在过程语言的基础上增加面向对象机制，如 C++ 等语言。一般说来，纯面向对象语言着重支持面向对象方法研究和快速原型的实现，而混合型面向对象语言的目标则是提高运行速度和使传统程序员容易接受面向对象思想。成熟的面向对象语言通常都提供丰富的类库和强有力的开发环境。因此，选择面向对象语言时，应着重考察语言的以下技术特点：具有支持类与对象概念的机制；具有实现继承的语言机制；具有实现属性和服务的机制；具有参数化类的机制；提供类型检查机制；提供类库；提供持久保持对象的机制；提供可视化开发环境；提供封装与打包机制等。

3. 选择面向对象语言的实际原因

实际系统开发中，选择哪种面向对象语言的实际原因主要包括以下几个方面：将来能否占主导地位；是否具有良好的类库和开发环境支持；可重用性如何；售后服务如何；对运行环境的需求怎样；集成已有软件的难易程度如何等。

11.5.2　面向对象程序设计风格

良好的程序设计风格对提高和保证程序质量有重要的作用。对面向对象实现来说，良好的程序设计风格尤其重要，不仅能明显减少维护或扩充的开销，而且有助于在新项目中重用已有的程序代码。

进行面向对象程序设计时，既要遵循传统的程序设计风格准则，也要遵循为适应面向对象方法所特有的概念（例如，继承性）而必须遵循的一些新准则。

1. 提高可重用性

面向对象方法的一个主要目标就是提高软件的可重用性。软件重用有多个层次，在编码阶段主要涉及代码重用问题。一般说来，代码重用有两种：一种是本项目内的代码重用，另一种是新项目重用旧项目的代码。内部重用主要是找出设计中相同或相似的部分，然后利用继承机制共享它们。为做到外部重用，则必须有长远眼光，需要反复考虑、精心设计。虽然为实现外部重用而需要考虑的面，比为实现内部重用而需要考虑的面更广，但是有助于实现这两类重用的程序设计准则却是相同的。

实现重用的主要准则包括：提高方法的内聚，降低耦合；减小方法的规模；保持方法的一致性；把策略与实现分开；尽量做到全面覆盖；尽量不使用全局信息；充分利用继承机制。

2. 提高可扩充性

上面所述的提高可重用性的准则，也能提高程序的可扩充性。此外，下列的面向对象程序设计准则也有助于提高可扩充性：封装类的实现策略；精心选择和定义公有方法；控制方法规模；避免使用多分支语句，合理使用多态性机制，根据对象的当前类型自动选择相应的操作。

3. 提高健壮性

程序员在编写实现方法的代码时，既应该考虑效率，也应该考虑健壮性。通常需要在健壮性与效率之间做出适当的折中。必须认识到，对于任何一个实用软件来说，健壮性都是不可忽略的质量指标。为提高健壮性应该遵守以下几条准则：预防用户的操作错误，具备处理用户操作错误的能力；检查参数的合法性；使用动态内存分配机制；先测试后优化。

本章小结

面向对象设计是面向对象分析内容的细化和扩展，目的是解决分析阶段所得到模型“如何做”的问题。面向对象设计把分析阶段得到的对目标系统的需求转变成符合成本和质量要求的、抽象的系统实现方案。面向对象方法学在概念和表示方法上的一致性，保证了在各开发活动之间的平滑过渡，从面向对象分析、面向对象设计，再到面向对象的实现，实际上就变成一个逐渐扩充模型的过程。面向对象分析、设计和实现是一个多次反复迭代的过程。

本章首先介绍了面向对象设计应遵循的准则和启发式规则。大多数求解空间模型，在逻辑上由问题域、人机交互、任务管理和数据管理 4 大部分组成，本章按照系统分解的观点，介绍了这 4 个子系统的设计策略和方法。根据面向对象分析和设计过程的迭代特性，面向对象设计阶段中需要对类中的服务、关联和聚合等关系进行细化，同时需要按照一定规则对设计进行优化。本章最后对面向对象实现所涉及的程序设计语言的选择和程序设计的风格问题进行了介绍。

习题 11

11.1　面向对象设计应该遵循哪些准则？简述每条准则的内容，并说明遵循这条准则的必要性。

11.2　面向对象设计的启发式规则有哪些？
11.3　从面向对象分析到面向对象设计和实现，对象模型有何变化？
11.4　问题域子系统的设计中，经常需要考虑哪些问题？
11.5　人机交互设计中，将用户进行分类的主要作用是什么？
11.6　设计详细的交互时，人机界面的设计准则有哪些？
11.7　任务管理子系统的设计主要考虑哪些内容？
11.8　存储管理子系统的设计中，一般是如何进行存储管理设计的？
11.9　在面向对象设计阶段，关联需要进行哪些细化？
11.10　聚集和组合的区别和联系分别是什么？一般用于什么场合，如何表示？
11.11　面向对象设计优化的常用策略有哪些？
11.12　面向对象程序设计语言主要有哪些技术特点？
11.13　选择面向对象程序设计语言时主要应该考虑哪些因素？
11.14　良好的面向对象程序设计风格主要有哪些准则？

第 12 章　软件开发工具 StarUML 及其应用

StarUML（简称 SU）是一款开放源码的 UML 开发工具，遵循 GPL 协议许可（GNU 公共许可证），并免费提供下载，是由韩国公司主导开发出来的产品。

StarUML 本身具有发展快、灵活、可扩展性强等特点，是当前应用范围较广的软件建模工具之一，可以以较高的质量和效率完成软件的开发，此外，StarUML 可以读取 Rational Rose 生成的文件，让原先 Rose 的用户可以转而使用免费的 StarUML。

除了基本工具外，StarUML 还提供了对用户环境最大化可定制支持，通过定制所提供的一些变量，可以适应用户开发方法、项目平台及各种编程语言。StarUML 同时具有高可扩充性及适应性，例如，菜单和选项都是可扩充的，而且用户还可以根据自己的方法论来创建自己的方法和框架。此外，该工具还可以集成其他的外部工具。

图 12.1　StarUML 模型采用的过程

与 Rational Rose 类似，StarUML 也是一种基于 UML 的分析和设计面向对象软件系统的强大建模工具，可以帮助用户先对系统进行建模，然后再编写代码，从而一开始就保证系统结构的合理性。StarUML 模型采用的过程如图 12.1 所示，设计要求被建成文档，开发人员就可以在编码之前在一起讨论设计决策了，不必担心系统设计中每个人选择不同的方向。但实际上，除了开发人员外，StarUML 模型也为其他与系统相关的人员提供了一种确定的、可视化的建模工具。例如，客户和项目管理员通过用例图可以获取系统的高级视图，确定项目范围；项目管理员可以使用用例图和文档将项目分解成可管理的小块；分析人员和客户可以通过使用案例文档了解系统提供的功能；技术作者可以通过使用案例文档开始编写用户手册和培训计划；分析人员和开发人员可以通过顺序图和通信图了解系统的逻辑流程、系统中的对象及对象间的消息；质量保证人员通过使用案例文档和顺序图、通信图取得测试脚本所需的信息；开发人员通过类图和状态图取得系统各部分的细节及其相互关系的信息；部署人员用构件图和部署图显示要生成的执行文件、动态库 DLL 文件和其他构件，以及这些构件在网络上的部署位置；整个开发小组使用模型来确保代码遵循设计要求，代码可以回溯到设计要求部分。因此，StarUML 是整个项目开发组所使用的工具，是每个小组所需要的信息和所设计信息的仓库。除此之外，StarUML 还可以帮助开发人员产生框架代码，适用于市面上的多种语言，包括 C++、Java、C#等。此外，StarUML 还可以通过逆向工程，根据现有系统产生分析设计模型，该特性保证模型与代码的同步，避免了模型与代码的不一致。

本章主要介绍 StarUML 环境对面向对象分析与设计过程的支持和 UML 图形描述。本章最后通过一个教学管理系统的系统分析设计过程，描述 StarUML 工具在系统分析与设计中的使用。

12.1　软件开发工具 StarUML 概述

当前，业界使用最广泛的 UML 建模工具包括 Rational Rose、ArgoUML、StarUML 等。本书第 9 章对 Rational Rose 做过简单介绍，与 Rose 的体积庞大所不同的是，StarUML 不仅包含 Rose 所具有的功能全面、满足所有建模环境需求能力和灵活性等特点，最关键的是，StarUML 的开源、可扩展、灵活小巧（基本构成只有约 20M）特性让用户欲罢不能。与 Rose 类似，StarUML 可以和任何一种面向对象的应用程序结构组合使用，得到各类主要的面向对象编程语言和快速应用开发工具的直接支持。StarUML 工具基于 UML1.4 版本，提供 11 种不同类型的图，支持 UML2.0 的表示法，通过支持 UML 轮廓（profile）的概念积极地支持模型驱动结构（Model Driven Architecture，UMD）方法。

12.1.1　StarUML 的安装及使用

StarUML 是完全开放源码的软件，不仅免费自由下载，连代码都免费开放，官方网站为：http://staruml.sourceforge.net/en/。国内的各大计算机软件下载网站也均有免费软件下载，目前使用的 StarUML 版本大部分为 StarUML5.0 版。

1. 运行 StarUML（tm）的最低系统需求

① Intel®Pentium®233MHz 或更高。

② Windows®2000，Windows XP™，或更高版本。

③ Microsoft® Internet Explorer5.0 或更高版本。

④ 128 MB RAM（推荐 256MB）。

⑤ 110 MB 硬盘空间（推荐 150MB 空间）。

⑥ SVGA 或更高分辨率（推荐 1024 × 768）。

⑦ 鼠标或其他指引设备。

2. StarUML 的安装步骤（此处省略安装过程界面）

① 单击 StarUML 安装包，弹出欢迎界面（此处省略欢迎界面）。

② 单击 Next>按钮，点击“I accept the agreement”同意安装协议，再点击 Next>按钮。

③ 设置 StarUML 安装的路径后，单击 Next>按钮，则开始安装过程。

④ 单击 Finish，完成安装并退出。

3. StarUML 的使用

StarUML 工具是个菜单驱动的应用程序，具有非常友好的图形用户界面。与常规应用程序的启动方法类似，StarUML 可以从“开始”→“所有程序”中选择 StarUML 文件夹下的 StarUML 启动，或者在安装过程中建立快捷方式，直接点击快捷方式启动 StarUML。

使用 StarUML 的最简单的方法就是使用浏览器。利用浏览器可以方便快捷地访问各种图和模型中的其他元素。如果使用 StarUML 遇到麻烦，可以随时按 F1 访问丰富的联机帮助文件。

12.1.2　StarUML 的主要功能

概括来说，StarUML 是一种创建 UML 各类型图（Diagram），并以此来支持软件开发及修改的工具。StarUML 工具是问题陈述域与软件系统表示的联系纽带，软件系统的所有工作可以从 StarUML 模型的建立开始。

StarUML 应用程序界面窗口包括工具栏区域、UML 图例区域、工作区域、模型视图区域、属性编辑区域及状态信息栏 6 大区域，参见图 12.2。

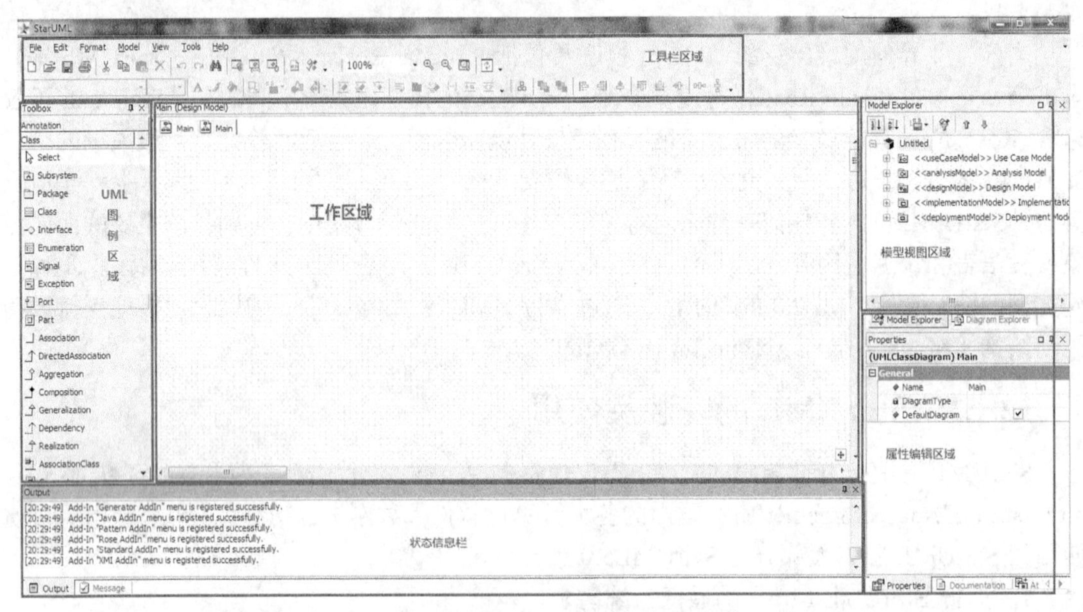

图 12.2　StarUML 应用程序窗口

工具栏区域包括菜单栏及标准工具栏两个部分。菜单栏用于显示当前可供使用的菜单项，包括文件（File）、编辑（Edit）、格式（Format）、模型（Model）、视图（View）、工具（Tools）、帮助（Help）7 个项目，其内容随当前正在操作的模型图而有所不同；标准工具栏位于菜单栏下，沿着应用程序窗口的顶部展开，包含一系列可以简化常用操作的图标，与打开的模型图窗口无关。另外，用户可以通过工具栏帮助使用常用特性。StarUML 对不同的图显示不同的工具栏，除了工具栏和菜单外，StarUML 还有相关的弹出菜单，可以用右键单击来进行项目访问。例如，鼠标右键单击类图中的类，弹出一个菜单，其中的选项包括增加类的属性或操作、浏览和编辑类规范、产生类的代码和浏览产生的代码等。

UML 图例区域中包括了适用于当前模型图的各种组成成分，模型图就是通过选择图例区域中的模型在工作区域中设计而成的。每种模型图都有各自对应的工具箱。

工作区域是建立和修改当前模型图的主操作区，区域左上角的图标表示当前正在被操作的图的名称，图中绘制的每个模型元素都会显示在工作区域中，用户可以通过对模型元素的控制来达到成功绘制图形的目的。其中工作区域右下角的⊞图标表示综览窗口标识，用于显示模型图当前区域在整个模型中的位置。

模型视图区域是一个层次结构的导航工具，通过它可以快速查看顺序图、类图、用例图、状态图、活动图和部署图的名称及其中的模型元素和其他许多模型元素。

属性编辑区域是对图中各个组成成分、成分之间的关系，甚至图本身的属性进行编辑的工具，其中包括许多预定义及自定义的属性设置，其中一些设置会直观地在工作区域中的图上表示出来。另外，描述文档编辑区域在默认情况下是和属性编辑区域放在一起的，用户可以通过单击下方的 Document 选项进行切换。

状态信息栏用于显示执行某些命令和操作之后的进展情况、结果和错误提示。

12.2　StarUML 环境下的 UML 图形建模

在 StarUML 中，项目是基本的管理单位，一个项目可以管理一个或多个软件模型，它是在任何软件模型中都存在的顶级的包。一般地，一个项目保存在一个以.xml 或.uml 为扩展名的文件中（一般常用.uml 格式），该文件包含项目中所用的 UML 轮廓、项目所引用单元文件及项目中包含的所有模型（Model）、视图（View）与图（Diagram）的信息。其中，UML 轮廓（profile）用来扩充 UML 的构造型（Stereotype）、标记定义（TagDefinition）、数据类型、图类型、元素原型及模型原型等，以用于对开发方法、开发领域和编程语言等扩充新的标准；单元文件指项目文件的组成部分，项目分成多个单元管理是为方便多个开发者可以同时工作于同一个项目；模型是包含软件模式信息的元素；视图指模型中信息的可视表达法；图指表示用户特定设计思想的可视元素的集合。

StarUML 模型是问题陈述域与软件系统表示的联系纽带，软件系统的所有工作可以从 StarUML 模型的建立开始。在默认情况下，StarUML 模型都以扩展名为.uml 的文件进行保存，一个项目包含并管理模型（Model）、子系统（Subsystem）和包（Package）等子元素。模型是由图形和相关的说明组成的，StarUML 共提供了类图、用例图、顺序图、顺序图（角色）、协作图（UML2.0 中修改为通信图）、协作图（角色）、状态图、活动图、构件图、部署图、组合结构图 11 种模型图的绘制方法，这 11 种可用图的描述参见表 12.1。这些图又可以从体系结构的描述角度分为几种不同类型的视图。在建立新项目时，选择不同的模板会产生不同的视图模型，如按照“4+1”模型，则创建场景（用例）、逻辑视图、开发视图、进程视图和物理视图；按照 StarUML 默认方法，则创建用例模型、分析模型、设计模型、实现模型和部署模型；按照 Rational 方法，则创建用例视图、逻辑视图、构件视图和部署视图（用例视图融合在上述 4 种视图中）；按照 UML 构建方法，则创建需求和规范两大类视图；按照 SPEM（Software Process Engineering Metam-odel）方法，则创建 SPEM 结构模型和 SPEM 行为模型两大类视图；按照“空项目”创建项目，则由用户自己来定义体系结构模型视图。

表 12.1　　StarUML 的 11 种可用图的类型描述

图 类 型	描　　述
类图 （Class Diagram）	类图是各种类相关的元素静态关系的可视表示。类图不仅包含类，而且还包含接口、枚举、包和各种关系、实例及其联系
用例图 （Use Case Diagram）	用例图是特定系统或对象中用例及外部角色间关系的可视表示。用例表示系统功能及系统如何同外部角色交互
顺序图 （Sequence Diagram）	顺序图表示实例的交互。它是 InteractionInstanceSet 的直接表示，CollaborationInstanceSet 是 InteractionInstanceSet 内实例交互的集合。而顺序角色图是面向 ClassifierRole 表达式的。顺序图是面向实例表达式的
顺序图（角色） （Sequence Diagram（Role））	顺序角色图表示角色概念间的交互，是交互的直接表示，是协作关系内 ClassifierRole 的信息交互。同时顺序图是面向实例的交互，而顺序角色图是面向 ClassifierRole 的交互
协作（通信）图 （Collaboration Diagram）	协作（UML2.0 中改为通信）图表示实例间的协作。它是 CollaborationInstanceSet 内部的实例的通信模型的直接表示。协作角色图是面向类元角色（ClassifierRole）的表示法，而协作图是面向实例的表示法

续表

图类型	描述
协作（通信）图（角色） （Collaboration Diagram(Role)）	协作角色图表示角色概念间的协作。在协作图中，它是类元角色的通信模型的直接表示。协作图是面向实例的表示法，协作角色图是面向类元角色的表示法
状态图 （Statechart Diagram）	状态图是通过状态及其转换表示的特定对象的静态行为。尽管一般地说状态图用于表示类的实例的行为，但它还可以用于表示其他元素的行为
活动图 （Activity Diagram）	活动图是状态图的一种特殊形式，适合于表示动作执行流。活动图通常用于表示工作流，常用于像类、包和操作等对象
构件图 （Component Diagram）	构件图表示软件构件之间的依赖。组成软件构件的那些元素和实现软件的那些元素都可以用构件图来表示
部署图 （Deployment Diagram）	部署图表示物理计算机和设备硬件元素及分配给它们的软件构件、过程对象
组合结构图 （Composite Structure Diagram）	组合结构图是一种表示类元内部结构的图。它包含在系统与其他部分的交互点

上述几种不同的视图模型在描述软件系统的体系结构方面，功能大同小异。本节以按照Rational方法产生的4种视图为例，简单介绍各视图的作用。

用例视图由描述可被最终用户、分析人员和测试人员看到的系统行为的用例组成，帮助用户理解和使用系统。用例视图实际上没有描述软件系统的组织，而是描述了形成系统体系结构的动力。在UML中，该视图的静态方面由用例图表现，动态方面由顺序图、通信图、状态图和活动图表现。

逻辑视图包含类、接口、协作等这些形成问题及其解决方案的词汇。这种视图主要描述系统的功能需求，即系统应该提供给最后总用户的服务，视图涵盖系统实现的具体细节，利用这些细节元素，开发人员可以构造系统的详细设计。该类视图目的是关注类及类之间的关系，在UML中，该视图的静态方面由类图和对象图表现，动态方面由顺序图、通信图、状态图和活动图表现。

构件视图包含用于装配与发布物理系统的制品。这种视图主要针对系统发布的配置管理，由一些独立的文件组成，包括模型代码库、执行库和其他构件的相关信息，这些构件可以用各种方法装配以产生运行系统。该类视图也关注从逻辑的类和构件到物理制品的映射。在UML中，该视图的静态方面由构件图表现，动态方面由顺序图、通信图、状态图和活动图表现，它的主要用户是负责控制代码和编译部署应用程序的人员。

部署视图包含形成系统硬件拓扑结构的结点（系统在其上运行），关心系统硬件的实际部署情况。这种视图主要描述组成物理系统的部件的分布、交付和安装。在UML中，该视图的静态方面由部署图表现，动态方面由顺序图、通信图、状态图和活动图表现。部署图显示系统中所涉及的进程、处理器、设备和连接，一个项目只有一个部署视图。在分布式体系结构环境中，可能会在不同的位置有不同的服务和应用，这时部署图可以发挥其明显的优势作用。

这4种视图中的每一种都可以单独使用，使不同的人员能够专注于自己最关心的体系结构问题，同时这4种视图也会相互作用，如部署视图中的结点拥有实现视图中的构件，而这些构件又表示了逻辑视图中的类、接口、协作等的物理实现。UML允许用户选择表达这几种视图中的任意一种或几种。

本节分别从StarUML的4种不同模型的角度介绍建模过程涉及的几类UML图形的建立过程和步骤。

12.2.1　StarUML 的用例图、类图和包图

用例图主要用于对系统、子系统或类的行为进行建模，与具体的实现细节无关，它只说明系统实现什么功能，而不必说明如何实现，表示从系统外部用户的观点看系统应具有的功能。类图用于对系统的静态结构建模，是逻辑视图的重要组成部分，涉及具体的实现细节，不仅定义系统中的类，表示类的内部结构（属性和操作），还表示系统中类之间的关系，包括关联、依赖及聚集等，类之间的这种复杂关联关系在 UML2.0 中也可定义为组合结构图。

1. 用例图（Use Case Diagram）

在软件开发的生存周期中，用例图主要用在系统需求分析阶段和系统设计阶段。在系统需求分析阶段，用例图用来获取系统的需求，帮助理解系统应当如何工作；在系统设计阶段，用例图可以用来规定系统要实现的行为。一般地，每个用例图都应包含三个方面的内容：一个（或一组）用例、参与者、参与者与系统中的用例之间的交互及用例之间的关系。在使用 StarUML 绘制用例图之前，一般地应该已经有过对系统的建模过程。用例图是系统的外部行为视图，在确定了参与者和相关用例的基础上，通过绘制用例图可以更清晰地理解系统的行为。

绘制用例图的方法有些类似于过程化软件工程中数据流图的画法，从顶层抽象开始，然后逐步分解、细化用例图，直到能够清晰地表达问题，满足系统分析与建立模型的需要为止。

一般地，用例图的建立步骤如下。

① 找出系统外部的参与者和外部系统，确定系统的边界和范围。

② 确定每一个参与者所希望的系统行为。

③ 把这些系统行为命名为用例。

④ 把一些公共的系统行为分解为一批新的用例，供其他的用例引用，把一些变更的行为分解为扩展用例。

⑤ 编制每一个用例的脚本。

⑥ 绘制用例图。

⑦ 区分主业务流和例外情况的事件流。可以把表达例外情况的事件流的用例图画成一个单独的子用例图。

⑧ 精化用例图，简化用例中的对话序列。用例图可以有不同的层次，高层次系统的用例可以分解为若干个下属子系统中的子用例。

下面给出在 StarUML 中创建用例图的各组成元素的方法描述。

（1）用例图中的各个组成成分在 StarUML 工具中的画法描述

StarUML 在建立新项目（New Project）后会默认生成一个主用例图 Main。而在 StarUML 中创建新用例图的方法如下：

① 在模型视图区域的<<useCaseModel>>Use Case Model 标题上单击鼠标右键，显示出弹出菜单（其他 Model 亦允许添加）；

② 选择 Add Diagram→Use Case Diagram，一个新的用例图出现在<<useCaseModel>>Use Case Model 之下；

③ 直接将新用例图更名为设计的名字。

在 StarUML 中创建参与者 actors 的方法如下：

① 在图例模型区域中选中 Actor 模型；

② 在工作区域中单击鼠标左键，则生成一个新的 actor；

③ 可对 actor 的 Name、Visibility、Attribute 和 Operation 进行编辑。

在 StarUML 中创建用例 UseCase 的方法如下：

① 在图例模型区域中选中 UseCase 模型；

② 在工作区域中单击鼠标左键，则生成一个新的 UseCase；

③ 可对 UseCase 的 Name、Visibility、Attribute 和 Operation 进行编辑。

（2）StarUML 工具中确定用例图中各组成成分之间关系的画法描述

① 在用例图的工具栏上单击相应的关系图标。StarUML 中提供了 Association、DirectedAssociation、Generalization、Dependency、Include、Extend 6 类用例图中涉及的关系。

② 在相应的起始组成单位上单击并拖动到结束组成单位上。

③ 选中生成的关系，在属性编辑区域编辑该关系的 Name、Stereotype、Visibility 等相关属性。

（3）StarUML 工具中为用例图、组成成分及关系添加摘要描述的方法

① 在模型视图区域或工作区域选中相应用例图、成分及关系。

② 在属性编辑区域底端单击 Documentation，属性编辑区替换为摘要描述编辑区。

③ 在编辑区中键入相关描述。

图 12.3 展示了在 StarUML 中包含一个 actor、一个 usecase 的用例图的描述示例。

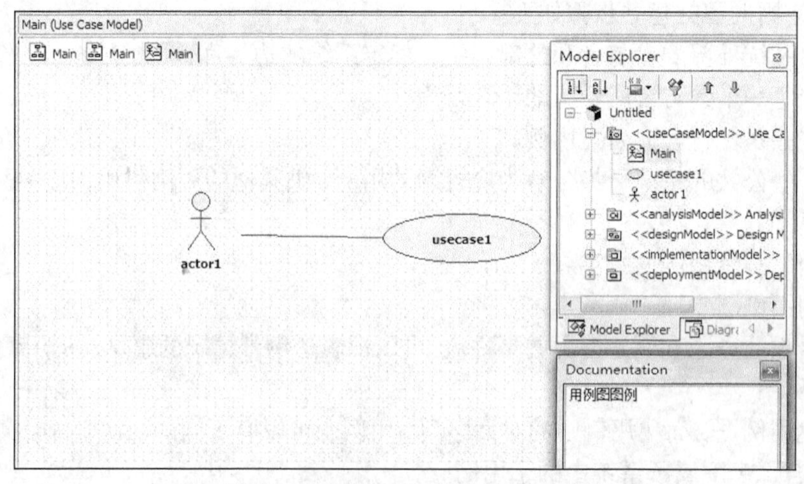

图 12.3　StarUML 中用例图绘制示例

在 StarUML 中为图、成分及关系添加摘要描述的方法与以上介绍的方法完全相同，下文中不再赘述。

2. 类图

类图在系统的整个生存周期中都是有效的，它是项目组的良好设计工具，有助于开发人员在用具体的编程语言实现系统之前显示和计划系统结构，保证系统设计和开发的一致性。在系统分析阶段，类图主要用于显示角色和提供系统行为的实体的职责；在系统设计阶段，类图主要用于捕捉组成系统体系结构的类结构；在系统编码阶段，类图提供系统功能实现的依据。

类图是用类和它们之间的关系描述系统的一种图示，是从静态角度表示系统的，属于一种静态模型。类图是构建其他图的基础，没有类图，就没有状态图、通信图等其他图，也就无法表示系统的其他各个方面。

一般地，对象类图的建立步骤如下。

① 研究分析问题领域，确定系统的需求。

② 从需求描述中发现对象和对象类，明确它们的含义和责任，确定属性和操作。

③ 从需求描述中发现类之间的静态联系。着重分析找出对象类之间的一般和特殊关系，部分与整体关系，研究类的继承性和多态性，把类之间的静态联系用关联、泛化、聚集、组合、依赖等联系表达出来。虽然对象类图表达的是系统的静态结构特征，但是应当把对系统的静态分析与动态分析结合起来，更能准确地了解系统的静态结构特征。

④ 设计类与联系。调整和精化已得到的对象类和类之间的联系，解决诸如命名冲突、功能重复等问题。

⑤ 绘制对象类图并编制相应的说明。

上述做法是直接从领域分析抽取对象和对象类开始的，这是常规的面向对象的系统分析与设计的做法。

下面给出在 StarUML 中创建类图的方法描述。

（1）在 StarUML 中创建类的方法如下：

① 在模型视图区域任一 Model 上单击鼠标右键，选择 Add Diagram→Class Diagram，生成一个新的类图；

② 在 UML 模型图例区域点击类（Class）图标；

③ 在工作区域单击鼠标左键，即生成一个新的类，并可直接命名；

④ 在右下角的属性编辑区域可以为新生成的类添加属性（Attribute）及方法（Operation）等。

（2）在 StarUML 中创建接口的方法如下：

① 在图例区域点击接口（Interface）图标；

② 在工作区域单击鼠标左键，即生成一个新的接口，并可直接命名；

③ 在图例区域点击 Realization 等合适的关系；

④ 在相应的类上单击并拖动到该接口上，从而实现接口与类的链接。

（3）在 StarUML 中创建类间关系的方法如下：

① 在模型区域点击相应的关系图标，StarUML 中提供了 Association、DirectedAssociation、Aggregation、Composition、Generalization、Dependency、Realization、Link 8 种类图中涉及的关系；

② 在相应的起始组成单位上单击并拖动到结束组成单位上；

③ 选中生成的关系，在属性编辑区域编辑该关系的 Name、Stereotype、Visibility 等相关属性。

图 12.4 展示了具有两个 Class 和一个接口的类图图例。其中 Class1 与 Class2 的关系为 DirectedAssociation，Class1 与 Interface 是 Realization 关系，Class2 与 Interface 是 Dependency 关系。

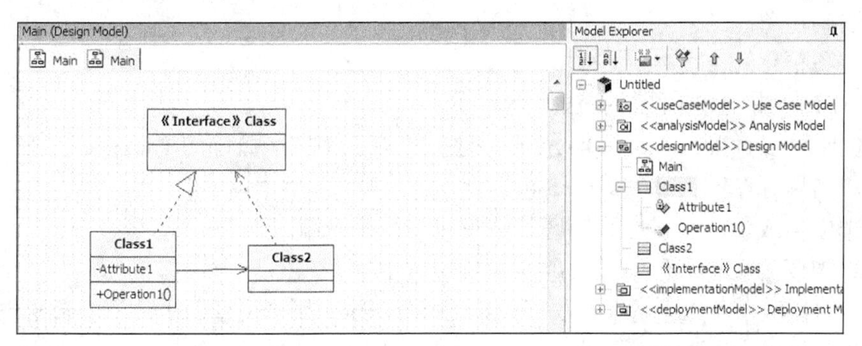

图 12.4　包含两个类及一个接口的类图示例

3. 包图

包是一种组合机制，把各种各样的模型元素通过内在的语义连在一起，成为一个整体就叫做包，构成包的模型元素称为包的内容。包通常用于对模型的组织管理，因此有时又将包称为子系统（Subsystem）。包拥有自己的模型元素，包与包之间不能共用相同的模型元素。包的实例没有任何语义，只有在模型执行期间，包才有意义。

包能够引用来自其他包的模型元素。当一个包从另一个包中引用模型元素时，这两个包之间就建立了关系。包与包之间允许建立的关系有依赖、精化和通用化，但需注意，只能在包中的类型之间建立关系，而不能在实例之间建立关系，因为包的实例没有语义。

包是用来说明元素组或者子系统的机制。一个包可以是任何种类的一组模型元素，如一组类、一组用例、一组协作图（通信图）或者其他的包（嵌套包）。整个系统都可以被认为是包含在一个最顶层的包中——System（系统）包。一个包定义了一个嵌套的名字空间，因此同名元素在不同的包内可能需要被复制。

一般地，需要按照下列原则将元素组织成包：将提供通用服务（或者一组相关服务集）的元素组织成一个包，这些元素之间具有高耦合度和密切的协作关系。

包在某种程度上应该被视为具有高聚合度——它所承担的职责相互之间密切关联。相比之下，不同包中的元素之间的耦合和合作关系应该比较松散。

包图的建立步骤如下。

（1）分析系统模型元素（通常是对象类），把概念上或语义上相近的模型元素纳入一个包。注意可以从类的功能的相关性来确定纳入包中的对象类。以下几点可作为分析对象类的功能相关性的参考。

① 如果一个类的行为和/或结构的变更要求另一个相应的变更，则这两个类是功能相关的。

② 如果删除一个类后，另一个类便变成是多余的，则这两个类是功能相关的，这说明该剩余的类只为那个被删除的类所使用，它们之间有依赖关系。

③ 如果两个类之间有大量的频繁交互或通信，则这两个类是功能相关的。

④ 如果两个类之间有一般/特殊关系，则这两个类是功能相关的。

⑤ 如果一个类激发创建另一个类的对象，则这两个类是功能相关的。

⑥ 如果两个类不涉及同一个外部活动，则这两个类不应放在同一个包中。

⑦ 一个包应当具有高内聚性，包中的对象类应该是功能相关的。

（2）对于每一个包，标出其模型元素的可视性：公共、保护或私有。

（3）确定包与包之间的依赖关系，特别是输入依赖。

（4）确定包与包之间的泛化关系，确定包元素的多态性和重载。

（5）绘制包图。

（6）包图精化。

在 StarUML 中创建包图的方法如下。

（1）包图可以直接在 Class Diagram 中建立。点击图例区域中的 Package 图例，然后在工作区域中单击鼠标左键，即生成一个包。

（2）选中生成包，在属性编辑区域中对包属性进行编辑。

（3）将需要放在一个包中的对象拖到对应包中。

（4）当创建两个及以上的包后，可选择 Dependency 项等关系，然后单击起始包并拖动至结束包，松开鼠标后，则生成一条关系。

（5）重复步骤（1）～步骤（3），至包图完成。

图 12.5 展示了一个基本的包图画法示例。

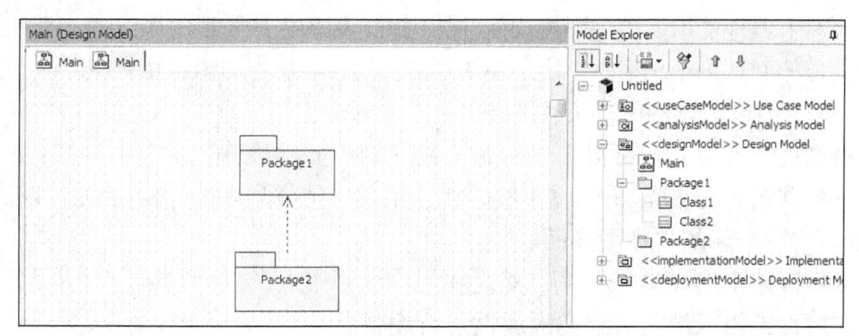

图 12.5　包图示例

12.2.2　StarUML 的交互图和状态机图

交互图包括顺序图和通信图（UML1.0 中称为协作图），通常由一组对象和它们之间的关系组成，包括它们之间可能传递的消息。多数情况下，交互图包括对类、接口、构件和结点的具体的或原型化的实例，以及它们之间传递的消息进行建模。交互图除了可以用于对一个用例的事件流程进行建模外，也可以单独使用，用于可视化、详述、构造和文档化一个特定对象群体的动态方面，主要由一组对象和它们之间的关系构成，包括需要什么对象、对象相互之间发送什么消息、什么角色启动消息及消息按照什么顺序发送等。

状态机通过对类对象的生存周期建立模型来描述对象随时间变化的动态行为，也可以用来描述用例、协作和方法的动态行为，包括状态图和活动图。状态图是状态结点通过转移连接的图，描述一个特定对象的所有可能状态，以及由于各种事件的发生而引起的状态之间的转移。活动图是一种表述过程机理、业务过程及工作流的技术，是 UML 用于对系统的动态行为建模的一种常用工具，描述活动的顺序，展现从一个活动到另一个活动的控制流，与常用的软件流程图类似，从本质上说，活动图是一类流程图。

1. 顺序图和通信图

顺序图强调消息发送的时间顺序，而通信图则强调接收和发送消息的对象的组织结构，显示对象、对象之间的连接及对象之间的消息，还可以显示当前模型中的简单类实例。在图形上，顺序图是一张表，其中显示的对象沿横轴排列，从左到右分布在图的顶部，消息则沿纵轴按时间顺序排列；而通信图则表现为顶点和弧的集合。

（1）顺序图

建立顺序图的步骤如下。

① 确定交互的上下文。

② 找出参与交互的对象类角色，把它们横向排列在顺序图的顶部，最重要的对象安置在最左边，交互密切的对象尽可能相邻。在交互中创建的对象在垂直方向应安置在其被创建的时间点处。

③ 对每一个对象设置一条垂直向下的生命线。

④ 从初始化交互的信息开始，自顶向下在对象的生命线之间安置信息。注意用箭头的形式区别同步消息和异步消息。根据顺序图是属于说明层还是属于实例层，给出消息标签的内容，以及必要的构造型与约束。

⑤ 在生命线上绘出对象的激活期，以及对象创建或销毁的构造型和标记。

⑥ 根据消息之间的关系，确定循环结构及循环参数和出口条件。

在画完顺序图后，可以在顺序图中添加脚本，用于对消息增加说明，也可以用脚本表示一些逻辑条件、循环和其他能增强顺序图可读性的伪代码，但为保持图形的简洁性，不要放入太多的条件。注意，脚本只适用于顺序图，出现在图形的左边，与所指的消息相对应。

在 StarUML 中创建顺序图的方法如下。

① 在模型视图区域 Model 处单击鼠标右键，弹出显示菜单。

② 将鼠标移至 Add Diagram 项，然后在子菜单中选择顺序图（Sequence Diagram），则在工作区域生成一个新的顺序图界面。

③ 在图例区域中选择 Object 项，然后在工作区域中点击鼠标左键，则生成一个对象类。

④ 可在属性编辑区域对对象类的属性进行编辑。

⑤ 当创建两个及以上的对象类后，可选择 Stimulus 项，然后单击起始类的生命线并拖动至结束类的生命线，松开鼠标后，则生成一条调用关系。

⑥ 若有类内自调用的情况，可使用 SelfStimulus 项进行表示。

⑦ 重复步骤③～步骤⑥，至顺序图完成。

图 12.6 展示了由以上步骤画出的简单顺序图图例。

值得注意的是，一般地，UML 顺序图中每个对象的活动期通过与生命线方向一致的小矩形表示，但在 StarUML 中，对于发起交互的开始对象的生命期，没有小矩形；另外，StarUML 中没有提供表示返回值的图示。

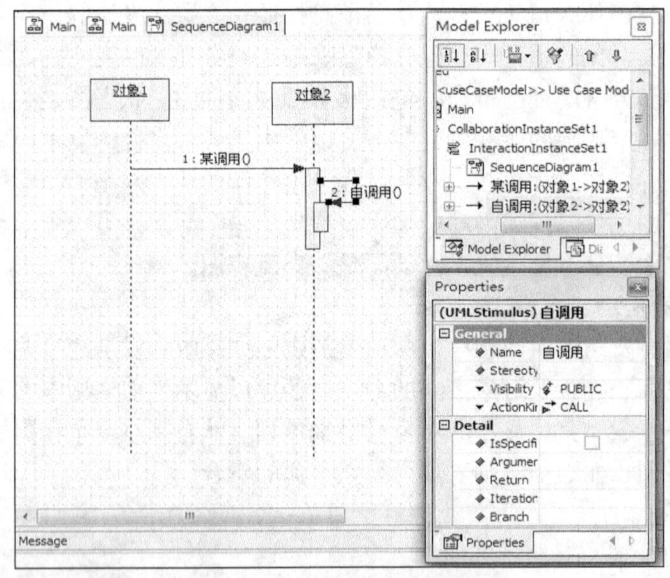

图 12.6 StarUML 中的顺序图图例

（2）通信图

通信图的建立步骤如下。

① 确定交互的上下文。

② 找出参与交互的对象类角色，把它们作为图形的结点安置在通信图中。最重要的对象安置在图的中央，与它有直接交互的对象安置在邻近。

③ 设置对象的初始性质。

④ 说明对象之间的链接。首先给出对象之间的关联连接，然后给出其他连接，并且给出

必要的修饰，如构造型《global》《local》等。

⑤ 从初始化交互的消息开始，在链接上安置相应的消息，给出消息的序号。注意用箭头的形式区别同步消息和异步消息。根据通信图是属于说明层还是属于实例层，给出消息标签的内容，以及必要的构造型和约束。

⑥ 处理一些特殊情况，如循环、自调用、回调、多对象等。

通信图一般包括对象、链和消息。

创建通信图的步骤描述如下。

① 在模型视图区域 Model 处单击鼠标右键，弹出显示菜单。

② 将鼠标移至 Add Diagram 项，然后在子菜单中选择通信图（StarUML 是基于 UML1.4 的，对应 Collaboration Diagram），则在工作区域生成一个新的通信图界面。

③ 在图例区域中选择 Object 项，然后在工作区域中点击鼠标左键，则生成一个对象类。

④ 在属性编辑区域对对象类的属性进行编辑。

⑤ 当创建两个及以上的对象类后，可选择 Link 项，然后单击起始类的生命线并拖动至结束类的生命线，松开鼠标后，则生成一条链关系。

⑥ 若有类自联系的情况，可使用 SelfLink 项进行表示。

⑦ 在图例区域中选择 ForwardStimulus 或 ReverseStimulus 项，然后点击步骤⑤中生成的链，从而添加消息，其中 ForwardStimulus 是正向的，ReverseStimulus 是反向的。

⑧ 重复步骤③～⑦至通信图完成。

图 12.7 展示了一个简单的通信图，其中对象一和对象二、对象三之间有通信关系，对象三有自联系情况。

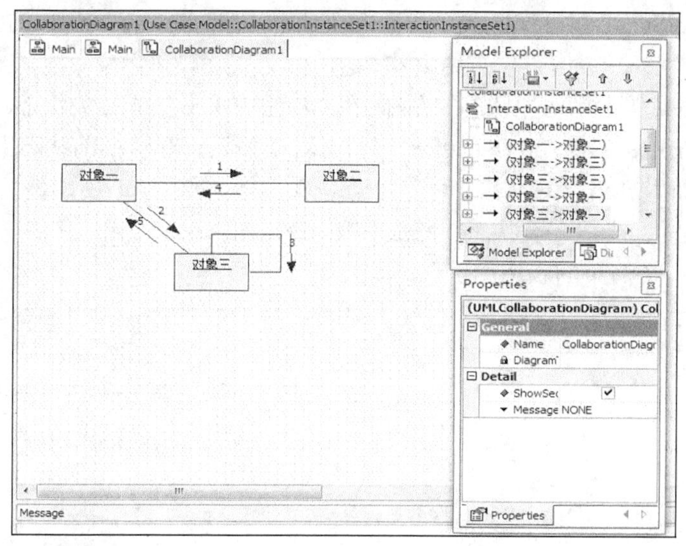

图 12.7　StarUML 中通信图图例

2. 状态图和活动图

状态图和活动图都是描述一个类的对象所有可能的生命历程的模型，通过对类对象的生存周期建立模型来描述对象随时间变化的动态行为，也可以用于描述用例、通信和方法的动态行为，是展示状态与状态转换的图。状态图用于对系统的动态方面建模，主要用于表现一个对象从创建到销毁的整个生命史，用于对一个对象生存周期的离散阶段进行建模；而活动图则是一种特殊形式的状态机，用于对计算流程和工作流程建模。

（1）状态图

一般地，状态图的建立步骤如下。

① 确定状态机的上下文，它可以是一个类、子系统或整个系统。

② 选择初始状态和终结状态。

③ 发现对象的各种状态。注意应当仔细找出对问题有意义的对象状态属性，这些属性具有少量的值，且该属性的值的转换受限制。对于状态属性值的组合，结合行为有关的事件和动作，就可以确定具有特定的行为特征的状态。

④ 确定状态可能发生的转移。注意从一个状态可能转移到哪些状态，对象的哪些行为可引起状态的转移并找出触发状态转移的事件。

⑤ 把必要的动作加到状态或转移上。

⑥ 用超状态、子状态、分支、历史状态等概念组织和简化一个复杂的状态机。

⑦ 分析状态的并发和同步情况。

⑧ 绘制状态图。

⑨ 确认每一个状态在某个时间组合之下都是可到达的。确认没有一个死端状态，即对象不能从该状态转移出来。

状态图中主要包含对象在生存周期中所经历的状态序列、诱发对象从一个状态转换到另一个状态的事件及状态改变所导致的动作3个方面的内容。在StarUML中创建一个状态图的步骤如下。

① 在模型视图区域任一 Model 处单击鼠标右键，弹出显示菜单。

② 将鼠标移至Add Diagram项，然后在弹出的子菜单中选择状态图(Statechart Diagram)，则在工作区域生成一个新的状态图界面。

③ 单击 InitialState，在工作区域中合适的位置单击鼠标左键，则生成对象的初始状态点；以相同的方法放置 FinalState 可生成结束状态。

④ 选择如 State 等表示对象状态的图标，在相应地方单击生成相关状态，并可以直接命名。

⑤ 选择如 Transition、SelfTransition 等状态转换关系，在转换前状态上单击并拖动至转换后的状态，从而生成相应关系，并可直接命名。

⑥ 重复步骤④、步骤⑤至状态图完成。

图 12.8 表示一个简单的状态图例子。

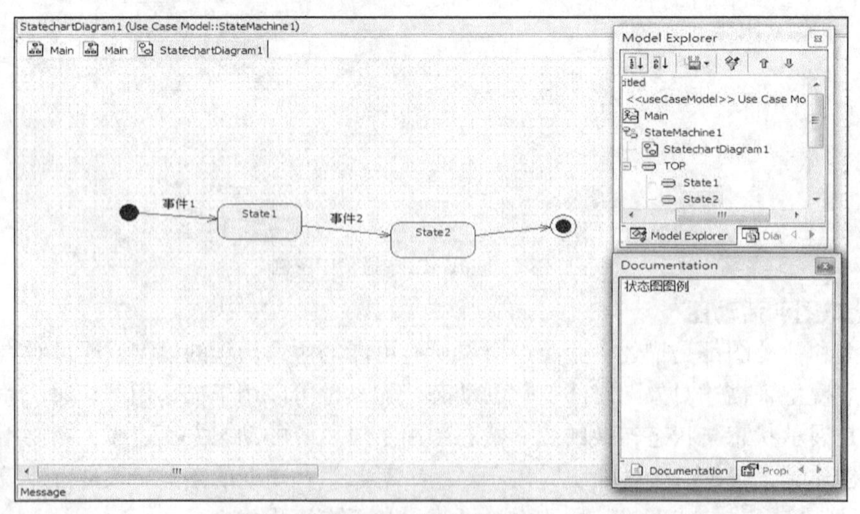

图 12.8　状态图图例

（2）活动图

活动图的建立步骤如下。

① 找出负责实现工作流的业务对象。这些对象可以是现实业务领域中的实体，也可以是一种抽象的概念或事物。为每一个重要的业务对象建立一条泳道（UML2.0 中称为分区 Partition）。

② 确定工作流的初始状态和终结状态，明确工作流的边界。

③ 从工作流的初始状态开始，找出随时间而发生的活动和动作，把它们表示成活动状态或动作状态。

④ 对于复杂的动作或多次重复出现的一组动作，可以把它们组成一个活动状态，并且用另外一个活动图来展开表示。

⑤ 给出连接活动和动作的转移（动作流）。首先处理顺序动作流，然后处理条件分支。最后处理分叉和汇合。

⑥ 在活动图中给出与工作流有关的重要对象，并用虚箭头线把它们与活动状态或动作状态相连接。

在 StarUML 中创建活动图的步骤如下。

① 在模型视图区域任一 Model 处单击鼠标右键，弹出显示菜单。

② 将鼠标移至 Add Diagram 项，然后在弹出的子菜单中选择活动图（Activity　Diagram），则在工作区域生成一个新的活动图界面。

③ 单击 InitialState，在工作区域中合适的位置单击鼠标左键，则生成对象的初始状态点；以相同的方法放置 FinalState 可生成结束状态。

④ 选择如 ActionState 等表示活动状态的图标和 Decision 等活动图标，在相应地方单击生成相关状态，并可以直接命名。

⑤ 选择如 Transition、SelfTransition 等状态转换关系，在转换前状态上单击并拖动至转换后的状态，从而生成相应关系，并可直接命名。

⑥ 重复步骤④、⑤至状态图完成。

图 12.9 展示了一个简单的活动图。

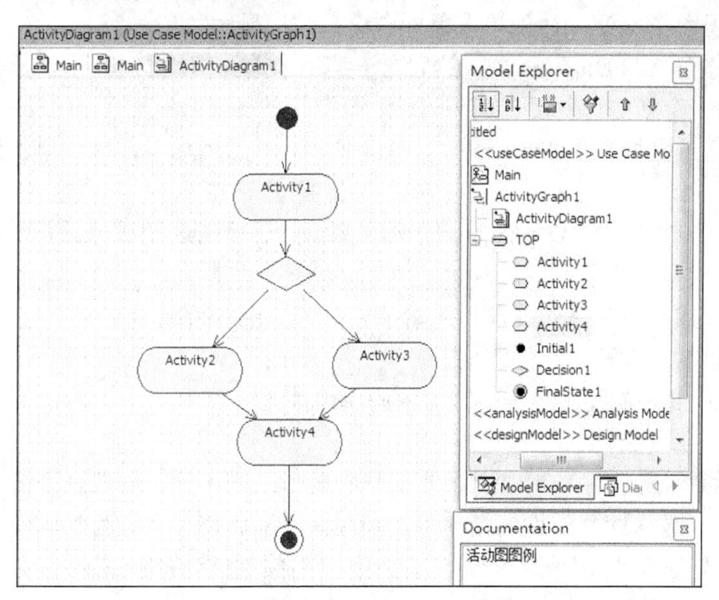

图 12.9　活动图图例

12.2.3 StarUML 的构件图与部署图

构件与部署图都用于对面向对象软件系统物理方面的建模。构件图提供当前模型物理视图，对系统的静态实现视图进行建模，而部署图描述的是系统运行时结点、构件实例及其对象的部署。而构件包中包含的是一组逻辑相关的构件或者系统的主要构件，可以在建模时将系统的物理模型分成几个便于组织管理的部分。

1. 构件图

构件图对系统的静态实现视图进行建模，显示一个系统的构件在物理设计过程中所映射的类和对象的配置。一个构件图可以表示一个系统全部或部分的组建体系。

从组织内容看，构件图显示软件的组织及构件之间的依赖关系。构件图中，构件之间的调用表示为一个构件与另一个构件之间的依赖关系。一个软件系统中，可以创建一个或多个构件图来描述构件视图顶层的构件包和构件，或者描述每个构件包中的具体内容。构件图属于它们各自所描述的构件包。构件、构件包的属性及它们之间的关系都可以通过修改图标或者编辑规范来改动。

一般地，构件图的建立步骤如下。

① 确定构件。首先要分解系统，考虑有关系统的组成管理、软件的重用和物理结点的部署等因素，把关系密切的可执行程序和对象库分别归入组构件，找出相应的对象类、接口等模型元素。

② 对构件加上必要的构造型。可以使用 UML 的标准构造型《executable》、《library》、《table》、《file》、《document》，或自定义新的构造型，说明构件的性质。

③ 确定组构件之间的联系。最常见的构件之间的联系是通过接口依赖。一个构件使用某个接口，另一个构件实现该接口。

④ 必要时把构件组织成包。构件和对象类、协作图（通信图）等模型元素一样可以组织成包。

⑤ 绘制构件图。

在 StarUML 中创建构件图的操作步骤如下。

① 在模型视图区域 Model 处单击鼠标右键，弹出显示菜单。

② 将鼠标移至 Add Diagram 项，然后在子菜单中选择构件图（Component Diagram），则在工作区域生成一个新的构件图界面。

③ 在图例区点击构件（Component）等组成成分，然后在工作区域单击鼠标左键，生成相应组成成分。

④ 在图例区点击依赖（Dependency）等关系，然后单击起始成分并拖动至结束成分，松开鼠标后，则生成一条关系。

⑤ 选定相应成分或关系，在属性编辑区域对其属性进行编辑。

⑥ 重复步骤③~⑤至构件图完成。

图 12.10 显示了一个按上述步骤画出的简单构件图。

2. 部署图

部署图表示系统的实际布局情况，与系统的逻辑结构不同，它描述系统在网络上的物理部署。部署图可以显示计算结点的拓扑结构和通信路径、结点上运行的软件、软件包含的逻辑单元（对象、类等）。特别是对于分布式系统，部署图可以清楚地描绘硬件设备的部署、通信及在各设备上软件和对象的部署。

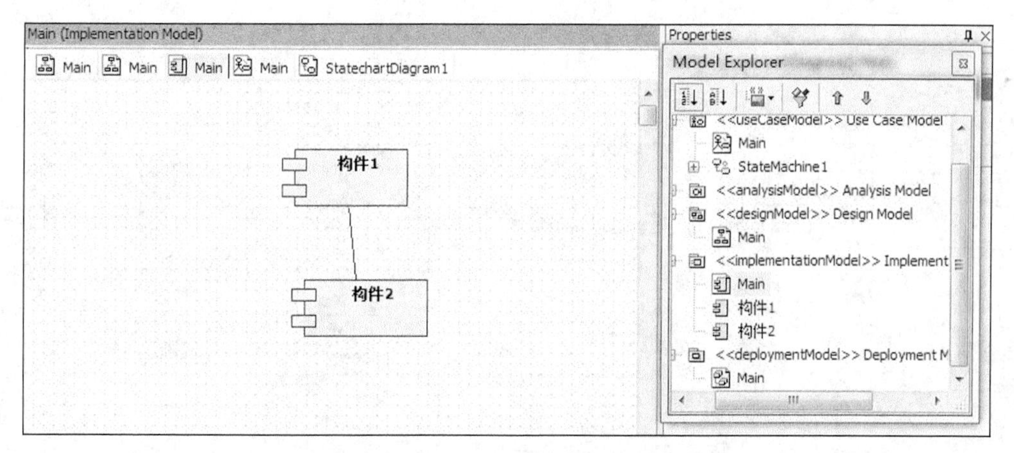

图 12.10　StarUML 中简单构件图示例

一般地，部署图的建立步骤如下。

① 确定结点。注意：标示系统中的硬件设备，包括大型主机、服务器、前端机、网络设备、输入/输出设备等。一个处理机是一个结点，它具有处理功能，能够执行一个构件；一个设备也是一个结点，它没有处理功能，但它是系统和现实世界的接口。

② 对结点加上必要的构造型。可以使用 UML 的标准构造型或自定义新的构造型，说明结点的性质。

③ 确定联系。这是关键步骤。部署图中的联系包括结点与结点之间的联系，结点与构件之间的联系，构件相互之间的联系，可以使用标准构造型或自定义新的构造型说明联系的性质。把系统的构件如可执行程序、动态连接库等分配到结点上，并确定结点与结点之间，结点与组构件之间，构件相互之间的联系，以及它们的性质。

④ 绘制部署图。

在 StarUML 中创建部署图的操作步骤如下。

① 在模型视图区域 Model 处单击鼠标右键，弹出显示菜单。

② 将鼠标移至 Add Diagram 项，然后在子菜单中选择部署图（Deployment Diagram），则在工作区域生成一个新的部署图界面。

③ 在图例区点击结点（Node）等组成成分，然后在工作区域单击鼠标左键，生成相应组成成分。

④ 在图例区点击链接（Association）等关系，然后单击起始成分并拖动至结束成分，松开鼠标后，则生成一条关系。

⑤ 选定相应成分或关系，在属性编辑区域对其属性进行编辑。

⑥ 重复步骤③~⑤至部署图完成。

图 12.11 展示了一个基本的部署图图例。

12.2.4　StarUML 的正向工程和逆向工程

StarUML 支持 UML 模型与编程语言之间的相互转换，即既可以根据模型生成框架代码（Java、C++等），该过程也称为正向工程，然后由开发人员对生成的代码进行完善；也可以分析代码的改动，对模型进行相应的修改，构建出与代码相对应的更好的 UML 模型，这个过程也就是逆向工程。

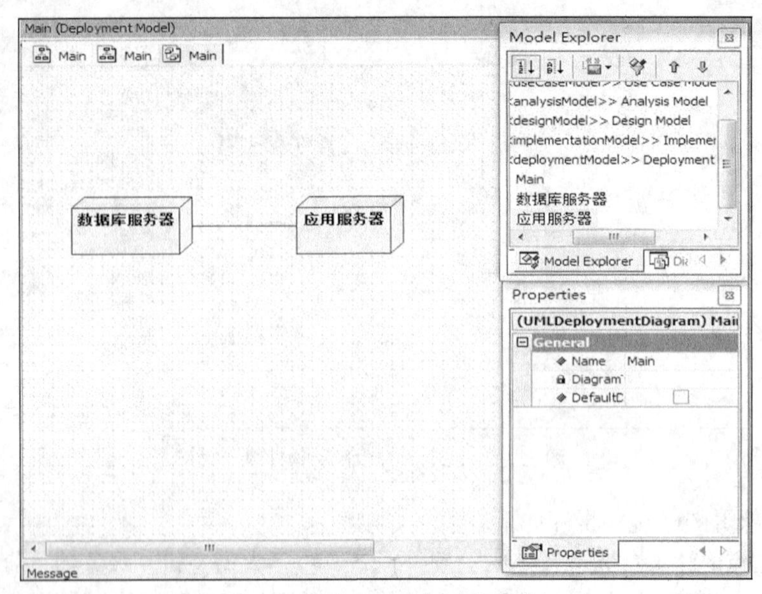

图 12.11 StarUML 中部署图图例

1. 代码生成

在使用 StarUML 进行从模型到代码的生成时，需要明确两个问题：代码生成时需要进行哪些操作及这些操作步骤的顺序如何安排？StarUML 能够生成什么样的代码？在代码生成过程中，各种语言对转换的操作步骤要求不尽相同，通常 StarUML 按下列 5 个操作步骤进行。

① 检查模型：目的是查找模型中的问题和不一致性，以确保生成代码的正确性。

② 创建构件：目的是创建用来保存类的构件。构件的种类很多，包括源代码文件、可执行文件、运行库，ActiveX 构件等。

③ 将类映射到构件：目的是在生成代码之前，将类映射到相应的源代码构件。

④ 设置代码生成属性：目的是确定生成代码的具体细节，由于模型元素（包括类、属性、构件等）有多种代码生成属性可供选择，而 StarUML 只提供常用的代码生成属性的默认设置，因此在生成代码之前，最好先检查代码生成属性并做必要的修改，以免影响生成的语言代码的框架。

⑤ 选择要进行代码转换的类、构件和包：目的是选择要进行代码转换的指定模型或模型元素，这一步是将模型转换到具体的代码过程中的最后一步准备工作。

经过前述 5 个步骤的准备工作后，便可以开始执行代码生成的工作了。但需要说明的是：任何工具都不能自动创建完整的应用程序，StarUML 也不例外。StarUML 强大的代码生成能力在于它能收集各种模型和视图中的相关信息，依据模型元素的规范及为模型元素指定的代码生成语言的属性，生成相关的大量框架代码。框架代码生成后，用户还需要在相应的编程语言环境下，进一步精化系统的程序实现。在 StarUML 生成的代码框架的基础上，用户需要进行的后续工作主要是编写每个类的操作（方法实现）和设计图形用户界面（GUI）。

使用 StarUML 的代码生成功能实现的内容主要包括：

类：生成模型中的所有类、每个类的属性（包括可见性、数据类型和默认值）、操作声明及其参数、参数数据类型和返回值；

关系：模型中的部分关系可以在代码生成时产生；

构件：生成实现每个构件的相应源代码文件。

StarUML 中代码生成的具体操作步骤（以 C++为例）：

① 单击 StarUML 中的 Tools 工具栏，在下拉菜单中选择 Add-In Manager 选项，弹出选择对话框；

② 勾选"C++ Add-In"选项，单击"OK"按钮退出；

③ 选择 Model 工具栏，再选择 Profiles 选项；

④ 选择"C++ Profile"，单击 Include>，将 C++添加进到所包含的 Profile 中；

⑤ 右键单击想要生成代码的图或相关成分，选择"C++"选项，单击"单击 Generate Code"选项；

⑥ 按照提示步骤对相关内容进行设置，最后点击"Finish"按钮，则成功生成图所对应的 C++代码框架。

StarUML 中对 Java 的代码生成步骤与 C++的相似，值得注意的是目前常用的 StarUML V5.0.2.1570 仅支持 JDK1.4 及以下的环境。

2. 逆向工程

进行系统开发时，开发小组有可能是在一个旧版本系统的完整源代码的基础上进行升级，这时就可以利用 StarUML 的逆向工程功能从源代码创建或更新 StarUML 模型，然后再进行迭代式的增量开发过程。

StarUML 逆向工程就是利用源代码中的信息创建或更新 StarUML 模型，通过 ANSI C++、VC++、Visual BASIC、Java 等语言插件的支持，StarUML 支持多种语言的逆向工程。在逆向工程转出代码的过程中，StarUML 从源代码中寻找类、属性和操作、关系、包、构件等逆向工程的源代码信息，StarUML 对它们进行模型化处理后，创建出一个新的模型或对原有模型进行更新。

如果源代码文件包含类，则逆向工程创建 StarUML 模型中相应的类，类中的每个属性和操作表现为新建的 StarUML 模型中对应类的属性和操作。此外，StarUML 还会收集可见性、数据类型、默认值等信息，并在模型中显示出来。源代码中两个类之间的关系、包和构件的信息在 StarUML 逆向工程中也会体现到 StarUML 模型中。

StarUML 中逆向工程生成的操作步骤：

① 在空模型上建立一个包，用于存放逆向后的工程；

② 右键单击包，选择"C++"，然后在子菜单中单击"Reverse Engineer"；

③ 单击 Next>按钮，然后在左端的 Directory 中选择需要进行逆向工程的相应文件夹；

④ 在右端的 C++ source file 中选择需要的头文件，然后单击"Add"进行添加；

⑤ 单击 Next>按钮，来到逆向工程条件设置界面，设置好之后，单击 Next>按钮，则开始逆向工程过程；

⑥ 逆向完成后，点击确定，完成逆向工程工作。

12.3　一个简易教学管理系统的分析和设计

本节将以一个简易教学管理系统问题为例子阐述利用 StarUML 工具按照 UML 的分析与设计方法进行系统开发的过程。因为软件系统的开发涉及的问题较多，本节以简化后的模型为例，建立主要的系统静态结构模型与动态行为模型，阐述利用 StarUML 工具进行 UML 系统建模及开发的方法。

12.3.1 系统需求描述及分析

一般地，在开始项目之前，必须对该项目有一个合理的认识。对项目的认识通常来自于开始时对系统的需求和结构的理解，这个过程的最终目的是能够清晰地阐述"我们要做的这个项目是什么"。需求的获取可以从许多途径得到，包括客户、领域专家、其他开发者、行业专家、可能的研究和对以前的系统的分析等。需要注意的是，必须在这个阶段给出系统尽可能完善的描述，否则的话会影响系统后续阶段的进行。

本节讨论的教学管理系统的用户是学校的学生、教师和教学管理员。学生使用该系统查询新学期将开设的课程和授课教师的情况，选择自己要学习的课程，并进行登记注册；教师使用该系统查询新学期将开设的课程及选择每门课程的学生情况；教学管理员使用该系统进行相关的教学管理，如新学期的课程选课注册管理、学生选课的调整等。该教学管理系统主要包括给教师分配课程和学生注册选课（学分制）两部分的工作。

给教师分配课程的情况描述：当每个教师决定要教授哪门课程后，课程登记办公室便把相关信息输入计算机，并给相关教师一份他（她）将要教授的课程报告，同时学生会得到一个课程目录以供选择课程。学生填写一份标记有他们选择的课程的完整表格给登记办公室，登记办公室的职员把学生的表格输入到学校的主计算机中。当学生一学期的课程注册信息输入完毕后，系统会成批处理学生的申请并分配课程。大多数情况下学生会获得他们的第一选择，然而由于可能会引起的冲突（如报同一个教师的学生太多），登记办公室会告诉学生做其他的选择。一旦所有学生的课程分配完毕，系统会给学生一份课程表以便他们检查。学生选课工作结束后，每个教师会得到一份他要教授的课程清单及选择该课程的学生详细名单。

学生注册选课的情况描述：在每个学期快结束的时候，学生们会得到一份包含下学期将要开设的课程的列表及每门课程的相关信息，如开课教师情况、系别和学生选择课程的先决条件等，可以帮助学生有目的的选择课程。新系统允许学生在将要来临的新学期中选择 4～6 门学科。另外，每个学生有在万一某门课程名额满员或被取消后有重选的机会。每门课程最多有 120 名、最少有 20 名学生选择才能开课，少于 20 个人报名的课程将被取消。当一个学生的注册信息完成之后，系统给收费系统发送一个消息，以便学生为其选中的课程付费。每个学期有一段时间让学生可以改变计划。学生可以在这段时间内访问联机系统以增加或删除课程。大多数学生的选择会在一周内解决，但有的可能要两周才能解决。

本节讨论的教学管理系统的相关系统有收费系统，该系统需要把学生选课注册信息传送给收费系统，以供收费系统计算学生应交纳的费用，但是不要求收费系统反馈学生应交纳的费用信息。假定在学校的计算中心有功能强大的工作站，在各系、部门、图书馆、学生宿舍都有 PC 并且都已连网。该教学管理系统将采用客户机/服务器结构来建立，系统的应用服务器和数据库服务器设在学校计算中心的工作站，学生、教师和教学管理员可以在各系、部门、图书馆、学生宿舍等连网的 PC 上使用该教学管理系统。

12.3.2 系统问题领域分析

系统问题领域分析是软件系统开发的第一项基本工作，分析问题领域的结果是对问题领域的清晰、精确的定义，明确目标系统将做些什么。分析问题领域的主要任务包括：对问题领域进行抽象，提出描述问题的模型；对系统进行需求分析过程，确定开发系统需要的各个要素，如系统的职责范围、功能需求、性能需求等；用 UML 的用例图描述要开发的系统的模型，初步确定该系统的体系结构等。

1. 确定系统范围和系统边界

首先要确定业务需求和系统目标。本节讨论的教学管理系统的职责范围包括新学期给教师分配课程和学生注册选课两部分的工作，除此以外的其他教学管理内容，如安排教学计划、排课、实习、考试等都不属于该系统的职责范围。至于学校的其他管理工作，如科研、人事、收费、资产等的管理也不属于该系统的职责范围。

教学管理系统与收费系统存在系统边界，收费系统将从教学管理系统得到学生选课注册信息，从而收取费用。教学管理系统与其他管理系统没有直接的联系，但是可以与学校的全局数据库共享学生、教师、教学计划等公共数据。

2. 定义参与者

参与者（Actors）是与系统有交互作用的人或事物。一个 actor 可能仅仅是给系统输入信息，或仅仅是从系统获得信息或从系统获得或输出信息。典型地，参与者是从问题域的描述和与客户、领域专家的交流、讨论中获得的。

通过上面的需求描述可以确定教学管理系统中包含的 4 个参与者：学生、教师、注册管理员和收费系统。对于每一个参与者，应当明确其业务活动的内容及对系统的服务要求等。

“学生”参与者使用该教学管理系统查询新学期开设的课程信息和教师开课信息，选择课程并登记注册信息。

“教师”参与者使用该教学管理系统查询新学期开设的课程信息和学生选课信息。

“注册管理员”参与者使用该教学管理系统管理新学期开设的课程的选课注册情况，管理工作包括新学期开设的课程情况的录入、维护、统计等，并且负责把确定的学生选课注册信息发送给收费系统，作为计算学生应付费用的依据。

“收费系统”参与者是外部系统参与者，需要从教学管理系统接受学生的课程注册信息。

模型中创建的每个参与者应该添加摘要描述文档，用来表示每个参与者和系统交互的规则。

上述教学管理系统中各参与者的简要描述如下：

学生——在学校注册听课的人；

教师——被学校认可讲授某门课程的人；

注册管理员——该教学管理系统所应用的学生注册系统所认同的维护人员；

收费系统——学生付费的外部系统。

创建完 4 个参与者，并对“学生”参与者填加描述文档后的用例图如图 12.12 所示。

图 12.12　选课注册系统用例图

3. 定义用例

每一个用例（Use Case）都是一个参与者与系统在交互中执行的有关事务序列。一般地，应当根据系统需求，找出全部的用例，并从参与者的角度给出事件流。定义一个好的用例的首要原则是：用例必须给参与者提供某些信息。

以下是教学管理系统必须要处理的问题：

① 学生 actor 需要使用系统来注册课程；

② 当选择课程的过程完成后，收费系统必须获得收费信息；

③ 教师 actor 需要使用系统来选择课程，且必须得到课程花名册；

④ 登记员要生成课程目录，而且必须维护课程、学生、教授等信息。

基于这些需要，可以生成以下 Use Cases：

① 注册课程；

② 选择课程任教；

③ 得到课程花名册；

④ 维护课程信息；

⑤ 维护教师信息；

⑥ 维护学生信息；

⑦ 创建课程目录。

教学管理系统的选课注册系统中填加各个用例及“注册课程”用例的摘要描述后的情况如图 12.13 所示。

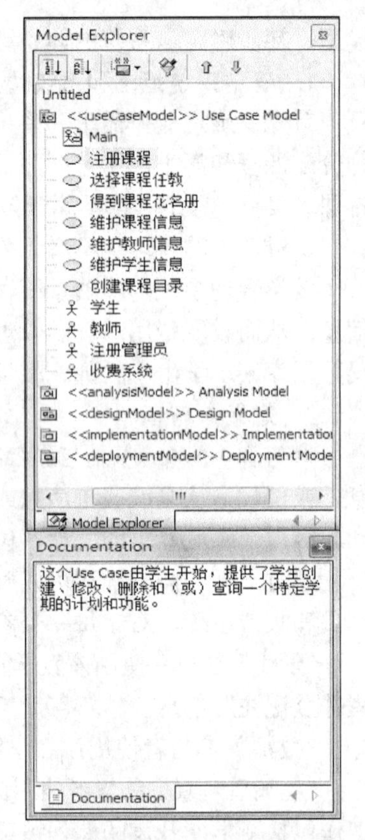

图 12.13 填加各个用例及“注册课程”用例的摘要描述图

4. **绘制用例图**

用例图是系统的外部行为视图，在确定了参与者和相关用例的基础上，通过绘制用例图可以更清晰地理解系统的行为。

绘制用例图的方法有些类似于过程化软件工程中数据流图的画法，从顶层抽象开始，然后逐步分解、细化用例图，直到能够清晰地表达问题，满足系统分析与建立模型的需要为止。

参与者都存在与系统的交互。从教学管理系统的需求分析描述，可以确定所有操作都围绕一个用例进行，即选课管理，该用例与 4 个参与者都存在交互，选课注册系统的顶层用例图如图 12.14 所示。当然，该用例分析需要进一步的细化，划分为更小一些的用例，以便深入分析系统的要求和目标。通过对系统的分析，可以确定系统的详细信息。用例“选课管理”可以分解为以下一些用例：“查询课程信息”、“选课注册”、“管理开设课程”、“管理学生信息”、“管理教师信息”、“管理课程信息”。

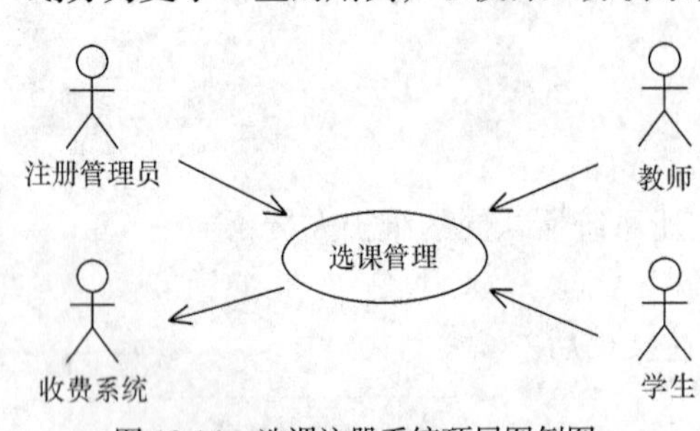

图 12.14 选课注册系统顶层图例图

参与者“学生”与用例“查询课程信息”、“注册课程”发生交互。

参与者“教师”与用例“得到课程花名删”和“选择课程任教”发生交互。

参与者“注册管理员”与用例“维护学生信息”、“维护教师信息”、“维护课程信息”、“维护课程目录”发生交互。

参与者“收费系统”与用例“产生选课信息”发生交互。

根据系统分析，教学管理系统中选课注册系统的主用例图如图 12.15 所示。在绘制用例图时，不但需要把用例与参与者之间的联系表示出来，而且还应当把用例之间的联系也表现出来。用例之间的联系最常见的有《Uses》、《Include》和《Extend》等联系。本例中，用例“查询课程信息”和用例“注册课程”都与用例“身份验证”有《Uses》联系，即它们在运行中都使用用例“身份验证”进行用户的合法身份检查。同样的《Uses》联系也存在于其他用例与“身份验证”用例之间。StarUML 中的《Uses》联系使用带《Uses》标记的虚线箭头表示，本系统中附加的 Use Case 图如图 12.16 所示。

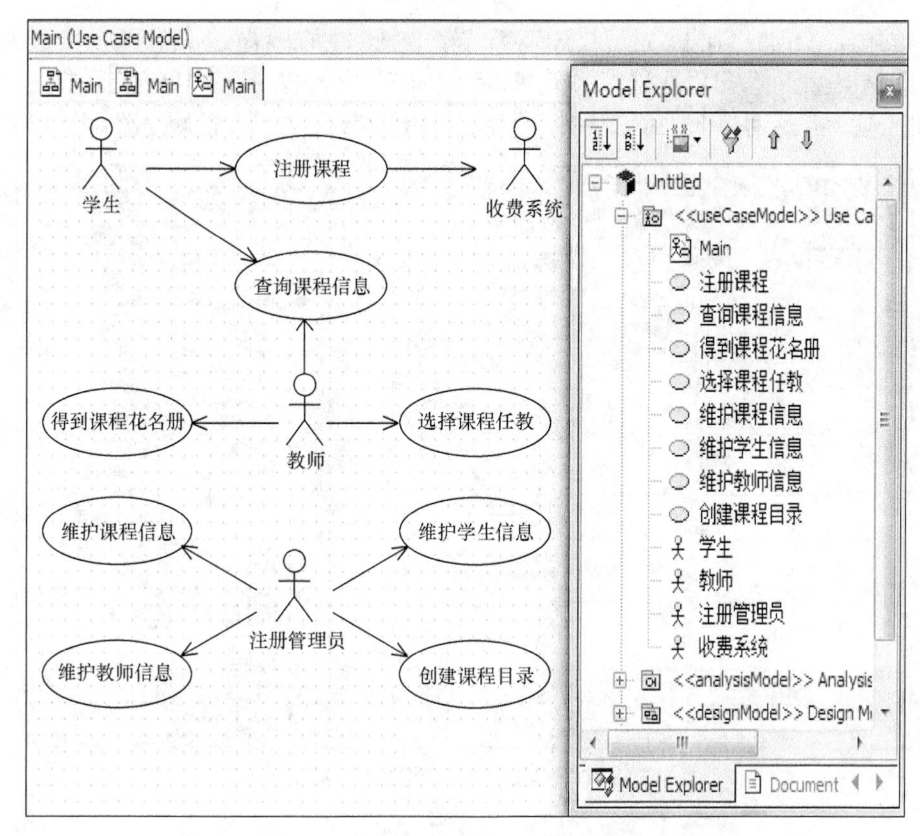

图 12.15　选课注册系统的主用例图

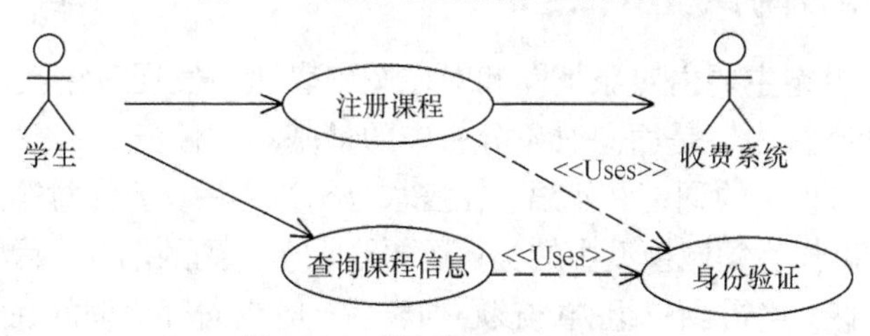

图 12.16　附加的 Use Case 图

5. 绘制主要交互图

交互图描述用例如何实现对象之间的交互，用于建立对象之间的动态行为模型。分析问题领域时，绘制交互图的目的是验证领域分析的结果和用例视图的正确性，在以后对系统动态行为的建模过程中，还需要对交互图做深入分析、细化和完善。交互图有两种：顺序图和协作图（通信图），开发人员可以根据需要有选择地绘制。

分析本系统中“学生”与“选课注册表单”活动的交互顺序：当“学生”发出“查询”请求时，系统的“选课注册表单”对象响应该消息，按照输入的查询条件从数据库中进行查找，并向“学生”反馈查询成功或失败的信息。当查询成功时，系统的“选课注册表单”对象分别发出“增加”或“删除”学生选课数据的消息，由用户来进行选择。“开设课程”对象响应该消息，找出数据库中的相关数据，增加或删除学生的姓名和所选的课程名，或做相应修改，并把增加或删除学生选课操作成功或失败的信息反馈给“选课注册表单”接口对象，“选课注册表单”接口对象再反馈给学生。并且此选课操作还必须得到“学生”的确认，才能最终肯定选课成功，此时“学生”应按下“确认”键，即发出提交请求，“选课注册表单”接口对象响应该请求，并发出“存储”消息，才由“开设课程”对象响应“存储”消息，进行数据库存储操作，把学生的选课数据信息真正存入数据库中。若“学生”结束选课，发出“退出”系统请求，系统的“注册表单”接口对象响应请求，关闭系统。

按照上述交互活动分析，可以绘制“学生”与用例“选课注册”的顺序图如图12.17所示。

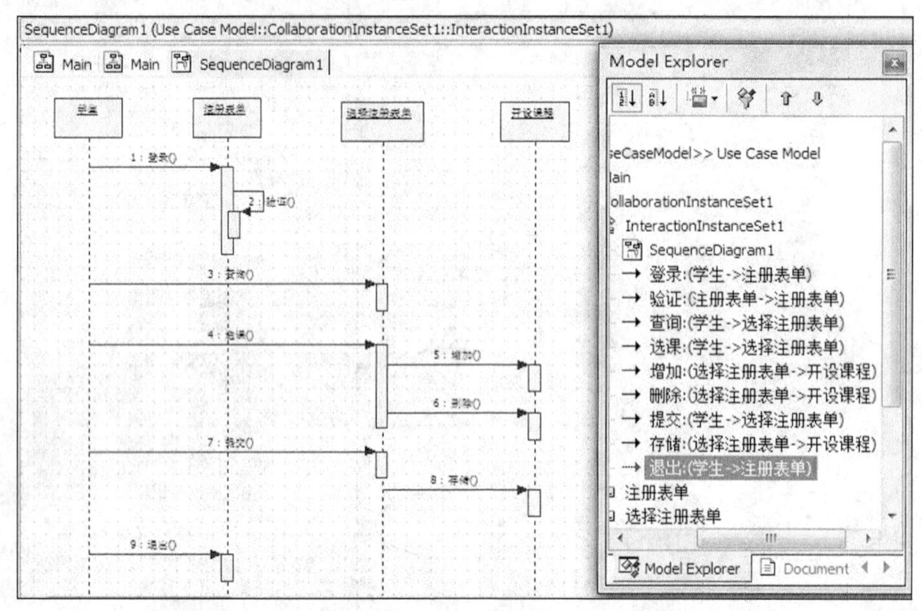

图12.17 “学生”与“选课注册”顺序图

12.3.3 静态结构模型的建立

系统的静态结构模型主要由对象类图和对象图来表达。发现对象类及其联系，确定它们之间的静态结构和动态行为，是面向对象分析中的最基本的任务。

类代表的是领域知识中的词汇和术语。在需求分析过程中，要注意客户用来描述实体的名词术语，这些名词可以作为领域模型中的类；还要注意所听到的动词，因为这些动词可能会构成这些类中的操作属性；当得到一组类的核心列表后，应当向客户询问在业务过程中每个类的作用，以便确定这些类的相关属性内容，以及上述名词的一些附加信息。最后，根据常识也可以为这些类添加一些属性和操作。例如，针对上述教学管理系统的需求分析，准备的问题有：

① 学生要选择并注册课程；

② 教师要选择课程来教；

③ 注册管理人员要创建课程和生成学期（课程）目录；

④ 注册管理人员要维护关于课程、教师和学生的所有信息；

⑤ 收费系统要从注册系统获取学生的费用交纳情况。

基于对以上问题的回答，可以确定其中出现的名词有“学生”、“教师”、“课程”等；动词有“开设课程”、“学生登记”、“课程登记”、“选课统计”等。“学生”的属性有姓名、年龄、性别、通信地址、联系电话、专业、班级等，对这些信息的服务操作有查询、添加、删除、修改等；“教师”的属性有姓名、年龄、性别、通信地址、联系电话、职称等，对这些信息的服务操作也有查询、添加、删除、修改等；对于“课程”，至少应说明课程的名称、性质和学分数等，对应的操作有加入课程、删除课程等；“开设课程”类负责新学期开设课程和选课信息的处理，并提供查询功能，其属性有授课日期、授课时间、地点、授课教师、注册学生数等，相关操作有加入选课学生、加入授课教师、返回学生已满信息等；“学生登记”类负责新学期学生的选课登记，该类的属性有学期、课程名等，操作有加入课程、打印等；“课程登记”类负责新学期课程的选课登记，它根据参与者“教师”和“注册管理员”的要求，汇总学生的选课信息，对每门课程给出选修该课程的学生清单，该类的属性有学期、学生名等，操作有加入学生、打印等；“选课统计”类负责学生选课信息的统计处理，其属性包括学期、课程名等，操作有按学生统计、按课程统计、打印等。

在定义了对象类之后，需要进一步分析对象类之间的联系。一般地，对象类之间的联系有多种类型，如关联、聚集、泛化、依赖等。在本节提供的教学管理系统中，各类之间存在的关系可以描述如下。

① 关联。在“开设课程”类与“师生”类之间存在“授课”和“登记注册”关联。相互关联的类之间不存在继承关系，而是通过消息传递相互联系，协同工作。

② 聚集联系。新学期开设的课程只是学校教学计划中需要设置的课程中的一部分，“开设课程”类与“课程”类之间存在聚合关系，“开设课程”类是代表部分的对象类，“课程”类是代表整体的对象类。同理，“开设课程”类与“学生登记”类、“课程登记”类之间都存在聚集联系。

③ 泛化联系。学生与教师之间有许多共同的信息内容，如姓名、年龄、性别、管理号、通信地址、联系电话等。因此，可以把学生与教师的共同信息和共同操作抽取出来，组成一个新类“师生”，原来的“学生”类中保留学生特有的属性“专业”和“班级”，在“教师”类中保留教师特有的属性“职称”。“学生”类、“教师”类与“师生”类的联系为泛化联系，“师生”类为更一般的类，“学生”类和“教师”类是特殊类，它们继承“师生”类中的公共属性。

④ 依赖联系。选课系统是在新学期所开设的课程的数据上进行的，在“选课统计”类和“开设课程”类之间存在依赖联系，“选课统计”类依赖于“开设课程”类。在定义联系时，需要同时分析和确定联系各端的对象类的多重性、角色、导航等性质，这些内容都可以从需求分析、领域知识等来分析和确定。

根据已定义的对象类及其联系，以及对象类的多重性、角色、导航等性质，可以画出相应的类图。创建好类以后，需要写文档加以说明。文档陈述类的作用而不是类的结构。例如，学生信息类的文档可以写成：

需要注册和付费的学生。学生是在大学里注册课程的某个人。

而写成下面的文档则仅仅告诉人们类的结构，这些都可以从类的结构里通过属性表现出来，它没有告诉人们为什么需要这个类。

学生的姓名、地址和电话号码。

创建好的“师生信息”类在浏览器中的视图及其文档描述参见图 12.18。

图 12.18　在浏览器中创建类及类的文档描述示例

按照上述分析产生的课程管理对象类图参见图 12.19。

如果一个系统仅仅包含少数的几个类，人们便可以很容易地管理。但通常的系统都是相对复杂的大型系统，需要把大量的模型元素进行分组，以方便理解和处理。这样，人们就需要包这种机制来进行管理，这就是包有用的原因。在逻辑视图里，包和与它有关的包或类联系。把类组织到包中，人们可以从总体看到模型的结构，也可以看到每个包内的详细情况。如本系统中，可以将学生、教师和注册管理员都组织到一个人员信息包中。本系统的浏览器中重新定位类后的包如图 12.20 所示。

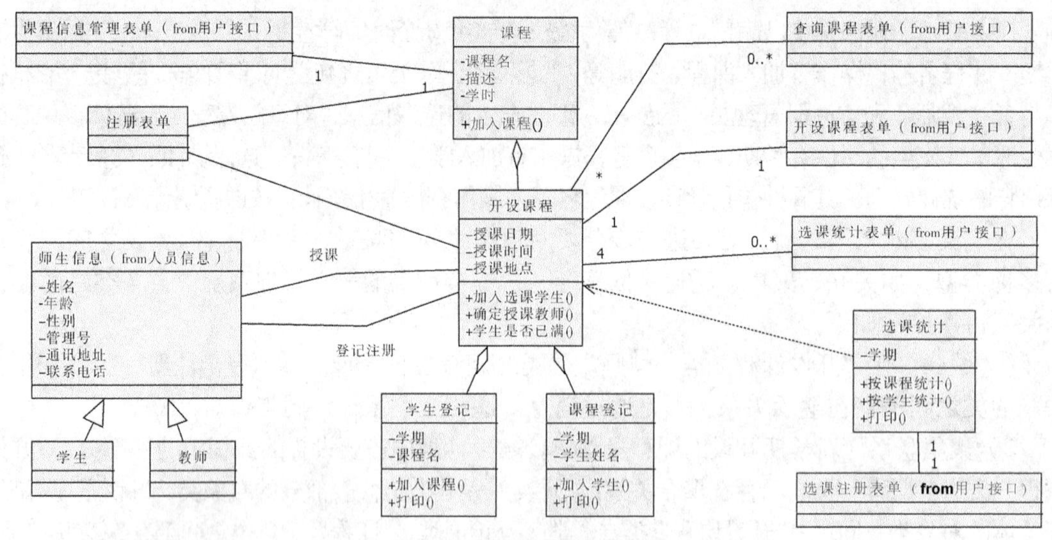

图 12.19　课程管理对象类图

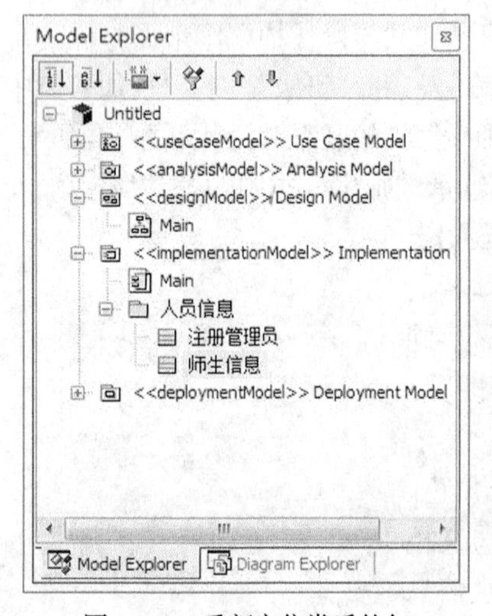

图 12.20　重新定位类后的包

包图表示的是系统的静态结构，但是建立包图时应当同时考虑系统的动态行为。如对本节的教学管理系统，除了上面定义的人员信息包外，还可以设定 4 个包如下："用户接口"包、"数据库"包、"MFC 类"包和"出错处理"包。

"用户接口"包中包含了前文叙述的全部需要和用户接口的对象类，如"课程信息管理表单"、"查询课程表单"、"选课注册表单"、"开设课程表单"、"选课统计表单"、"注册表单"等，参见图 12.19 中相应图示。

"数据库"包中包含了实现数据库服务功能的全部对象类。

"MFC 类"包中包含了支持系统的动态链接库的必要的库函数对象类。

"出错处理"包中包含了使用该系统过程中可能出现的所有错误处理方法类。

关于这 4 个包的相应画法，此处省略，留作同学们的课后练习去完成。

12.3.4　动态行为模型的建立

用例视图中的类图、对象图及用例图表达的都是系统的静态结构，系统的动态行为模型由交互图（顺序图和通信图（协作图））、状态图和活动图来表达。在系统的分析和设计中需要对主要的用例和对象类绘制这些图形，以便分析系统的行为，验证和修改系统的静态结构，从而满足用户的要求，达到系统的目标。

在一个系统的运行中，对象之间要发生交互，并且这些交互需要经历一定的时间，顺序图所表达的正是这种基于时间的动态交互。通信图（协作图）的设计初衷是为了表达系统中各组成元素之间的相互协作关系。在任一给定时刻，一个对象总是处于某一特定的状态。而反应型对象的行为是通过对来自它的语境外部的事件做出反应来进行刻画的，具有清晰的生存周期，它的当前行为受其过去行为的影响。状态图主要用于对反应型对象的行为建模，为了更好地描述一个独立对象的动态特性，状态图可以被附加到类、用例甚至整个系统上。

活动图是一种特殊形式的状态机，用于对计算流程和工作流程进行建模。从本质上说，活动图就是流程图的另一种描述形式，因为它显示了从一个活动到另一个活动的控制流，或者说是表明了各个活动之间的时间顺序。

活动图和状态图两者之间是有区别的：活动图是状态图的一种特殊情况，是对状态图的扩展；状态图是以状态为中心的，而活动图是以活动为中心的；状态图主要用于对一个对象生存周期的离散阶段进行建模，而活动图更适合于对一个过程中的活动序列进行建模，因此，活动图和状态图在对一个对象的生存周期建模时都是有用的，只是活动图显示的是从活动到活动的控制流，而状态图显示的是从状态到状态的控制流。

在建立系统静态结构模型时，已经绘制了一些顺序图，在建立系统的动态行为模型中需要继续这项工作，进一步绘制主要用例的顺序图或通信图（协作图），并逐步进行细化。

1. 建立顺序图

在 UML 中，顺序图中的对象是表示成一个带有下划线名字的矩形框。对象可以以 3 种方式命名：对象名字、对象名字和类或者仅仅是类名（任意对象）。3 种命名方式如图 12.21 所示。在每个对象下也有由点画线表示的对象的时间线，对象间的消息用从客户端（消息发送者）指向服务器端（消息接收者）的箭头表示。

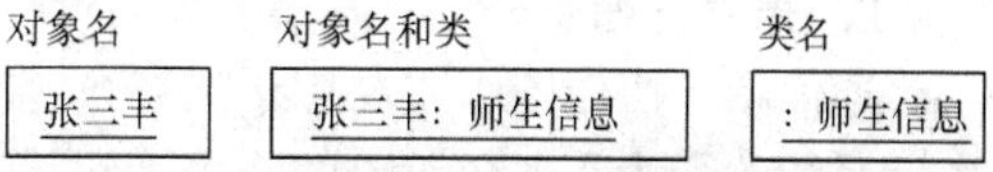

对象名　　对象名和类　　类名

张三丰　　张三丰：师生信息　　：师生信息

图 12.21　顺序图中对象的 3 种命名方式

一般地，为了绘制顺序图，首先要对用例编写交互活动的脚本，然后确定参与交互的参与者和对象，以及涉及的交互事件。例如，对于用例“维护课程信息”，它是参与者“注册管理员”和接口对象“注册表单”、“开设课程表单”及对象“开设课程”之间发生的交互，可以绘制开设课程的顺序图如下所示，其中的交互事件如下。

① 登录。“注册管理员”发出登录信息，并输入用户标识（ID）和口令登录该教学管理系统进行课程设置活动。

② 验证。“注册表单”接口对象响应登录信息，检查用户标识（ID）和口令，如果正确无误，则可以继续下一步交互，否则提示用户重新输入用户标识（ID）和口令，进行新一轮的身份验证。

③ 查询。“注册管理员”发出要求查询已有的开设课程的消息，“开设课程表单”接口响应该消息，按照输入的查询条件从数据库中找出有关的课程，并向“注册管理员”反馈找到的课程相关信息及查询成功信息或者未找到所要内容的查询失败信息。

④ 设置课程。“注册管理员”发出设置课程的消息，进行设置课程的活动。“开设课程表单”接口响应该消息，根据“注册管理员”的要求决定进行增加或删除课程的活动。

⑤ 增加课程。“开设课程表单”接口对象发出增加课程消息，“开设课程”对象响应该消息，并在开设课程表中增加指定的课程。

⑥ 删除课程。“开设课程表单”接口对象发出删除课程消息，“开设课程”对象响应该消息，并在开设课程表中删除指定的课程。

⑦ 提交。在完成了课程设置后，“注册管理员”发出请求提交的消息，进行存储课程设置的操作。“开设课程表单”接口对象响应该请求。

⑧ 存储。“开设课程表单”接口对象发出“存储”消息，“开设课程”对象响应该消息，进行数据库存储操作，把课程设置的结果数据真正存入物理的数据库中。

⑨ 退出。“注册管理员”发出退出系统的消息，“注册表单”接口对象响应该请求，关闭系统。

教学管理系统的“设置开设课程”的顺序图如图 12.22 所示。

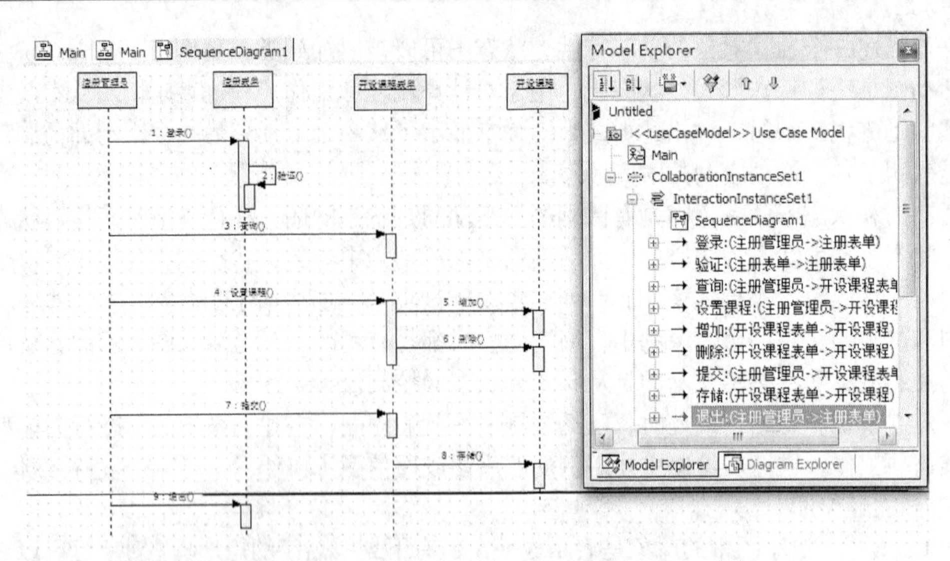

图 12.22　教学管理系统中“设置开设课程”的顺序图

2. 建立通信图

通信图（协作图）主要用于描述系统的行为是如何由系统的成分实现的，以深入了解和表示系统的行为和各个对象的作用，但通信图对交互动作的时间关系的表达不如顺序图清楚。系统行为的发生顺序和时间并不是通信图要表达的主要内容。在 StarUML 中创建通信图的方法与创建顺序图的方法基本一致。

对于通信图的画法，首先应确定参与通信的对象角色、关联角色和消息，然后才能绘制相应的通信图。例如，“维护课程信息”的通信图如图 12.23 所示。图中的对象角色有“注册表单”接口对象、“开设课程表单”接口对象、“课程”对象和“开设课程”对象，它们协同工作，实现设置新开设课程的服务。

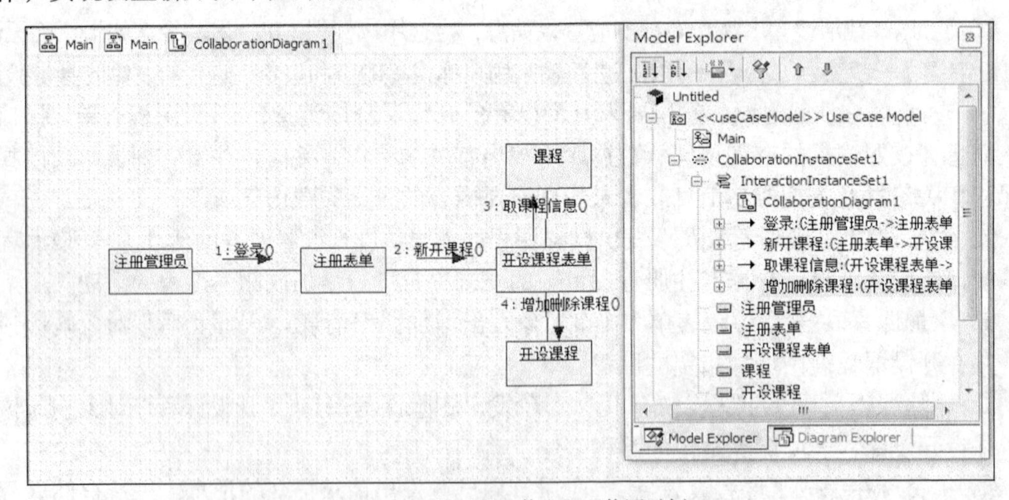

图 12.23　“维护课程信息”通信图示例

参与者“注册管理员”与“注册表单”接口对象联系。“注册表单”接口对象与“开设课程表单”接口对象之间、“开设课程表单”接口对象与“课程”对象之间、“开设课程表单”接口对象与“开设课程”对象之间存在着关联。参与者“注册管理员”发送消息“登录”给“注册表单”接口对象，“注册表单”接口对象发送消息“新开课程”给“开设课程表单”接口对象，“开设课程表单”接口对象发送消息“取课程消息”给“课程”对象，发送消息“增加/删除开设课程”给“开设课程”对象。

3. 建立状态图

状态图主要用于表现一个对象从创建到销毁的整个生命史，用于对一个对象生存周期的离散阶段进行建模。对于一些实现重要行为动作的对象应当绘制状态图。绘制状态图时需要确定一个对象的生命期可能出现的全部状态，哪些事件将引起状态的转移及将会发生哪些动作等。例如，对于教学管理系统中的一个学生选课注册的“学生登记”对象，可能包含的状态、事件和动作如下。

①“初始化”状态。“学生登记”对象一旦被创建就进入了“初始化”状态，在本状态的动作是初始化课程登记和设置初始化参数，即课程数 COUNT=0。

②“增加课程”状态。本状态的动作是增加学生所选的课程信息，并对学生的选课计数加一。本状态的入口点为“记录课程信息”动作，即把学生所选的课程加入到选课表中，出口点是为选课计数加一个动作：“COUNT=COUNT+1”（根据系统需求规定的业务规则，一个学生一个学期最多只能选修 6 门课程）。当在对象的“初始化”状态或“增加课程”状态时发生了“增加课程”事件，而且满足条件“COUNT<6”，则转移到本状态。

③“减少课程”状态。本状态的动作是去掉学生的某门课程选修信息，并对学生学生的选课计数减一。本状态的入口点为“删除课程信息”动作，即从选课表中删除学生指定的已选修的课程，出口点是为选课计数减一动作：“COUNT=COUNT-1”。当在对象的“初始化”状态或“减少课程”状态时发生了“减少课程”事件，而且满足条件“COUNT>0”，则转移到本状态。

④“取消”状态。本状态的动作是给出撤消动作的提示信息和结束本对象运行的提示信息，并转移到状态图的出口。对象的“取消”状态的动作主要是撤消刚刚发生的动作，并结束本对象的运行。当在对象的“初始化”状态、“增加课程”状态或“减少课程”状态时发生了“取消”事件，则转移到本状态。

⑤“关闭”状态。本状态的动作是存储已变更的数据，结束本对象的运行，直接转移到状态图的出口。当在对象的“增加课程”状态或“减少课程”状态发生了“关闭”事件时，则转移到本状态。学生选课登记状态图如图 12.24 所示。

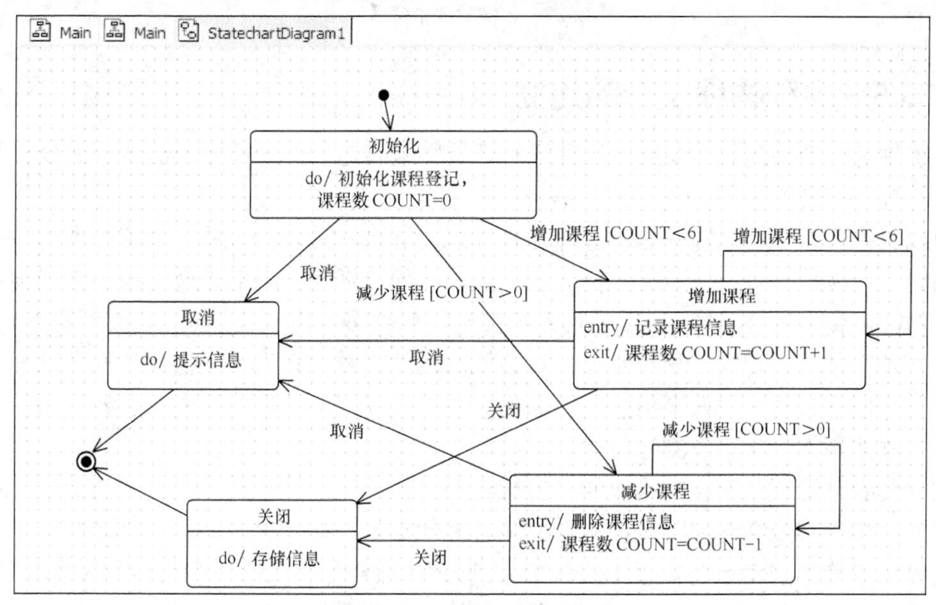

图 12.24　学生选课登记状态图

类似地，也可以考虑选择课程的登记状态图，此处省略，留为作业。

4. **建立活动图**

活动图的主要作用是表示系统的业务工作流程和并发处理过程，对于一个系统可以针对主要的业务工作流程绘制活动图。绘制活动图需要确定参与活动的对象、动作状态、动作流及对象流。

针对教学管理系统设置开设课程的活动，可以绘制活动图，如图 12.25 所示。该图中，参与活动的对象有“注册表单”接口对象、“开设课程表单”接口对象、“课程”对象、“选课注册表单”接口对象、“开设课程”对象等。动作状态有“登录”、“新开课程”、“取课程信息”、“取选课信息”、“增加/删除课程”等。动作流如图中实线箭头所示。

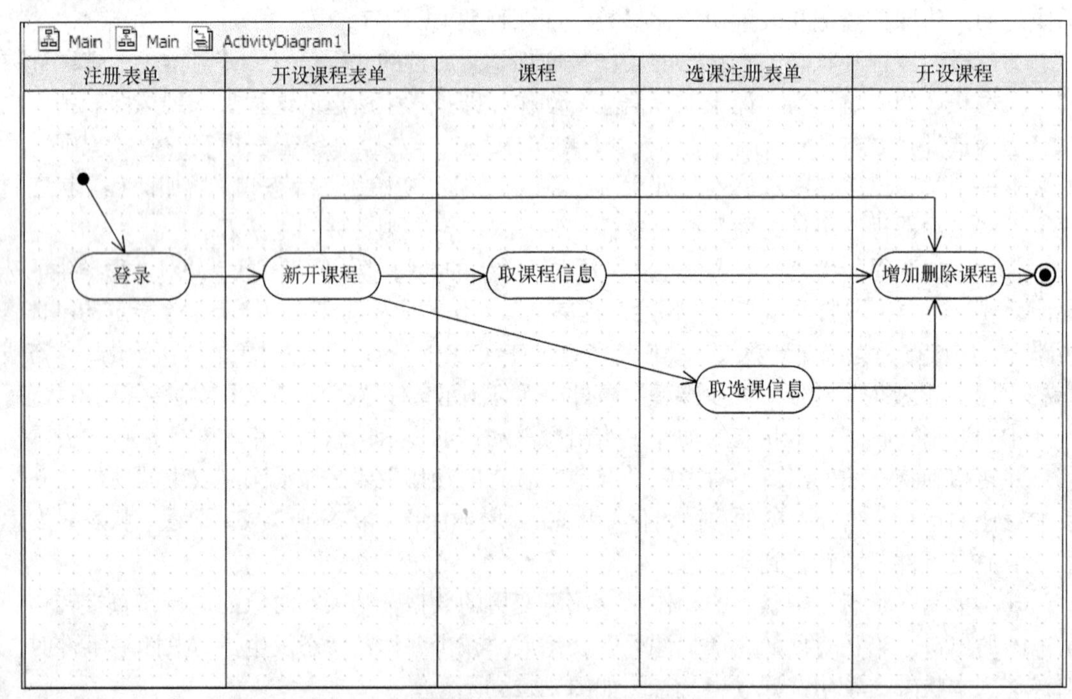

图 12.25　教学管理系统活动图

12.3.5　系统物理模型的建立

系统物理模型的建立主要通过构件图和部署图来表达，而构件图和部署图的设置与整个计算机系统密切相关。

现代软件开发是基于构件的，这种开发方式对群组开发尤为重要。系统实现的源代码、二进制码、可执行码可以按照模块化的思想，用构件分别组织起来，通过构件图明确系统各部分的功能职责和软件结构。教学管理系统的运行软件可以组织成如图 12.26 所示的构件图，其中“财务管理”是和教学管理系统交互的外部构件，教学管理系统包括“教学管理”、“课程管理”、“成绩管理”、“人事信息”、“课程”、“开设课程”、“选课注册”、“教师”、“学生”等构件，这些构件包含相应的运行代码。

构件“教学管理”包含本系统的可执行程序，构件“课程管理”包含实现课程管理的动态链接库，构件“成绩管理”包含实现成绩管理的动态链接库（外部库），构件“人事信息”包含人事信息管理的动态链接库（外部库），它们共同合作，支持整个教学管理系统的运行。在所有这些构件中包含了各自相应的对象类、接口和联系的实现代码。

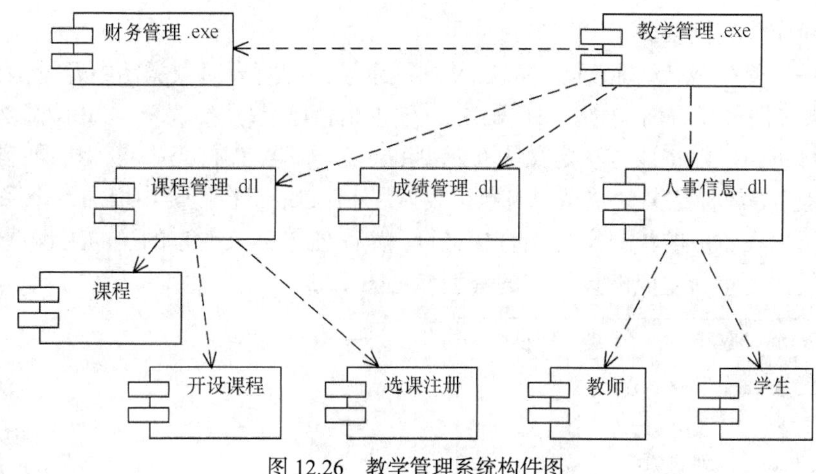

图 12.26　教学管理系统构件图

部署图则显示了基于计算机系统的物理体系结构，可以描述计算机和设备，展示它们之间的连接及驻留在每台机器中的软件。每台计算机用一个立方体来表示，立方体之间的连线表示这些计算机之间的通信关系。

本节讨论的教学管理系统是一个基于局域网（校园网）和数据库的应用系统，因此有必要进行系统的部署，建立部署图如图 12.27 所示，系统的各个部分可以部署在不同的节点上，通过网络相互通信。该系统是一个客户机/服务器结构的分布式系统，其核心教学管理软件和数据库放置在学校的中心计算机上，用户接口端的应用程序分别部署在图书馆、各系和学生宿舍的客户机上，因此可以绘制部署图如图 12.28 所示。

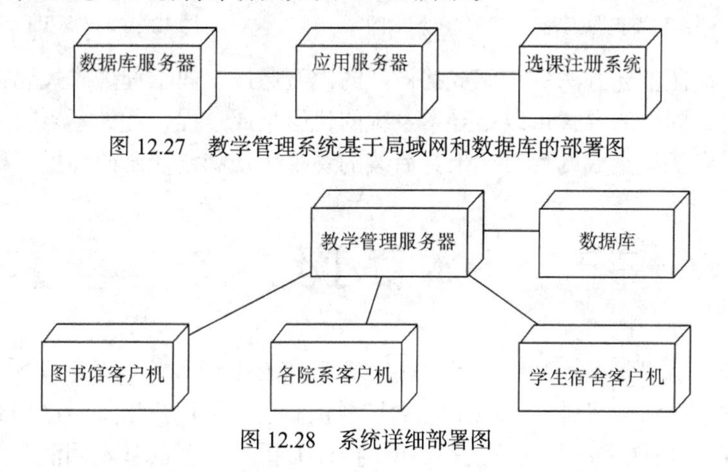

图 12.27　教学管理系统基于局域网和数据库的部署图

图 12.28　系统详细部署图

在上述系统部署图中，数据库服务器、应用服务器和选课管理的相应构件部署在不同的结点上，应用服务器与数据库服务器通信，数据库服务器向应用服务器提供数据库服务。课程管理与应用服务器通信，应用服务器向用户提供教学管理的应用服务。课程管理结点具体完成课程管理的服务操作，是应用服务的后台，它们不直接与数据库打交道，而是通过应用服务器向数据库服务器请求访问数据库。

12.3.6　代码框架自动生成的过程

当系统设计完成之后，即可对系统中的各类图进行代码框架的自动生成。按照 12.2.4 小节中介绍的代码生成方法，如果系统设计无属性设置错误、接口错误等设计上的缺陷，则可以成功生成相应代码框架。

现以 C++为例生成代码框架。图 12.29 中展示了课程管理对象类图中开设课程类的.h 头文件。从该头文件可以看出，生成的代码中，“学生是否已满()”定义为 void 型显然不太合适，从系统需求分析，可以将该方法定义为布尔型 bool。同理，该代码中将“授课日期、授课时间和授课地点”等属性定义为整型也有点欠妥。另外，如果想在该类中增加一个属性“学分”，这些修改都可以在生成的代码文件中直接进行，然后通过 StarUML 的逆向工程重新生成设计模型，修改代码后重新生成的设计类的模型参见图 12.30。

```
//   Generated by StarUML(tm) C++ Add-In
//   @ Project : Untitled
//   @ File Name : 开设课程.h
//   @ Date : 2013-11-30
//   @ Author :
#if !defined(_开设课程_H)
#define _开设课程_H
class 开设课程 {
public:
      void 加入选课学生();
      void 加入授课老师();
      void 学生是否已满();
private:
      int 授课日期;
      int 授课时间;
      int 授课地点;
};
#endif   //_开设课程_H
```

图 12.29 “开设课程”类正向工程生成的代码示例图

开设课程
-授课日期 -授课时间 -授课地点 -学分
+加入选课学生() +加入授课老师() +学生是否已满()

图 12.30 逆向工程生成的类图示例

依次类推，按照上述方法将前期成功设计的模型通过正向工程生成代码框架，并通过逆向工程进行修正，同样的方式可以指导本系统的代码生成过程，此处不再赘述，读者可自行完成。正向和逆向工程生成的代码框架为后续的系统实现和错误修改提供了极大的便利。

本章小结

StarUML 是一款开源的 UML 建模工具，基于 UML1.4 版本，提供 11 种不同类型的图，支持 UML2.0 的表示法。另外，StarUML 的扩展机制还允许用户增加定制内容，使用灵活、方便。本章介绍了 StarUML 环境下几种典型的 UML 图形建模的基本用法，并通过一个简易教学管理系统的分析和设计，展示了 StarUML 用于分析设计过程的辅助用法。

习 题 12

12.1　UML 中的交互图有两种，请分析一下两者之间的主要差别和各自的优缺点。掌握利用两种图进行的分析设计的方法。

12.2　什么是用例图？用例图有什么作用？在一个“订单输入子系统”中，创建新订单和更新订单都需要检查用户账号是否正确。那么，用例“创建新订单”、“更新订单”与用例

“检查用户账号”之间是什么关系？

12.3　UML 提供一系列的图（Diagram）支持面向对象的分析与设计，其中，给出系统的静态设计视图的什么图？对系统的行为进行组织和建模非常重要的是什么图？哪两种图是描述系统动态视图的交互图，其中描述以时间顺序组织的对象之间的交互活动的是什么图？强调收发消息的对象的组织结构的是什么图？

12.4　网络的普及带给人们更多的学习途径，随之而来的管理远程网络教学的“远程网络教学系统”也随之诞生了。“远程网络教学系统”的功能需求如下：

（1）学生登录网站后，可以浏览课件、查找课件、下载课件、观看教学视频；

（2）教师登录网站后，可以上传课件、上传教学视频、发布教学心得、查看教学心得、修改教学心得；

（3）系统管理员负责对网站页面的维护、审核不合法课件和不合法教学信息、批准用户注册。

问题：（1）本系统中包含哪些参与者，哪些用例？

（2）学生需要登录“远程网络教学系统”后才能正常使用该系统的所有功能。如果忘记密码，可与通过“找回密码”功能恢复密码。请画出学生参与者的用例图。

（3）教师如果忘记密码，可以通过“找回密码”功能找回密码。请画出教师参与者的用例图。

12.5　图书管理系统功能性需求说明如下。

图书管理系统能够为一定数量的借阅者提供服务。每个借阅者能够拥有唯一标识其存在的编号。图书馆向每一个借阅者发放图书证，其中包含每一个借阅者的编号和个人信息。提供的服务包括提供查询图书信息、查询个人信息服务和预订图书服务等。

当借阅者需要借阅图书、归还书籍时，需要通过图书管理员进行，即借阅者不直接与系统交互，而是通过图书管理员充当借阅者的代理和系统交互。

系统管理员主要负责系统的管理维护工作，包括对图书、数目、借阅者的添加、删除和修改，并且能够查询借阅者、图书和图书管理员的信息。

可以通过图书的名称或图书的 ISBN/ISSN 号对图书进行查找。

回答下面问题：

（1）该系统中有哪些参与者？

（2）确定该系统中的类，找出类之间的关系并画出类图。

（3）画出语境“借阅者预订图书”的顺序图。

12.6　StarUML 中正向工程和逆向工程如何实现？

第 13 章　软件体系结构

随着面向对象技术的出现和广泛使用，一方面软件的可复用性在一定程度上已有所解决，另一方面对软件的可复用性的要求也越来越高了，从程序代码的复用逐渐过渡到分析、设计的复用上来。软件体系结构就是研究已有的成熟软件系统中总结良好的设计范型，为软件开发的工程化提供更高抽象层次的复用粒度。

软件体系结构脱胎于软件工程，同时又借鉴了计算机体系结构和网络体系结构中很多宝贵的思想和方法。最近几年来软件体系结构的研究已完全独立于软件工程的研究，成为计算机科学中延续软件工程研究的一个最新的研究方向和独立学科分支。本章主要给出软件体系结构的简要介绍及几种经典和现代的体系结构风格和模式。通过这几种体系结构风格的介绍，为大家进行高级软件工程的学习和研究提供一些认识。

13.1　软件体系结构概述

随着软件系统规模越来越大、越来越复杂，整个系统的结构和规格说明显得越来越重要。对于大规模的复杂软件系统来说，总体的系统结构设计和规格说明，比起对计算的算法和数据结构的选择已经变得明显重要得多。软件体系结构（Software Architecture）主要由构件、连接件和配置规则组成，为软件系统提供一个结构、行为和属性的高级抽象，含构成系统的元素的描述、这些元素的相互作用、指导元素集成的模式及这些模式的约束等。软件体系结构不仅指定了系统的组织结构和拓扑结构，并且显示了系统需求和构成系统的元素之间的对应关系，提供了一些设计决策的基本原理。对软件体系结构的系统、深入的研究，将会成为提高软件生产率和解决软件维护问题的新的最有希望的途径。

软件体系结构是在软件系统的整体结构层次上关注软件系统的构建和组成，是设计抽象的进一步发展，满足了更好地理解软件系统，更方便地开发更大、更复杂的软件系统的需要。如同计算机系统结构在计算机工程中的重要作用一样，对于软件体系结构的概念、高层设计和复用的研究，是“现代软件工程”的一个重要组成部分。

面向对象的体系结构与传统的体系结构有所不同，它强调分布式对象的分配、构件及其界面、持久对象和面向对象通信方法。20 世纪 80 年代初到 90 年代中期，是面向对象开发方法的兴起与成熟阶段。由于对象是数据与基于数据之上操作的封装，因而在面向对象开发方法下，数据流设计与控制流设计统一为对象建模。20 世纪 90 年代以后则进入基于构件的软件开发阶段，该阶段以过程为中心，强调软件开发采用构件化技术与体系结构技术，要求开发出的软件具备很强的自适应性、互操作性、可扩展性和可重用性。此阶段中，软件体系结构的设计已经作为一个明确的开发步骤和中间产品存在于软件开发过程中，同时软件体系结构作为一门学科也逐渐得到人们的重视，并成为软件工程领域研究的热点之一。

目前，针对软件体系结构的研究和应用现状主要包括：软件体系结构的描述、构造与表示；软件体系结构的分析、设计与验证；软件体系结构的发现、演化与重用；基于体系结构的软件开发方法；特定领域的体系结构框架；软件体系结构支持工具；软件产品线体系结构及建立评价软件体系结构的方法等多个方面。其中，软件体系结构的构造设计中，关键是如何高效使用已有的组织结构模式。

软件体系结构风格是描述某一特定应用领域中系统组织方式的惯用模式。体系结构风格定义了一个系统家族，即一个体系结构定义一个词汇表和一组约束。词汇表中包含一些构件和连接件类型，而这组约束指出系统是如何将这些构件和连接件组合起来的。体系结构风格反映了领域中众多系统所共有的结构和语义特性，并指导如何将各个模块和子系统有效地组织成一个完整的系统。本章介绍几种典型的软件体系结构的风格和模式，在设计复用方面对现代软件工程开发过程提供一些帮助。

13.2　经典的软件体系结构风格

13.2.1　管道-过滤器（流程处理）体系结构

流程处理系统（Procedure Processing System）以程序算法和数据结构为中心，由称作过滤器的构件和称作管道的连接件组成的体系结构（常常被称作管道-过滤器体系结构）。每一个处理过程中，先接收数据、进行处理（过滤），最后产生输出数据。

在流程处理系统的软件体系结构中，每个构件都有一组输入和输出，构件读输入数据流，经过构件内部处理（过滤），然后产生输出数据流，这种体系结构也称为“管道-过滤器”体系结构。其中，作为过滤器的处理构件必须是独立的实体，不能与其他过滤器共享数据。管道-过滤器体系结构属于数据流风格。

流程处理系统的一个典型的例子是传统的编译器。该系统中，一个阶段的输出是另一个阶段的输入。典型的编译器系统包括词法分析、语法分析、语义分析、中间代码生成、代码优化、目标代码生成 6 个构件。词法分析器读取源程序，按照该语言词法规则对源程序进行分析处理，并向语法分析器输出分析得到的词法元素作为语法分析器的输入。语法分析器按照该语言的语法规则识别源程序语法的正确性，若有错误则及时地与用户进行相关的交互，对语法正确的源程序进行生成中间代码、优化目标代码及生成目标代码等操作序列。典型编译器系统的处理流程参见图 13.1，这样一个典型编译器系统的体系结构图参见图 13.2，其中系统服务结点含有数据库。注意，6 个处理器构件之间的连接是单向的。

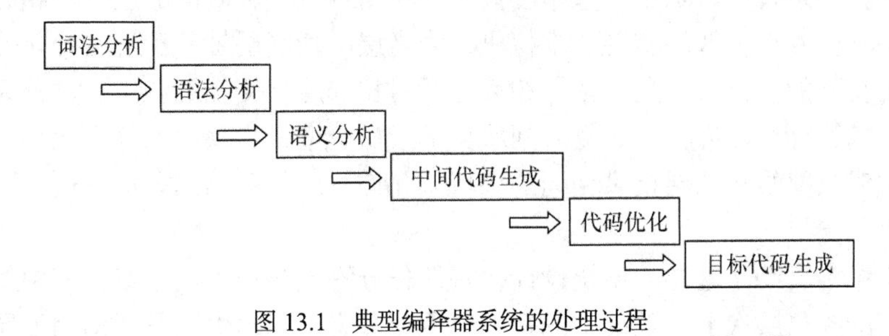

图 13.1　典型编译器系统的处理过程

图 13.2 中除了几个处理器构件之外，还有一个用户界面/控制器和一个系统服务结点。前者处理所有用户要求，并把它们传递给合适的构件。用户界面给用户展示统一的界面，让用户能控制和监视整个编译操作的全过程。系统服务结点则提供系统需要的各种服务，如时间存储和管理、与外部工具的连接等。

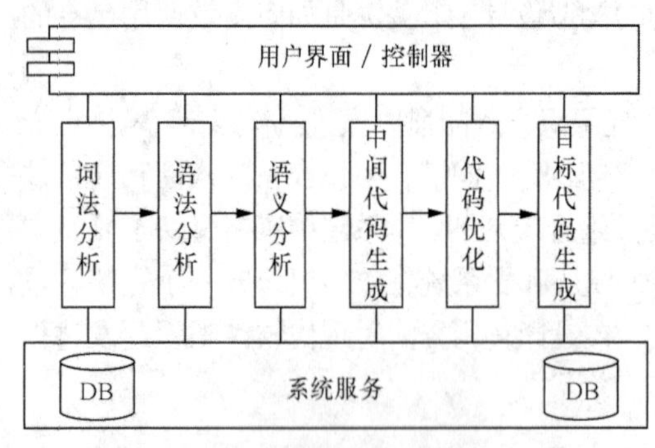

图 13.2　典型编译器系统的体系结构图

流程处理系统软件体系结构最突出的地方是各处理构件之间的单向连接，这是流程处理系统的特色。流程处理系统的优点如下。

① 系统的总体行为是各个处理构件的简单组合。

② 支持软件重用：只要输入和输出数据设计得当，处理构件可以在不同系统中复用。

③ 系统维护和性能的增强比较简单：只要增加新的处理构件，系统可以很容易地扩展，旧的不合理构件也可以容易地被改进的构件替换。

④ 支持并行执行：每个处理器构件作为一个单独的任务完成，可与其他任务并行执行，因此系统可以在大规模并行计算机中运行，解决复杂的工程技术和科研难题。

这一体系结构也有其限制，如下所述。

① 它主要以批处理方式运行，通常导致进程成为批处理的结构，不适合处理交互式应用。

② 由于在构件之间的数据传输没有统一通用的标准，每个构件都需要有对数据的解析和合成工作，导致系统性能下降。

③ 当需要有大量的、不同方式的输入/输出数据时，数据的存储和管理也是一个比较棘手的问题。

以流程处理系统为基础的软件体系结构常见于数据和图像的处理、计算机模拟、数值解题等。

13.2.2　分层体系结构

分层体系结构属于调用-返回风格。分层设计是软件设计中非常常见的设计方法，对于复杂问题，分解是行之有效的方法。从软件设计发展的历史和现代流行的软件开发观点看，层次性是软件分析和设计的基本的、具有普遍适应性的思想方法。例如，在结构化设计中，就采用自顶向下、逐步分解求精的方法，这个过程实质上是分层解决问题的过程。层次结构最典型的例子是计算机网络的体系结构，国际标准化组织 ISO 将网络体系结构划分为 7 层协议的模型。在现代软件开发中，应用分层的方法通常把软件开发划分为物理层、逻辑层和应用层。

分层体系结构通常将软件系统组织成一个层次结构，每一层为上层服务，并作为下层的客户。在一些分层系统中，除了一些精心挑选的输出函数外，内部的层只对相邻的层可见。这样的系统中，构件在较低层实现了虚拟机，为高层屏蔽底层细节和硬件变化，连接件通过决定层间如何交互的协议来定义，拓扑约束包括对相邻层间交互的约束。这种风格支持基于可增加抽象层的设计。允许将一个复杂问题分解成一个增量步骤序列的实现。每一层最多只影响两层，同时只要给相邻层提供相同的接口，允许每层用不同的方法实现，同样为软件重用提供了强大的支持。

分层体系结构有助于这样的系统设计，将任务分解成多个子任务组，其中每个子任务组处于某个特定的抽象层次上。系统中的每一层承担着为上层提供服务和调用下层提供的功能

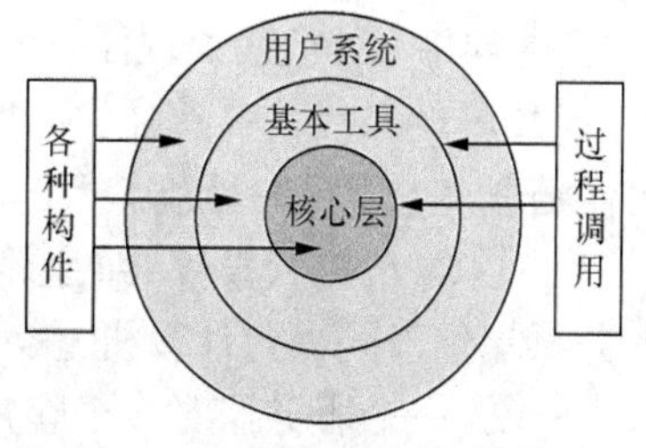

图 13.3　分层体系结构示意图

函数的任务。最上层则只调用下层提供的功能函数，最底层则只负责为相邻上一层提供服务。这样，分层系统的各个构件在不同层次上形成了不同功能级别的虚拟机。

在图 13.3 中所示的分层系统中，核心层是整个系统的基础。中间层（基本工具）既要访问核心层提供的服务又要为应用层提供服务，起着非常重要的承接作用。应用层（用户系统）为用户的操作访问提供服务，是整个系统的对外接口。在每一层中，可以有多个构件组成。同一层内，构件可以互相访问而不受限制。

多层体系结构具有如下特点。

①系统功能分布在多个级别的不同层次上，系统维修和扩展都比较容易，因为系统功能的改变最多只影响相邻的上下层。

② 从低层到高层，可以分级控制，对不同级别的应用需求，提供不同水平的服务。

③ 多级系统可以扩充，以服务大量同时使用系统的用户。

④ 支持灵活的实现和重用。只要提供的服务接口不变，同一级的不同实现可以交换使用。

这种体系结构使用上也有一些限制，如下所述。

① 各层之间可能存在多种不同的通信协议。这样，在实施系统时，就需要有熟悉这些协议的多个专业人员。

② 新技术不能轻易应用。因为涉及多个层次之间的连接，一个软件平台及开发工具一旦选 定，不可能轻易更改。

13.2.3　客户机/服务器体系结构

客户机/服务器体系结构的设计初衷是基于资源不对等，为实现共享而提出来的。为了简化复杂系统的开发和维修，可以把大块头的中央式系统分解成几个较易管理的结点或构件，在设计上就引出了客户机/服务器体系结构。

1．两层的客户机/服务器体系结构

客户机/服务器（Client/Server，C/S）体系结构是 20 世纪 90 年代成熟起来的技术，该结构定义客户机与服务器之间的连接关系，实现了数据和应用分布到多个处理机上的任务。

客户机/服务器体系结构中，应用被分成两部分：客户机（前台）负责完成与用户交互的任务，如数据输入和输出结果的显示；服务器则处理底层功能，如数据库的运行等，服务器通常包含一组服务器对象，能同时为多个客户机提供服务。服务器为多个客户机应用程序管理数据，而客户机程序则只是发送请求和分析从服务器接收的数据。这是一种称为“胖客户机”或“瘦服务器”的体系结构。体系结构图参见图 13.4。

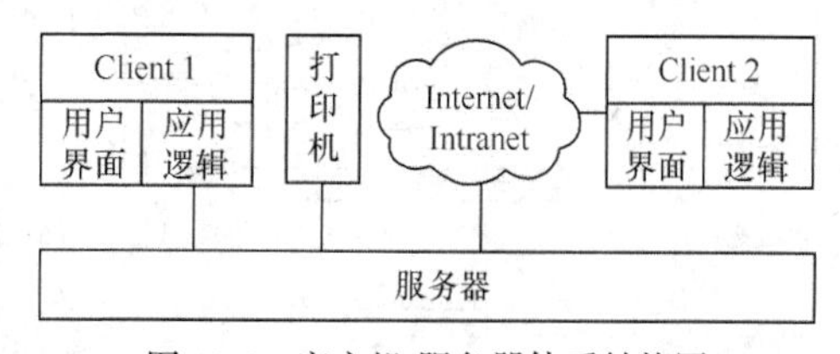

图 13.4　客户机/服务器体系结构图

C/S 体系结构的优点主要在于客户机和服务器的分离，客户机应用程序和服务器构件分别运行在不同的计算机上，这一点对于硬件和软件的变化显示出极大的适应性和灵活性，且易于对系统进行扩充和删减。C/S 体系结构允许客户机端和服务器端做远距离的连线操作，两者可以分开同时进行开发。此外，一个服务器可以服务于多个客户机。C/S 体系结构中功能构件的充分隔离，使得客户机应用程序的开发集中于数据的显示和分析，而数据库服务器的开发则集中于数据的管理，这样将大的应用处理任务分布到许多通过网络连接的低成本计算机上，可以节约大量的费用。

C/S 体系结构具有强大的数据操作和事务处理能力，模型思想简单，易于人们理解和接受。但随着企业规模的日益扩大，软件复杂程度逐渐提高，这种体系结构也渐渐暴露出一些缺点。

① 客户机和服务器的通信依赖于网络，可能成为整体系统运作的瓶颈（若客户机端和服务器端位于同一台计算机上，则没有该问题）。

② 一个服务器对多个客户机的支持工作方式，使得服务器的定义及界面不能随意更改，否则要保证大量客户机随服务器的更新而改变需要花费太大的精力。

③ 对于客户机的要求越来越复杂。C/S 体系结构对客户机的软硬件配置要求较高，尤其是软件的不断升级及随之而来的硬件提升，使客户机变得越来越臃肿。此外，C/S 体系结构进行软件开发时，大部分工作量集中在客户机的程序设计上，也促使客户机不断增长。

第一个限制明显指出，最好尽量减少从客户机做的远程调用运算，因为调用远程对象的每一个运算，都要经过网络，若网络容量小，就成了应用的瓶颈。解决办法是，可以利用客户机存根（Client Stub）来暂时存放一些数据，也可以把一系列运算组合成一个界面运算。

第二个限制，可以通过“瘦客户机”的方式来解决。“瘦客户机”有标准的界面定义和显示方案。如网页浏览器（Web Browser）就是著名的例子，只要遵循标准，网上应用就不必担心需要对大量客户机软件的维护工作。这一点也导致 C/S 模式的应用逐渐地向 B/S（Browser/Server）模式应用过渡。

第三个限制，可以通过缩减客户机的运算要求及负荷的方式来解决。客户机的负荷太重，难以管理大量的客户机，系统的性能容易变坏。这一点可以通过将客户机的部分应用分解到专门的一个独立层中的办法来解决，随之出现的是三层的 C/S 体系结构。

2. 3 层和多层体系结构

3 层体系结构可以看作有两对客户机/服务器，是在两层的客户机/服务器体系结构的基础上进行的抽象。第一级通常是数据库管理结点，起数据库服务器的功能；第二级或称中间级，则处理商业逻辑或与应用有关的计算。所谓商业逻辑，是指具体应用中实施的程序逻辑和法则，并不一定与商业有关。中间级既是第一级的客户机，也是第三级的服务器。第三级是用户界面级，负责与用户打交道。

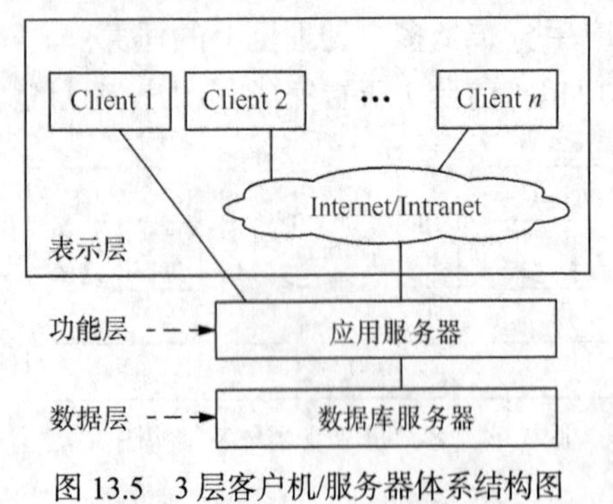

图 13.5　3 层客户机/服务器体系结构图

与两层的 C/S 结构相比，3 层的 C/S 体系结构增加了一个应用服务器层，将整个应用逻辑驻留在应用服务器上，只有表示层存在于客户机上。3 层 C/S 体系结构将应用功能分成表示层、功能层和数据层 3 个部分，如图 13.5 所示。

表示层是应用系统的用户接口部分，担负着用户与应用间的对话功能，主要用于检查用户从键盘等设备输入的数据，显示应用输出的数据。检查的内容也只限于数据的形式和取值的范围，不包括有关业务本身的处理逻辑。它一般只与中间层交互而不直接访问后台数据库。

功能层又称应用逻辑层，是应用逻辑处理的核心，是连接客户机和数据库服务器的中介和桥梁。它响应用户发来的请求，执行某种应用逻辑任务，同时中间层向数据库服务器发送 SQL 请求，数据库服务器将结果返回给应用服务器，由应用服务器最终将数据和结果返回给客户机。应用服务器在物理上可与数据库服务器在同一台机器上，也可在不同的机器上。通常，在功能层中包含有确认用户对应用和数据库存取权限的功能，以及记录系统处理日志的功能。表示层和功能层之间的数据交往要尽可能简洁，例如，用户检索数据时，要设法将有关检索要求的信息一次性地传输给功能层，而由功能层处理过的检索结果数据也一次性地传输给表示层。

数据层的主要组成部分就是数据库管理系统，负责管理对数据库中数据的读写工作，通常是基于 SQL 的 DBMS。该层主要任务是实现数据的存储、数据的访问控制、数据完整性约束和并发控制等。

与传统的两层 C/S 体系结构相比，3 层的 C/S 体系结构具有以下特点。

① 允许合理划分 3 层结构的功能，使各个层次在逻辑上保持相对独立性。这样整个系统的逻辑结构清晰，便于系统的维护和扩展。

② 允许各个层次灵活选用各自需要的软硬件平台，并且这些平台的各组成部分具有良好的开放性，便于各部分的合理升级。

③ 允许各个层次的应用开发同时进行，缩短了整体软件的开发周期。

④ 允许充分利用功能层有效隔离表示层和数据层，未授权的用户难以绕过功能层而利用数据库工具或黑客手段非法访问数据层，从逻辑层次的设置上增强了数据库的安全性。

值得注意的是，3 层 C/S 体系结构的各个层次间需要较高的通信效率，否则会影响整体系统的性能。

3 层 C/S 体系结构的概念可以很容易地推广到多层 C/S 体系结构，多层 C/S 体系结构由一系列的客户机/服务器对组成，n 层系统可以看作是由 n−1 对客户机/服务器对组成。

如图 13.5 的 3 层 C/S 体系结构中增加一个 Web 服务器和瘦客户机，就可以得到图 13.6 的 4 层 C/S 体系结构。Web 服务器负责响应瘦客户机端的网页浏览请求，它转换客户机的超文本传输请求，然后调用商业逻辑结点中的相关对象进行运算。对于其他的常规客户机，则遵循 3 层 C/S 体系结构的模式，直接与商业逻辑结点进行对话。而这种以浏览器作客户机的应用由于使用广泛，逐渐形成一种独立的体系结构风格。

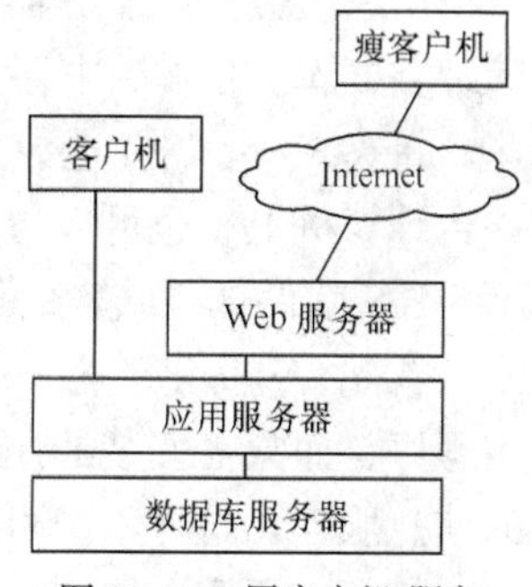

图 13.6　4 层客户机/服务器体系结构图

13.2.4　浏览器/服务器体系结构（B/S）

B/S 软件体系结构即 Browser/Server（浏览器/服务器）结构，是随着 Internet 技术的兴起，对 C/S 体系结构进行改进后的一种结构，也可以认为是 C/S 体系结构在 Internet 平台下的一种应用。在 B/S 体系结构下，用户界面完全通过 WWW 浏览器实现，一部分事务逻辑在前端实现，但是主要事务逻辑在服务器端实现。它利用浏览器技术，结合浏览器的多种脚本语言，通过浏览器就实现了原来需要复杂的专用软件才能实现的强大功能，是一种全新的软件体系结构。B/S 软件体系结构图参见图 13.7。

要实现一个完整的 Browser/Server 应用系统，至少需要由 Brower、Web Server、DB Server 3 个部分组成。

B/S 模式第一层，客户机的主体是浏览器，它是 B/S 结构中用户与整个系统交互的界面，用于向服务器发送特定的数据或请求，以及接收从服务器发送来的数据。浏览器将 HTML 代码转化成图文并茂的网页。网页还具备一定的交互功能，允许用户在网页提供的申请表上输入信息提交给后

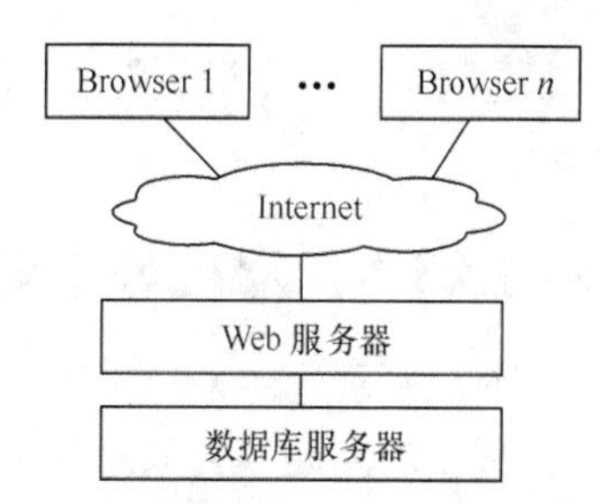

图 13.7　浏览器/服务器体系结构图

台，并提出处理请求。浏览器交互的后台就是第二层的 Web 服务器。

第二层 Web 服务器是实现 B/S 结构的关键。Web 服务器的引入，使得通过浏览器来访问数据库服务器成为可能，从而免去了开发与维护客户机界面的大量工作。分散在各地的用户只要安装了浏览器软件，都可以访问数据库服务器。Web 服务器作为一种应用服务器，可以将原来分布于客户机端或服务器端的应用集中在一起，使系统的结构更加清晰和精细，有利于系统的扩展。Web 服务器作为客户机端和服务器端的中介，起着沟通与协调二者的作用。

Web 服务器的作用是接受浏览器的页面请求，找到正确的页面并将其回传给浏览器。随着 Internet 的发展及用户对 Web 要求的提高，Web 服务器的涵义覆盖的范围也有很大的扩展。它需要接受浏览器的页面请求，对其中的非 Web 页面制作语言的部分解释执行，承担着浏览器与数据库的接口作用。不同的系统平台提供的 Web 服务器是不同的，但是基本功能应该没有差别，只是其实现的功能的方法不一样。浏览器通过将 URL 发送给 Web 服务器请求信息，服务器通过返回超文本标记语言（HTML）进行页面响应，页面可以是已经格式化并存储在 Web 结点中的静态页面，也可能是服务器动态创建以响应用户所提供信息的页面，或者是列出在 Web 结点上可用的文件和文件夹的页面。

第三层数据库服务器的任务类似于 C/S 模式，负责协调不同的 Web 服务器发出的请求，管理数据库。在该层中存储了系统中所有需要发布的数据信息，因此为了保证 Web 站点的快速、高效，一般需要把数据库服务器放在硬件配置较好的机器上，它可以和 Web 服务器在同一台计算机上，也可以位于两台、甚至是多台计算机上。

B/S 软件体系结构的优点如下。

首先，它简化了客户端。它无需像 C/S 模式那样在不同的客户机上安装不同的客户机应用程序，而只需安装通用的浏览器软件，就可享受到无限丰富的，永远在不断变化和发展着的信息服务。这样不但可以节省客户机的硬盘空间与内存，而且使客户机的安装和升级过程更加简便，原则上取消了所有在客户机一侧的维护工作。

其次，B/S 体系结构模式特别适用于网上信息的发布。

再次，B/S 体系结构通过 Internet 技术统一访问不同种类的数据库，提供了异种机器、异种网络、异种应用服务之间的统一服务的最现实的开放性基础。

B/S 软件体系结构也存在着问题。一方面，企业是一个有结构、有管理、有确定任务的有序实体，而 Internet 面向的却是一个无序的集合，B/S 必须适应并迎合长期使用 C/S 模式的有序需求方式。另一方面，企业中已经积累了或多或少的各种基于非 Internet 技术的应用，如何恰当地与这些应用连接，是 B/S 模式中的一项极其重要的任务。此外，缺乏对动态页面的支持能力，没有集成有效的数据库处理功能，系统的扩展能力差，安全性难以控制及集成工具不足等，都让人们在使用 B/S 体系结构模式时应慎重行事。

13.3 现代的软件体系结构风格

13.3.1 公共对象请求代理体系结构

对象管理组织 OMG（Object Management Group）致力于解决分布式应用程序的复杂性与高成本的问题。公共对象请求代理体系结构（Common Object Request Broker Architecture，CORBA）是由 OMG 制定的一种分布式对象计算标准。CORBA 顺应软件技术发展的潮流，成功地融合了两种软件体系结构风格：一种是基于消息传递的客户机/服务器技术，一种是面向对象软件开发技术。CORBA 定义了对象之间透明的通信机制，保证了面向对象的软件在分布式异构环境下具有良好的互操作性，有效地解决了对象封装和分布式计算环境中资源共享、代码可重用、可移植性等问题。

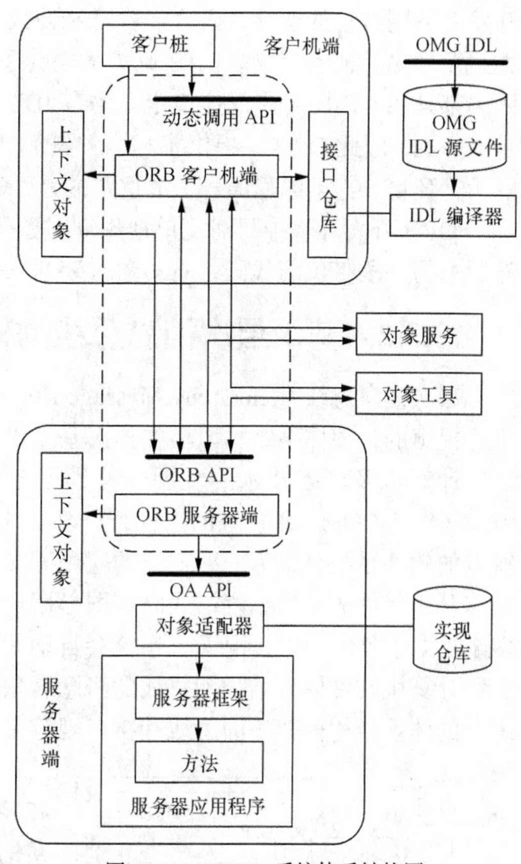

图 13.8　CORBA 系统体系结构图

CORBA 系统体系结构如图 13.8 所示，主要包括对象请求代理 ORB（Object Request Broker）、接口定义语言 IDL（Interface Definition Language）、接口仓库 IR（Interface Repository）、对象适配器 OA（Object Adapter）、动态调用接口 DII（Dynamic Invocation Interface）、实现仓库 PR（imPlementation Repository）、上下文对象（Context）、客户桩（Stub）、服务器框架（Skeleton）、客户机端应用程序和服务器端应用程序等组成部分。CORBA 提供了一个集成框架，应用程序只要给出 IDL 书写的接口，就可插入框架，与其他对象协同工作，为在分布式环境下实现不同应用程序的集成提供了有力支持。

在 OMG 的对象管理结构中，ORB 是一个关键的通信机制，它以实现互操作性为主要目标，处理对象之间的消息分布。ORB 是一种中间件，主要负责在对象之间建立起客户机/服务器的关系，通过 ORB，客户机即可透明地访问到一个服务器上的对象内的方法。不论服务器对象是在同一台机器上还是在网络上。ORB 的机理是首先截获客户机对象发出的请求，负责找出能够对请求做出应答的对象，然后将参数传递给该服务器对象，并启动其中的方法，最后还要负责将结果返还给请求的客户机。因此客户机不必知道所请求的对象的位置，以及该对象的编程语言、操作系统等其他与对象接口无关的信息。因此，ORB 在异构的分布环境中不同机器上的应用之间提供了一种交互操作的能力，从而实现了多个目标系统之间的无缝连接。

在 CORBA 体系结构中，ORB 并不需要作为一个单独的构件来实现，而是通过一系列接口来定义。不同的 ORB 所选择的实现方式有很大的不同，通过 IDL 编译器、接口库及各种对象适配器协调工作，ORB 提供了透明的请求传递机制，弱化客户机方法调用的细节以简化分布式处理。ORB 核心是整个 ORB 的一部分，提供基本的对象表示并负责传送对象请求。CORBA 的设计目标是支持不同的对象机制，这种支持正是通过在 ORB 核心上构建 ORB 构件来实现的。ORB 构件屏蔽了不同 ORB 核心之间的差异。

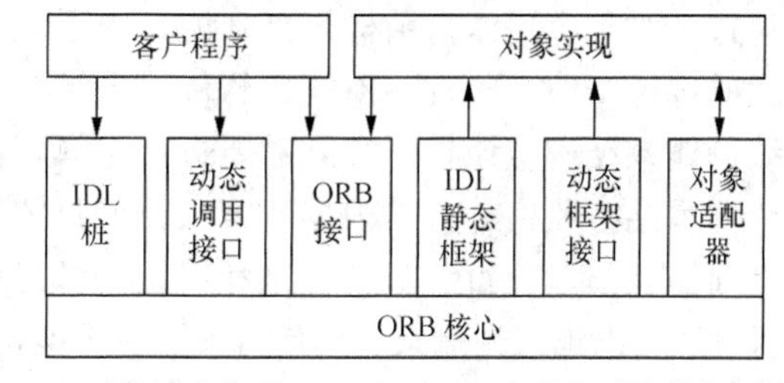

图 13.9　对象请求代理 ORB 与 CORBA 的主要构件之间的关系

图 13.9 展示了 ORB 与 CORBA 体系结构的主要构件之间的关系。

在传统的客户机/服务器应用中，

开发者采用各自的设计、语言、标准和协议。而协议要依赖于实现协议的语言、网络的传送方式及许多其他的因素。ORB 则大大简化了这一开发过程。采用 ORB 后，穿越应用接口的协议都是用 CORBA 中的接口定义语言 IDL 定义的。IDL 是一种语言，但对各个应用而言又是唯一的，因此 ORB 又提供了相当的灵活性，IDL 允许用户任意选择适当的操作系统、应用的运行环境，甚至编程语言。最重要的是，ORB 允许集成现有的构件，应用软件的开发者在基于 ORB 开发环境中只需简单地规划对象构件，这些构件的接口都采用相同的 IDL 来描绘，然后书写一段打包的代码，将对象拼装起来。

13.3.2 基于层次消息总线的体系结构风格

层次消息总线（Hierarchy Message Bus， HMB）的体系结构风格是由北京大学杨芙清院士等提出的，该体系结构风格的提出基于以下的实际背景。

计算机及网络技术的发展，特别是分布式构件技术的日趋成熟和构件互操作标准如 CORBA、DCOM、EJB 等的出现，加速了基于分布式构件的软件开发趋势，具有分布和并发特点的软件系统已成为一种普遍的应用需求。

基于事件驱动的编程模式已在图形用户界面 GUI 程序设计中获得广泛应用，该模式在对多个不同事件响应的情况下，系统会自动调用相应的处理函数，程序具有清晰的结构。

计算机硬件体系结构和总线的概念为软件体系结构的研究提供了良好的借鉴和启发，在统一的体系结构框架（即总线和接口规范）下，系统具有良好的扩展性和适应性。

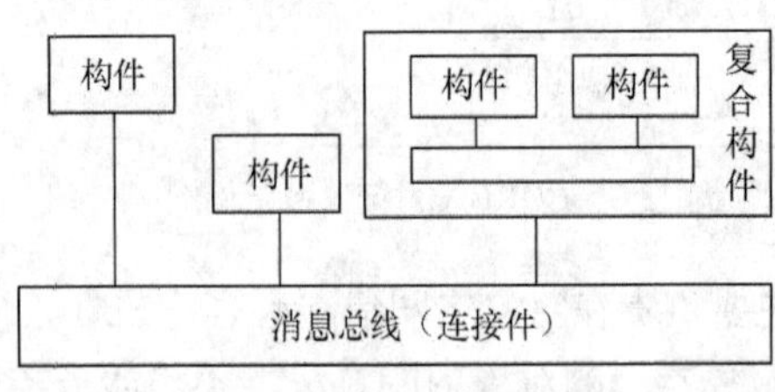

图 13.10　HMB 风格的体系结构示意图

HMB 风格基于层次消息总线、支持构件的分布和并发，构件之间通过消息总线进行通信，HMB 体系结构风格的系统示意图参见图 13.10。其中，消息总线是系统的连接件，负责消息的分派、传递和过滤、处理结果的返回。各个构件挂接在消息总线上，根据需要发出消息，总线消息负责把该消息分派到系统中所有对此消息感兴趣的构件，消息是构件之间通信的唯一方式。构件接收到请求消息后，根据自身状态对请求消息进行响应，并通过消息总线返回处理结果。构件通过消息总线连接，并不要求各个构件具有相同的地址空间或局限于同一台机器上。这种体系结构风格可以很好地刻画分布式并发系统，以及基于 CORBA、DCOM 和 EJB 规范的系统。挂接在消息总线上的复杂构件可以分解为子构件，这些子构件通过局部消息总线进行连接，形成复合构件，共同完成系统功能需求。

13.3.3 异构结构风格

软件体系结构风格为大粒度的软件重用提供了机会，然而，体系结构风格的使用却没有一个定式。对于应用体系结构风格来说，由于观察和考虑问题的角度不同，系统设计师可以有很大的选择余地。而且，不同的软件体系结构具有不同处理能力的强项和弱点。因此，一个系统的体系结构应该根据实际需要进行选择。要从多个不同体系结构中为系统选择或设计某一个体系结构风格，必须根据特定项目的具体特点，进行分析和比较后才能确定。

在前面几节里，每一节中介绍和讨论的都是单一种类的体系结构，但随着软件系统规模的扩大，系统也越来越复杂，所有的系统不可能都在单一的标准体系结构下进行设计和开发。实际上，各种软件体系结构并不是独立存在的，在一个系统中往往有多种体系结构共存，形成复杂的体系结构，即采用异构的软件体系结构。根据系统的不同需求，可以联合使用上面提到的几种不同体系结构来共同实现系统要求。异构体系结构的组合方式有很多种，可以采用平行的方式，即根据软件各个子系统的结构、功能和性能，为每个类或子系统选择相应的体系结构；也可以利用分层组织，即某种体系结构的一个组成部分在其内部可以是另一种与之完全不同的结构，以完全不同的结构类型完整描述体系结构中的每一层。

如基于 HMB 风格的系统开发中，挂接在消息总线上的构件模块可以是前面提到的流程处理风格、客户机/服务器风格，或同样采用 HMB 风格开发的复合构件。另外，整个系统也可以作为一个构件，集成到其他任意风格的系统中，形成不同风格混合的体系结构。对于管理信息系统的开发，根据子系统的功能可以把所有子系统划分为两大类，分别是数据处理类和查询类。然后根据子系统的功能选择相应的体系结构，为数据处理类子系统可以选择 C/S 结构，为查询类子系统可以选择 B/S 结构。

1. 按功能不同构成的混合体系结构

下面以应用比较广泛的 C/S 和 B/S 混合软件体系结构为例，简单介绍异构结构风格的使用特点。B/S 与 C/S 混合软件体系结构是 C/S 与 B/S 有机结合的一种典型的异构体系结构。它集 B/S 软件体系结构和 C/S 软件体系结构的优点于一身，同时又适当克服了它们的缺点。前面 13.2.3 小节中曾指出，可以通过“瘦客户机”的方式来解决服务器的定义及界面不能随意更改的问题，而 B/S 模式的流行也为 C/S 体系结构的改进提供一种思路。

在目前的软件开发中，C/S 和 B/S 模式的结合是一种很好的处理问题的方式，一个系统很可能同时具备以上特征，其中有些功能模块是在内部运作的，适合采用 C/S 结构；而有些信息需向外发布，适合采用 B/S 结构，这样就需要把两者结合起来。如对一个信息管理系统中的各个模块，分别根据其特点选择 C/S 或 B/S 结构模式，互相配合把多个应用不同模式的子系统集成为一个混合式的系统。C/S 和 B/S 两种体系结构模式的结合方式主要有两种：“内外有别”模型和“查改有别”模型。

在 C/S 和 B/S 混合软件体系结构的“内外有别”模型中，企业内部用户可以通过局域网直接访问数据库服务器，软件系统采用 C/S 体系结构；企业外部用户则需要通过 Internet 访问 Web 服务器，经过 Web 服务器这个中间环节再访问数据库服务器，软件系统采用 B/S 体系结构。“内外有别”模型的结构参见图 13.11。

“内外有别”模型的优点是企业外部用户不直接访问数据库服务器，能够提供企业数据库的部分安全性，而企业内部用户的交互操作较多，采用 C/S 体系结构使得数据查询和修改操作的响应速度很快。缺点是企业外部用户修改和维护数据时，由于采用 B/S 体系结构需要经过 Web 服务器这个中间环节，速度较慢，数据的动态交互性不强。

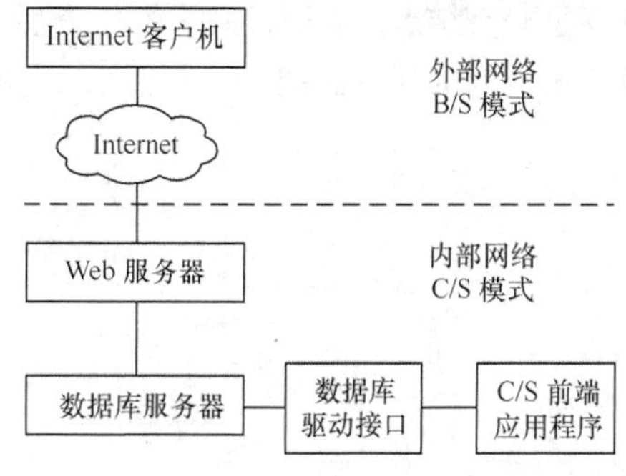

图 13.11　内外有别模型的 C/S 和 B/S 混合模式体系结构图

在 C/S 和 B/S 混合软件体系结构的“查改有别”模型中，不管用户使用什么方式（局域网或 Internet）连接到系统，凡是需要执行维护和修改数据操作的，就用 C/S 体系结构，如果只是执行一般的查询和浏览操作，则使用 B/S 体系结构。“查改有别”模型的结构参见图 13.12。

“查改有别”模型体现了 C/S 体系结构和 B/S 体系结构的共同优点，但由于外部用户能够直接通过 Internet 连接到数据库服务器，企业数据容易暴露给外部用户，给数据安全造成了一定的威胁。

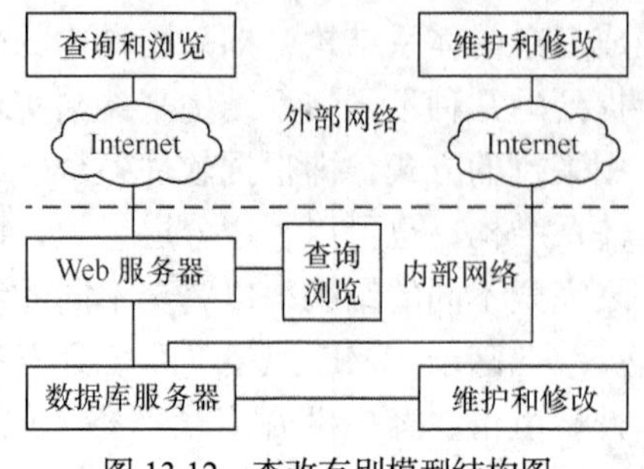

图 13.12　查改有别模型结构图

2. 按结点组合方式的不同构成的混合体系结构

在多层 C/S 体系结构中，服务器提供的服务可以供多个客户机使用，客户机的数量可以根据需要进行扩展。当客户机数量的增大引起对服务器性能的更高要求时，可以用一组服务器结点来联合提供服务。各服务器之间的联结方法有两种：团聚法（Clustering）与串行法（Serializing）。

团聚法将多个服务器结点聚集在一起，它们有同样的功能，客户机的请求由各服务器节点并行处理，任意一个都可以为客户机提供服务，因此如果有大量客户机需要做类似的事情时，团聚法就非常合适。图 13.13 所示是一个使用团聚法的 4 级系统，大量的瘦客户机通过 Web 服务器，使用 3 个商业逻辑结点中的服务构件。这 3 个结点的结构完全一样，并都从同样的数据库结点中提取数据，3 个结点团聚在一起，为大量的瘦客户机提供服务。Web 服务器接受客户机的请求后，分析决定如何把工作分配到各个商业逻辑结点，以便调节各商业逻辑结点的工作量，并尽量缩短各用户的等待时间。分配工作任务时，可以采用下列方式之一。

① 随机式：Web 服务器任意地选择一个结点来担当任务。

② 轮流式：轮流使用 3 个结点之一来完成任务。

③ 负载平分式：选取工作任务最少的结点来做新的任务。

④ 多队列式：将客户机的要求分成几个类别，各自排成一队等候处理。至于每个队列分配哪个结点，可以视情况选择一个或多个结点提供所需服务。当有某一类事项特别花费时间时，多队列方式就非常合适，可以选择某个功能比较强的计算机来处理该类事项，这样可以保证其他简单事项得到优先的快速处理。

串行法中，由每个服务结点提供特定的功能，它们形成一连串的服务岗位，为客户机服务。各服务结点形成的服务串有点类似于 13.2.1 小节提到的流程处理系统。串行法经常与团聚法配合在一起使用，提供一些专门的服务。例如，图 13.14 是在图 13.13 的基础上，增加了两个串行的服务结点，分别来处理安全检查和负载分配的任务。所有客户端请求经 Web 服务器后先连接到安全检查结点上，通过安全性检查后，才由分配器按照预定方式选择一个商业逻辑结点执行客户机请求的任务。图 13.14 中有两个串行的服务结点和 3 个团聚的商业逻辑结点。

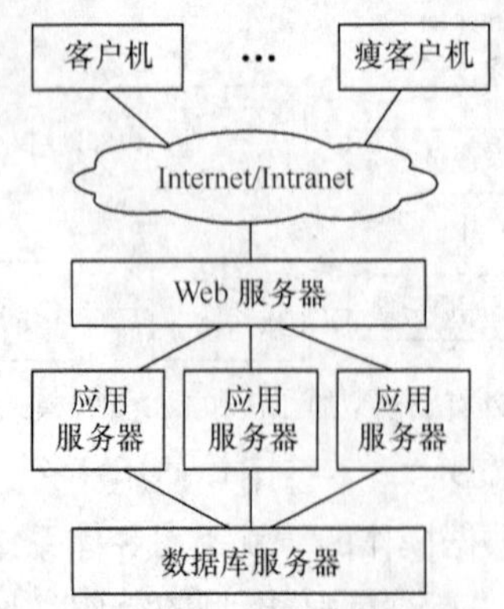

图 13.13　使用团聚法的 4 层客户机/服务器体系结构图

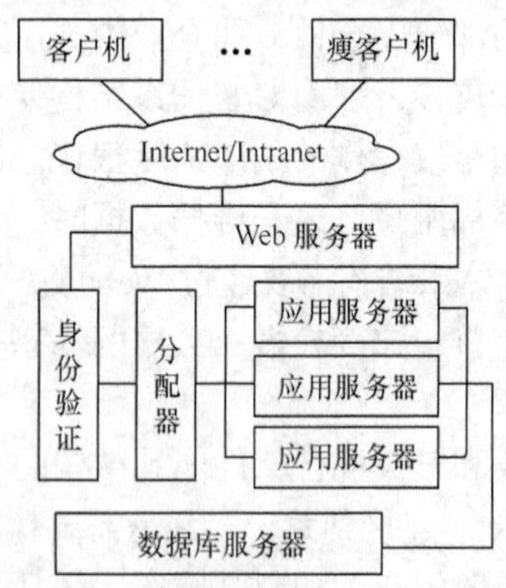

图 13.14　团聚法和串行法配合使用的 4 层客户机/服务器体系结构示例图

上述方法也可以应用在 Web 服务器这一层，以应付大量的 Web 浏览器。

本章小结

面向对象技术的出现和广泛使用，在一定程度上解决了软件可复用性问题，但同时对软件的可复用性提出更高的要求，从程序代码的复用逐渐过渡到分析、设计的复用上来。软件体系结构就是希望为软件开发的工程化提供更高抽象层次的复用粒度。

软件体系结构可以看作是面向对象设计阶段中的总体设计，提供系统设计的总体架构。本章分别介绍几种经典的和现代的软件体系结构的风格和模式，为面向对象设计的总体架构设计提供指导，同时希望在设计复用方面对现代软件工程开发过程提供一些帮助。

习 题 13

13.1　什么是软件体系结构，为什么要研究软件体系结构？

13.2　流程处理系统的特点是什么，主要用于哪些软件系统的开发？

13.3　客户机/服务器体系结构、3 层的客户机/服务器体系结构、浏览器/服务器体系结构及多层客户机/服务器体系结构的共性及不同分别是什么，分别适宜于哪种软件系统的开发？

13.4　公共对象请求代理 CORBA 体系结构中 ORB 的作用是什么？

13.5　基于层次消息总线的体系结构风格适宜于开发什么样类型的软件系统，你对这种体系结构的使用前景有什么看法？

13.6　除了文中提到的 C/S 和 B/S 构成的混合系统，你还有哪些异构的体系结构风格混合的设想，说说你的理由。

第 14 章 设计模式

本章主要介绍设计模式的基本概念、GRASP 设计模式和 GoF 设计模式的概念及其分类，并给出典型的应用实例，目的是使读者掌握设计模式的基本理论及应用设计模式解决软件设计中实际问题的方法。

14.1 设计模式概述

设计模式（Design Pattern）是在大量的实践中总结和理论化之后优选的代码结构、编程风格及解决问题的思考方式。使用设计模式是为了重用已有的设计经验、框架、代码，以便让代码更容易被他人理解，保证代码可靠性。

对设计模式的理解和掌握，是程序员提高自身素质的一个很好的方面。

Craig Larman 在《Applying UML and Patterns》一书中提出了 GRASP 设计模式的概念。作者称其为设计模式，其实，更好地理解应该为设计原则。因为，与 GoF 等设计模式针对特定问题提出解决方法，不同 GRASP 站在面向对象设计的角度，告诉人们怎样设计问题空间中的类与它们的行为责任，以及明确类之间的相互关系等原则。

GRASP 可以说是 GoF 等设计模式的基础，GRASP 模式着重考虑设计类的原则及如何分配类的功能，而 GoF 模式着重考虑设计的实现、类的交互和软件质量。GoF 模式是符合 GRASP 模式要求的面向对象设计模式。

14.1.1 设计模式的出现和发展

模式（Pattern）概念起源于建筑学，最早是由美国加利福尼亚大学环境结构中心研究所所长 Christopher Alexander 博士在其 1977 年的著作《A Pattern Language：Towns，Buildings，Construction》中提出。Alexander 给出模式的经典定义：每个模式都描述了一个在人们环境中不断出现的问题，然后描述了该问题的解决方案的核心，通过这种方式，人们可以无数次地重用已有的解决方案，无需再重复相同的工作。这个概念提出后，Alexander 的观点在软件工程领域被采纳和沿用，从而发展出了软件工程的各种模式，包括分析模式、设计模式、体系结构模式、过程模式等。其中，以软件设计模式应用最为广泛，影响最大。

类似于建筑学中的模式重用，很多软件工程师在为不同的软件做设计时，也经常会遇到一些重复出现的问题，例如，如何使代码能够更加方便地扩展——也就是当新需求出现时，只需要添加代码而不需要对已经编写好的代码进行修改；如何使得程序中不同的关注点尽量地分离，从而当需求或实现的决策发生变化时，只有局部的代码需要修改，而不是全局的大调整等。软件领域的一些专家开始思索这样的问题，即在不同的具体情况下，如何选择合适的粒度，最大程度地重用已有构件，以达到高效率、高质量地完成指定任务。为此，曾经出现了很多不同的模式的描述，如 Coad 的面向对象模式、代码模式、框架应用模式、形式合约等，之所以“软件设计模式”的应用和影响最大，是因为 Erich Gamma、Richard Helm、Ralph Johnson 和 John Vlisside 4 位顶尖的面向对象领域专家（俗称四人组，即 Gang of Four）精心选取了最具价值的设计实践，加以分类整理和命名，并用简洁而易于重用的形式表达出来，提出了针对软件设计领域的设计模式，并发表了专著《Design Patterns: Elements of Reusable Object-Oriented Software》（《设计模式：可复用面向对象软件的基础》，由 Addison-Wesley 出版社 1995 年出版）一书，成为软件设计模式领域的第一本经典著作，也是软件设计模式领域的一个里程碑。该书发表之后，参加模式研究的人数呈爆炸性增长，被确定为模式结构的数目也呈爆炸性增长。模式也不断被应用到软件工程的各个方面，诸如开发组织、软件处理、项目配置管理等方面，但至今得到最深研究的仍是设计模式。该书已经成为面向对象技术人员的圣经和词典，书中定义的 23 个模式逐渐成为开发界技术交流所必备的基础知识和语汇。随着这本书的热销，设计模式的概念就在普通大众中普及开来了。

14.1.2　设计模式和软件体系结构的关系

从系统的总体组织结构来研究软件体系结构，是当前软件体系结构研究的主流。同时，有的专家则从模式的角度来研究软件的体系结构。Frank Buschmann 将模式分为体系结构模式、设计模式和惯用语（Idiom），分别表示系统设计过程中从大到小的不同粒度。

体系结构模式（也称为软件体系结构风格或称为架构设计）可认为是具体软件体系结构的模板，是软件设计过程最大粒度的可重用单元，它表示软件系统的基本结构化组织方式。体系结构模式提供一套预定义的大规模子系统，规定它们的职责，并包含用于组织子系统之间关系的规则和指南。

设计模式则是设计过程中，中等粒度的可重用单元，设计模式提供一个用于细化软件系统的子系统或构件，或它们之间关系的图形表示。设计模式描述了构件间通信的可再现通用结构，可以解决特定语境中的一般设计问题。

惯用语是设计过程中最小粒度的可重用单元，具体针对某一种编程语言，是最底层的模式。惯用语描述如何使用特定语言的特征来实现构件的特殊要求或它们之间的关系。大多数惯用语是针对具体语言的，是代表最底层的模式。

一般地，系统设计过程中，首先选择体系结构模式，体系结构设计是高屋建瓴的，是系统的纲要；针对体系结构中的某一子系统或构件，可以选择使用合适的设计模式来实现，设计模式是在架构设计中的某些细化设计中体现的；而设计模式中的某个特定功能，则可以重用已有的某种编程语言的惯用语。

14.1.3　设计模式的优点和分类

从不同粒度来认识设计模式，设计模式可以有很多分类，鉴于目前对设计模式的认识和使用情况，本章只介绍两种设计模式，即 GRASP 模式和 GoF 设计模式。可以这样来理解这两种设计模式：GRASP 比 GoF 抽象层次要高些，一般地，先采用 GRASP 模式指导如何分配类的职责，如何设计各个类，解决类之间的交互和合理设计的问题，与具体的实现没有关系；而 GoF 是解决某个问题具体设计和实现的。如 GRASP 有个创建者模式，GoF 也有，GRASP

模式指导该由谁来创建，即职责分配给谁，怎么分配，而 GoF 指导解决具体问题中的怎样创建问题，使用工厂模式、Build 模式等。

模式自身是无法构成设计方法的，它是在软件开发周期的某些阶段支持设计人员进行设计的基本构件。设计模式是从许多优秀的软件系统中总结出的成功的、能够实现可维护性复用的设计方案，使用这些方案将避免人们做一些重复性的工作，而且可以设计出高质量的软件系统。使用设计模式进行软件系统的设计开发，可以使某些决策过程更为具体。

设计模式的主要优点如下。

① 设计模式融合了众多专家的经验，并以一种标准的形式供广大开发人员所用，它提供了一套通用的设计词汇和一种通用的语言，以方便开发人员之间沟通和交流，使得设计方案更加通俗易懂。对于使用不同编程语言的开发和设计人员，可以通过设计模式来交流系统设计方案，每一个模式都对应一个标准的解决方案，设计模式可以降低开发人员理解系统的复杂度。

② 设计模式使人们可以更加简单方便地复用成功的设计和体系结构，将已证实的技术表述成设计模式也会使新系统开发者更加容易理解其设计思路。设计模式使得重用成功的设计更加容易，并避免那些导致不可重用的设计方案。

③ 设计模式使得设计方案更加灵活，且易于修改。

④ 设计模式的使用将提高软件系统的开发效率和软件质量，且在一定程度上节约设计成本。

⑤ 设计模式有助于初学者更深入地理解面向对象思想,一方面可以帮助初学者更加方便地阅读和学习现有类库与其他系统中的源代码，另一方面还可以提高软件的设计水平和代码质量。

14.2 GRASP 设计模式及其应用

14.2.1 GRASP 设计模式概念及其分类

在介绍 GRASP 设计模式概念之前，先来理解一下对象和对象责任的概念。通常有一种错误的理解，将对象理解为是由“数据 + 函数”构成的“智能数据”，这种理解直接进入了编码的细节中，而面向对象的开发范型则用人们日常的思维方式来思考软件开发。按照面向对象的方式理解对象，对象是具有责任的实体，人们在开发中识别的对象可以仅仅是一个概念，仅仅需要指出其责任。责任通常表现为对象能接收什么消息，具有什么样的功能，最终表现为其功能接口，这样的方式便于设计者从接口开始构思程序，便于用户建立倒置的依赖，便于程序具有灵活的结构。

责任是类间的一种合约或义务，可以包括行为（方法）、数据、对象创建等。对象责任又分为知道责任和行为责任。知道责任表示知道什么，需要了解私有的封装数据，了解相关联的对象及能够派生或者计算的事物。行为责任则表示做什么，完成对象初始化和执行一些控制行为，如创建一个对象或进行一次计算等。

面向对象的分析和设计过程实质就是将责任分配给对象的过程，需要注意的是：责任不是类的方法，类的方法是用来实现责任的，责任的分配可以反映在通信图（协作图）或顺序图中。

例如，在销售业务中，存在一个消费行为 A，该行为属于一个责任。A 的行为责任表示了交费的行为，它需要创建一个付款记录的对象；A 的知道责任必须知道付款记录类 Payment，以及如何记录及计算 Payment 类中的数据；调研需求分析内容，具有这个责任的对象，应该是销售类 Sale，具有交费行为的对象应该是 Sale，另外该类还关联另一个类对象 Payment；可以定义两个部署在不同类上的方法 makePayment 和 create。这个分析过程可以用图 14.1 表示。

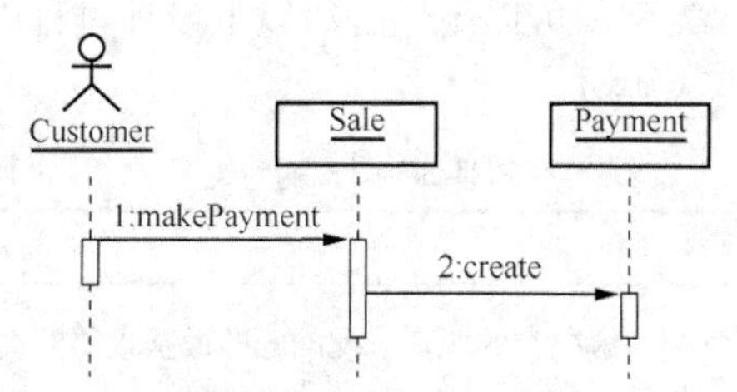

图 14.1　销售业务中分析得到的对象及其责任协作图

GRASP 是 General Responsibility Assignment Software Patterns（通用职责分配软件模式）的简称，出自 Craig Larman 所著的 Applying UML and Patterns（《UML 和模式应用》，第 3 版于 2004 年由 Prentice Hall.出版社出版发行，2006 年 5 月由机械工业出版社出版中译本）一书，其核心思想是“职责分配（Responsibility Assignment）”，用职责设计对象，换句话说，是负责任地设计对象，主要应用在分析和建模上。GRASP 共包含 9 个基本模式，这些模式描述了对象设计和职责分配的基本原则。也就是说，如何把现实世界的业务功能抽象成对象，如何决定一个系统有多少对象，每个对象都包括什么职责，GRASP 模式给出了最基本的指导原则，这些原则是如何设计一个面向对象系统的基础。

面向对象分析和设计一般有以下几个关键步骤。

① 发现对象。即找出系统应该由哪些对象构成。

② 发现对象的属性。即找出对象具有哪些属性。

③ 发现对象的行为。即找出对象具有哪些行为，或者说对象需要做什么，职责是什么。

④ 发现对象的关系。即找出对象与对象之间的关系是什么，怎样进行交互、协作等。

一般意义上的对象是现实世界物体的抽象。也就是说，现实世界有什么物体，就有什么对象；物体存在什么属性，对象就有什么属性。可以用“名词筛选法”来发现系统的对象。例如，一个学生考试成绩管理系统有以下简单的用例：

-管理员创建题库（把题条加入题库）；

-系统根据管理员输入的某些条件随机生成试题；

-学生成绩入库与管理；

可以通过字面意思找出名词，就可以找出“管理员”、“题条”、“题库”、“试题”、“学生”、“学生成绩”等几个对象。一般通过这种方法（名词筛选法）就可以找出系统的绝大部分对象。

对象行为是对象应该执行的动作，也就是对象的职责。相对于上面所说的“名词筛选法”，可以简单地用“动词筛选法”来发现“对象的行为”。例如，上面的“学生考试成绩管理系统”一例中，有“创建题库”、“输入（条件）”、“生成试题”、“成绩入库”、“成绩管理”等动词短语，也就是说，系统的对象至少具有以上这些行为（或职责）。

有时，可能还会发现某些“行为”的粒度过大，这时可以通过进一步细化用例的描述来发现更多更细的“行为”。这里不再详述。

另外，系统的所有对象不可能是一个个单独存在毫无关系的个体，它们或多或少的有着各种联系。找到问题描述中对象之间的联系，即给出了对象之间的关系。

针对从问题中发现的对象及其行为描述，找出对象的行为（职责）之后，如何分配这些行为呢？也就是说怎么确认“行为”属于哪个对象呢？如果两个对象之间有协作关系，它们之间最好通过什么样的方式协作呢？已经被抽象出来的对象，如何面对将来可能发生的变化呢？

GRASP 模式的 9 种基本类型，可以提供解决以上设计过程中遇到的问题的一种方案。

GRASP 模式的分类参见表 14.1。

表 14.1　　GRASP 模式的分类

序号	模　式	作　用
1	Information Expert（信息专家）	解决类的职责分配问题的最基本的模式
2	Creator（创造者）	解决类的实例的创建职责问题的模式
3	Low Coupling（低耦合）	为降低类之间的关联程度，适应可变性而提出的面向对象设计的原则性模式
4	High Cohesion （高内聚）	为降低类的复杂程度，简化控制而提出的面向对象设计的原则性模式
5	Controller （控制器）	解决事件处理职责问题的模式
6	Polymorphism（多态）	是 GRASP 扩展模式的一种，它通过多态操作把基于类型的可变行为的定义职责分配给行为发生的类
7	Pure Fabrication（纯虚构）	是 GRASP 扩展模式之一，它把非问题领域中的职责分配给人工定义的类
8	Indirection （间接）	是 GRASP 模式中解决类的关联问题的模式
9	Protected Variations（受保护变化）	是 GRASP 扩展模式之一，它设计稳定的接口来应对将来可能发生的变化或其他不安定的因素

14.2.2　几种典型的 GRASP 设计模式应用简介

本节通过几个实例介绍 GRASP 设计模式在面向对象分析和设计中的使用。

1．信息专家（Information Expert）

解决方案：将职责分配给具有履行职责所需要的信息的类。

信息专家设计模式强调将责任分配给信息专家，其中，信息专家是指具有履行职责所需信息的类。通俗点就是：该干嘛干嘛去，别管别人的闲事或者我的职责就是搞这个，别的事不管。

信息专家模式是面向对象设计的最基本原则。

【例 14.1】 如果有一个专门处理字符串相关的类，那么这个类只能有字符串处理相关的方法，而不要将日期处理的方法加进来，这也是提高软件高内聚的一种原则。

信息专家模式的优点是：信息的拥有者类同时就是信息的操作者类，可以减少不必要的类之间的关联，各类的职责单一明确，容易理解，满足了面向对象设计的封装的思想。

2．创建者（Creator）

解决方案：如果下列条件满足的话，将创建一个类 A 的实例的职责指派给类 B 的实例。

① B 聚合（聚集或组合）了 A 对象；

② B 包含了 A 对象；

③ B 记录了 A 对象的实例；

④ B 要经常使用 A 对象；

⑤ 当 A 的实例被创建时，B 具有要传递给 A 的初始化数据（也就是说 B 是创建 A 的实例这项任务的信息专家）；

⑥ B 是 A 对象的创建者。

如果以上条件中不止一条成立的话，那么最好让 B 聚集或包含 A，通俗点就是：我要用你所以我来创建你，请不要让别人创建你。

这个模式是支持低耦合度原则的一个体现。

3. 高内聚（High Cohesion）

解决方案：分配一个职责的时候要保持类的高聚合度。

内聚度（Cohesion）是一个类中的各个职责之间相关程度和集中程度的度量。一个具有高度相关职责的类，并且这个类所能完成的工作量不是特别巨大，那么该类就是具有高内聚度的。

4. 低耦合（Low Coupling）

解决方案：在分配一个职责时要使保持低耦合度。

耦合度（Coupling）是一个类与其他类关联、知道其他类的信息或者依赖其他类的强弱程度的度量。一个具有低（弱）耦合度的类不依赖于太多的其他类。

5. 控制者（Controller）

解决方案：将处理系统事件消息的职责分派给代表下列事物的类：

① 代表整个“系统”的类（虚包控制者）；

② 代表整个企业或组织的类（虚包控制者）；

③ 代表真实世界中参与职责（角色控制者）的主动对象类（如一个人的角色）；

④ 代表一个用例中所有事件的人工处理者类，通常用“<用例名>处理者”的方式命名（用例控制者）。

这是一个控制者角色职责分配的原则，就是哪些控制应该分派给哪个角色。

6. 多态（Polymorphism）

这里的多态跟面向对象方法的三大基本特征之一的“多态”是一个意思。当相关的可选择的方法或行为随着类型变化时，将行为的职责使用多态的操作分配给那些行为变化的类型，也就是说尽量对抽象层编程，用多态的方法来判断具体应该使用哪个类，而不是用实例化对象来判断该类是什么。

【例 14.2】 如果想设计一个绘图程序，要支持可以画不同类型的图形，一般地，可以定义一个抽象类 Shape，矩形（Rectangle）、圆形（Round）分别继承这个抽象类，并重写（Override）Shape 类里的 Draw()方法，这样就可以使用同样的接口（Shape 抽象类）绘制出不同的图形，这样的设计更符合高内聚和低耦合原则。假定随后需要再增加一个菱形（Diamond）类，对整个系统原有结构没有任何影响，只要增加一个继承 Shape 的类就行了。

7. 纯虚构（Pure Fabrication）

这里的纯虚构跟人们常说的纯虚构函数意思相近。高内聚低耦合是系统设计的终极目标，但是内聚和耦合永远都是矛盾对立的。高内聚意味着拆分出更多数量的类，但是对象之间需要协作来完成任务，这又造成了高耦合，反之亦然。一个纯虚构的类来协调内聚和耦合，可以在一定程度上解决上述问题。

【例 14.3】14.2.1 中销售业务的 Sale 类的数据要存入数据库，就必须和数据库接口相连接，如果将接口连接放入 Sale 类中势必增加该类的耦合度，所以人们可以虚构一个类来处理与数据库接口连接的问题。这个类就是解决上述问题过程中虚构出来的一个事物。

【例 14.4】上面多态模式的例子中，如果绘图程序需要支持不同的系统，那么因为不同系统的 API 结构不同，绘图功能也需要不同的实现方式，那么该如何设计更合适呢？这里我们可以看到，因为增加了纯虚构类 Shape，不论是哪个系统都可以通过 Abstract Shape 类来绘制图形，这样既没有降低原来的内聚性，也没有增加过多的耦合，可谓鱼肉和熊掌兼得的一种设计。

8. 间接，也称为中介者（Indirection）

解决方案：将职责分配给一个中间对象以便在其他构件或服务之间实现平衡，这样这些构件或服务没有被直接耦合。这个中间对象（Intermediary）在其他构件或服务间创建一个中介者（Indirection）。这个中间对象也就是上面提到的纯虚构。

【例 14.5】"两个不同模块的内部类之间不能直接连接"，但是人们可以通过中间类来间接连接两个不同的模块，这样对于这两个模块来说，它们之间仍然是没有耦合或依赖关系的。

9. 受保护变化（Protected Variations）

解决方案：预先找出不稳定的变化点，使用统一的接口封装起来，如果未来发生变化的时候，可以通过接口扩展新的功能，而不需要去修改原来旧的实现。也可以把这个模式理解为 OCP（开闭原则），就是说一个软件实体应当对扩展开发，对修改关闭。在设计一个模块的时候，要保证这个模块可以在不需要被修改的前提下得到扩展。这样做的好处就是通过扩展给系统提供了新的职责，以满足新的需求，同时又没有改变系统原来的功能。

14.3 GoF 设计模式及其应用

在 GoF 的《设计模式：可重用的面向对象软件基础》一书中对设计模式的定义为：模式是在一个上下文中，对一个问题的解决方案。GoF 提出了模式的 4 个要素，即模式名称、问题、解决方案和效果。

（1）模式名称（Pattern Name）

一个助记名，使用一两个词描述模式问题、解决方案和效果。设计模式允许在较高抽象层次上进行设计。新模式的命名增添了设计词汇，在模式词汇表中，模式名有利于人们思考问题及相互交流，并可在书写文档时使用模式名。

（2）问题（Problem）

描述模式使用的场合和条件。描述设计的特定问题，解释设计问题存在的原因，描述导致不灵活设计的类或对象结构，有时还包含了模式应用必须满足的一系列先决条件。

（3）解决方案（Solution）

描述了设计的组成部分，它们之间的相互关系及各自的职责和协作方式。由于模式像一个模板，可应用于多种不同场合，因此解决方案并不描述一个特定而具体的设计或实现，而是提供设计问题的抽象描述和如何使用一个具体或一般意义的元素组合（对象类或组合）来解决这个问题。

（4）效果（Consequences）

描述了模式应用的效果及使用模式应权衡的问题。尽管人们描述设计决策时，并不总提到模式效果，但它们对于评价设计选择和理解使用模式的代价及好处具有重要意义。软件效果大多关注对时间和空间的衡量，它们也表述了语言和实现问题。由于软件重用是面向对象设计的要素之一，因此模式效果包括它对系统的灵活性、扩充性或移植性的影响，显式地列出这些效果对理解和评价这些模式很有帮助。

1. 设计模式的描述

在《设计模式：可重用的面向对象软件基础》一书中，GoF 将每一个模式根据一定的模板分成若干部分，具体如下。

（1）模式名和分类：模式名简洁地描述了模式的本质。好的名字非常重要，它将成为设计词汇表中的一部分。

（2）意图：回答“设计模式是做什么的？它的基本原理和意图是什么？它解决的是什么样的特定设计问题？”诸如此类问题的简单陈述。

（3）别名：模式的其他名字。

（4）动机：用以说明一个设计问题及如何用模式中的类、对象来解决该问题的特定情景。该情景会帮助你理解随后对模式更抽象的描述。

（5）适用性：什么情况下可以使用该设计模式？该模式可用来改进哪些不良设计？你怎样识别这些情况？

（6）结构：采用基于对象建模技术的表示法对模式中的类进行图形描述。

（7）参与者：指设计模式中的类和/或对象，以及它们各自的职责。

（8）协作：模式的参与者怎样协作以实现它们的职责。

（9）效果：模式怎样支持它的目标？使用模式的效果和所需做的权衡取舍，系统结构的哪些方面可以独立改变？

（10）实现：实现模式时需要知道的一些提示、技术要点及应避免的缺陷，以及是否存在某些特定于实现语言的问题。

（11）代码示例：用来说明怎样用 C++实现该模式的代码片段。

（12）已知应用：实际系统中发现模式的例子。

（13）相关模式：与该模式紧密相关的模式有哪些？其间重要的不同之处是什么？这个模式应与哪些其他模式一起使用？

2. 设计模式的用途

（1）复用现有的、高质量的、针对常见的重复出现问题的解决方案。

（2）建立通用的术语以改善团队内部的沟通。

（3）将思考转移到更高的视角。

（4）判断是否拥有正确的设计，而不仅仅是一个可以工作的设计。

（5）改善个人学习和团队学习。

（6）改善代码的可修改性。

（7）促进对改良设计的选用，甚至在没有明确使用模式的时候也可以这么做。

（8）发现“庞大的继承体系”的代替方案。

3. GoF 给出的“使用设计模式的循序渐进的方法”

（1）大致浏览一遍模式。

（2）研究结构部分、参与者部分和协作部分。

（3）看代码示例部分。

（4）选择模式参与者的名字，使它们在应用上下文中有意义。

（5）定义类。

（6）定义模式中专用于应用的操作名称。

（7）实现执行模式中责任和协作的操作。

实际上，模式的使用是有限制的。在下面的章节中，将看到引用模式，通过附加一些结构，的确可以获得相应的灵活性，但同时也带来了软件结构设计的复杂性，甚至有时要以部分功能的丧失为代价，这时是否使用模式就要充分权衡利弊了。

另外对模式的使用，要在充分了解该模式的结构、适用性、效果及实现等问题后，结合实际情况决定是否使用、使用哪种设计模式，不能生搬硬套，否则不能达到预期目的。

本节简单介绍 GoF 设计模式的组成及其分类，并通过实例给出不同类型 GoF 设计模式的用法。

14.3.1 GoF 设计模式的组成及其分类

在 GoF 设计模式的经典著作中，分类整理了 23 个基本的设计模式，根据每个模式的用途，这些设计模式被分为 3 类。

（1）创建型模式（Creational pattern）处理新对象的创建过程。

（2）结构型模式（Structural pattern）处理对象和类的组成。

（3）行为型模式（Behavioral pattern）详细说明对象或类之间如何交互及如何分配职责。

GoF 还进一步根据某个模式是应用于对象还是类对模式进行了分类，这种分类标准被称为范围（scope），大部分模式的范围都处于对象层次。GoF 的 23 种设计模式的分类参见表 14.2。

表 14.2　　GoF 的 23 种设计模式的分类

		目　的		
		创建型	结构型	行为型
范围	类	Factory Method	Adapter	Interpreter Template Method
	对象	Abstract Factory Builder Prototype Singleton	Adapter Bridge Composite Decorator Facade Flyweight Proxy	Chain of Responsibility Command Iterator Mediator Memento Observer State Strategy Visitor

（1）创建型模式抽象了创建对象的过程，使用系统不依赖于系统中对象是如何创建、组合和表示的。创建型模式包括工厂方法（Factory Method）、抽象工厂（Abstract Factory）、生成器（Builder）、原型（Prototype）、单件（Singleton）。

（2）结构型模式主要描述如何组合类和对象，以获得更大的结构。结构型模式包括适配器

（Adapter）、桥接（Bridge）、组成（Composite）、装饰（Decorator）、刻面（Facade）、享元（Flyweight）、代理（Proxy）。

（3）行为型模式主要描述算法和对象间职责的分配，主要考虑对象（或类）之间的通信模式。行为型模式包括：职责链（Chain of Responsibility）、命令（Command）、解释器（Interpreter）、迭代器（Iterator）、中介者（Mediator）、备忘录（Memento）、观察者（Observer）、状态（State）、策略（Strategy）、模板方法（Template method）、访问者（Visitor）。

由表 14.1 中知，Adapter 这个设计模式既可以作用于类，也可以作用于对象。实际上，Adapter 设计模式有两种使用方式，一种是通过类之间的多重继承（类 Adapter 设计模式），另一种是通过组合的形式（对象 Adapter 设计模式）。

14.3.2　创建型 GoF 设计模式应用实例

创建型模式抽象了实例化过程，使得系统创建独立于对象的描述，随着系统复杂度的增加，系统实现往往依赖于对象的复合而非类的继承，创建型模式为此类系统的实现发挥了重要作用。

1. Abstract Factory（抽象工厂）

（1）意图

抽象工厂（Abstract Factory）设计模式属于对象创建型设计模式。使用 Abstract Factory 设计模式的目的是给客户程序提供一个创建一系列相关或相互依赖的对象的接口，而无需在客户程序中指定要具体使用的类。这个设计模式之所以取抽象工厂这个名字，是把类比作工厂，它能不断地制造产品，每个工厂会制造出和该工厂相关的一系列产品，各个工厂制造出的产品的种类是一样的，只是各个产品在外观和行为方面不一样。

（2）结构

Abstract Factory 设计模式的一般结构如图 14.2 所示。

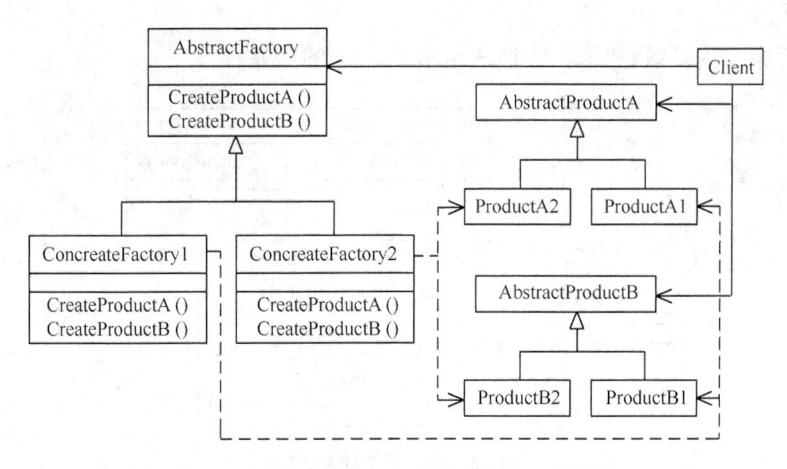

图 14.2　Abstract Factory 设计模式的一般结构

（3）Abstract Factory 设计模式的特点

① Client 只通过抽象产品（如 AbstractProductA、AbstractProductB 等）操作产品对象，产品对象的具体名字（如 ProductA1、ProductB1、ProductA2、ProductB2 等）不出现在 Client 中。

② 在应用系统中增加或删除具体工厂（如 ConcreteFactory1、ConcreteFactory2 等）的种

类很容易。

③ 可以保证应用系统在某一时刻只使用一个产品系列，如只使用 ProductA1、ProductB1 系列或只使用 ProductA2、ProductB2 系列。

④ AbstractFactory 接口中已确定了可以创建的产品集合（如只有 ProductA 和 ProductB 这两种产品），如果要支持新的产品种类，需要扩展 AbstractFactory 类及其所有子类中的方法，这种修改比较困难。

（4）在以下情况下应当考虑使用抽象工厂模式

① 一个系统不应当依赖于产品类实例如何被创建、组合和表达的细节，这对于所有形态的工厂模式都是重要的。

② 这个系统有多于一个的产品族，而系统只消费其中某一产品族。

③ 同属于同一个产品族的产品是在一起使用的，这一约束必须在系统的设计中体现出来。

④ 系统提供一个产品类的库，所有的产品以同样的接口出现，从而使客户端不依赖于实现。

总之，抽象工厂模式提供了一个创建一系列相关或相互依赖对象的接口，运用抽象工厂模式的关键点在于应对“多系列对象创建”的需求变化。

2. Abstract Factory 的应用举例

某集团下属两个企业，一个为国有企业，另一个为跨国企业。中国企业员工工资计算包括基本工资、奖金、个人所得税扣除等，具体计算方法此处从略。

现在要为此构建一个软件系统（代号叫 Sala），满足该国有企业的需求。

（1）案例分析

奖金（Bonus）、个人所得税（Tax）的计算是 Sala 系统的业务规则（Service）。

工资的计算（Calculator）则调用业务规则（Service）来计算员工的实际工资。

工资的计算作为业务规则的前端（或者客户机端 Client）将提供给最终使用该系统的用户（财务人员）使用。

针对国有企业为系统建模，图 14.3 给出了 Sala 的初始模型。

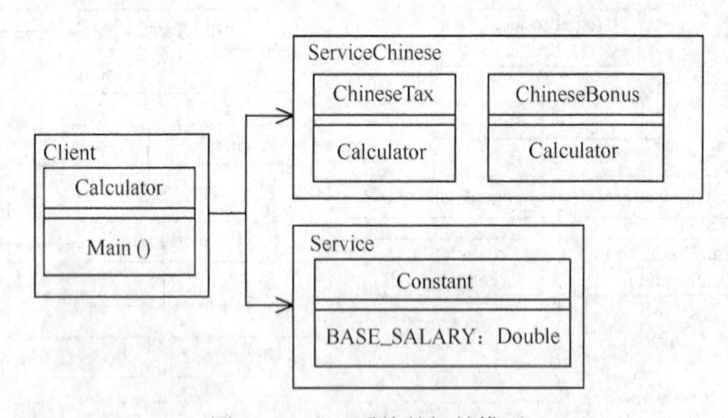

图 14.3　Sala 系统的初始模型

（2）针对跨国企业为系统建模

跨国企业的工资计算同样是：员工的工资=基本工资+奖金-个人所得税。

跨国企业奖金和个人所得税的计算规则与中国企业计算规则不同，具体计算方法这里从略。

根据前面为中国企业建模经验，仅仅将 ChineseTax、ChineseBonus 修改为 AmericanTax、AmericanBonus。修改后的 Sala 系统模型如图 14.4 所示。

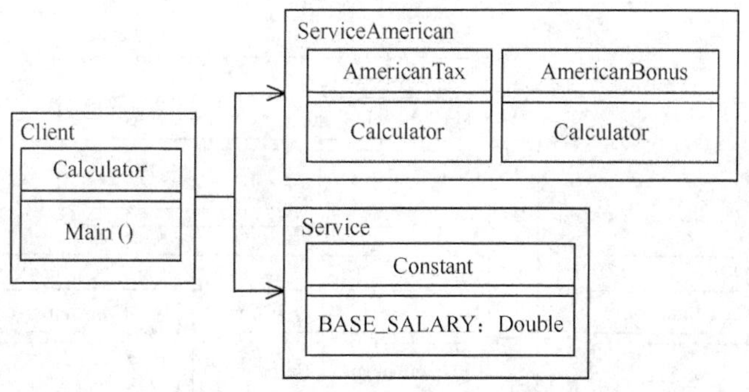

图 14.4　修改后的 Sala 系统模型

（3）集成为通用系统

为使系统在两个业务规则不同的环境中都能使用，必须在系统中保留所有业务规则模型，通过保留中国企业和美国企业的业务规则模型，如果该系统在美国企业和中国企业切换时，仅仅需要修改 Caculator 类即可。图 14.5 给出了集成为通用系统的 Sala 模型。

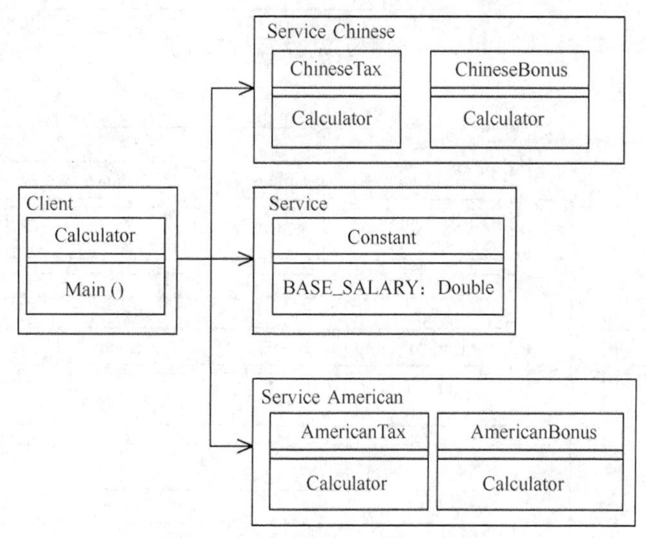

图 14.5　集成通用系统的 Sala 模型

（4）填加业务接口类

一个维护性良好的系统应该遵循“开闭原则”。即封闭对原来代码的修改，开放对原来代码的扩展（如类的继承，接口的实现）。

不论是中国企业还是美国企业，它们的业务规则都采用同样的计算接口。建立两个业务接口类 Tax、Bonus，然后让 AmericanTax、AmericanBonus 和 ChineseTax、ChineseBonus 分别实现这两个接口。图 14.6 给出了填加业务接口类后的 Sala 模型。

（5）为系统增加抽象工厂方法

上面增加抽象接口的方案，当系统的客户在美国和中国企业间切换时，Caculator 代码仍然需要修改，至少要修改 ChineseBonus、ChineseTax 部分。

解决方案是增加一个抽象工厂类 AbstractFactory，增加一个静态方法，该方法根据一个配置文件（App.config 或者 Web.config）一个项（如 factoryName）动态地判断应该实例化哪个工厂类，这样就把中外企业不同的业务规则移植工作转移到了对配置文件的修改上。图 14.7 给出了填加抽象工厂类后的 Sala 系统模型。

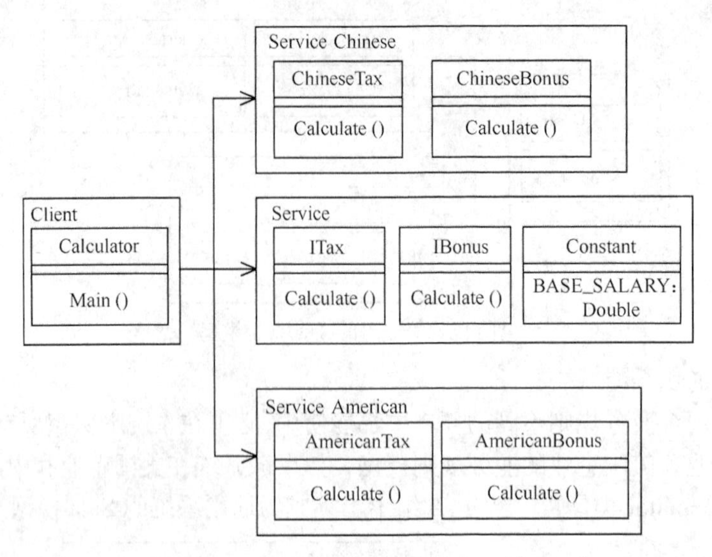

图 14.6　填加业务接口类后的 Sala 模型

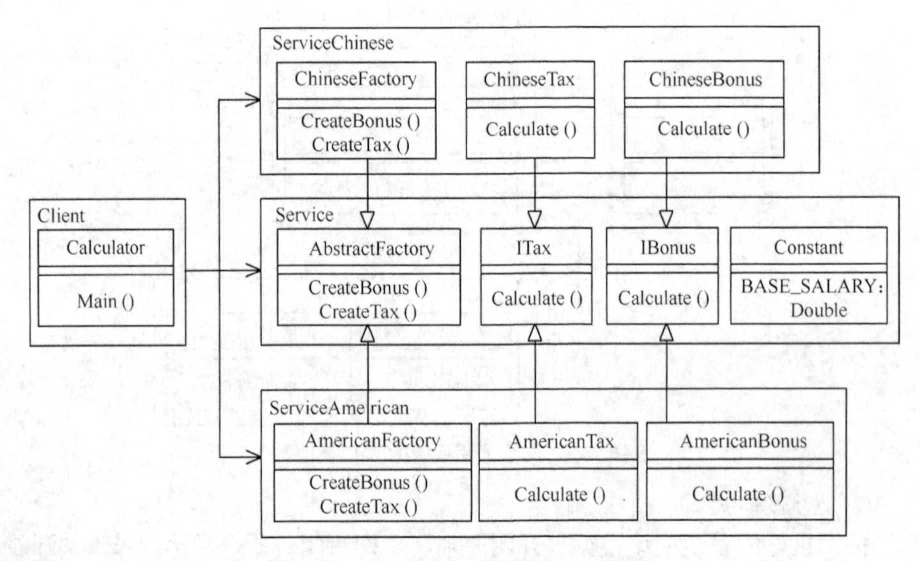

图 14.7　填加抽象工厂类后的 Sala 系统

采用上面的解决方案，当系统在美国企业和中国企业之间切换时，仅仅需要修改配置文件，将 factoryName 的值改为 American 即可。修改配置文件的工作很简单，可以方便地切换使该系统运行在美国或中国企业。

图 14.7 是最终版的系统模型图。我们发现作为客户机角色的 Calculator 仅仅依赖抽象类，它不必去理解中国和美国企业具体的业务规则如何实现，Calculator 面对的仅仅是业务规则接口 I Tax 和 I Bonus。

Sala 系统的实际开发的分工可能是一个团队专门做业务规则，另一个团队专门做前端的业务规则组装。抽象工厂模式有助于这样的团队分工：两个团队通信的约定是业务接口，由抽象工厂作为纽带粘合业务规则和前段调用，大大降低了模块间的耦合性，提高了团队开发效率。

14.3.3　结构型 GoF 设计模式应用实例

结构型模式通过类和对象的组合以获得更大的结构，采用继承机制来组合接口或实现。

1. Facade 设计模式

（1）意图

外观（Facade）设计模式属于对象结构型设计模式。Facade 设计模式定义了一个高层接口，这个接口使得子系统更加容易使用。利用 Facade 设计模式可以为子系统中的一组接口提供一个一致的界面，可以降低系统中各部分之间的相互依赖关系，同时增加系统的灵活性。

（2）结构

图 14.8 给出了 Facade 设计模式的一般结构。

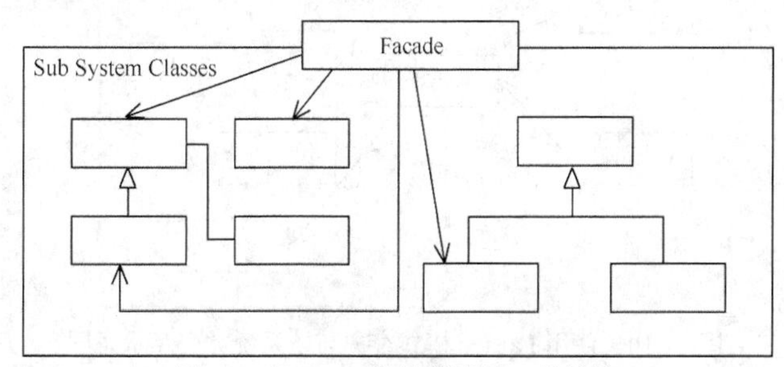

图 14.8　Facade 设计模式的一般结构

（3）Facade 设计模式的特点

① 对 Client 来说屏蔽了子系统中的类，因此减少了 Client 需要直接处理的对象，使得子系统更容易被使用。

② 降低了 Client 和子系统之间的耦合度。

③ 有助于对象之间依赖关系的分层，建立具有层次结构的系统。

④ 子系统中的类不需要了解关于 Client 的知识，也不需要了解关于 Facade 类的知识，即没有指向 Client 和 Facade 的引用。

⑤ 如果需要，Client 也可以直接存取子系统中的类。

（4）适用性

① 为复杂系统提供一个简单的接口。

② 构建层次结构系统时，使用 Facade 模式定义每层的入口点。

③ 采用 Facade 模式可将子系统与客户程序分离，提高子系统的可移植性。

2. Facade 设计模式的应用举例

在实际的应用系统中，一个子系统可能由很多类组成。子系统的客户为了它们的需要，需要和子系统中的一些类进行交互。客户和子系统的类进行直接交互会导致客户机对象和子系统间高度耦合。任何对子系统中类的接口的修改，会对依赖于它的所有的客类造成影响。图 14.9 给出了客户与子系统类

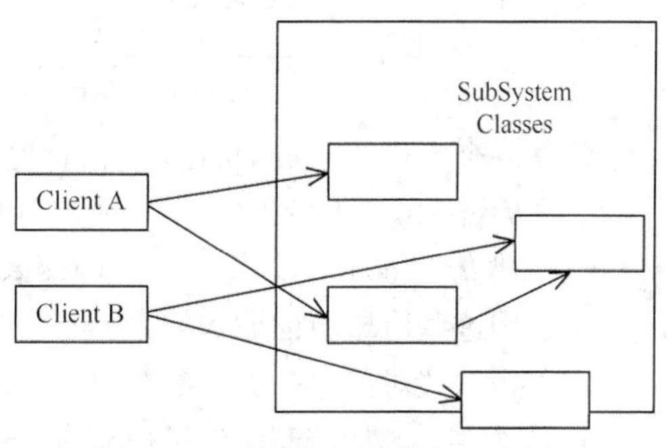

图 14.9　客户与子系统类交互示意图

交互示意图。

外观模式（Facade Pattern）很适用于上述情况。外观模式为子系统提供了一个更高层次、更简单的接口，从而降低了子系统的复杂度和依赖，这使得子系统更易于使用和管理。

外观是一个能为子系统和客户提供简单接口的类。正确地应用外观模式，客户不再直接和子系统中的类交互，而是与外观交互，外观承担与子系统中类交互的责任。实际上，外观是子系统与客户的接口，这样外观模式降低了子系统和客户的耦合度。图 14.10 给出了使用 Facade 模式客户与子系统类交互的示意图。

从图 14.10 可知，外观对象隔离了客户和子系统对象，从而降低了耦合度。当子系统中的类进行改变时，客户机不会像以前一样受到影响。

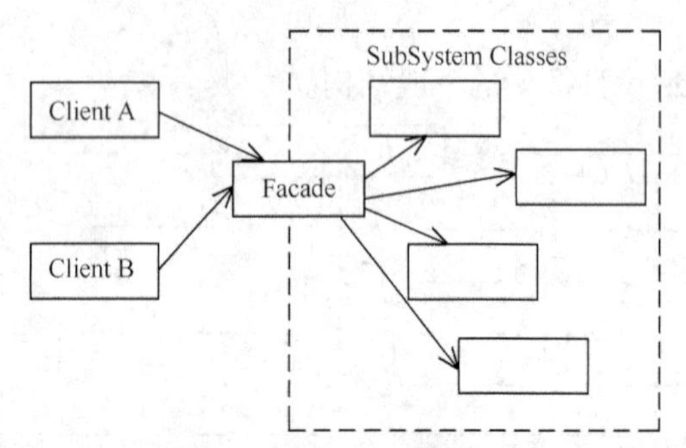

图 14.10　使用 Facade 模式客户与子系统类交互示意图

建立一个应用，要求：

（1）接受客户的详细资料（账户、地址和信用卡信息）；

（2）验证输入的信息；

（3）保存输入的信息到相应的文件中。

这个应用有 3 个类：Account、Address 和 CreditCard。每一个类都有自己的验证和保存数据的方法。这 3 个类组成的子系统提供确认和保存顾客数据必要的功能。图 14.11 给出了 Account、Address 和 CreditCard 3 个类的类图。

Account	Address	CreditCard
−firstName：String −lastName：String	−address：String −city：String −state：String	−cardType：String −cardNumber：String −cardExpDate：String
+isValid ()：boolean +save ()：boolean +getFristName ()：String +getLastName ()：String	+isValid ()：boolean +save ()：boolean +getAddress ()：String +getState ()：String	+isValid ()：boolean +save ()：boolean +getCardType ()：String +getCardNumber ()：String +getCardExpDate ()：String

图 14.11　Account、Address 和 CreditCard 的类图

建立一个客户 AccountManager，它提供用户输入数据的用户界面。

为了验证和保存输入的数据，客户 AccountManager 需要：

（1）建立 Account、Address 和 CreditCard 对象；

（2）用这些对象验证输入的数据；

（3）用这些对象保存输入的数据。

在这个例子中，应用外观模式是一个很好的设计，它可以降低客户和子系统构件（Address、Account 和 CreditCard）之间的耦合度。应用外观模式，定义一个外观类

CustomerFacade，它为由客户数据处理类（Address、Account 和 CreditCard）所组成的子系统提供一个高层次的、简单的接口。CustomerFacade 的类图如图 14.12 所示。

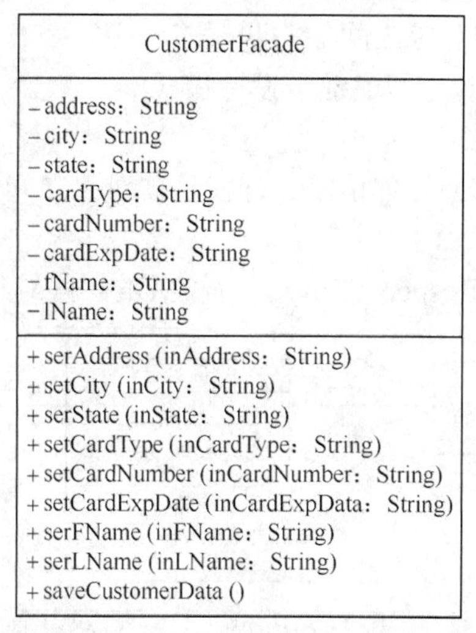

图 14.12　CustomerFacade 的类图

CustomerFacade 类以 saveCustomerData 方法的形式提供了业务层次上的服务。客户 AccountManager 不是直接和子系统的每一个构件交互，而是使用了由 CustomFacade 对象提供的验证和保存客户数据的更高层次、更简单的接口，如图 14.13 所示。

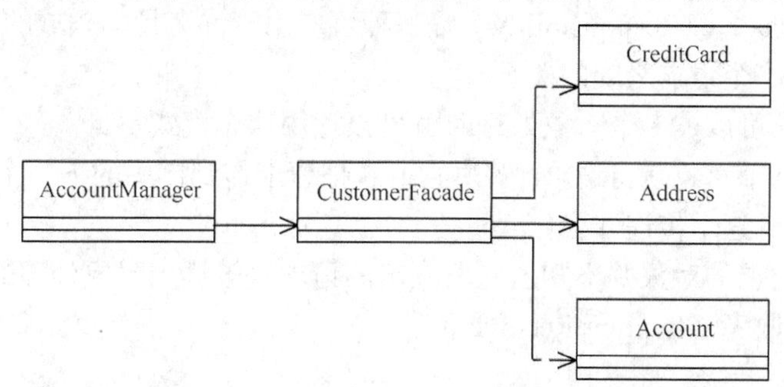

图 14.13　AccountManager 使用 CustomFacade 与子系统交互示意图

在新的设计中，为了验证和保存客户数据，客户需要：

（1）建立或获得外观对象 CustomerFacade 的一个实例；

（2）传递数据给 CustomerFacade 实例进行验证和保存；

（3）调用 CustomerFacade 实例上的 saveCustomerData 方法。

CustomerFacade 处理创建子系统中必要的对象，并且调用这些对象上相应的验证、保存客户数据的方法这些细节问题，客户不再需要直接访问任何子系统中的对象。

应用外观模式的注意事项如下。

（1）在设计外观时，不需要增加额外的功能。

（2）不要从外观方法中返回子系统中的构件给客户。例如，如果有一个下面的方法：CreditCard 类中的 getCreditCard（ ）会暴露子系统的细节给客户，应用就不能从应用外观模式中取得最大的好处。

（3）应用外观的目的是提供一个高层次的接口。因此，外观模式最适合提供特定的高层的业务服务，而不是进行底层的单独业务执行。

14.3.4 行为型 GoF 设计模式应用实例

行为模式主要描述算法和对象之间的关联模式。

1. Chain of Responsibility（职责链）设计模式

（1）意图

该模式使多个对象都有机会处理请求，并使这些对象之间保持松耦合的关系。

（2）结构

图 14.14 给出了 Chain of Responsibility 设计模式的一般结构。

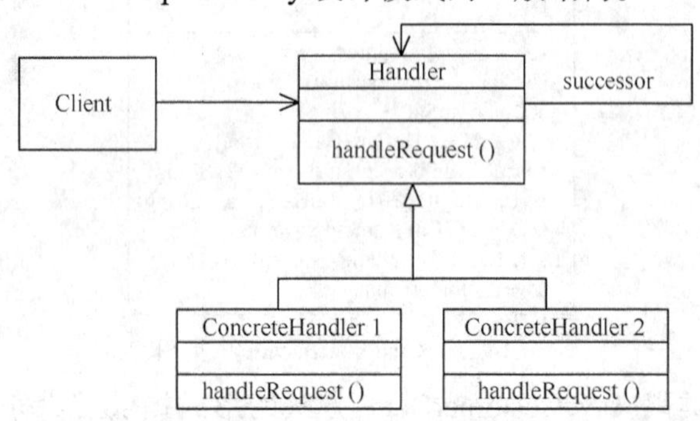

图 14.14 Chain of Responsibility 设计模式的一般结构

（3）Chain of Responsibility 设计模式的特点

① 职责链（Chain of Responsibility）是一种可应用于许多具体领域的行为模式。这个模式处理一组对象和一个请求之间的关系。

② 当一个请求可以被多个对象处理时就可以运用这个模式。

③ 链中的第一个对象获得请求，解决它或者把请求传到链中的下一个对象，直到有一个对象可以解决请求，这个传递才会停止。

④ 最初发出请求的对象并不知道它所发出的请求是被哪个对象处理的。最终处理请求的对象被称为隐含接收者（Implicit Receiver）。

（4）适用性

① 有多个对象可以处理一个请求，处理请求的具体时刻可以自动确定。

② 可以在不明确指定接收者的情况下，向多个对象中的一个提交一个请求。

③ 可以动态修改处理相应请求的对象集合。

参见图 14.14 这个模式中的参与者包括一个 Client（客户）类、一个抽象的 Handler（处理者）类及几个抽象 Handler 类的具体子类。请求由客户对象发起。如果一个具体的处理者对象能够处理这个请求，那么就处理它。如果该处理者对象不能处理这个请求，则将这个请求转发给职责链上的下一个具体的处理者对象。

2. Chain of Responsibility 设计模式的应用举例（Web 浏览器事件模型）

在开发交互式 Web 页面（Web Page）时，设计者必须要考虑浏览器刚刚被打开时的事件模型。对于 Internet Explorer（IE），可以编写 JavaScript 或者 VBScript 代码来响应诸如鼠标单击这样的事件。这段代码被称为一个“事件处理器（Event Handler）”，它说明了如果有用户鼠标单击事件发生后，Web 页面如何做出响应。

在一个 HTML 文档（Document）中，一个页面被分为一些被称作 Div 的区域，每个 Div 还被进一步分为几个表单（Form），可以将一个按钮（Button）放置在一个表单中。上面划分的每个元素都是 HTML 文档的构件，某些构件还可以成为其他构件的构件。GoF 整理的模式中也包括组成模式（Composite Pattern），并说明了组成模式通常要和职责链模式共同使用。构件-组成关系实施了职责链中前驱和后继之间的链接。在职责链模式的类结构图中，在一定语境中，对象自己知道如何寻找该对象的后继对象。

当在一个 Div 中的某个表单中安放一个按钮，并且 Div 所在的 HTML 文档被用 IE 打开时，按下按钮就触发了按钮点击事件，这个事件消息先被发送给表单对象，接着被发送给表单对象所在的 Div 对象，最后被发送给 Div 所在的文档对象。这些可能接收消息的每个文档元素对象都有自己的事件处理器来响应按钮点击事件。

如果一个 HTML 文档中的脚本程序动态地指明了哪个元素对象的事件处理器被触发执行，那么这段脚本程序就被称为是职责链设计模式的一个实例。图 14.15 显示了事件模型中的类图，图 14.16 用参数化协作表示应用于 IE 事件模型的设计模式。这种模式叫做事件转发（Event Bubbling）。

在图 14.16 中，引出虚线的椭圆代表了设计模式中的协作，椭圆中为模式的名称。模式外围的矩形框代表了协作的参与者对象。带箭头的依赖关系线表示合作要依赖于参与协作的对象。依赖关系线上的标签说明被依赖的、参与协作的对象在模式中所担当的角色。协作的参数化是通过在模式中使用特定领域的类名来表达的。

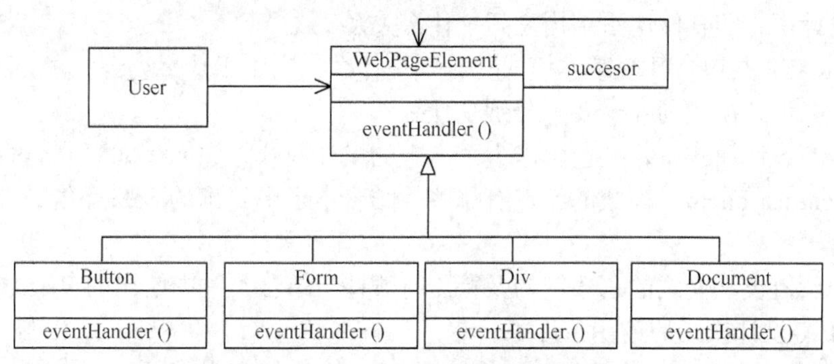

图 14.15　IE 打开 Web 页时职责链模式的类图

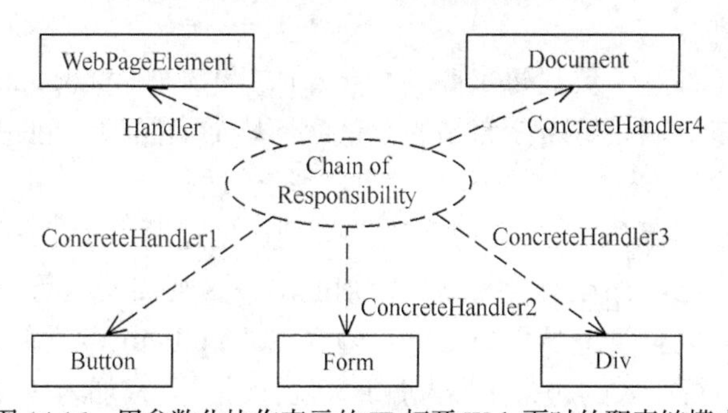

图 14.16　用参数化协作表示的 IE 打开 Web 页时的职责链模式

本章小结

设计模式是在大量的实践中总结和理论化之后优选的代码结构、编程风格及解决问题的思考方式。使用设计模式是为了重用已有的设计经验、框架、代码，以便让代码更容易被他人理解，保证代码可靠性。对设计模式的理解和掌握是程序员提高自身素质的一个很好的方面。

GRASP 模式着重考虑设计类的原则及如何分配类的功能，而 GoF 模式着重考虑设计的实现、类的交互和软件质量。GRASP 可以说是 GoF 设计模式的基础，GoF 模式是符合 GRASP 模式要求的面向对象设计模式。GoF 设计模式针对特定问题提出相应解决方法，是目前常用的设计模式之一。

本章主要介绍设计模式的基本概念和发展、GRASP 设计模式和 GoF 设计模式的概念及其分类，并给出典型的应用实例，目的是使读者掌握设计模式的基本理论及应用设计模式解决软件设计中的实际问题的方法。

习 题 14

14.1 什么是设计模式，本章介绍的设计模式是如何分类的？相互之间的关系是怎样的？

14.2 简述设计模式的用途和优点。

14.3 设计模式和软件体系结构之间是什么关系？

14.4 GRASP 共包含几个基本模式，分别是什么？应用于什么场合？

14.5 GoF 设计模式的 4 个要素分别是什么？

14.6 GoF 设计模式中，共包含多少个基本的设计模式，它们是如何分类的？

14.7 Abstract Factory 模式的特点有哪些，结合本章中给出的 Sala 系统，介绍抽象工厂模式的适用条件。

14.8 职责链设计模式的一般结构及特点有哪些，结合本章中给出的 Web 浏览器事件模型，说明职责链设计模式的适用条件。

14.9 Facade 模式的特点有哪些，结合本章中给出的客户与子系统交互的例子，介绍 Facade 模式的适用条件。

14.10 在购物车系统中，要让每个商品（Item）在购物车（ShoppingCar）中只出现一次，如果放相同的商品到车上就只更新该商品的数量而不增加商品项。问题是：根据 GRASP 模式，比较商品是否相同的方法放在哪个类里实现比较合适?

14.11 学生成绩管理系统中的一个用例：“管理员创建题库（把题条加入题库）”。

细化：如果题库中已经存在所给的题条，则退出；否则加入题条。

分析：存在 3 个对象：管理员用户 User、题条 SubjectItem 和题库 SubjectLibrary。

2 个职责：判断（新加入的题条是否与题库某题条相等）；加入（题条的加入）；

问题：这 2 个职责究竟应该由哪个对象执行？

第 15 章　软件工程新技术

在经历了过程化的软件工程阶段和面向对象的软件工程的发展变化之后，软件工程又有新的技术出现。本章主要介绍继面向对象技术之后软件工程领域研究使用的新技术，包括软件复用技术、基于构件的软件工程技术（中间件和构件技术）、软件能力成熟度模型、Web 软件工程、敏捷软件过程及软件产品线技术。

15.1　软件复用技术

软件复用(Software Reuse)是指在软件开发过程中重复使用相同或相似软件元素的过程。通过软件复用，可以提高软件开发的效率和质量。

15.1.1　软件复用概念及分类

现实生活中，人们总是试图采用某些现有问题的已有解法来解决相似的新问题。软件复用是指重复使用“为了复用目的而设计的软件”的过程。相应地，可复用软件是指为了复用目的而设计的软件。

软件复用是软件开发中避免重复劳动、提高软件生产力和质量的一种重要技术，它使得应用系统的开发不再采用一切从零开始的模式，而是以已有的工作模式为基础，充分利用过去应用系统开发中积累的知识和经验，从而将开发重点集中于应用的特有构成成分。实施软件复用的目的是要使软件开发工作进行得更快、更好、更省。

与软件复用的概念相关，重复使用软件的行为还可能是重复使用“并非为了复用目的而设计的软件”的过程，或在一个应用系统的不同版本间重复使用代码的过程，这两类行为都不属于严格意义上的软件复用。如果是在一个系统中多次使用一个相同的软件成分，则不称作复用，而称作共享；如果对一个软件进行修改，使它运行于新的软硬件平台，也不称作复用，而称作软件移值。

软件复用可以从多个角度进行考察，目前对软件复用研究的范围很广，可以按复用对象、复用方式和组织方式等多个角度进行分类考察。依据复用的对象，可以将软件复用分为产品复用和过程复用。产品复用是指复用已有的软件构件，通过构件集成（组装）得到新系统。过程复用是指复用已有的软件开发过程，使用可复用的应用生成器来自动或半自动地生成所需系统。过程复用依赖于软件自动化技术的发展，目前只适用于一些特殊的应用领域，而产品复用是目前现实的、主流的途径。基于构件（Components）的复用是产品复用的主要形式，也是当前复用研究的焦点。当前软件构件技术被视为实现成功复用的关键因素之一。

依据对可复用信息进行复用的方式，可以将软件复用区分为黑盒复用和白盒复用。黑盒复用是指对已有构件不需做任何修改，直接进行复用，这是理想的复用方式。白盒复用是指已有构件并不能完全符合用户需求，需要根据用户需求进行适应性修改后才可使用。而在大多数应用的组装过程中，构件的适应性修改是必须的。

依据复用的组织方式，将复用区分为系统化的（或有计划的）复用和个别的复用。在个别的软件复用中，存在一组可复用的构件，应用开发者对它们进行选择和复用。应用开发者的责任包括识别可能进行复用的机会，选择满足要求的构件或经过修改可以满足需要的构件，得到这些构件并利用它们组装成新的应用系统。在系统化的软件复用中，不但存在一组可复用的构件，而且定义了在新的应用系统的开发过程中可复用哪些构件，以及如何进行修改。由于一般性地识别、表示和组织可复用信息是非常困难的，因此系统化的复用将注意力集中于特定的领域，而且在系统化的复用中非常重视软件生存周期中抽象级别较高的产品的复用。与个别的软件复用相比，系统化的软件复用对于提高软件的质量和生产率具有更大的作用。

根据所应用的领域范围，软件复用可以划分为横向复用和纵向复用。横向复用指在多个不同的应用领域内寻找共同点，目的是复用不同领域内的软件元素，如数据结构、通用算法、人机界面构件等，还有编程工具中提供的标准函数库或者类库就是一种典型的横向软件复用机制。由于在不同领域内应用的差异较大、共性较少，要提取出可以在不同领域内都可以复用的软件元素难度较大，因此横向复用的应用相对较少。纵向复用是指在同一个应用领域或者在一类具有较多共性的应用领域之间进行软制品复用。因为纵向复用所应用的领域具有较多的共性和相似性，有助于提取出系统的通用模型，所以纵向复用广受瞩目，并成为目前软件复用技术的真正发展潜力所在。

15.1.2 软件复用的关键技术和复用粒度

软件复用有 3 个基本问题，一是必须有可以复用的对象，二是所复用的对象必须是有用的，三是复用者需要知道如何去使用被复用的对象。软件复用包括两个相关的过程：可复用软件（构件）的开发和基于可复用软件（构件）的应用系统的构造（集成和组装）。解决好上述这几个方面的问题才能实现真正成功的软件复用。

与以上几个方面的问题相联系，实现软件复用的关键技术因素主要包括软件构件技术、领域工程、软件构架技术、软件再工程技术、开放系统技术、软件过程、CASE 技术等。除了上述的技术因素以外，软件复用还涉及众多的非技术因素，如机构组织如何适应复用的需求；管理方法如何适应复用的需求；开发人员知识的更新；创造性和工程化的关系；开发人员的心理障碍；知识产权问题；保守商业秘密的问题；复用前期投入的经济考虑；标准化问题等。实现软件复用的各种技术因素和非技术因素是互相联系的，它们结合在一起，共同影响软件复用的实现。

软件复用的粒度包括代码和设计拷贝、源代码复用、设计和软件体系结构复用、应用程序生成器的使用、领域特定的软件体系结构的复用等。早期的软件复用主要是代码级复用，被复用的知识专指程序，现在逐渐扩大到包括领域知识、开发经验、设计决定、体系结构、需求分析、设计文档、程序代码和测试用例及数据等在软件生产的各个阶段所得到的各种软件产品。

15.2 基于构件的软件工程技术

中间件（Middleware）的概念是为解决网络环境下，分布式应用程序的异构问题而提出来的概念，针对不同的操作系统和硬件平台，中间件可以有符合接口和协议规范的多种实现。

构件（Component，也称组件）技术在最初时更多是作为一种思想存在，构件的发展在某种程度上极大地依赖于中间件技术，中间件是构件存在的基础。同时，软件构件技术是支持软件复用的核心技术，是近些年来随着中间件产品的完善而迅速发展并受到高度重视的学科分支之一。

15.2.1 中间件技术

“中间件”这个名词最早出现于 20 世纪 70 年代，在众多关于中间件的定义中，比较普遍接受的是国际数据集团（International Data Corporation，IDC）的表述：中间件是一种独立的系统软件或服务程序，分布式应用软件借助这种软件在不同的技术之间共享资源；中间件位于客户机/服务器的操作系统之上，管理计算资源和网络通信。中间件的概念表述参见图 15.1。

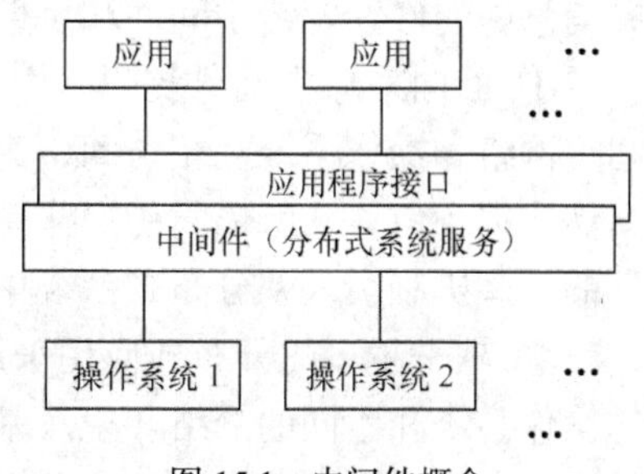

图 15.1 中间件概念

从 IDC 的中间件表述可以看出，中间件是一类软件，而非一种软件；中间件是介于操作系统（包括底层通信协议）和各种分布式应用程序之间的一个软件层，总的作用是建立分布式软件模块之间互操作的机制，屏蔽底层分布式环境的复杂性和异构性，为处于自己上层的应用软件提供运行与开发环境，帮助用户灵活、高效地开发和集成复杂的应用软件。在具体实现上，中间件是一个用应用程序接口定义的分布式软件管理框架，具有强大的通信能力和良好的可扩展性。中间件在应用系统中的位置参见图 15.2。

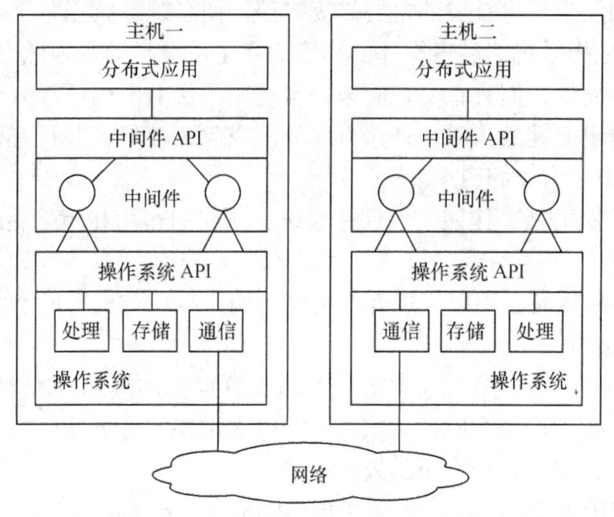

图 15.2 中间件在应用系统中的位置

1. 中间件要解决的问题

首先是应用的互连和互操作问题，即应用之间的互连和互操作。中间件是一种应用级的软件，是一种应用集成的关键构件，一个好的中间件产品要能解决应用互连带来的各种问题。中间件核心要解决名字服务、安全控制、并发控制、可靠性保证、效率保证等；应用开发要能提供基于不同平台的丰富的开发接口、支持流行的异构互连接口标准；系统管理要解决对中间件本身的配置、监控、调谐，为系统的易用管理提供保证。

其次，针对不同的应用领域，对中间件又有各种不同的要求。由于实际的应用环境千差万别，一种中间件不可能解决所有的问题。例如，对于邮件系统，需要提供存储转发功能；对工作流应用，需要以条件满足状态将信息从一个应用传递到另一个应用；对联机交易处理系统，需要保证数据一致性、不停机作业、大量并发的高效率；对于一个数据采集系统，需要保证可靠传输等。

中间件具有以下特点：满足大量应用的需要；运行于多种硬件和操作系统平台；支持分布式计算；提供跨网络、硬件和操作系统平台的透明性；支持标准的协议和接口。

2. 中间件的分类

目前，中间件技术也已日渐成熟，并且出现了不同层次、不同类型的各具特色的中间件产品。在不同的角度或不同的层次上，对中间件的分类也有所不同。

（1）根据中间件具有的功能和所提供的服务可将其分为如下几类：面向对象中间件、面向消息中间件、容错中间件和反射中间件。

① 面向对象中间件提供一个标准的构件框架，能使不同厂家的软件通过不同的地址空间、网络和操作系统互相访问，为分布式程序的各个构件提供同步的通信服务。该类构件的具体实现、位置及所依附的操作系统对客户来说都是透明的。它的特点是把面向对象程序设计的一些机制引入到分布式系统中。

② 越来越多的分布式应用采用消息中间件来构建，并通过消息中间件把应用扩展到不同的操作系统和不同的网络环境。基于消息的机制采用异步通信模式，更多地适用于事件驱动的应用，当一个事件发生时，消息中间件可通知服务方进行何种操作。

③ 美国加州伯克利大学的 ROC（Recovery-Oriented Computing）是一个著名的容错中间件项目，该系统的提出是基于“错误是不可避免的”论断。基于上述论断，它们认为：高可用系统要避免错误的发生，更重要的是要修复错误，使系统继续正常工作。

④ 反射中间件是指系统能够根据外部环境的变化及自身的行为做出相应的反应或调整。反射中间件的思想很简单，但真正实现起来非常复杂。目前国内还没有开展这方面的工程实践，所做的工作多是研究性的，而国外这方面的研究起步较早，并且有很多项目在进行，比较典型的有 OpenORB、dynamicTAO 等。

（2）基于 IDC 分类方法，按照中间件在系统中所起的作用和所采用的技术不同，可分为以下 6 类。

① 终端仿真/屏幕转换：用以实现客户机图形用户接口与已有的字符接口方式的服务器应用程序之间的互操作。

② 数据访问中间件：是为了建立数据应用资源互操作的模式，对异构环境下的数据库实现连接或文件系统实现连接的中间件。这类中间件大都基于 SQL 语句，采用同步通信方式，如果通过广域网使用，则会带来严重的效率问题。

③ 远程过程调用中间件：远程过程调用（Remote Procedure Call，RPC）机制是早期开发分布式应用时经常采用的一种同步式的请求应答协议。RPC 扩展了过程语言中的“功能调用/结果返回”的机制，使得它可以适用于一个远程环境。但 RPC 机制是同步方式，在网络故障、机器故障存在的情况下，很难保证同步，而且由于大多数 RPC 机制很难建立点到点的关系，因而也很难用在面向对象的编程当中。

④ 消息中间件：用来屏蔽掉各种平台及协议之间的特性，进行相互通信，实现应用程序之间的协同。基于消息的机制更多地适用于事件驱动的应用，可以支持同步方式和异步方式，

因而可以很好地适应于面向对象的编程方式。

⑤ 交易中间件：是在分布、异构环境下提供保证交易完整性和数据完整性的一种环境平台，是专门针对联机交易处理系统而设计的，如银行业务系统、订票系统等。

⑥ 基于对象请求代理（Object Request Broker，ORB）中间件：可以看作是和编程语言无关的面向对象的 RPC 应用，被视为从面向对象过渡到分布式计算的强大推动力量。从管理和封装的模式上看，对象请求代理和远程过程调用有些类似，不过对象请求代理可以包含比远程过程调用和消息中间件更复杂的信息，并且可以适用于非结构化的或非关系型的数据。

3. 中间件的发展及认识度

任何规范都必须有对应产品的支持才会有影响力。中间件技术发展到今天，虽然其产品形态还没有达到操作系统、数据库管理系统那样的成熟程度，但也已经深入到许多常规应用中。早期的中间件市场中事务中间件与消息中间件占的份额最大，近年来随着 Web 应用的逐渐普及，支持 Web 服务和应用的应用服务器中间件的占有量已经居于各类中间件的首位，消息中间件和事务中间件分别居第二、三名。在银行、电信、证券等许多对效率、可靠性等方面要求严格的关键任务系统中，消息中间件及事务中间件将仍然占有重要的地位。

作为一种应用级基础软件，中间件还不像操作系统、数据库管理系统等软件一样为人熟知。一般情况下许多用户根本感觉不到中间件的存在，首先用户一般只关心直接为用户提供支持的应用软件；其次，在网络环境中，中间件通常在服务器端发挥作用，用来支持网络环境中软件实体之间的有效（可靠、安全、快速等）交互。操作系统、数据库管理系统和中间件的类比参见表 15.1。

表 15.1　操作系统、数据库管理系统和中间件的类比

	操作系统	数据库管理系统	中间件
产生动因	硬件过于复杂	数据操作过于复杂	网络环境过于复杂
主要作用	管理各种资源	组织各类数据	支持不同的交互模式
主要理论基础	各种调度算法	各种数据模型	各种协议、接口定义方式
产品形态	不同的操作系统功能类似	不同的数据库管理系统功能类似，但类型比操作系统多	存在大量不同种类中间件产品，它们的功能差别较大

15.2.2　构件与构件化

简单地说，构件是一些可执行单元，可以通过独立的开发、购买和配置组合到一个功能系统中去，是软件系统内被标识、符合某种标准要求并可复用的软件组成成分，类似于传统工业中的零部件。从广义上来讲，构件可以是被封装的对象类、类簇、一些功能模块、构件框架或构架、文档、分析件、设计模式等；从狭义上来说，一般指对外提供的具有规约化接口、符合一定标准、可替换的软件系统的程序模块。通常我们使用构件狭义上的概念。

构件技术的基本思想在于：创建和利用可复用的软件构件来解决软件开发的问题。构件技术是一种新的、不依赖于某种特定语言的、在二进制代码级可复用的软件实现的技术和方法，是对面向对象方法在二进制代码级的完善和补充。可复用构件是指具有相对独立功能和可复用价值的构件。随着对软件复用理解的深入，构件的概念已不再局限于源代码构件，而是延伸到系统和软件的需求规约、系统和软件的构架、文档、测试计划、测试案例和数据，以及其他对开发活动有用的信息，这些信息都可以称为可复用软件构件。

构件是通过接口定义的，接口是独立于语言的一种描述，它将内部的实现及接口到实现的映射都封装起来了，外界只能通过接口描述使用构件，接口是构件技术的核心，只要定义了统一的接口标准，各种编程语言编制的软件就可实现互操作了。因此，构件可以由一方定义其规格说明，由另一方实现，然后供给第三方使用。

构件化方法在很大程度上借鉴了硬件技术的成就，它是构件技术、软件体系结构研究和应用软件开发技术三者发展结合的产物。类似于硬件系统中的元器件，软件构件可以是任何可执行的信息处理模块，具有接口标准和内部信息封闭的优点，达到了直接将面向对象技术展现在最终用户面前的效果。

构件化的软件开发方法是一种将一个完整系统看作是若干个独立部分（构件）组装的软件开发方法，每一部分是一个可重用的单元，通过替换和重新配置来完成软件的升级。在构件组装的过程中，一个构件可能会用到其他构件提供的服务，或者说，基于构件的软件系统中，通常是多个构件协作完成一定功能。构件框架就是这样一个使构件“即插即用”实现其功能的支撑结构。当然，构件框架本身也可以视为一种特殊的构件。通过一定的环境条件和交互规则，构件框架将一组构件“装配”起来，独立地与外部构件或其他框架交互和协作，因此这个构件框架及其内含的构件也可以视为一个构件，于是构件通过不断组合，最终构成一个结构复杂的应用系统。

构件化的软件开发方法将软件开发人员分成两支专业队伍：构件开发者和构件集成者。构件开发者是精通某些领域编程的领域专家，擅长于某些领域问题的精雕细琢，但不像今天的程序员那样需要关心诸多工具的衔接；构件集成者熟悉构件的功能和接口，通过构件仓库查询构件，结合性能价格等的考虑，就完全可以决定选用哪些构件、怎样集成系统等。同时集中式的软件开发也转向协作式、分散式、层次式的分布软件开发，推动软件如同硬件一样走向工业化的道路。

15.2.3 构件模型及描述语言

为了使构件使用者能够很容易地理解构件的功能及其属性，对构件做一个清晰的描述是非常必要的，一般认为描述构件的最简捷的途径是构件模型。虽然目前提出的构件表示方式有许多种，但这些表示方法追本溯源都可以归结为两个主要的构件描述模型：Tracz 提出的 3C 模型和 REBOOT 项目中提出的 REBOOT（Reuse Based on Object Oriented Techniques）模型。其中，3C 模型主要用于对构件的可重用信息进行描述，而 REBOOT 模型则主要用于对可重用构件进行分类与检索，它与构件检索的关系更为密切。

基于上述两个描述模型，目前提出的构件描述方法有很多种，具有代表性的有规约描述方法和编目分类方法。在构件的规约描述方法中，比较有代表性的构件模型是 3C 模型、REBOOT 模型和北京大学提出的青鸟构件模型。这些模型均是学术界提出的指导性模型，抽象层次比较高，用户可以根据不同的问题描述领域对其进行扩展。而构件的编目分类方法有助于对构件的检索，在本节的构件检索部分予以详细阐述。

构件描述语言建立在构件模型的基础上，用来描述构件的规格说明，也可以用来检索已有的可复用构件。

1．构件模型

要进行构件的描述，就存在构件模型标准化的问题。构件模型的标准化要能同时满足构件生产者和构件消费者需求，学术界普遍接受的是“3C”模型，即 Component=（Concept,

Content，Context）。其中概念用于描述构件的功能，构件的概念依据接口说明及它所执行操作的语义描述表现出来，使用者可以从概念描述中了解它的功能；内容用来描述构件怎样完成概念所描述的功能，如算法、结构等，是概念的细化描述；语境或者叫上下文主要描述构件之间的关系，为构件的选用和适应性修改提供指导，是构件中最复杂的特征描述。

REBOOT 模型是一个基于已有软构件的一种刻面分类和检索模型，从各个角度，即刻面（Facet）来刻画软构件的属性。一组典型的刻面可能包括对象、功能、算法、类型、语言和环境。在对一个构件进行分类时，不一定所有的刻面都出现。

北京大学青鸟构件模型是一个具有面向对象风格的模型，从 3 个不同的、相互正交的视角来看待构件，每个具体的构件都是形态、层次和表示构成的三维空间中的一个点。构件形态被分为类、类树、框架、设计模式、体系结构 5 种；构件层次被分为分析件（指系统需求规约和功能规约）、设计件（指系统体系结构和设计方案）、编码件（由具体程序设计语言编制的源代码构件）、测试件（测试计划和测试案例）4 个层次；构件的表示与层次有关，不同层次的构件具有不同的表示媒介和手段，如图形、复合文档、正文、伪码、编程语言、目标码等。根据上述概念，青鸟构件模型从 9 个方面来描述构件，即概念、操作规约、接口、类型、实现体、构件复合、构件性质、构件注释、构件语境。

在产业界，以 CORBA、COM/DCOM/COM+和 JavaBeans/EJB 为代表的基于分布式对象技术的构件实现模型正在向实用化方向快速发展，它们对构件的基本构成及其体系结构的演化产生着十分重要的影响，从而成为实现级的主流构件模型，同时也成为目前 3 个事实上的构件实现模型标准，提供了各自构件实现模型的运行时环境及相应的开发工具环境。

这 3 个构件实现模型的基本思想都大致相似：第一，采用将构件的接口和实现相分离的原则；第二，采用黑盒重用的方式，外界仅可以通过构件的接口来访问构件的功能；第三，在实现方法上都使用接口描述语言（Interface Description Language，IDL）进行构件接口定义，利用相应的中间件作为支持该构件模型的运行时环境，从而达到由不同的编程语言所实现、运行在不同的操作系统环境中及在不同主机上的构件都能相互交互的目的。它们的主要不同在于技术的提出者及应用背景：COM/DCOM 是由微软公司提出的，由于 Microsoft 在 PC 软件领域的垄断地位，因此在基于 Microsoft 的环境中，使用 COM/DCOM/COM+是一种当然的选择；CORBA 是由 OMG 组织提出的，它的标准是开放的，并且 OMG 成员广泛，所以 CORBA 最具普遍性，是异构环境中的理想选择；在 Internet 和移动计算（如手机）中，Java 是普遍采用的一种技术，因此 JavaBeans/EJB 在这类 Internet 和移动计算应用环境中比较适合。

2. 构件描述语言

构件功能及其行为特征的准确描述是所有构件复用活动的基础。目前，相关技术规范及文献中提出了多种专门的构件描述语言，用来全面刻画构件的各种特征。比较典型的有 CORBA 规范中的接口描述语言 IDL、UML 规范中的对象约束语言 OCL、北大青鸟构件系统中的青鸟构件描述语言 JBCDL 及加州理工大学提出的构件描述语言 CDL 等。这些构件描述语言是针对不同的应用环境和构件模型提出的，在刻画构件特征方面各有所侧重，如 IDL 侧重于描述构件接口方法的参数和语法格式；OCL 着重描述构件方法或操作的约束条件，包括前件、后件、不变量等；CDL/KDL 除了描述构件接口以外，还增加了对构件动态属性的刻画；而 JBCDL 则更适合描述面向对象的构件，对构件之间的继承关系、依赖关系有深入的描述，支持构件的组装、测试。这些构件描述语言对构件功能、行为特征、依赖关系等属性的刻画为构件的搜索、获取及构件功能的理解提供了很好的基础。

接口定义语言 IDL 是 OMG 组织 CORBA 规范的一部分，它用来描述 CORBA 构件/对象的接口。由 OMG 组织的 IDL 写出的接口定义提供了客户机调用接口操作所需要的信息，每个操作的参数都有详细定义。但是，用 IDL 只能定义方法的参数信息和类型结构，它侧重于描述构件接口的语法格式，不能提供有关构件行为或构件之间关系等语义方面的信息。

JBCDL 是基于青鸟构件模型 JBCOM 的构件描述语言。JBCDL 描述的构件包括 7 个部分：模板参数、所提供的函数、构件要求、成员、构件连接、导入规约和实现。它采用类似自然语言的语法结构，用参数、导入、提供、需求、包容、连接、声明等元素来定义构件接口，构件实现部分则用特定的编程语言来完成。

OCL（对象约束语言）是 UML 规范 1.1 以上版本的一部分，用来描述面向对象模型中的约束条件。采用 OCL 的不变量、前件、后件等表达式可以描述对象模型的行为，而不必涉及具体的实现细节，OCL 也可以清晰地描述构件方法的语义信息。构件描述语言 CDL 是 OCL 的扩展，除了描述单个操作的语义信息之外，CDL 还能用一些临时操作符描述构件的进展属性及构件之间的语义关系。

15.2.4 构件的检索与组装

有效的构件检索机制能够大大降低构件检索和理解的成本，而构件分类的目的正是为了实现高效方便的检索。构件组装是构件实现其功能的必需过程，没有详尽描述的构件，很难进行组装。因此，构件的组装离不开对构件的有效检索。

1. 构件的检索

构件库规模的扩大促使人们进行构件搜索与匹配方面的研究，其主要任务是根据给定的一组构件搜索条件，帮助用户从大量构件中找到完全或部分满足要求的构件。针对不同的构件描述形式，研究人员已提出了许多相应的检索方法。W.Frakes 从构件表示出发，将现有方法分为人工智能方法、超文本方法和信息科学方法 3 类。H.Mili 则按照复杂度和检索效果的递增，将其分为基于正文的、基于词法描述符的、基于规约的分类和检索 3 类。

W.Frakes 重点讨论了信息科学方法，因为这是实际复用项目中，应用较为成功的途径。图 15.3 为信息科学的编目方法分类，信息科学方法又分为基于受控词汇表和基于不受控词汇表分类两种形式。在信息科学的分类方式中，基于受控的词汇表方法为研究的重点。基于不受控词汇表方法一般是对构件描述信息的全文进行处理的方式，如从正文抽取术语，词汇表是一个无限集合。本节只介绍几个常用的分类方式。

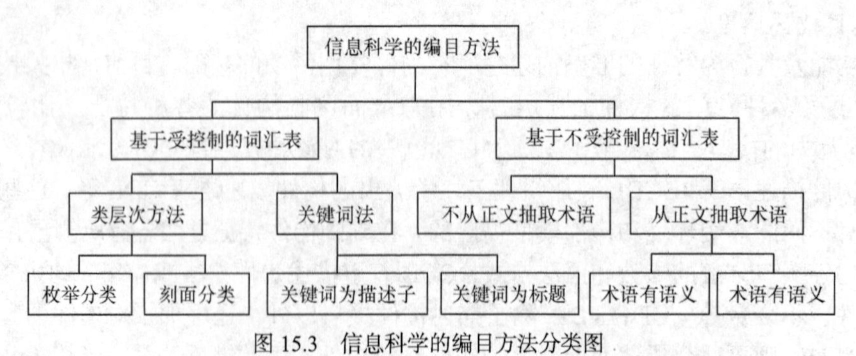

图 15.3　信息科学的编目方法分类图

枚举分类：通常将一个被关注的领域严格划分为不相交的子领域，依次构成层次结构。该方法对领域进行清晰和高度结构化的划分，易于理解和使用。但是该方法过于严格，使得分类模式难以伴随领域的演变而改变，所能够表示的关系也受到限制。

刻面分类：是将术语（关键词）置于一定的环境中，并从特定反映构件本质特性视角（刻面）进行精确分类。每个刻面具有一组术语，术语之间具有一般-特殊关系而形成结构化的术语空间，允许术语之间有同义词关系。术语仅限在给定的刻面之中取值（受控制的词汇表）。

属性值分类：与上面介绍的刻面分类相似，所不同的是刻面对应的术语空间是有限的不定空间，而属性值域往往是无限的确定空间，刻面的选择也远比属性要慎重。

正文检索：从文档中自动提取分类信息，可以实现自动编码分类。其优点是无需编码，无需学习构件查询条件，因此具有成本优势。缺点是必须与成熟的语言处理系统结合，才能解决从复杂的正文中，准确地抽取语法和语义信息的问题。

关键词分类：每个构件以一组与之相关的关键词编目，查询者给出关键词来描述所需的构件，并由此获得构件。由于关键词缺少上下文语境而不够精确，导致该方法所支持的查询效率不高。

刻面选择和术语空间的建立，依赖于不同构件库的角色和复用组织的需求。例如，有关文献提出刻面有功能、对象、介质、系统类型、功能领域和应用领域。有的在构件库中定义的 4 个刻面为抽象、操作、操作对象和依赖。有的定义成 5 个刻面分别为使用环境、应用领域、功能、层次和表示方法。刻面分类可以从不同的侧面对构件进行分类，一个刻面描述构件某一方面的特征，不同刻面根据其重要性可以设置不同的优先级。

表格 15.2 右面部分的“状况”列附加给出了这些复用库系统最近的使用状况。

表 15.2　　部分构件库系统中的构件表示和检索方法

系　统	组　织	表示和检索	构件类型	系统特性	状　况
Catalog	Bell Labs	不受控关键词	C 函数、troff 宏块		已配置
Reuse	TI	受控关键词			已配置
Lassie	Bell labs	AI 框架	C 构件	自然语言接口	原型
Bauhaus	Inference 公司	AI 框架	Ada 构件	支持组装	已配置
Planetext/fig	MCC	超文本	C 函数		原型
SEER	Univ. of Maine	超文本	Booch 构件		原型
RLF	Unisys	语义网	Ada 构件	支持领域分析	已配置
Asset Library	GTE	刻面	Fortran 构件		已配置
RSL	Intermetrics	不受控关键词、枚举	Ada 构件	自然语言接口	已配置
MES	Bell Labs	基于规则	PL/1 构件	Awk 转换	原型
REUSE	Westinghouse	枚举和刻面	Ada 构件	超文本工具	产品
CAMP-PES	美国空军	枚举 、属性	Ada 包	文档支持	已配置
Proteus	〖Frakes 94〗	属性、关键词、刻面、枚举	Unix 工具		原型
REBOOT	ESPRINT-2	刻面	OO 构件	支持度量	原型
JBCL	青鸟工程	关键词、刻面、属性、超文本	多形态多层次 OO 构件		

H.Mili 按照复杂度和检索效果递增的分类及检索方法简要介绍如下。

基于正文的分类和检索：构件的正文表示被用来作为一种隐含的描述符，复用者在查询构件中，可以用任意复杂的字符串作为查询条件，将它和构件的正文表示进行匹配。这种方法的主要优点在于代价很低，不需要任何分类，查询条件也非常容易生成；缺点是既不可靠也不完整。由于缺少一个考虑特定语境的成熟的自然语言理解系统，在构件的正文表示中出现的一个概念，并不能表明构件与这个概念一定有关，也因此造成该方法检索效率很低。

基于词法描述符的分类和检索：该方法由领域专家详细审查构件，赋予构件一些关键词短语。相对于基于正文的分类方法来说，该方法是比较可靠的，由于关键词短语不必出现在构件的正文表示中，它比基于正文的分类方法更为完整。该方法也存在一些问题，主要表现为：必须在构件提供者、构件库组织和用户之间建立和维护一个一致的词汇表；应该描述构件在计算域中的语义（如在数组中找最大值），还是描述构件在应用领域中的语义（如在员工记录中找出最高工资）成为一个棘手的问题；复用者需要熟悉构件的分类词汇表才能有效地使用构件检索系统进行检索，构造查询条件也比基于正文的检索更繁琐。

基于规约的分类和检索：该方法的目标是力求实现构件的功能和它的分类的完全等价。在基于正文和词法描述符的方法下，检索算法将查询条件和编码看作是纯粹的符号，编码语言中查询条件、构件编码及二者的匹配程度等的任何含义都是外部赋予的；而且这些编码基于自然语言，因而不可避免地存在二义性和不精确性。与它们相比，规约语言具有自身的语义，可以形式化地建立构件与查询之间的匹配关系。

从以上 3 种分类检索方法的比较可以看出，基于词法描述符的方法是当前构件库分类检索方法中研究得最深入、应用得最普遍，同时也是在检索代价、复杂性和检索质量这三者之间最为均衡的方法。

2. 构件组装技术

构件组装是一个面向连接的活动，是系统地构造应用软件的过程。构件组装技术是基于构件的软件开发的核心技术，是构件技术研究的重点和难点。

构件组装的目的是利用现有的构件组装成新的系统，其本质是在构件之间建立关联，根据这种关联，协调它们的行为，把它们组织成为一个有机的整体。构件组装是构件实现其功能的必需过程，该过程把构件装配成模块或打成包，模块或包中都可以有自己的定制描述符。通常的软件构件组装遵循计算机硬件的组装方式，即构件通过对偶的接口进行连接，或者遵循软件体系结构的思想，通过连接件进行连接。因此，构件组装的一个重要方面就是要确保内部构件之间端口连接的完整性、一致性，服务提供端口与服务请求端口之间的适配性。

构件组装的研究内容包括两部分：对复合构件形成过程的研究和面向体系结构（或者组装框架）的研究。前者的目的是得到性能稳定、有较强可靠性的复合构件，以用于构件组装；后者则是寻求良好的组装策略，以实现开发目的。

3. 构件组装技术及方法的分类

按照不同的划分标准，可以将构件组装技术进行不同的分类。

根据组装场景的不同，主要分为不同的组装层次（源代码级的组装和运行级组装）和不同的组装模式（静态组装和动态组装）。一般来说，静态组装指的是设计时的组装，动态组装指的是运行时的组装。例如，动态链接库或工作流管理系统中对应用程序的调用等都是动态组装。静态组装以组装工具的使用为主要特征，但还远未达到普通用户能够轻松掌握和熟练使用的程度。动态组装以构件模型、构件体系结构的建立和标准化及开放系统技术的运用为主要特征。与静态组装相比，动态组装虽然牺牲了应用系统的部分运行效率，但动态组装具有很高的灵活性。

按照构件在组装之前需要对构件内部细节了解的程度及是否需要进行修改、封装，可以将构件组装方法分为黑盒组装方式、白盒组装方式和灰盒组装方式。白盒组装方式的可复用性和可维护性都较差，因此在构件化软件的开发过程中，原则上不赞成使用白盒方法。在实际运用中，究竟使用黑盒组装方式还是白盒组装方式，不但由构件的性质和具体的情况决定，所采用的开发语言的特征也是影响因素之一。一般来说，采用面向对象的语言较非面向对象的语言更易使用黑盒组装复用。在具体的应用中，组装人员往往综合利用这两种组装复用方式。灰盒组装方式介于"黑盒"和"白盒"之间，是当前技术发展的合适选择。灰盒组装方式通过调整构件的组装机制而不是通过修改构件来满足应用系统组装的需求，既实现了构件组装的灵活性，又不至于使组装过程过于复杂。

目前各种通用的软件开发平台都配备了构件的组装方式，并为用户提供了一些通用的构件，将程序员从繁琐的界面工作中解放出来，使它们把更多的精力集中于问题域上。例如，VB、Delphi 等程序开发环境，它们不仅为程序员提供了大量的标准构件，而且为程序员提供了一个使用方便的构件开发机制，使程序员能够轻松开发出适合自己的构件。

4. 构件组装的实现方法

在基本技术的支撑下，构件组装的实现方法呈现多样化的特征。下面是对一些有代表性的实现方法进行分类描述与讨论，这些方法基本上属于灰盒组装方法。

（1）以框架为基础的方法：该方法增加了构件的可复用性，也提高了系统设计和演化的柔性。但是，在解决构件组装不匹配的问题上，并没有提供相应的措施。在实际的开发中，以框架为基础的构件组装方法常常与其他方法相结合。

（2）以连接件为基础的方法：为了实现灵活的组装，一般将软件构件划分为构件和连接件两部分，其中构件实现功能，而连接件则实现与其他构件或系统的连接。以连接件为基础的方法体现了将构件的功能实现与其交互关系的实现分离，从而增加构件组装的可配置性思想，是目前技术条件下，实现构件动态组装的有效技术途径之一。

（3）以胶合代码为基础的方法：该方法的基本出发点是解决构件在组装时出现的局部不匹配，如消息格式的不一致等。其本质上也是一种连接件，但由于其常常表现为特定环境下的代码，因此一般其本身很难再复用。胶合代码也可以与连接件合并使用，以解决连接件在构件装配时的不匹配。

（4）基于总线的方法：该方法通过严格限制系统中使用的构件形式，尽可能地避免组装不匹配的问题出现。该方法适用于特定的应用领域和体系结构的系统构造，解决组装不匹配问题的能力有限，应用范围也是有限的。

随着软件技术的发展，构件组装不但是基于构件的软件开发的核心问题，也成为许多新兴软件技术体系的核心问题。这些新技术的研究必将从不同的层面推进构件组装技术的发展。

15.2.5　基于构件的软件工程方法

基于构件的开发出现于 20 世纪 90 年代，是基于复用的开发方法的典型应用之一。基于构件的软件工程（Component-Based Software Engineering，CBSE）是以面向对象的方法为基础，强调软件重用的作用，在软件体系结构设计的基础上，使用可复用的软件"构件"来设计和构造基于计算机的系统过程。基于构件的开发模型具有许多螺旋模型的特点，本质上是演进模型，需要以迭代方式构建软件。不同之处在于，基于构件开发模型采用预先打包的软件构件开发程序。

在基于构件的软件工程中，软件团队针对系统需求的构件，采用如下问题列表的方式确认本系统中需要的构件的获取方式。

（1）现有的商业成品构件（Commercial Off-The-Shelf，COTS）是否能够实现该需求？

（2）内部开发的可复用构件是否能够实现该需求？

（3）可用构件的接口与待构造系统的体系结构是否相容？

针对上述 3 个问题的不同答案，团队可以试图修改或去除那些不能用 COTS 或自有构件实现的系统需求。如果不能修改或删除这些需求，则必须应用软件工程方法构造满足这些需求的新构件。

基于构件的开发（Component-Based Development，CBD）是一个与领域活动并行的 CBSE 活动。为了实现软件重用，基于构件的软件工程强调领域工程与软件工程同步进行。一旦建立了体系结构，就必须向其中增加构件，这些构件可从复用库中获得，或者根据专门需要而开发。领域工程创建应用领域的模型，标识、构造、分类和传播一组可重用的软件构件，供软件工程师在开发软件过程中重用。图 15.4 给出了一个典型的可重用的过程模型，描述了领域工程与软件工程的关系。

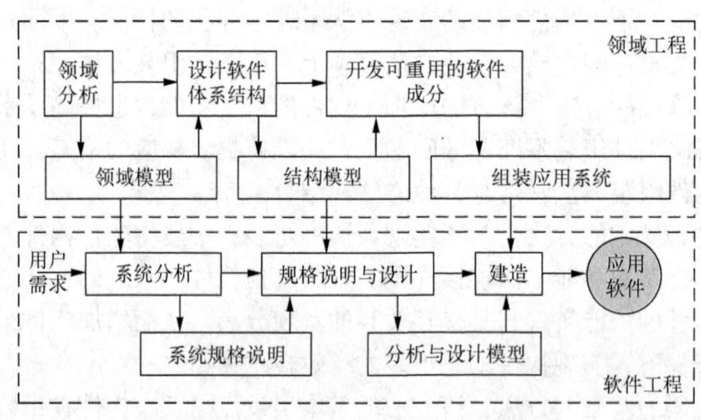

图 15.4　一个典型的可重用的过程模型

图 15.5 给出了一个基于构件的开发模型。该模型中，建模和构建活动开始于识别可选构件。这些构件有些设计成通用的软件模块，有些设计成面向对象的类或软件包。如果不考虑构件的开发技术，基于构件的开发模型可以由以下步骤组成（采用演进方法）。

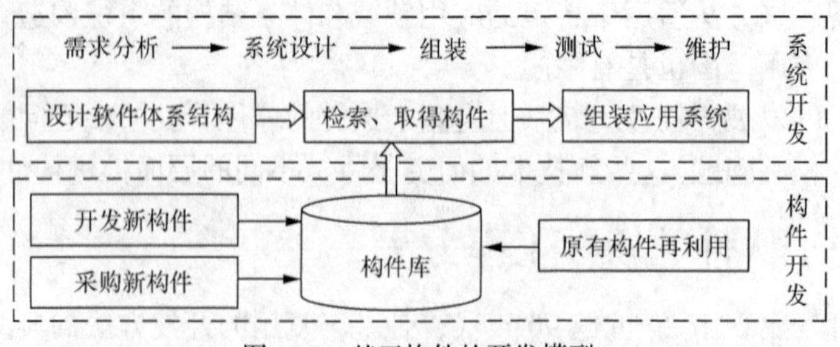

图 15.5　基于构件的开发模型

（1）对于该问题领域的基于构件的可用产品进行研究和评估。

（2）考虑构件集成的问题。

（3）设计软件架构以容纳这些构件。

（4）将构件集成到架构中。

（5）进行充分的测试以保证功能正常。

大量来自行业实践的实例研究表明，基于构件的软件开发方法在软件开发成本、质量和效率方面都有明显提高。首先可复用构件在开发过程中都经过了严格的测试，在不断复用过程中，错误和缺陷会被陆续发现并及时排除，所以相对于单一应用领域使用的模块来说，可复用构件更为成熟并具有较高的质量保证；其次，根据软件复用粒度的不同，在软件开发的不同阶段都有可以被重复使用的软件产品，如分析和设计阶段可复用的应用框架、用例、分析和设计模型，编码阶段可复用的函数库、子程序库、类库、二进制构件库等，测试阶段可复用的测试用例、测试数据等，相比于从头开始的开发，这些可复用构件对提高软件产品的生产效率具有重大的意义；第三，虽然基于构件的软件工程中，在构件的开发、构件库的管理和维护等方面也存在一定的成本，但相比于一切从头开发，还是能节省大量成本。

虽然基于构件的开发模型是在面向对象软件工程的基础上提出来的，克服了面向对象软件工程的一些缺陷，但该方法也不是完美无缺的，存在的问题主要有以下几方面。

（1）构件的信赖度问题。不管以任何方式获取构件，用户拿不到源代码的构件，无法承认其可信赖性，同时这种可信赖度也导致开发出来的软件产品丧失技术上的独创性和市场上的竞争力。

（2）构件认证。基于构件的软件工程中，用到大量的构件，但是目前还没有一个公认的官方机构来认证构件的质量。

（3）自然特性预测。从构件库获取的构件可能来自多个开发商，因此如何预测构件合成的自然性质，并在这些构件之间找到兼容和平衡可能是一个严峻的问题。

（4）需求折中。由于软件本身的固有特性，在构件所包含的多个特性中，用户应该如何进行折中和选择，也是需要思考的问题。

上述问题也正是基于构件的软件工程方法推向实用过程中引起大家重视和思考的方面。

15.2.6　SOA 与 SaaS

SOA（Service-Oriented Architecture，面向服务架构）既可以看作是一种全新的软件工程方法，即继面向过程、面向对象、面向构件之后出现的面向服务的软件工程，也可以看作是基于构件的软件工程在 Internet 环境下的一种软件架构方法，它将应用程序的不同功能单元（称为服务）通过这些服务之间定义良好的接口和契约联系起来，接口的定义独立于实现服务的硬件平台、操作系统和编程语言。面向服务的分析与设计原理示意图参见图 15.6。这种具有中立的接口定义（没有强制绑定到特定实现上）的特征称为服务之间的松耦合。SOA 凭借其松耦合的特性，使得企业可以按照模块化的方式来添加新服务或更新现有服务，以解决新的业务需要，从而可以通过不同的渠道提供服务，并可以把企业现有的应用作为服务，从而保护了现有的 IT 基础建设投资。

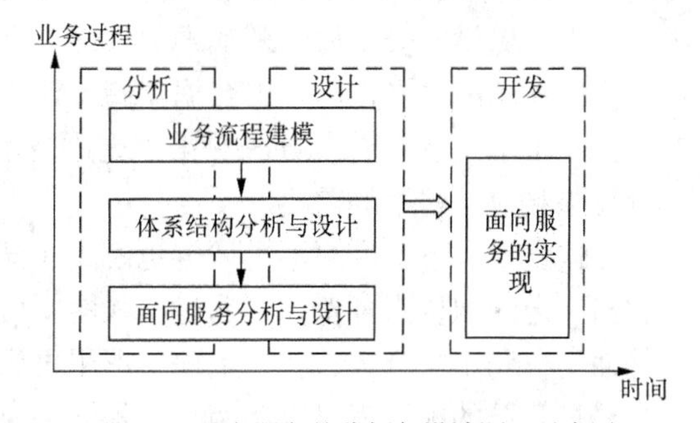

图 15.6　面向服务的分析与设计原理示意图

SOA 模型的典型特征是：松散耦合、粗粒度服务和标准化接口。SOA 的设计实践原则是：业务驱动服务，服务驱动技术；业务敏捷是基本的业务需求。

SOA 的目标是最大限度地重用现有服务以提高 IT 的适应能力和利用效率。SOA 要求相关技术人员在开发新应用时，要首先考虑重用现有服务。SOA 作为一种体系结构，其任务是建立以服务为中心的业务模型，从而对用户需求做出快速和灵活的响应。服务带有明确定义的可调用接口，同时以定义好的顺序来调用这些服务以形成业务流程，实现系统的逻辑功能。一个完整的面向服务的体系结构模型参见图 15.7，其中，单个服务内部结构实现参见图 15.8。目前，SOA 已经成为公认的 IT 基础架构发展的趋势，为人们描绘了一幅美妙的 IT 系统和业务系统完美结合的图画。

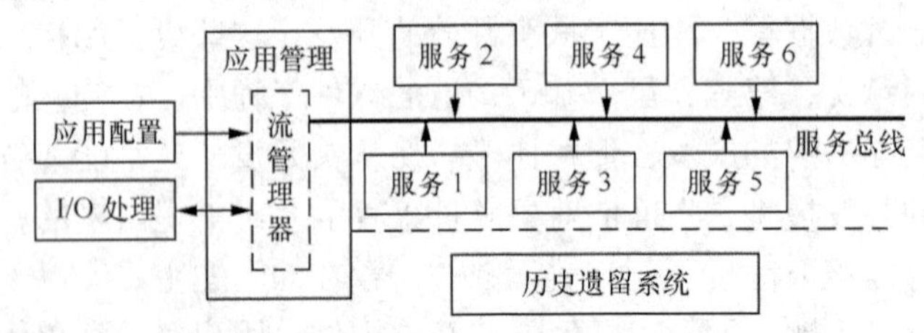

图 15.7　一个完整的面向服务的体系结构模型

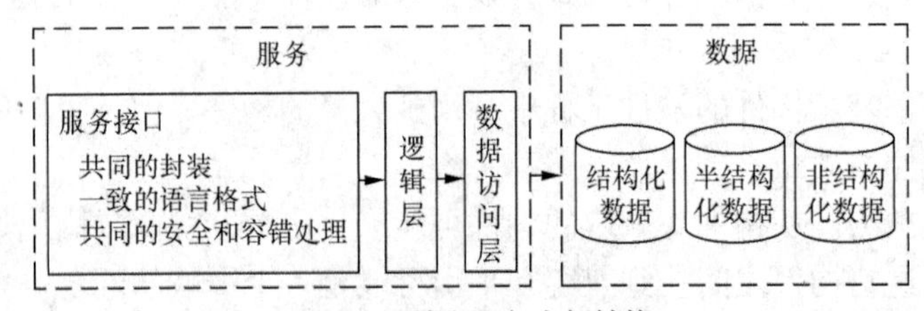

图 15.8　单个服务内部结构

SaaS（Software-as-a-Service，软件即服务），国内通常叫做软件运营服务模式，简称为软营模式，是随着互联网技术的发展和应用软件的成熟，而在 21 世纪开始兴起的一种完全创新的软件应用模式。它是一种通过 Internet 提供软件的模式，厂商将应用软件统一部署在自己的服务器上，客户可以根据自己实际需求，通过互联网向厂商订购所需的应用软件服务，按订购的服务多少和时间长短向厂商支付费用，并通过互联网获得厂商提供的服务。用户不用再购买软件，而改用向提供商租用基于 Web 的软件来管理企业经营活动，且无需对软件进行维护，服务提供商会全权管理和维护软件。有些软件厂商在向客户提供互联网应用的同时，也提供软件的离线操作和本地数据存储，让用户随时随地都可以使用其订购的软件和服务。对于许多小型企业来说，SaaS 是采用先进技术的最好途径，它消除了企业购买、构建和维护基础设施和应用程序的需要。

在这种模式下，客户不再像传统模式那样花费大量投资用于硬件、软件、人员，而只需要支出一定的租赁服务费用，通过互联网便可以享受到相应的硬件、软件和维护服务，享有软件使用权和不断升级；公司上项目不用再像传统模式一样需要大量的时间用于布置系统，多数经过简单的配置就可以使用，这是网络应用最具效益的营运模式。

目前，SOA 和 SaaS 两种概念出现了一些混淆。Current Analysis 有限公司应用软件程序基础设施首席分析师 Bradley F. Shimmin 认为，混淆是源于谈及“服务”的时候，没有清晰指明其含义造成的。在 SaaS 当中，服务表示应用程序可以像任何服务一样被传递，而 SOA 支持的服务，都是些离散的可以再使用的事务处理，这些事务处理合起来就组成了一个业务流程，是从基本的系统中提取出来的抽象代码。ZapThink 有限公司高级分析师 Jason Bloomberg 也赞同 SOA 和 SaaS 的混淆是针对于两者的不同点没有清晰的定义及在结合使用时出现的问题。Bloomberg 认为，SOA 是一个框架的方法，而 SaaS 是一种传递模型。通过 SaaS 传递 Web 服务并不需要 SOA，但 SOA 方法的应用带给 SaaS 的好处既有松散的耦合，也有约定化的、能够治理的服务。Interarbor Solutions 有限公司首席分析师 Dana Gardner 认为，对于 IT 企业来说，目前业务已经开始期待 SaaS 能够为企业提供一些 SOA 的执行。Shimmin 认为，让 SOA 和 SaaS 一起工作，对于两者而言都是最好的结果。两种技术是共生的，一方面，SaaS 应用软件程序需要通过 SOA 的标准和 SOA 的观点建立起来；另一方面，SOA 基础设施将作为 SaaS 应用软件程序的一个集成点被使用。例如，一些公司正在扩展的 SaaS 应用软件程序和内部业务线之间采用 SOA 企业服务总线，这样做可以提供需要的转变，并可以进行安排数据的管理。Gardner 也认为，两者的结合将是 SOA 和 SaaS 未来的展望。综上，人们有理由相信，SOA 和 SaaS 的结合是应用交付和集成的未来发展趋势。

15.3　软件过程与标准化

软件过程是软件生存周期中，将用户需求转化为可执行系统的演化过程所进行的软件工程活动的全体，是用于生产软件产品的工具、方法和实践的集合，又称为软件生存周期过程。软件过程技术的目标就是通过工程化、标准化和形式化的方法管理软件的开发过程，从而改变目前的软件生产方式，实现大规模的软件生产。软件过程的研究主要针对软件生产和管理，不仅要有工程观点，还要有系统观点、管理观点、运行观点和用户观点。

软件过程是改进软件质量和组织性能的主要因素之一。软件产品的质量主要取决于构筑软件的过程质量。世界上许多先进国家都制定了软件开发过程所要遵循的质量标准，目前最具影响力的标准是美国卡内基·梅隆大学（Carnegie Mellon University）软件工程研究所（Software Engineering Institute，SEI）提出的软件成熟度模型 CMM 和国际标准化组织制定的 ISO 9000 系列标准。

15.3.1　软件过程及其改进

软件危机是一个世界性的问题，在试图解决软件危机的过程中，就引入了软件过程管理与软件过程改进的概念。软件过程管理就是要把整个软件的生存周期，从原始概念的提出到产品维护，制订出一个明确合理的工程过程加以管理。软件过程管理不同于人们常说的软件项目，它包含了更加广泛的内容并涉及软件项目之外的很多层面。软件过程管理侧重于管理软件项目各个过程的衔接及项目过程中的各种产物（包括计划、代码、报告等），而软件项目管理则强调对软件开发本身的管理，如项目中所应用的一些软件技术、对项目实施过程中相关人员的安排及相关资源的分配等。软件过程管理是软件组织进行过程改进的基础，只有经过严格管理的软件过程才有改进的可能和必要。

软件过程改进就是在软件过程活动中，为了更有效地达到优化软件过程的目的所实施的改善或改变其软件过程的系列活动。软件过程改进是一个循序渐进、螺旋式上升的过程，是提高组织软件能力最重要、最直接的途径。它以软件过程管理为基础，借鉴组织积累的丰富经验，改进组织现有的软件过程，逐步提高组织的软件能力成熟度。主要包括以下几个关键步骤。

① 对比目前的状态和期望达到的状态，找出存在的差距。

② 确定要改变哪些差距，需要改变到什么程度。

③ 制定相应的具体实施计划，其中的"具体"包括：要有明确的、可以检验的目标；要定出检验成功与否的标准；要有具体的实施办法；指定具体执行计划的人，明确具体的职责和任务；明确执行计划的主要领导或协调者，以负责解决在计划执行中出现的问题；要列出"实施计划"所应用的新技术与新工具及如何获得这些新技术与新工具。

如何进行软件过程管理与改进，软件界的许多人提出了各种各样的方案。卡内基梅隆大学的软件工程研究所 CMU/SEI 提出 SW-CMM，将软件过程的成熟度分为 5 级，描述企业要达到每一个级别所必须要做的工作。企业可以通过使用这个模型，逐级提高它们的软件开发及生产能力。自 20 世纪 80 年代末以来，SEI 开发了一系列涉及多个学科的 CMM 标准，包括系统工程、软件工程、软件获取、生产力实践及集成产品和过程开发，希望通过帮助组织提高人员、技术和过程的成熟度来改善组织整体软件生产能力。

15.3.2 ISO 9000 标准

ISO 9000 是国际标准化组织 ISO 制定的世界上第一套质量管理和质量保证标准，主要目的是为了满足国际贸易中对质量管理和质量保证需要有共同语言和共同准则的需要。ISO 自 1987 年首次发布 ISO 9000 系列标准以来，分别在 1994 年和 2000 年对标准进行了两次修订。我国于 1994 年将 ISO 9000 标准等同采用为国家标准。1994 年版 ISO 标准偏重于制造业的使用，软件及服务类产品针对性不强，并且众多的标准过于繁琐，对文件化的强制性要求也过高。2000 版在 1994 版的基础上，从总体结构和原则到具体的技术内容做了全面的修改，在结构上引入"过程方法模式"，取代 1994 版 ISO 9000 中的 20 个要素，从过程的观点来叙述质量体系，克服了 1994 版 ISO 标准偏重于制造业的倾向。

2000 版 ISO 9000 标准是国家质量技术监督局于 2000 年 12 月 28 日正式批准发布的。2000 版 ISO 9000 标准的主要功能及作用就是能使质量管理实现系统化、规范化和科学化的管理，并且通过建立质量体系及持续改进，使企业达到高速度的有效运作。2000 版 ISO 9000 标准包括四个核心标准、一个辅助标准 ISO 10012 和若干个技术报告，具体情况参见表 15.3。

表 15.3　ISO 9000 标准体系

核心标准	其他标准	技术报告	小册子
ISO 9000 ISO 9001 ISO 9004 ISO 19011	ISO 10012	ISO 10006 ISO 10007 ISO 10013 ISO 10014 ISO 10015 ISO 10017	质量管理原理——选择和使用指南 小型企业的应用

其中，2000 版 ISO 9000 族标准中的 4 个核心标准为：ISO 9000——《质量管理体系的基本原理和术语》、ISO 9001——《质量管理体系要求》、ISO 9004——《质量管理体系业绩改进指南》和 ISO 19011——《质量管理体系和环境管理体系审核指南》。

2000 版 ISO 9000 族标准的主要特点描述如下：能适用于各种组织的管理和运作；能够满足各个行业对标准的需求；易于使用、语言明确、易于翻译和理解；减少了强制性的"形成文件的程序"的要求；将质量管理与组织的管理过程联系起来；强调对质量业绩的持续改进；强调持续的顾客满意是推进质量管理体系的动力；有利于组织的持续改进；考虑了所有相关方利益的需求。总之，2000 版 ISO 9000 族标准吸收了全球范围内质量管理和质量体系认证实践的新进展和新成果，更好地满足了使用者的需要和期望，达到了修订的目的。与 1994 版 ISO 9000 族标准相比，更科学、更合理、更适用，也更通用了。

15.3.3　软件能力成熟度模型（CMM）

CMM（Capability Maturity Model）是卡内基梅隆大学软件工程研究院 SEI 受美国国防部委托制定的软件过程的改良、评估模型，也称为 SEI SW-CMM（Software Engineering Institute Software-Capability Maturity Model）。该模型于 1991 年发布，并发展成为系列标准模型，描述了有效的软件过程单元的框架，为软件机构提供了一条从混乱的、不成熟的软件过程向成熟的、有纪律的软件过程改进的途径。全世界目前已经有超过 1 万多家软件企业通过 CMM 认证。

CMM 涵盖了有关计划、设计和管理软件开发和维护的实践，软件机构只要遵循这些实践，就能够提高该机构的能力，以满足成本、进度计划、功能及产品质量等目标。

1. CMM 的内容

SEI 给 CMM 下的定义是：对于软件组织在定义、实现、度量、控制和改善其软件过程的进程中，各个发展阶段的描述。该模型与软件生存周期无关，也与所采用的开发技术无关，便于确定软件组织的现有过程能力和查找出软件质量及过程改进方面的最关键的问题，从而为选择过程改进战略提供指南。CMM 为软件企业的过程能力提供了一个阶梯式的进化框架，将软件过程改进的进化步骤从低到高组织成 5 个成熟度等级，每一个成熟度等级为连续改进提供一个台阶。CMM 的 5 个成熟度级别的分级结构可以参考图 15.9，其主要特征简单说明如下。

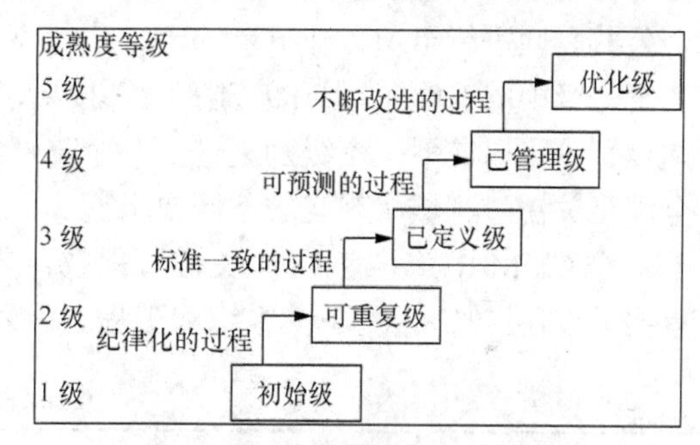

图 15.9　CMM 模型的 5 个成熟级

（1）初始级（Initial）：软件过程的特点是无秩序的，有时甚至是混乱的。软件过程定义几乎处于无章法可循的状态，软件产品所取得的成功往往依赖于个人或小组的努力。

（2）可重复级（Repeatable）：已建立了基本的项目管理过程来跟踪成本、进度和功能特性。制定了必要的过程纪律，能重复早先类似应用项目取得的成功。

（3）已定义级（Defined）：已将管理和工程活动两方面的软件过程文档化、标准化，并综合成该机构的标准软件过程。所有项目均使用与实际情况相吻合的、经批准、剪裁的标准软件过程来开发和维护软件。

（4）已管理级（Managed）：收集对软件过程和产品质量的详细度量标准，对软件过程和产品都有定量的、有效的认识理解和控制。

（5）优化级（Optimizing）：通过对来自过程、新概念和新技术等方面的各种有用信息的有效分析，能够不断地、持续性地对过程进行改进。

5 级成熟度级别合理地描述了软件机构进行软件过程改进的实际情况，给出了从前级到后级进化的合理度量，明确了进行下一步改进所需的工作。软件过程的可视性与各成熟度能力模型的比较参见表 15.4。

表 15.4　　软件过程的可视性与各成熟度能力模型的比较

等级	成熟度	可视性	过程能力
1	初始级	有限的可视性	一般达不到进度和成本的目标
2	可重复级	在各个里程碑上具有管理可视性	由于基于过去的项目经验，项目开发计划比较现实可行
3	已定义级	项目定义软件过程的活动具有可视性	基于已定义的软件过程，组织持续地改善过程能力
4	已管理级	定量地控制软件过程	基于对过程和产品的度量，组织持续地改善过程能力
5	优化级	不断地改善软件过程	组织持续地改善过程能力

2. 关键过程域(Key Process Area, KPA)

所谓关键过程域 KPA，是指一系列相互影响的关键操作活动，这些活动反映一个软件组织改进软件过程时，必须集中力量改进的几个方面，换句话说，关键过程域标识了达到某个成熟程度级别时，所必须满足的条件。当这些活动在软件过程中得以实现时，就意味着在软件过程中对提高软件过程能力起关键作用的目标就达到了，其中的目标用于确定关键过程域的界限、范围、内容和关键实践。

在 CMM 中每个成熟度级（除第一级外）都包含一组过程目标，通过实施相应的一组关键过程域 KPA 达到这一组过程目标，每一个 KPA 包含若干关键实践，关键实践都统一按 5 个公共属性进行组织，即执行约定、执行能力、执行活动、度量分析和验证实施。当某一成熟度等级中的 KPA 的所有关键实践都按要求得到实施时，就能实现目标，表明达到了这个成熟级别，可以向下一个级别迈进。一个软件组织如果希望达到某一个成熟度级别，就必须完全满足关键过程域所规定的不同要求。

在 CMM 中一共有 18 个关键过程域，分布在 2～5 级中。它们在 CMM 实践中起了至关重要的作用。如果从管理、组织和工程方面划分，关键过程域可以归结为表 15.5 所示的情况。

表 15.5　　CMM 的关键过程域

	管理方面	组织方面	工程方面
优化级		技术变更管理	
		过程变更管理	缺陷防范
已管理级	定量过程管理		软件质量管理
已定义级	集成软件管理 组间协调	组织过程焦点、组织过程定义、培训程序	软件产品工程 同级评审
可重复级	需求管理、软件项目计划、软件项目跟踪与监控、软件转包合同管理、软件质量保证、软件配置管理		
初始级	无序过程		

3. CMM 实施中应注意的问题

在实施 CMM 的过程中，有几点注意事项如下。

（1）剪裁的问题：CMM 是为以承接政府（或军方）大型软件合同的软件企业为对象而制订出来的。因此，中小型企业在采用 CMM 的时候，必须按照企业本身的特点和需要去剪裁和解释它的条文。CMM 就好比是一份包括各种等级的国宴的菜单。但如果你是中小型饭店或家庭，绝不能照搬国宴菜单，只能用作参考。因此，正确的态度是把 CMM 作为一个参考模型，而不是一个必须完全照办的标准。

（2）ISO 9000 与 CMM 的关系：国际标准化组织的质量管理标准 ISO 9000 与 CMM 均可作为软件企业的过程改善框架。CMM 仅仅适用于软件行业，而 ISO 9000 的适应面更广，但绝不是说 ISO 9000 不适合软件企业。实际上 ISO 9000：2000 版标准和 CMM 遵循共同的管理思想，ISO 9000：2000 版标准已经彻底解决了 94 版的制造业痕迹较重、标准按要素描述难于在软件行业实施的问题。就目前软件企业实施 ISO 9000 失败的原因来看，主要是未考虑软件行业特点和企业公司特点，盲目照搬其他行业和公司的模式；领导的重视程度和推行力度不够。这些问题不解决，实施 CMM 同样会失败。就内容来讲，ISO 9000 不覆盖 CMM，CMM 也不完全覆盖 ISO 9000。一般而言，通过 ISO 9000 认证的企业可达到 CMM 2 级或略高的程度，通过 CMM 3 级的企业只要稍做补充，就可较容易地通过 ISO 9000 认证。粗略地说，ISO 9000 近似于 CMM 2.5 级。

（3）时间和效果的问题：目前整个中国的软件行业兴起一阵实施 CMM 的热潮，这对中国软件产业实在是一件好事，因为大家终于认识到软件开发过程管理的重要性。但针对以前 ISO 9000 在其他行业及软件行业实施的经验教训，以下几个方面是软件界人士所必须关注的。

① CMM 只是说明达到某一级别必须做的工作，并未说明如何实施，所以需要企业结合自身的情况，对软件过程进行认真的策划，建立符合企业特点有效的管理体系。

② CMM 费用远大于实施 ISO 9000 的费用，是否所有企业都能够承担?实施后能否取得满意的效果?目前实施 ISO 9000 取得非常满意效果的仅仅占一少部分；有一定效果的占一部分；剩下的为没什么效果，有的还束缚了企业的管理。CMM 的实施如果没有效果，企业的投入不仅分文无归，而且会背上一个更大的包袱，因为 CMM 比 ISO 9000 更复杂，要求也更详细。

③ 实际一个管理过程的改进是一步步实现的，但在中国很多企业（包括软件企业）实施 ISO 9000 很多是快速完成，最短的 3 个月就可以完成，效果是可想而知的。国外的经验表明，企业实施 CMM 上升一级需要 16～24 个月时间。中国的软件企业实施 CMM 时是否会重蹈 ISO 9000 的覆辙?到那时受到更大伤害的只能是企业自己。

明确肯定 CMM 与 ISO 9000 相比哪个更好是很困难的，因为一个体系的好坏是由很多方面决定的。对于一个软件企业来说，获得什么样的认证只是表面的，重要的是如何着眼于持续改进以更好地保证软件开发的质量、满足顾客的要求，从而获得竞争优势。但很明显，取得 ISO 9000 认证对于取得 CMM 的等级证书是有益的，反之，取得 CMM 等级证书，对于寻求 ISO 9000 认证也是有帮助的。

CMM 是专为软件开发组织设计的，在针对性上比 ISO 9000 要好，但并不是说所有的软件企业都有必要去实施 CMM 认证。从前面对两类标准的对比分析，可以看到它们各有所长。我国软件企业在进行软件质量管理和质量保证时，应充分考虑组织的实际情况和两类标准的特点来选择标准。

15.3.4　PSP、TSP 和 CMMI

PSP、TSP 和 CMMI 都是 CMM 发展到一定阶段后的产物，本节分别来介绍三者的特点。

1. 个体软件过程（Personal Software Process，PSP）

软件项目的质量成功与否与一个组织内部有关人员的积极参与和创造性活动是密不可分

的，而且 CMM 并未提供实现有关子过程域所需要的具体知识和技能，因此，个体软件过程 PSP 就应运而生。PSP 可以为基于个体和小型群组软件过程的优化提供具体而有效的途径，例如，如何制定计划、如何控制质量、如何与其他人相互合作等。在软件设计阶段，PSP 的着眼点在于软件缺陷的预防，其具体办法是强化设计结束准则，而不是设计方法的选择。

根据相关资料的统计数据表明，在应用了 PSP 之后，软件中总的缺陷减少了 58.0%，测试阶段发现的缺陷减少了 71.9%，生产效率提高了 20.8%。PSP 的研究还表明，绝大多数软件缺陷是由于对问题的错误理解或简单的失误造成的，只有很少一部分是由于技术问题而产生的。而且根据多年来软件工程的统计数据表明，如果在设计阶段注入一个错误，该错误在编码阶段要引发 3～5 个新的错误，要修复这些编码阶段的错误比修复设计阶段的错误的费用要多一个数量级，因此，PSP 保障软件产品质量的一个重要途径是提高设计质量。

2. 小组软件开发过程（Team Software Process，TSP）

实践证明，仅有 CMM 和 PSP 是不够的，卡内基·梅隆大学软件工程研究所又在此基础上提出小组软件开发过程 TSP 的方法。TSP 用于指导项目组中的成员如何有效地规划和管理所面临的项目开发任务，并告诉管理人员如何指导软件开发队伍始终以最佳状态来完成工作。TSP 实施集体管理与自己管理相结合的原则，最终目的在于指导一切人员如何在最少的时间内，以预定的费用生产出高质量的软件产品。

实施 TSP 的先决条件有 3 条：首先，需要有高层主管和各级经理的支持，以取得必要的资源；其次，项目组开发人员需要经过 PSP 的培训，并有按 TSP 工作的愿望和热情；第三，整个单位在总体上应处于 CMM 2 级以上。

只有将实施 CMM 与实施 PSP 和 TSP 有机结合起来，才能发挥最大的效力。因此，软件过程框架应该是 CMM/PSP/TSP 的有机集成。对于中小企业或机构来说，可以将 CMM 作为框架，先从 PSP 做起，然后在此基础上逐渐过渡到 TSP，以保证 CMM/PSP/TSP 确实在组织中生根开花。

3. 能力成熟度集成模型（Capability Maturity Model Integration，CMMI）

CMM 的成功促使其他学科也相继开发类似的过程改进模型，例如，系统工程、需求工程、人力资源、集成产品开发、软件采购等，从 CMM 衍生出了一些改善模型，构成了一个 CMM 族，举例如下。

（1）SW-CMM（Software CMM）软件 CMM：软件工程的对象是软件系统的开发活动，要求实现软件开发、运行、维护活动系统化、制度化、量化。为了区别不同类型的 CMM，国内外很多资料把软件 CMM 叫做 SW-CMM。

（2）SE-CMM（System Engineering CMM）系统工程 CMM：系统工程的对象是全套系统的开发活动，核心是将客户的需求、期望和约束条件转化为产品解决方案，并对解决方案的实现提供全程的支持。

（3）SA-CMM（Software Acquisition CMM）软件采购 CMM：采购的内容适用于那些供应商的行为对项目的成功与否起到关键作用的项目。主要内容包括识别并评价产品的潜在来源、确定需要采购的产品的目标供应商、监控并分析供应商的实施过程、评价供应商提供的工作产品及对供应协议和供应关系进行适当的调整。

（4）IPT-CMM（Integrated Product Team CMM）集成产品群组 CMM：集成的产品和过程开发是指在产品生存周期中，通过所有相关人员的通力合作，采用系统化的进程来更好地满足客户的需求、期望和要求。如果项目或企业选择 IPPD（并行工程，集成产品和过程开发）

进程，则需要选用模型中所有与 IPPD 相关的实践。

（5）P-CMM（People CMM）人力资源能力成熟度模型。

CMM 多种模型的存在给使用带来方便的同时，也带来了许多问题。一方面，同一个组织中多个过程改进模型的存在可能会引起冲突和混淆，另一方面，重复的培训、评估和改进活动也增加了成本，所以美国国防部就提出 CMMI 项目，目的就是为了解决怎么保持这些模式之间的协调。1997 年，SEI 停止了 CMM2.0 的研究，开始 CMMI 的研究，其任务是将已有的 CMM 模型结合成一个模型。2000 年，CMMI 诞生了。2001 年 12 月 SEI 发布了 CMMI1.1 版本，并于 2002 年 1 月正式推出，标志着 CMMI 的正式使用。2007 年，CMMI1.2 发布。2010 年 10 月 28 日，SEI 发布了 CMMI1.3 版本。到目前为止，CMMI 包括前面提及的 4 个领域：软件工程（SW-CMM）、系统工程（SE-CMM）、集成的产品和过程开发（IPPD-CMM）和采购（SS-CMM）。

CMMI 项目为工业界和政府部门提供了一个集成的产品集，其主要目的是消除不同模型之间的不一致和重复，降低基于模型改善的成本。CMMI 以更加系统和一致的框架来指导组织改善软件过程，提高产品和服务的开发、获取和维护能力。CMMI 主要关注点就是成本效益、明确重点、过程集中和灵活性 4 个方面。

CMMI 为企业带来价值主要体现在以下几个方面。

（1）能保证软件开发的质量与进度，能对“杂乱无章、无序管理”的项目开发过程进行规范。

（2）有利于成本控制。因为质量有所保证，浪费在修改、解决客户的抱怨方面的成本会降低很多。目前绝大多数情况是缺少规范制度，只是求快。项目完成后，要花很多时间修修补补，费用很容易失控。

（3）有助于提高软件开发者的职业素养。每一个具体参与其中的员工，无论是项目经理，还是工程师，甚至一些高层管理人的做事方法逐渐变得标准化、规范化。

（4）能够解决人员流动所带来的问题。公司通过过程改进，建立了财富库以共享经验，而不是单纯依靠某些人员。

（5）有利于提升公司和员工绩效管理水平，以持续改进效益。通过度量和分析开发过程和产品，建立公司的效率指标。

与原有的能力成熟度模型类似，CMMI 也包括了在不同领域建立有效过程的必要元素，反映了业界普遍认可的“最佳”实践；专业领域覆盖软件工程、系统工程、集成产品开发和系统采购。CMM 更适合瀑布型的开发过程，而 CMMI 淡化了和瀑布思想的联系。在此前提下，CMMI 为企业的过程构建和改进提供了指导和框架作用，同时为企业评审自己的过程提供了可参照的行业基准。

15.4　敏捷软件开发过程

对于中小规模的软件项目，快速、高质量、适应性强的开发方式一直是软件工程追求的目标。而基于完全的需求描述，然后进行设计、构造，最后再进行测试的软件开发过程是不适应快速软件开发的。特别是当需求发生变更或者出现问题时，系统设计与实现不得不返工和重新进行测试，导致软件的交付时间经常远远晚于最初的规定。敏捷软件方法——一种“轻量级”软件开发方法，正是符合这种要求的开发方式，能够应对现代软件越来越复杂，需求越来越多变，过程也越来越规范的发展背景，是近十余年来软件工程技术上的一个新兴发展方向。

相对于瀑布模型推迟实现的观点，敏捷方法希望快速交付可用的软件。实现软件的快速交付是通过迭代来完成的。敏捷过程把需求分析过程分散到整个开发过程中，让开发和需求分析并行进行。

敏捷软件工程推崇下述观点：让客户满意和软件尽早增量发布；小而高度自主的项目团队；非正式的方法；最小化软件工程工作产品；整体精简开发。针对飞速变化的计算机系统和现代软件产品商业环境，敏捷软件工程提出了可用于特定类型软件和软件项目的不同于传统软件工程的合理方案，经过十余年经验证明，该方法可以快速交付成功的系统。

典型的敏捷过程模型有：XP（极限编程）、FDD（特性驱动开发）、Scrum 及敏捷的统一过程（AUP）等。

15.4.1 敏捷及敏捷过程相关概念

1. “敏捷过程”在软件业中的提出

2001 年 2 月，17 位“轻量级”软件开发方法的创始人和专家（被称为敏捷联盟）共同签署了“敏捷软件开发宣言”，标志着敏捷软件开发正式出现。该宣言声明：

个体和交互　　胜过　　过程和工具
可工作软件　　胜过　　面面俱到的文档
客户合作　　胜过　　合同谈判
响应变化　　胜过　　遵循计划

也就是说，虽说右项也很具有价值，但我们认为左边的各项具有更大的价值。

这个宣言虽然只是简单的四句话，但却是敏捷方法的精髓。

个体和交互胜过过程和工具：不是否定过程和工具的重要性，而是更强调软件开发中人的作用和交流的作用。

可工作软件胜过面面俱到的文档：强调通过执行一个可运行的软件来了解软件做了什么，远比阅读厚厚的文档要容易得多。敏捷软件开发强调不断地快速向用户提交可运行的软件（不一定是完整的软件），以得到用户的认可。好的必要的文档仍是需要的，它能帮助人们理解软件做什么，怎么做及如何使用，但软件开发的主要目标是创建可运行的软件。

客户合作胜过合同谈判：只有客户才能明确说明需要什么样的软件，然而，大量的实践表明，在开发的早期，客户常常不能完整地表达它们的全部需求，有些早期确定的需求以后也可能会改变。要想通过合同谈判的方式将需求固定下来常常是困难的，敏捷软件开发强调与客户的协作，通过与客户的交流和紧密合作来发现用户的需求。

响应变化胜过遵循计划：任何软件项目的开发都应该制订一个项目计划，以确定各开发任务的优先顺序和起止日期。然而，随着项目的进展，需求、业务环境、技术等都可能变化，任务的优先顺序和起止日期也可能因种种原因会改变。因此，项目计划应具有可塑性，有变动的余地。当出现变化时及时做出反应，修订计划以适应变化。

软件是由人组成的团队来开发的，与软件项目相关的各类人员通过充分的交流和有效的合作，才能成功地开发出得到用户满意的软件。如果光有定义良好的过程和先进的工具，而人员的技能很差，又不能很好地交流和协作，软件是很难成功地开发的。

敏捷是相对于传统注重文档的“重型”软件过程而言的，它是对需求多变的适应性产物。敏捷软件开发过程具有适应性强的特征，特别是适用于现实中的一些需求较为不稳定项目的开发，可以快速适应系统需求的变化、提高软件开发生产率。简单地说，敏捷开发是一种以人为核心、迭代、循序渐进的开发方法。

敏捷软件开发代表了 21 世纪互联网时代软件开发模式的一种先进理念和价值观，相比于传统的软件工程过程，敏捷更强调快速灵活反应，主动迎接和适应变化，主张更紧密的客户与开发商协作和以人为本的企业可持续发展。

从本质上讲，敏捷方法是为克服传统软件工程中的认识和实践弱点而提出来的，可以为软件开发带来很多好处，但它并不适用于所有的项目、所有的方面、所有的人和所有的情况，它并不完全对立于传统的软件工程实践，也不可能作为超越一切的哲学理念而用于所有的软件工作。

2. 敏捷的概念

现代汉语中，敏捷意味着轻巧、机敏、迅捷、灵活、活力、高效……；在软件工程工作环境下，敏捷是什么? Ivar Jacobson 给出一个非常有用的论述，如下。

敏捷已经成为当今描述现代软件过程的时髦用词。每个人都是敏捷的，敏捷团队是能够适当响应变化的灵活团队。变化就是软件开发本身，软件构建有变化、团队成员在变化、使用新技术会带来变化，各种变化都会对开发的软件产品及项目本身造成影响。人们必须接受“支持变化”的思想，它应当根植于软件开发的每一件事中，因为这是软件的心脏与灵魂。敏捷团队意识到软件是团队中所有人共同开发完成的，这些人的个人技能和合作能力是项目成功的关键所在。

在 Jacobson 的观点中，普遍存在的变化是敏捷的基本动力。

敏捷开发是一种面临迅速变化的需求快速开发软件的能力，但敏捷并不意味着没有文档、没有计划和设计。敏捷软件过程很容易适应变化并迅速做出自我调整，在保证质量的前提下，做到文档、度量适度，适用于各类中小型软件企业应用。

敏捷过程的适用范围包括以下要求：软件需求经常变化或者需求变化比较大；项目团队与用户之间进行沟通比较容易；项目的开发风险比较高；规模比较小，一般项目组成员在 50 人之内；项目团队的成员能力比较强，而且具有责任感；项目的可测试性比较好。

3. 敏捷宣言所遵循的 12 条原则

根据敏捷联盟所提出的价值观（宣言）可以引出敏捷宣言所遵循的 12 条原则。

① 人们最优先要做的是通过尽早地、持续地交付有价值的软件来使客户满意。

② 即使到了开发的后期，也欢迎改变需求。敏捷过程利用变化来为客户创造竞争优势。

③ 经常性的交付可以工作的软件，交付的间隔可以从几个星期到几个月，交付的时间间隔越短越好。

④ 在整个项目开发期间，业务人员和开发人员必须天天都在一起工作。

⑤ 围绕被激励起来的个体来构建项目。给它们提供所需的环境和支持，并且信任它们能够完成工作。

⑥ 在团队内部，最具有效果并且富有效率的传递信息的方法就是面对面的交谈。

⑦ 工作的软件是首要的进度度量标准。

⑧ 敏捷过程提倡可持续的开发进度。责任人、开发者和用户应保持一个长期恒定的开发速度。

⑨ 不断关注优秀的技能和好的设计会增强敏捷能力。

⑩ 简单——使未完成的工作最大化的艺术——是根本的。

⑪ 最好的构架、需求和设计出自于自组织的团队。

⑫ 每隔一定时间，团队会在如何才能更有效的工作方面进行反省，然后相应地对自己的行为进行调整。

4. 敏捷软件过程的特性

敏捷软件过程的特性如下。

① 轻载软件过程（Light Weight Software Process）：轻载是与 ISO 9001、CMM 等软件过程的重载相对而言的。轻载特性的提出基于下述原因：软件的需求难以预期，开发方法必需适应变化的需求，在快速的迭代中不断改进；小组成员并不完全按照完整的方法进行开发，而是根据具体问题和情况，灵活地去除非增值活动；仅仅执行一些必须的活动，使用必须的规则，编写必须的文档；人的因素被放在第一；适合互联网时代的开发要求。

② 基于时间：主要是相对于基于规模的软件过程而言的，基于时间的敏捷软件开发中，一个复杂的项目可被分为多个迭代和多次发放，每一次迭代有固定的时间限制，需求在迭代开始时被确定，直至下一次迭代开始前才能再次修改。

③ 够用就好（Just Enough）：结合企业业务，开发自己的软件过程，着重领会 CMM 等过程模型的精神实质和基本原理，而不是简单地生搬硬套，必须根据自己的实际情况，建立适合自己的过程，针对过程的多样性，探索可满足 CMM 关键实践域（KPA）的最小关键实践集合。

④ 并行：借鉴 1988 年制造业提出的并行工程思想，实现活动的并行化，即站在软件开发全过程的高度，打破传统的各阶段分割封闭的观念，强调开发人员团队协同，注重分析和设计等前段开发工作，避免不必要的返工。其中，全球软件开发（Global Software Development）是指利用全球广阔的人才资源和时区差异，实现 24 小时不间断开发和大规模的并行软件工程。

⑤ 基于构件的软件工程：软件模块被抽象和封装为可复用的构件，整个系统就是一组相互连接的构件，构件间仅通过接口发生关系。软件开发将不再一切从头开发，开发的过程即构件的组装过程，维护的过程就是构件升级、替换和扩充的过程。如何选择合适的构件和组建系统将是开发时重点考虑的方面；软件设计将更面向范式 Pattern 和框架 Framework；CORBA、DCOM、Web Service 3 大运营标准为基于构件的软件工程提供了支持，可充分提高软件的可靠性、可维护性、可扩展性和可重构性；大幅度缩短了软件开发和维护的周期，为软件生产的工业化提供了可能性。

综合以上特性，敏捷软件过程模型可定义如下：

敏捷软件过程模型=功能模型 + 合作模型 + 资源模型 + 产品模型

15.4.2 典型的敏捷过程模型

敏捷过程模型有很多，如 eXtreme Programming（XP）、Scrum、DSDM（动态，系统开发方法）、自适应软件开发（Adaptive Software Development，ASD）、Feature Driven Development（FDD）、Crystal Family 等。开发团队在透彻理解敏捷理念的基础上，可以灵活选择最适合自己的实践，避免教条化。

本节分别给出 3 种典型的敏捷过程模型的简单介绍。

1. 极限编程（eXtreme Programming，XP）

XP 方法是敏捷方法中最著名的一个，是敏捷方法的代表，是由 Kent Beck 在他的开篇之作《Extreme Programming Explained-Embrace Change》中提出的（1997 年）。XP 方法由一系列简单却互相依赖的实践组成，这些实践结合在一起形成了一个敏捷开发过程。XP 方法是一种高度动态的过程，通过非常短的迭代周期来应对软件开发中的变化，强调有效测试和演化设计。XP 的目标是在规定的时间生产出满足客户需要的软件。XP 方法主要适用于下述情况：需求不明确、变化快；风险较高（在特定时间内，面对一个相当难开发的系统）；人数不超过 10 个的中小型团队；开发地点适宜在集中的场合。

极限编程（XP）是一种全新而快捷的软件开发方法。XP 团队使用现场客户、特殊计划方法和持续测试来提供快速的反馈和全面的交流。这可以帮助团队最大化地发挥它们的价值。

XP 是以开发符合客户需要的软件为目标而产生的一种方法论，是一种以实践为基础的软件工程过程和思想。XP 认为代码质量的重要程度超出人们一般所认为的程度。

XP 体现 4 个价值目标：沟通、简化、反馈和勇气。

沟通：实践表明，项目失败的重要原因之一是交流不畅，使得客户的需求不能准确地传递给开发人员，造成开发人员不能充分理解需求；模型或设计的变动未能及时告知相关人员，造成系统的不一致和集成的困难。所有项目相关人员之间充分、有效的交流是软件开发成功所必不可少的。XP 方法认为项目成员之间的沟通是项目成功的关键，并把沟通看作项目中间协调与合作的主要推动因素。

简化：指在确保得到客户满意的软件的前提下，做最简洁的工作（简单的过程、模型、文档、设计和实现）。在开发中不断优化设计，时刻保持代码简洁、无冗余；体现了敏捷开发的“刚刚好”思想，即开发中的活动及制品既不要太多也不要太少，刚好即可。XP 方法认为未来不能可靠地预测，在现在考虑它从经济上是不明智的，所以不应该过多考虑未来的问题，而是应该集中力量解决燃眉之急。

反馈：及时有效的反馈能确定开发工作是否正确，及时发现开发工作的偏差并加以纠正。强调各种形式的反馈，如非正式的评审（走查，Walkthrough）、小发布等。XP 方法认为系统本身及其代码是报告系统开发进度和状态的可靠依据。系统开发状态的反馈可以作为一种确定系统开发进度和决定系统下一步开发方向的手段。

勇气：采用敏捷软件开发需要勇气，包括：信任合作的同事，也相信自己；做能做到的最简单的事；只有在绝对需要的时候才创建文档；让业务人员制定业务决策，技术人员制定技术决策；用可能的最简单的工具，如白板和纸，只有在复杂建模工具能提供可能的最好价值时才去使用它们；相信程序员能制定设计决策，不需要给它们提供过多的细节；需要勇气来承认自己是会犯错误的，需要勇气来相信自己明天能克服明天出现的问题。

XP 方法认为人是软件开发中最重要的一个方面。在一个软件产品的开发中，人的参与贯穿其整个生存周期，是人的勇气来排除困境，让团队把局部的最优抛之脑后，达到更重大的目标。表明了 XP 对“人让项目取得成功”的基本信任态度。

XP 方法的开发过程示意图参见图 15.10。

2. Scrum 方法

Scrum 方法是以英式橄榄球的争球队形（Scrum）命名的一种敏捷过程模型。

Scrum 方法认为：开发软件就像是开发新产品，无法一开始就定义最终产品的规程，过程中需要研发、创意、尝试错误，所以没有一种固定的流程可以保证项目成功。

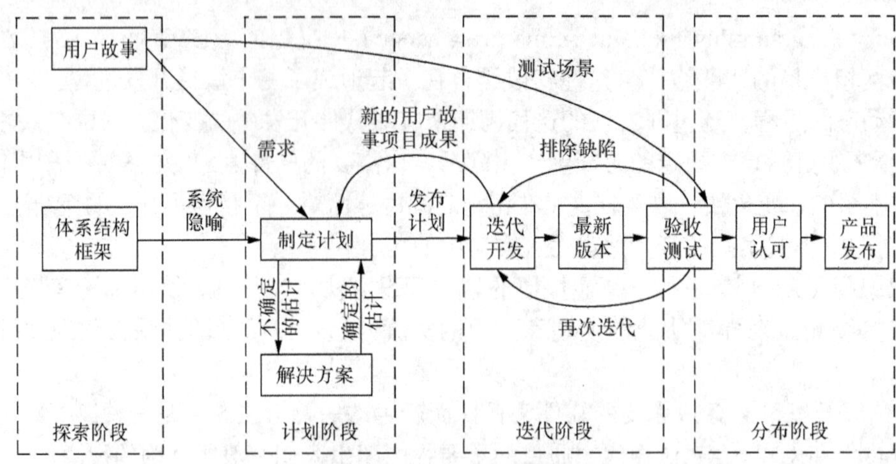

图 15.10　XP 方法的开发过程

Scrum 将软件开发团队比拟成橄榄球队：有明确的最高目标，熟悉开发流程中所需具备的最佳典范与技术，具有高度自主权，紧密地沟通合作，以高度弹性解决各种挑战，确保每天、每个阶段都朝着目标有明确的推进，因此 Scrum 非常适合于产品化项目开发。目前，Scrum 方法已被众多的知名公司广泛应用于商业软件、游戏软件、财务软件、门户网站、移动软件等各个领域中。

Scrum 开发团队通常由 5～9（7±2）人组成。对于人数超过上限的项目团队，建议与其扩大团队规模不如将团队分组，分组是最有效的大部门合作方法，同时也适宜地域分布的要求。开发团队由管理者主持会议，负责整个项目的成败，通过 Scrum 会议对各个子团队的工作进行同步。团队不止是一个程序员队伍，它由各种背景下的不同角色组合而成，包括商业分析者、设计师、程序员和测试者等，正确的组合决定了团队的能力和效率。

和 XP 方法相比较，Scrum 偏重项目管理，XP 偏重编程实践。

Scrum 方法强调使用一系列“软件过程模式”，每一个过程模式定义一系列开发活动，包括下述 4 项活动。

（1）待定项（Backlog）

待定项是一个能为用户提供业务价值的项目需求或特征的优先级列表。待定项中可以随时加入项目（即变更的引入），产品经理根据需要评估待定项并更新其优先级。

（2）冲刺（Sprint）

冲刺由一些完成待定项中需求所必须的工作单元组成，这些工作单元必须能在预定的时间段内（一般为一个月）完成。冲刺构成中需要冻结该冲刺所涉及的具体待定项，也即冲刺过程中不允许有变更，这样冲刺给开发团队提供了一个短期但相对稳定的环境。

（3）例会

每个团队成员每天都要参加例会，回答 3 个问题：上次例会后做了什么？遇到什么困难？下次例会前做些什么？例会由团队领导（Scrum 主持人）主持会议并评价每个团队成员的表现，通过例会帮助团队尽早发现潜在的问题，同时每日例会也使大家对整个系统的设计开发得到共识，并进一步促进自我组织团队的建设。

（4）演示

演示活动负责向用户交付软件增量，使用户可以试用并评价所实现的功能。需要注意的是，演示不需要包含所有计划的功能，但是该时间段内的可交付功能必须完成。

Scrum 方法开发过程示意图参见图 15.11。

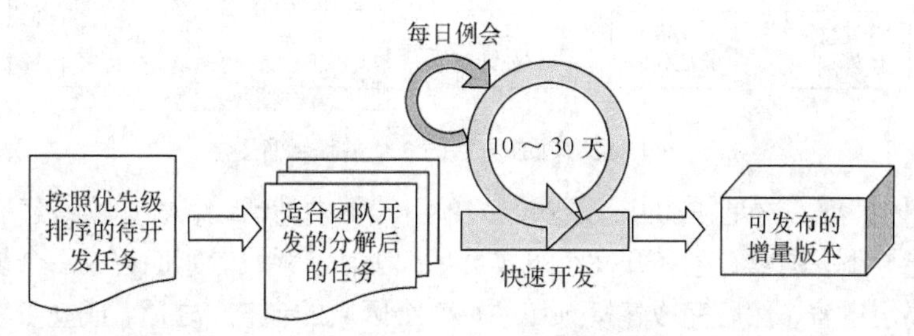

图 15.11　Scrum 方法开发过程示意图

3. 特征驱动开发（Feature Driven Development，FDD）

FDD 最早是由 Peter Coad 等作为面向对象软件工程实用过程模型而构思的，后来由 Jeff de Luca 和 Eric Lefebvre 加入后共同开发形成的一种敏捷模型，强调特性驱动，快速迭代，既能保证快速开发，又能保证适当文档和质量，非常适合中小型团队开发管理。FDD 提出的每个功能开发时间不超过两周，为每个用例限定了粒度，具有良好可执行性，也可以对项目的开发进程进行精确、及时的监控。FDD 这种模型驱动、短迭代的开发过程，可用于 16～20 人的场合，如果有合适的主程序员，也可以扩大规模。

FDD 提出下列 8 个主要的业界最佳实践，组合构成了 FDD 的核心。

① 领域对象建模。这是对象分解的一种形式，主要包括构造类图，用于描述问题域中重要对象的类型及其相互关系，为系统设计提供一个整体框架，使得系统可以按照特征迭代增量地进行开发。

② 按照特征开发。按照一组小功能、对客户有价值的特征表进行开发并跟踪过程。FDD 将需求问题分解成可以解决的小问题，将每个问题分解为分层列表的功能需求，即特征，然后开始设计并实现每一个特征。一旦系统的功能特征被标识后，就可用于驱动和跟踪开发过程。

③ 类（代码）拥有权。FDD 规定每一个类都有一个指定的人/角色负责类代码的一致性、性能和概念的完整性。

④ 特征小组。FDD 把类，即特征分配给一个确定的开发者。由于一个特征的实现会涉及多个类及其所有者，因此，特征的所有者（特征组长）需要协调多个开发人员的工作。特征小组与主程序员小组类似，但有一个重要区别：特征小组的组长更像是教练而不是超级程序员。

⑤ 审查。审查将开发小组和 FDD 以主程序员为主的结构完美地结合起来，这种混合的新型开发方式是 FDD 确保软件设计和代码质量的关键技术之一。

⑥ 定期构造。定期地取出已完成特征的全部源代码及其所依赖的库、构件，组成完整的可以运行的系统。构造增加特征的基线，确保总是有一个可以运行、向客户演示的软件系统，可以使客户观察到系统开发的进度和实现的功能是否是需要的。

⑦ 配置管理。一个 FDD 项目只需要保证对完成的代码文件最新版本的确认和历史跟踪。

⑧ 可视性进度报告。项目成员应该根据完成的工作向各级管理人员报告工作进度。FDD 提供了一个简单、低开销地收集准确和可靠项目信息的方法，提供了大量直观、直接的报告样式，向项目所有相关人员报告项目进度。

FDD 方法包括 5 个过程组成，如图 15.12 所示。

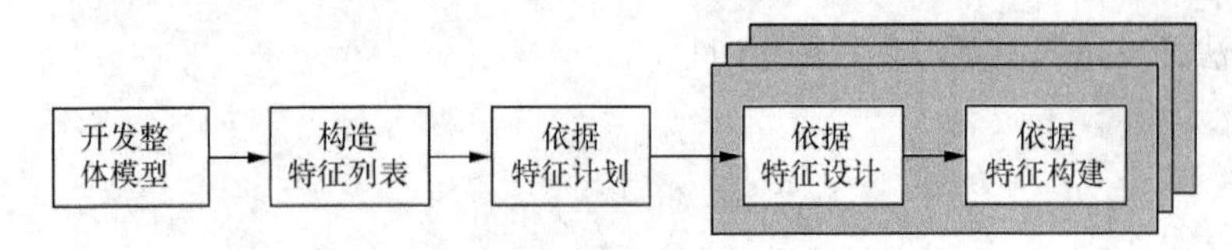

图 15.12 FDD 方法的 5 个过程示意图

① 开发整体模型。这是 FDD 一个初始的项目范围内的活动，在一个有经验的对象建模者即主设计师的指导下，领域专家和开发小组成员一起工作。领域专家们完成一个贯穿整个系统及其内外关系的高层走查，然后完成建模领域中每一个区域的走查。之后，成立由领域专家和开发成员参加的工作小组，构造自己用于支持领域走查的模型，提供的结果用于详细复查和讨论。

② 构建特征列表。该过程确定所有用于支持需求的特征。由过程①的主程序员组成一个小组，对领域进行功能分解。根据领域专家对领域的划分，将整个领域分成一定数量的区域（主要特征集），每个区域再细分为一定数量的活动（特征集）。活动中的每一步被划分成一个特征，形成了具有层次结构的分类特征表。

③ 依据特征规划。项目经理、开发经理和主程序员根据特征的依赖性、开发小组的工作负荷及要实现的特征的复杂性，计划实现特征的顺序，完成一个特征开发计划。该计划提供了对项目的高层视图，让业务代表了解特征开发、测试和发布日期，以便业务代表和部署小组能够规划出交付相应特征的日期。

④ 依据特征设计。一定数量的特征通过分配给主程序员的方式被列入开发时间表。主程序员从分配给他的任务中一次选择一组特征，确定那些拥有可能用于开发所选特征的类所有者成立一个特征小组，为选中的特征生成详细的开发顺序图。主程序员随后基于顺序图内容，进一步精化对象模型，开发人员编写类和方法的序言，然后进行设计审查。

⑤ 依据特征构建。以过程④所生成的设计包为起点，类所有者实现它们拥有的类，完成包含在工作包中的特征的编码实现，然后进行单元测试和代码审查，之后提交这部分代码用于构造系统。

过程④和过程⑤是反复迭代进行的，它们可以当作一个过程来对待。分开的原因是这两步分别代表了不同的软件活动：设计和实现。

FDD 抓住了软件开发的核心问题领域，即正确和及时地构造软件，打破了传统的将领域和业务专家/分析师与设计者和实现者隔离开来的壁垒。分析师被从抽象的工作中解脱出来，直接参与到开发人员和用户所从事的系统构造工作中。

15.5 Web 软件工程

Internet 和 Web 的出现和发展催生了一种新的大量存在的软件形态——基于 Web 的软件，简称 Web 软件。Yogesh Deshpande 和 Steve Hansen 早在 1998 年就提出了 Web 软件工程的概念，本书中将这些用工程化方法开发 Web 软件的过程，简称为 Web 工程。Web 工程作为一门新兴的学科，提倡使用过程和系统的方法来开发高质量的、基于 Web 的系统。

15.5.1 Web 软件工程概述

1. 基于 Web 的系统和应用的属性和特点

Web 工程不是软件工程的完全克隆，但是它借用了软件工程的许多基本概念和原理，强调了相同的技术和管理活动。Web 系统和应用（简写为 WebApp）不同于其他类别的计算机软件，WebApp 是“页面排版和软件开发、市场和预算、内部交流和外部联系及艺术和技术间”综合作用的产物。因此，区别于其他应用类型软件，绝大多数 WebApp 软件几乎具备下述所有属性，而其他应用类型软件可能只具备这些特性中的一部分。这些属性如下所述。

网络密集性（Network Intensive）：WebApp 依赖网络向使用者提供服务，必须充分考虑在网络连接类型和网络带宽不稳定情况下，如何改善用户使用体验的问题。

访问并发性（Concurrency）：在同一时间段内，可能有大量用户同时访问 WebApp。

工作负荷的跳跃性（Unpredictable load）：WebApp 的用户数量每天都可能有数量级的变化，也许周一显示有 100 个用户使用的系统，周四的使用人数就变成 10000，导致其工作负荷突然冲高。

性能（Performance）要求苛刻：对 WebApp 性能要求苛刻的部分原因是由于其访问并发性和工作负荷的跳跃性，另外，如果一位 WebApp 用户必须等待很长时间（访问、服务器端处理、客户机端格式化显示），该用户就可能转向其他地方。

安全性（Security）要求苛刻：WebApp 的网络密集性和潜在使用者的广泛性给其安全性带来了挑战。为保护敏感内容并提供保密的数据传输格式，在支持 WebApp 的整个基础设施上和应用本身内部都必须实施较强的安全措施。

可用性（Availability）：尽管要求百分之百的可用性是不切实际的，但对于热门 WebApp，用户通常要求全年 365 天，每天 24 小时的全天候访问。

数据驱动（Data driven）：许多 WebApp 的主要功能是使用超媒体向最终用户提供文本、图片、音频及视频内容。除此之外，WebApp 还常被用来访问那些存储在 Web 应用环境之外的数据库中的信息（如电子商务或金融应用等）。

内容敏感性（Content Sensitive）：WebApp 的内容和艺术性在很大程度上决定了 WebApp 的质量。

持续演化（Continuous Evolution）：传统的应用软件是随一系列规划好的时间间隔发布而演化的，而 WebApp 则持续演化，对某些 WebApp 而言（特别是其内容），按分钟发布更新，或者对每个请求动态更新页面内容，这些都是司空见惯的事情。

即时性（Immediacy）：基于网络密集型特性和软件本身的时效性，应用先进的工具，将 WebApp 投向市场可能只需要几个小时或几天的时间。

美观性（Aesthetics）：不可否认，是否能将产品或思想成功地推向市场，界面设计和技术设计同等重要。

WebApp 的开发期限一般比较短，且变化经常发生，整个 Web 工程过程也与这些特点相适应，开发者必须想办法来做计划、分析、设计、编码、测试，以适应 WebApp 开发时间紧的要求，因此，WebApp 一般都采用敏捷方法，以增量的方式去开发。另外，在整个支持特定 WebApp 的基础设施和应用本身内部，必须实现很强的安全措施，WebApp 的美学观感具有对用户的吸引力，这些特点都促进了 WebApp 的持续演化过程。

在 Web 工程中，最常遇到的应用类别包括：信息型（使用简单的导航和链接提供只读的内容）；下载型（用户从合适的服务器下载信息）；可定制型（用户定制内容以满足特定需要）；交互型（一个用户群落通过聊天室、公告牌或即时消息传递来通信）；用户输入型（基于表格的输入是满足通信需要的主要机制）；面向事务型（用户提交一个由 WebApp 完成的请求（如下订单））；面向服务型（应用向用户提供服务（如帮助用户确定抵押支付））；门户型（应用引导用户到门户应用范围之外的其他内容或服务）；数据库访问型（用户查询某大型数据库并提取信息）；数据仓库型（用户查询一组大型数据库并提取信息）10 种类型。

2. Web 工程过程

整个 Web 工程过程的框架包括客户交流、计划、建模、构建和部署 5 个部分。

客户交流阶段：在 Web 工程过程中，客户交流以两个主要的任务为主要特点：商业分析和规划。商业分析为 WebApp 定义了商业/组织背景，预测商业环境或需求中的潜在变化，定义 WebApp 和其他商业应用程序、数据库及功能的整合。规划是一个收集包括所有参与者信息的需求的过程。

计划阶段：作出 WebApp 增量式项目计划。该计划由一个任务定义和一个时间表组成（常常在数周之内）。在这一时期内，要做出 WebApp 的开发计划。

建模阶段：常见的软件工程和设计的任务要和 WebApp 开发相适应、相融合，然后并入 WebApp 建模活动中去。

构建阶段：该阶段使用 Web 工具和技术去构建已被建模的 WebApp。一旦构建了 WebApp，就会使用一系列快速测试去暴露出设计中的错误。

部署阶段：把 WebApp 配置成适合于它所运行的环境，并把它发送给终端用户。而后就开始进入评估阶段了，最后把评估反馈给 Web 工程团队。

基于 Web 工程的敏捷开发特性，Web 工程过程模型必须具有一定的适应性。在某些情况下，一个框架活动会非正式地实施。而在其他时候，将会定义一系列不同的任务并委托团队成员去执行。不管哪种情况，团队有责任在分配好的时间内完成高质量的 WebApp 增量。需要着重指出的是，和 Web 工程框架活动相关联的一些任务可以被修改、消除，或基于问题、产品、工程及 Web 工程团队人员的特征进行扩展，这些都是为 Web 工程过程的框架改善服务的。

如果要做一些企业级的 WebApp，下面的这些基本的规则应比较适用：（1）即使 WebApp 的细节是模糊的，也要花一些时间去理解商业需求和产品目标；（2）用基于用例的方法去描述用户如何与 WebApp 交互；（3）即便很简短，也要做一个项目计划；（4）花些时间对要做的内容建模；（5）考察模型的一致性和质量；（6）使用一些能使你去构建带有尽可能多可重用构件的系统的工具和技术；（7）设计一些综合性的测试，并在系统发布前执行它们。

Web 工程方法包括一系列能适用 Web 工程师理解、特征化、而后做出一个高质量 WebApp 的技术性任务。Web 工程方法一般包括如下 4 种。交流方法：定义了能便于 Web 工程师和所有 WebApp 投资者（如终端用户、商业客户、问题域专家、内容设计者、团队领导、项目经理）交流的方法；需求分析方法：提供了理解被 WebApp 所传送内容的基础，了解提供给终端用户的功能，以及各类用户通过 WebApp 进行相互作用的模式；设计方法：包括一系列表现 WebApp 内容、应用和信息结构、界面设计及浏览结构的设计技术；测试方法：包括正式的对内容和设计的模式及一系列包括构件级和结构问题的浏览测试、可用性测试、安全性测试和配置测试的技术评审。

15.5.2 Web 软件的需求分析

对于常规软件使用的需求分析方法、技术和工具同样适用于 WebApp 的需求分析建模活动。另外，针对 WebApp 的特殊性，还有一些需要特别关注的地方。

根据 Web 工程的分析特点，Web 软件的需求分析会有以下 5 种主要的模型类型。

（1）内容模型。因为 Web 工程以内容为基础，所以需要对 Web 工程的内容进行分析，其中的内容包括工程中所有可见、可听到的要素，通常包括文字、图形、图像、音频和视频等，换句话说，内容对象是呈现给最终用户具有汇聚信息的所有条目。内容模型包含结构元素，这些元素包含内容对象和所有的分析类（可能是外部实体、事物、偶发事件或事件、角色、组织单元、场地、结构中的一种），在用户与 WebApp 交互时生成并操作用户可见的实体。内容的开发可能出现在 WebApp 生存周期的每一个阶段中，在每一种情况下，内容的开发都通过导航链接合并到 WebApp 的总体结构中。

（2）交互模型。交互模型主要解决最终用户和应用系统之间的功能、内容及行为之间的交互问题，交互分析时可能用到下面 4 种元素中的一种或几种：用例图、顺序图、状态图、用户界面原型。在许多实例中，一套用例足以描述在分析阶段的所有交互活动（设计阶段可以引入更精化的细节），然而当遇到复杂的交互顺序并包含多个分析类或多个任务时，有时需要使用到细化的更多 UML 图形方式来描述。用户界面的布局、介绍的内容、实现的交互机制及用户在 WebApp 连接上的总体审美观，都与用户的满意度和 WebApp 的整体成功密切相关。虽然用户模型的创建可以看作是一种设计活动，但在需求分析阶段创建用户界面原型，以获取更多最终用户需求内容，其实也是一种常用的需求获取策略。

（3）功能模型。与交互分析类似，功能模型分析主要涉及 Web 工程的内容和相关操作，许多 WebApp 提供大量的计算和操作功能，这些功能与内容直接相关（既能使用又能生成内容），这些功能常常以用户与 WebApp 的交互活动为主要目标。功能模型描述该应用系统的两类处于不同抽象层次的处理元素，一是由 WebApp 传递给最终用户的可观察到的功能，包括直接由用户启动的任何处理功能；二是分析类中的操作实现及与类相关的行为。例如，一个金融 WebApp 可以执行多种财务功能（如大学学费、存款计算或者退休工资计算等），这些功能实际上可能使用分析类中的操作完成，但从最终用户的角度看，这些功能（更准确地说，是这些功能所提供的数据）是可见的结果。而在抽象过程的更低层次，功能分析模型还可以描述由分析类操作执行的处理，这些操作可以操纵类的属性，并参与类之间的协作来完成所需要的行为。不管抽象过程的层次如何，UML 的活动图可以用来表示处理细节。在分析阶段，仅在功能相对复杂的地方才使用活动图，而许多 Web 应用的复杂性不是出现在提供的功能中，而是与可访问信息的性质及操作的方式有关。

（4）配置模型。配置模型主要对 Web 工程所涉及的环境和基础设施进行详细的描述，其中基础设施主要包括构件基础设施和数据库及其连接配置情况。在某些情况下，配置模型只不过是服务器和客户机的属性列表，但对于复杂的 Web 应用系统来说，多种配置的复杂性（如多服务器之间的负载分配、高速缓冲的体系结构、远程数据库、同一网页上服务于不同对象的多个服务器）可能对分析和设计产生影响。必须考虑复杂配置体系结构时，可以通过 UML 的部署图描述。

（5）导航模型。为 Web 应用系统定义所有的导航策略，主要分析各个页面之间的关系，可以通过对用户的分析和对页面单元的分析来进行。软件系统与用户之间的交互场景是获取这种导航关系的主要依据。显然，不同类型的用户因为使用 Web 软件的目的不同、对浏览器使用方法的熟练程度不同等因素，对交互场景的期望自然也不同。在整理导航关系时，必须避免用户在导航中迷失。为此，可采用以下办法：杜绝过长、过于复杂的导航链；以若干网页作为用户开展工作的“基础网页”，从这些基础网页出发经过简单且尽可能短的导航链能够返回基础网页。

从分析元素来分，可以将 Web 工程分为 CRC（Class–Responsibility-Collaborator，类-责任-协作者）卡片、用例图及其他 UML 图。其中，CRC 卡片提供了一种简单的标识和组织与系统或产品需求相关的类的手段；用例图则用于描述软件给定情形的场景；其他 UML 图可以辅助对象建模和分析过程。

15.5.3 Web 软件的设计

Web 软件的设计所包括的技术性活动和非技术性活动有：建立 WebApp 的外观和印象、创建用户界面的美学布局、定义系统总体结构、开发体系结构中的内容和功能，以及设计 WebApp 的导航等。通过 Web 软件的设计工作，使得 Web 工程师可以创建整个 Web 系统的模型架构，并对此整体架构进行评估和改进，以满足对 WebApp 的质量要求。Web 软件的设计由需求分析阶段所获取的信息驱动，主要可分为 6 个步骤：内容设计利用内容模型作为建立内容对象设计的基础；美学设计建立了最终用户所关注的外观和感觉；架构设计重点关注所有内容对象和功能的总体超媒体结构；界面设计创建了定义用户界面的总体布局和交互机制；导航设计定义了最终用户对超媒体结构的导航关系；构件设计表示了 WebApp 功能元素的详细内部结构。这 6 个步骤分别会产生内容、美学外观、体系架构、界面、导航和构件，这些都是 Web 软件设计阶段的成果。

无论应用的领域、规模和复杂度如何，Jean Kaiser 曾提出，一个良好的 Web 设计需要满足如下要求：简单性、整体一致性、符合性、健壮性、导航性、视觉吸引及兼容性。此外，Web 工程也有自己的一些特有的设计原则，例如：页面速度要快；页面正确率高；所有的菜单和界面的风格应该统一；链接指示应明显；界面功能明显清晰；通常都需要使用表格等工具。这些设计原则可以从不同侧面为人们的 Web 软件设计提供指导。

1. WebApp 界面设计

Web 软件是一种有能力包含大量信息的，以用户界面为主要交互通道的软件。因此 Web 工程中界面在用户心目中具有非常重要的地位。界面可以说是 Web 工程给人的第一印象，只有让用户对第一印象产生好感觉时，用户才有可能使用 Web 工程的其他功能——导航和内容。

所有的用户界面需要易使用、易操作、直观、一致。除此之外，界面还要求有助于用户浏览，界面需要显示用户当前所在的网站或工程的路径。有 3 个重要的原则可以用于指导有效的用户界面设计：（1）始终处于用户的操纵控制之下；（2）减少用户的记忆负担；（3）保持界面一致性。此外，Web 界面设计还需要考虑好 3 个问题：浏览者目前的位置、浏览者目前可以进行的操作及浏览者可以导向的目标。

在实际设计中，WebApp 界面设计要考虑不同的用户群需求和目的，力求简单、自然、直观，确保界面能够为大多数普通用户所理解和接受，让每类用户均获得轻松愉快的使用体验；考虑客户端界面呈现空间的差异性，一般地，WebApp 界面设计应以广为使用的显示器分辨率和浏览器默认采用的字体尺寸为标准，确保在浏览器窗口沿水平和垂直方向各占显示器屏幕一定比例（如 80%～90%）时不出现滚动条，尤其不要出现水平滚动条，为此，界面设计时要注意节约空间；界面设计时要考虑网络传输速度和带宽带来的限制，每幅界面应尽可能简单，数据量尽可能少；目前，主流的浏览器有多种，大多数 WebApp 界面设计必须考虑不同浏览器之间的差异，尽力确保 WebApp 界面在不同浏览器上都能获得预期的、一致的呈现效果。

图 15.13　Google 简洁的界面图示

例如，Google 简洁的界面不需要多做任何解释，直观、大方，参见图 15.13。

2. 美学设计

美学设计是对 Web 设计在技术方面的补充，通过美学设计，WebApp 能够将用户带入以用户为核心的智慧世界中。美学设计主要关注布局问题和美术设计问题两个方面，其中，布局设计中，没有绝对的规则，但是还是有一些指导方针：不要担心留下空白；重视内容；按照从左上到右下的顺序组织布局元素；在页面上按照导航、内容和功能安排布局；不要通过滚动条扩展空间；充分考虑分辨率和浏览器窗口的尺寸大小。而美术设计则需要考虑到 WebApp 外观的每个方面，美术设计从布局开始，并在设计过程中考虑全局颜色配置、字体、字号、风格、补充媒体（如音频、视频、动画）的使用，以及应用系统的所有其他美学元素。

3. 内容设计

内容设计关注两个设计任务，首先，为内容对象开发一种设计表示及一种机制以便建立内容对象之间的关系；其次，也要生成特定的内容对象内信息，这一点可以由广告撰稿人员、美术设计人员及产生 WebApp 内容的其他人员完成。

设计内容对象时，将内容对象“分块”，然后形成 WebApp 页面。集成在一个页面的内容对象的数量与用户需求、网络连接的下载速度及用户能够承受的滚动次数有关。

4. 体系结构设计

体系结构设计与已建立的 WebApp 的目标、展示的内容、将要访问的用户和已经建立的导航原则紧密相关。体系结构设计者必须分别确定内容体系结构和 WebApp 体系结构两个方面。内容体系结构着重于内容对象（诸如网页的组成对象）的表现和导航的组织方式；WebApp 体系结构则描述应用系统以什么组织方式来管理用户交互、操纵内部处理任务、实现导航和展示内容。

大多数情况下，体系结构设计与界面设计、美学设计和内容设计同时进行，由于 WebApp 体系结构对导航的影响很大，所以在体系结构设计活动中做出的决定会影响导航设计阶段的工作。

内容体系结构的设计主要是对 WebApp 的所有超媒体结构进行定义，通常有 3 种不同的内容体系结构可供选择：线性结构、网络结构和层次结构。3 种不同体系结构的比较参见表 15.6。WebApp 体系结构的线性结构和网络结构示意图参见图 15.14。层次结构的实现与常规层次结构相同，此处就不再给出图示。

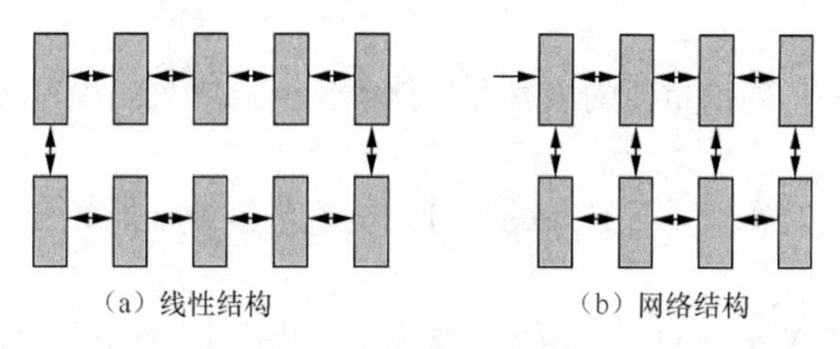

（a）线性结构　　（b）网络结构

图 15.14　WebApp 体系结构的线性结构和网络结构示意图

线性结构：当内部交互的可预测顺序（带有一些变化或转向）很常见时，常使用线性结构。帮助文档的展示是一个非常典型的例子，在有必备的前提信息后，信息页连同相关的图示、简短的视频、音频才随之出现，内容展示的顺序是预先定义好的，而且通常是线性的。

网络结构：当 WebApp 的内容按照类别组织成两维（或很多维）时，可以采用这种结构，这种 WebApp 结构只有在内容十分规则的情况下才会使用。

层次结构：与常规分层结构所不同的是，WebApp 的层次结构可以设计成不仅仅在垂直分支上支持控制流程，还可以使控制流水平地穿过垂直分支（通过超文本分支）的方式。这种结构能够实现 WebApp 内容的快速导航,但同时也有可能因为其灵活性而给用户带来困惑。

WebApp 体系结构描述使基于 Web 的系统达到其业务目标的基础结构。鉴于 Web 软件本身利用浏览器显示用户界面的特性，一般地，WebApp 体系结构采用 3 层设计结构，使界面与导航和应用系统行为相分离，通常可以选择使用 MVC 架构作为 WebApp 基础结构模型之一，用于将用户界面与 WebApp 功能及信息内容分离。

表 15.6　　3 种不同的体系结构比较

体系结构	线性结构	网格结构	层次结构
特点	结构比较固定 Web 内容一维化	Web 内容多维化	最常见的结构
优点	简单	有极大的灵活性	有较大的灵活性
缺点	灵活性不高	很容易带来混乱	易混乱
例子	订单	大型网站	普通网站

5. 导航设计

在建立了 WebApp 体系结构及其构件后，设计人员就应关注导航路径的定义问题，使用户可以轻松访问 WebApp 的内容和功能。导航设计主要分为两部分，一是对不同的用户权限确定导航语义，为同一类用户建立一个语义导航单元，这样方便后继的管理；二是定义实现导航的机制（语法），同时考虑建立合适的导航约定和帮助。

每一类角色使用 WebApp 的方式或多或少会有所区别，因而会有不同的导航要求。当用户和 WebApp 交互时，会接触到一系列的语义导航单元（语义导航单元即信息和相关导航结构的集合，它们相互协作共同完成相关的用户请求的一部分功能），因此，WebApp 的总体导航结构是可以通过一系列语义导航单元的层次结构组织起来的。

在找到实现每个语义导航单元的途径时，有多种可能的选择：

（1）单独的导航链接——包括基于文本的链接、图标、按钮、开关等，设计者需要选择适合内容的导航链接，并与能产生高质量界面设计的启发式方法一致；

（2）水平导航条——在包含合适链接的工具条中列出重要的内容或功能类别，一般列出 4～7 类；

（3）垂直导航列——列出重要的内容和功能类别，或者列出 WebApp 中几乎所有的重要内容对象；

（4）标签——标签其实只是导航条的变种，代表内容或功能类别，在需要链接时作为标签页被选中；

（5）网站地图——向 WebApp 中所有内容对象和功能提供完整的导航内容表格。

常用的导航习惯和帮助，例如，为了使图标和图形链接呈现“可点击”的状态，图标和图形的边缘应设计成斜角，使其呈现出三维效果，此外应该考虑设计听觉和视觉反馈，提示用户导航选项已选择。对于基于文本的导航，应该用颜色来显示导航链接，并给出链接已经访问的提示。

另外，为避免用户在界面跳转过程中迷失，导航设计应尽可能简单、方便和有逻辑性，也可以在网页上固定的醒目位置明示导航历史，必要时在跳转历史的每个网页上设置超链接或相应快捷方式。

6. 构件级设计

随着技术的发展和成熟，现代 WebApp 逐渐变得模板化，并提供了更加完善的处理功能，包括(1)可以执行本地化处理，从而动态地产生内容和导航能力；(2)可以提供适合于 WebApp 业务领域的计算或数据处理能力（如用户的注册和认证）；(3)可以提供高级的数据库查询和访问；（4）可以建立与外部协作系统的数据接口。为了实现上述能力，Web 工程师必须设计和构建一些程序构件，这些构件和普通软件的构件在形式上是一致的，本章 15.2 节讨论的构件化技术和方法几乎不需要任何修改，就可以适用于 WebApp 构件。其中实现环境、编程语言、设计模式、框架结构和所用软件工具可能有所不同，但设计方法是完全一样的。利用构件技术，可以很方便地组建各种不同的 Web 应用程序。

图 15.15　理想的 WebApp 框架结构的构件模型

理想的 WebApp 框架结构的构件模型参见图 15.15。

15.5.4　Web 软件的测试

测试是为了发现尽可能多的（并最终改正）潜藏错误而运行软件的过程，对 WebApp 测试也是完全一样的。在进行 WebApp 测试时，首先关注用户可见的方面，之后进行技术及内部结构方面的测试。一般地，要进行 7 个步骤的测试：内容测试、界面测试、导航测试、构件测试、配置测试、性能测试及安全测试。WebApp 测试的目标是对每一种 WebApp 质量维度进行检查，发现可能导致质量失效的错误或问题。一般地，通用的 WebApp 质量评判标准通常采用下面的一些原则来测试和评价 WebApp 的质量：

（1）内容：可以从句法和语义两个层次来评价；

（2）功能：功能测试可以发现不符合用户需求的错误；

（3）结构：结构评估是为了确保它恰当地展现了 WebApp 的内容和功能，确保它是可扩展的，确保能支持新的内容或功能；

（4）易用性：易用性测试是为了确保每个不同的用户群能被 WebApp 界面支持，能学会并运用所有需要的导航用法和意义；

（5）导航性：导航测试是为了确保所有的导航用法和意义都被实现，以便发现各种导航错误（如死链接、不合适或错误链接等）；

（6）性能：性能测试必须在各种各样的操作条件、配置和负载下进行，确保系统能响应用户的交互操作，能在可接受的性能下降的条件下处理极端的负载量；

（7）兼容性：兼容性测试就是在客户机和服务器上设定不同的配置条件下执行 WebApp；

（8）互操作性：互操作测试是为了确保 WebApp 能很好地与其他的应用程序和数据库交互；

（9）安全性：安全性测试是评估潜在的易攻击性，任何一个成功的入侵都认为是安全方面的失败。

对于成功的 WebApp 测试，在 WebApp 环境下出现的错误有很多独特的特性，包括：

（1）WebApp 测试发现的错误一开始都是显现在客户机（如某个浏览器或 PDA 或手机），所以 Web 工程师看到的只是问题的表象，而不是其实质；

（2）因为通常 WebApp 运行在许多不同的配置条件及各种各样的环境下，所以脱离某个错误最初产生时的环境，重现这个错误是很困难，甚至是不可能的；

（3）虽然有一些错误是由于不正确的设计和不恰当 HTML（或其他的程序语言）编码所导致的，但许多错误都与 WebApp 的配置有关；

（4）因为 WebApp 是一个客户机/服务器的结构，所以很难横跨客户机、服务器和网络这 3 层来分析错误产生的原因；

（5）某些错误是因固有的操作环境所致（如正在进行测试的某个特殊的配置），另一些可归咎于多变的操作环境（如瞬间的资源装载或者与时间相关的错误）。

上述这 5 个错误特性说明，在 WebApp 测试所发现的所有错误中，环境起着非常重要的作用。

对于 WebApp 测试策略的确定，一样应遵循常规软件测试所使用的基本原理，并增加面向对象测试所使用的策略和技术。综合这些内容，广泛采用的 WebApp 测试策略包括以下内容：

（1）重新审查 WebApp 内容模型，发现可能的错误；

（2）重新审查接口模型，确保能适应所有的使用条件；

（3）重新审查设计模型，发现可能的链接错误；

（4）测试用户界面，发现在显示和导航机制方面可能的错误；

（5）对选出的功能构件做单元测试；

（6）WebApp 导航需要测试；

（7）WebApp 在不同的环境配置下运行，因此需要对每个配置进行兼容性测试；

（8）安全性测试是为了发现在 WebApp 或它的应用环境中会遭人攻击的漏洞；

（9）性能需要测试；

（10）通过可监控的最终用户群对 WebApp 进行测试，对它们与系统的交互结果进行分析评估，包括内容和导航方面的错误、易用性和兼容性、可靠性和性能。

关于 WebApp 测试的更多相关内容，感兴趣的读者可参阅 Roger S. Pressman 著的《软件工程——实践者之路》。

15.6 软件产品线技术

现代软件开发过程中无时无刻不在利用重用的思想，重用的范围包括架构和模式、应用接口、构件、各种语言开发平台和支持工具等。软件产品线是一种系统化的软件复用技术，是在软件复用和软件构件基础上发展起来的新一代软件开发技术。

软件产品线是一个以软件工程为背景发展起来的、新兴的、多学科交叉的研究领域，内容涉及软件技术、管理技术和商务规划等多个方面，几乎覆盖了软件工程的所有领域，目前已成为软件工程研究和实践的最前沿领域之一。同时，软件产品线是一个非常适合专业的软件开发组织的软件开发方法，该方法能有效地提高软件生产率和质量，缩短开发时间，降低总的开发成本。

15.6.1　软件产品线基本概念

按照美国卡内基梅隆大学软件工程研究所（CMU/SEI）给出的定义："产品线是一个产品集合，这些产品共享一个公共的、可管理的特征集，这个特征集能满足选定的市场或任务领域的特定需求。这些系统遵循一个预描述的方式，在公共的核心资产基础上进行开发。"

软件产品线的理论基础是：特定领域（产品线）内的相似产品具有大量的公共部分和特征，通过识别和描述这些公共部分和特征，可以开发需求规范、测试用例、软件构件等产品线的公共资源。而这些公共资源可以直接应用或适当调整后应用于产品线内产品的开发，从而不再从草图开始开发产品。因此典型的产品线开发过程如图 15.16 所示，包括两个关键过程：领域工程和应用工程。

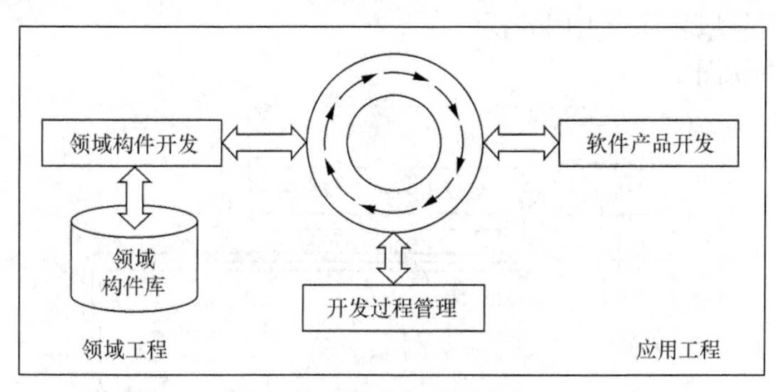

图 15.16　软件产品线开发过程

领域工程的主要任务是通过识别给定领域或相似产品的公共结构和特征，开发产品线内产品的公共资源。领域工程包括 3 个阶段：领域分析、领域设计、领域实现。在领域分析阶段，首先分析和确定产品线范围，即定义和确定哪些产品属于该产品线。接着，分析产品线内产品需求和特征的公共性和变化性，建立软件产品线需求模型。在领域设计阶段，根据产品线需求模型设计软件产品线架构。最后在系统实现阶段，开发构件等软件产品线的公共资源。

应用工程则是在领域工程生成的公共资源基础上开发特定产品。与普通单个产品开发不同的是，在产品线应用开发中，不仅仅考虑客户需求，也要受产品线公共资源约束。应用工程的 3 个阶段分别为需求分析、系统设计、系统实现。

1．软件产品线的 3 大基本活动

软件产品线是一种面向特定领域、系统的软件复用技术，它的特点在于一次开发一组具有大量公共特征的相似产品。产品线体系结构定义了产品线中所有成品的公共结构及其独有特性，是软件产品线的最重要核心资产之一。由于相似产品具有大量公共特征，但也有其独有特性，产品线体系结构必须能够同时支持产品线的公共性和变化性。

根据 CMU/SEI 的定义，软件产品线主要由两部分组成：核心资产和产品集合。核心资产是领域工程中所有结果的集合，是产品线中产品构造的基础。它包含产品线中所有产品共享的产品线体系结构，新设计开发的或者通过现有系统的再工程得到的、需要在整个产品线中系统化重用的软件构件。产品线体系结构和构件是用于产品构建的最重要部分。

因此，软件产品线的基本活动有 3 类：核心资产的开发、利用核心资产的产品开发及技术和组织管理。图 15.17 显示了这 3 大基本活动：每一个环代表一种基本活动，3 个环交错连接在一起互相重叠，不停地变化，多个箭头表示各自的更新，这些更新可能是自发的，也可能是其他基本活动引发的。三者连接在一起并且持续运转，表明三者是必不可少的、紧密联系的，可以以任何次序出现，且不断循环，从而提高软件产品线的性能。这实际上是由 STARS 的双生存周期模型发展而来（STARS 是美国国防部资助的一个关于过程驱动、特定领域和基于重用的软件开发方法的研究项目，参见图 15.18）。

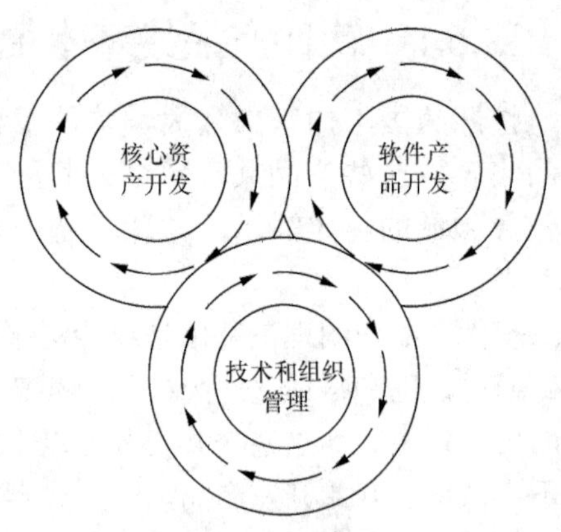

图 15.17　软件产品线开发示意图

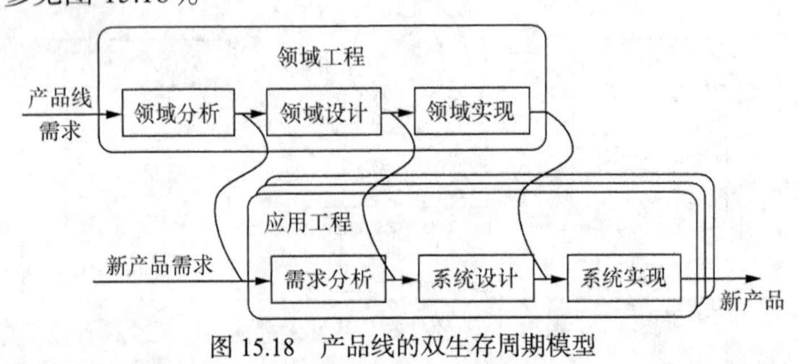

图 15.18　产品线的双生存周期模型

2. 软件产品线的特点

软件产品线与其他产品线的定义并没有什么不同，不过核心资产的范围是相当广泛的，包括架构、可重用的构件、需求规格、领域模型、进度计划和预算、测试用例、开发过程定义等。更重要的是不要忘记“人”是核心资产中的核心！使用这些核心资产资源，人们可以高效构建特定的产品。软件产品线不同于先前的“重用”，不是对单一产品划分子版本进行开发，也不是一些技术管理规范，项目组的主要工作应该集中在集成而不是开发上。像华为 TELLIN 智能网上运行的各种智能业务，如“200 电话卡”、“201 校园卡”、“神州行”、“动感地带”、“固定电话预付费”、“193 长途卡”、“17931IP 卡”、“统一 VC 充值中心”等，很难想象工程师面对如此繁多且相似度极大的智能业务系统都会从头开发——它们只是在基础平台上进行少量的开发和配置就可以满足不同的业务需求。

软件产品线可以为人们带来大量的好处：缩短开发周期、降低研发成本、减少产品更新和维护的难度、提供更好的产品质量，进而在竞争中处于领先地位，获取更大的利润。听起来很诱人，不过实现产品线方式开发是有一定的风险和约束的，如不明确指出就很容易在实践中陷入困境。首先要清楚的就是，产品线开发不像单独的项目开发，需要一定的启动成本用于建立核心资产，而最早利用核心资产构建的产品开发周期和成本并不会显著缩短，因为其承担着相当比例构件的开发任务，以及对核心资产的修订和更新。

采用平台化开发的风险并不仅仅来自于公司业务战略的匹配和技术上的可行性，更隐含着组织方面的风险。这种不同于单独项目开发的方式需要在组织结构上进行重大的调整，并且需要一位精通产品线运作实践并具有执行力的技术主管负责执行，同时公司还要承担人员职位变化引起的工作效率下降、研发文化转变等带来的负面影响。

软件产品线开始建造的时候可能花费更多（相对一般的软件开发模式而言），因为软件产品线需要大量的启动投资，以及维护资产所需的持续开销。对每项资产而言，投资成本一般比收益的价值少得多，大部分成本是建立产品线相关的前期成本，而收益却是随着每个新产品的发布而增加的。一旦建立了这种方法，就可以迅速提高组织的生产率，收益会远远超过成本。图 15.19 显示了使用软件产品线与一般软件开发方式的成本比较，从长远来看，使用软件产品线是一种不错的模式。

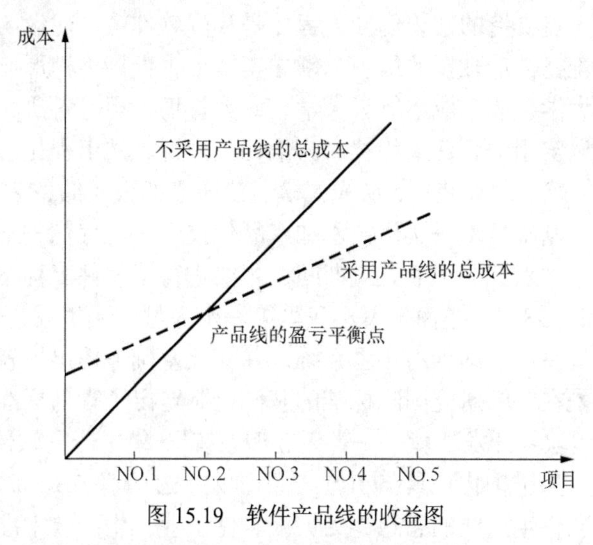

图 15.19　软件产品线的收益图

软件产品线工程区别于其他复用方法的地方主要在两个方面。

（1）软件产品线工程涉及的是一系列相关的软件产品集。一个软件产品线一般支持多个软件产品的生产，每个软件产品都有自己的版本和软件生存期，单个软件产品的演进也要放在产品族的上下文环境中考虑。软件产品线的演进会影响到所有公用的架构和复用的构件。

（2）软件产品的开发基于公共的复用资产，产品线中每一个产品的生产都充分利用了分析、设计、编码、计划、培训等已为生产其他产品所做的活动，和仅复用代码不同，复用对象范围大大扩展了。

15.6.2　软件产品线方法

从 20 世纪 70 年代的函数、模块重用，80 年代的对象重用，到 90 年代的构件重用，均对软件的发展起到了巨大的推动作用。但是，如果没有一个系统性重用的方法作指导，采用构件技术无法带来大规模的重用，采用传统的一次开发一个系统的方式，不仅造成了软件资产的大量浪费，而且也使系统的成本和开发周期大大增加。基于产品线的重用符合软件重用的发展趋势：从小粒度的重用（代码、对象）到构件重用，再发展到策略重用及大粒度的部件（软件体系结构、结构框架、过程、测试实例和产品规划）重用。因此可以说软件产品线方法是软件工程领域中软件体系结构和软件重用技术发展的结果，产品线方法可以看作是软件复用发展的一个更高阶段。

在产品线方法下，开发系统的过程主要体现在两个方面：根据标准构架来开发和利用产品线构件来开发。新的系统构架和任何被开发或被修改的构件都将成为产品线的核心构件，并将在未来的开发中被使用到。

软件产品线方法集中体现一种大规模、大粒度的软件复用实践。目前，软件产品线方法已成为学术界研究热点，并在工业界得到初步应用。产品线系统已有成功的应用实例，典型的是美国空军电子系统中心（ESC）和瑞典 CelsiusTech System 公司的产品线系统。实践证明应用软件产品线方法，能够在大量减少开发成本、开发周期的同时，提高软件产品质量。

15.6.3 北大青鸟工程

1. 青鸟工程简介

青鸟工程是国家重点支持的知识创新工程，是我国软件产业建设的基础性工作。在著名软件专家、中科院院士杨芙清教授的组织与领导实施下，青鸟工程形成了包括软件工程国家工程研究中心、北京大学、北京航空航天大学、北大青鸟公司等科研、教学、产业多方面的攻关群体，其目标是以实用的软件工程技术为依托，推行软件工程化、工业化生产技术和模式，提供软件工业化生产手段和装备，形成规模经济所需的人才储备、技术储备和产品储备。

青鸟工程经历了"基础技术—实用技术和产品化技术—工程化—工业化生产技术"的研究发展阶段，其中国家"六五"、"七五"期间，主要进行了软件工程技术的研究，研制开发出"核心支撑环境 BETA-85"，进而发展出我国第一个大型的"集成化软件工程支撑环境"，并正式将其命名为青鸟系统，即青鸟Ⅰ型系统，并在此基础上提出了软件生产线的概念。国家"八五"攻关重点是在跟踪研究国际标准的基础上制定出了青鸟标准规范系列，采用面向对象技术开发出"大型软件开发环境——青鸟Ⅱ型系统"，集中研究软件产品化技术，推出了一系列青鸟软件产品，如结构化工具集 JBST、面向对象工具集 JBOO/1.5 等。这些研究和开发实践进一步丰富了软件生产线的思想，为突破软件工业化生产技术准备了条件。

国家"九五"攻关期间，青鸟工程的任务是在前期攻关工作的基础上，为形成我国软件产业规模提供技术支持，重点是研究软件的工业化生产技术，开发软件工业化生产系统——青鸟软件生产线系统（青鸟Ⅲ型系统），即基于构件-构架复用的软件开发技术及基于构件-构架的应用软件集成（组装）环境，为软件开发提供整体解决方案，推行软件工业化生产模式，促进软件产业规模的形成。

2. 青鸟软件生产线系统

青鸟工程提出了软件生产线的概念和思想，基于构件/构架复用思想，突破传统开发模式，可形成软件产业内部的合理分工，实现软件工业化生产。青鸟工程提出的软件生产线的概念和思想，将软件的生产组织划分为 3 类不同的生产车间，即应用构架生产车间、构件生产车间、基于构件及构架复用的应用集成（组装）车间，在这 3 个车间之间存在着两个库，即应用构架库和构件库，从而形成软件生产组织内部的合理分工，实现软件的工业化生产，标准规范和质量保证对整个生产过程提供支持。青鸟软件生产线概念参见图 15.20。

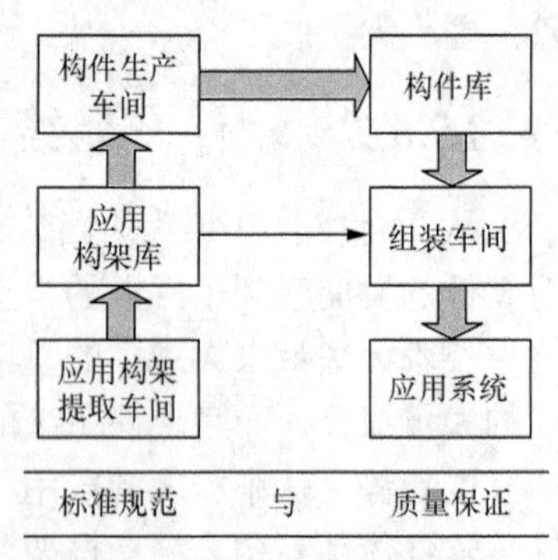

图 15.20 青鸟软件生产线概念

青鸟软件生产线中的活动主要包括领域工程、构件管理、应用工程和质量保证等几个方面。青鸟软件生产线系统对这些活动提供全方位的支持，整体分为方法（指南和标准规范）和相应拥有自主知识产权、先进实用的支撑工具体系两个方面，参见图 15.21。青鸟软件生产线系统及活动参见图 15.21。

从图 15.20 和图 15.21 中可以看出，青鸟软件生产线系统以软件构件、构架技术为核心，其中的主要活动体现在传统的领域工程与应用工程之中，但赋予了它们新的内容，并且通过构件管理、再工程等环节将它们有机地衔接起来。另外，青鸟软件生产线系统的每个活动皆有相应的方法和工具与之对应，并结合项目管理、组织管理、质量管理等管理问题，形成完整的软件生产流程。

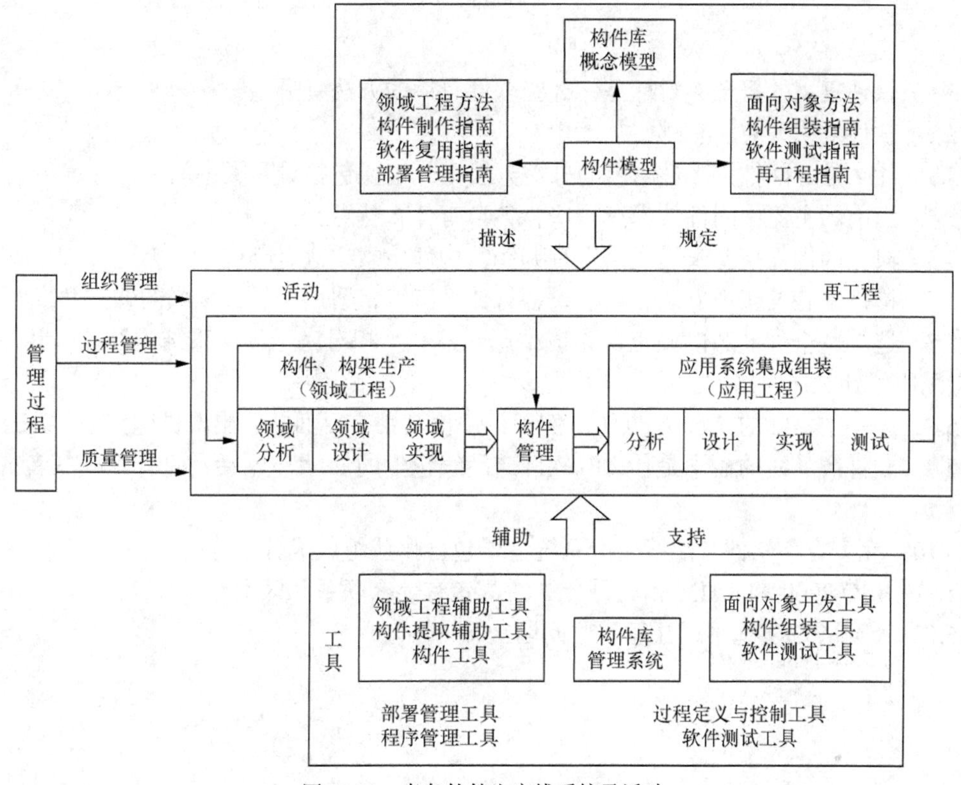

图 15.21　青鸟软件生产线系统及活动

本章小结

随着软、硬件技术、网络的发展及计算理念的变化，软件工程领域也出现了很多新的技术。本章主要介绍继面向对象技术之后软件工程领域研究使用的新技术，包括软件复用技术、基于构件的软件工程技术（中间件和构件技术）、软件能力成熟度模型、敏捷软件过程、Web 软件工程及软件产品线技术。

软件复用技术是其他软件工程技术的核心和基础。基于构件的软件工程技术需要软件体系结构的支持。软件能力成熟度模型则是从软件过程改进的角度为个人、团队和整个软件开发组织提供参考。敏捷软件过程改变了传统的软件开发过程中先设计后实现的思想，敏捷更强调快速灵活反应，主动迎接和适应变化。敏捷开发能够适应中小型快速软件开发的需求，代表了 21 世纪互联网时代软件开发模式的一种先进理念和价值观。随着网络应用逐渐成为人们生活中不可或缺的组成部分，以 Web 系统和应用为主体的 Web 软件工程（简称 Web 工程）成为软件工程中一个渐渐分离的独立分支。Web 工程借用了软件工程的许多基本概念和原理，以相同的技术和管理活动完成具有 Web 应用特色的软件生存周期。软件产品线方法是软件工程领域中软件体系结构和软件重用技术发展的结果，产品线方法可以看作是软件复用发展的一个更高阶段，目前关于软件产品线的研究更多还在实验阶段。

习题 15

15.1　软件复用的概念、目标是什么？软件复用的方法有哪些？

15.2　软件复用的粒度有哪些？

15.3　什么是中间件？IDC 给出的分类方法中，主要包括哪几类中间件？

15.4　当前的主流中间件技术有哪些，各自有什么特点？

15.5　典型的构件模型及描述语言有哪些？构件检索方法有哪些？

15.6　构件组装的实现方法有哪些，各有什么特点，适用于什么领域的软件开发？

15.7　选择一个你熟悉的站点，为该站点开发一个相对完全的体系结构设计，并指出这个站点采用了什么体系结构。

15.8　用一个实际的 Web 站点作为例子，评价其用户界面并给出改进建议。

15.9　软件产品线的概念是什么？软件产品线包含的 3 大基本活动是什么，三者的关系如何？

15.10　北大青鸟软件产品线生产系统主要包含哪些组成成分？

15.11　ISO 9000 和 CMM 指的是什么？两者有什么联系和区别？

15.12　CMM 的实施中应注意哪些问题？

第 3 篇

软件工程实验

第 16 章　软件工程实验

本实验部分作为独立的一章内容，自成体系。实验大纲按照面向过程的软件工程和面向对象的软件工程两部分内容，分别设置了针对不同内容的两组实验。任课教师可以根据教学内容选择适当实验组合，作为学生学习完软件工程课程以后的实验环节训练题目。其中的图书馆图书管理系统可以作为面向过程的软件工程和面向对象的软件工程的训练题目；浏览器系统的设计给出了按照面向对象的软件工程的设计方法进行软件开发的操作步骤示例。任课老师可以安排学生选择一个适当题目，按照实验大纲的操作步骤进行相关实验。

1. 实验教学目标和任务

软件工程作为一门指导软件开发和维护的工程学科，已经形成了一套富有成效的方法、工具和组织管理措施，成为软件工程和计算机学科及其他相关学科的重要组成部分，但要真正掌握并熟练运用软件工程的方法进行软件开发，必须有针对性地进行训练。软件工程是一门实践性很强的课程，只有通过实践，才能真正掌握课程的内容。软件工程课程的主要学习内容为软件开发过程的管理和软件开发文档的编写，软件文档的编写需要有针对性。

软件工程实验是从完整的系统角度出发，把一个应用系统按照软件生存周期的阶段进行划分，将软件工程涉及的理论、方法应用到针对一个合适题目的分析、设计与测试过程中，结合课堂上所讲的各项原理，锻炼同学们在软件开发过程中的软件设计能力和软件文档的编写能力，使同学们能切实地掌握软件工程中的各个过程、方法、模型等，了解正式评审和里程碑的重要作用。打破同学们对软件工程的神秘感，让同学们初步体会到软件工程对实际软件开发的重要指导作用。

2. 实验方法及要求

任何一个实用的软件系统所需要考虑的内容及注意事项都很全面，在一门课程的实验环节中完成一个很完善的软件系统几乎是不可能的，因此，在选定设计题目后的需求分析阶段中，如何定义合理的要求内容及范围是一个需要注意的关键问题。整个实验可以将选定的设计题目作为主线进行实践，在实践中利用软件工程的方法为选定题目编写各类软件文档及软件代码，可利用课余时间编程，利用实验时间进行调试。

实验将以小组方式开展，每个小组 3～5 人，形成一个软件开发团队，每组一名组长，负责组织小组讨论。学生在实验以外的时间应参照题目的要求，扎扎实实地完成软件工程各个阶段的相关文档。

选定题目的实现可用任何一种高级语言，软件文档的编写建议使用 Microsoft Word。

3. 实验报告的规范和要求

每个实验完成后应编写出相应的软件文档，以小组方式提交。软件文档需按国家软件标准文档格式书写，并打印成册上交。按照面向过程方式安排实验环节的，整个过程需要提供的文档包括可行性研究报告、需求规格说明书、开发计划书、总体设计说明书、详细设计说明书、测试计划、测试分析报告、用户手册、项目开发总结报告及完成的系统源代码等。按照面向对象方式安排实验环节的，整个过程需要提供的文档包括可行性研究报告、系统需求分析说明书、开发计划书、系统设计说明书、测试计划、测试分析报告、用户手册、项目开发总结报告及完成的系统源代码等。

4. 实验内容具体要求

本章分别以开发一个处理图书馆图书借阅管理的系统和一个全功能的网络通用型浏览器作为面向过程和面向对象的软件工程实验的例子，给出实验具体操作步骤、要求及实验的内容描述。任课教师可以根据内容的讲授情况，指导学生完成图书馆图书借阅管理系统的面向对象方法设计，或者由学生自己选择合适的题目完成实验内容。

16.1　面向过程的软件工程实验

图书馆图书借阅管理系统的开发背景介绍：早期的学校图书馆使用传统的卡片来管理所有的图书和读者信息，随着计算机对管理工作的逐步普及，需要开发一套图书馆图书借阅信息管理系统，使用计算机来对图书馆的图书借阅情况进行管理。

系统的需求分析过程常常是通过与客户进行适当的交谈来获取的。作为实验示例，本节给出第一次需求碰头会的会议主要内容。实验环节中的部分内容，如需求分析文档、对象、类、角色、参与者、用例等，都可以从该段谈话内容中抽取。会议主要内容如下。

系统分析员：这次会议的目的是了解系统的主要功能，希望大家谈谈自己对这个系统的要求。

图书馆馆长：系统要能够更方便地完成以前需要手工完成的工作，首先考虑给管理员使用，减轻它们的工作负担，提高工作效率。我们的管理员只接受过简单的计算机培训，系统的操作最好能够比较简便直观。

图书管理员甲：系统要能实现所有对内和对外的功能。

系统分析员：能不能请你说得更详细一些？

图书管理员甲：我们的日常工作主要分为两部分，一部分是对内的工作，这一部分工作基本上与读者无关，主要是对所有读物和读者信息的维护；另一部分是对外的工作，也就是要和借书者打交道的工作，通常是读者来借书或还书。

系统分析员：信息的维护都有哪些内容？

图书管理员乙：我们每年都要购进新书，还要对旧书进行清理。在新购进一种图书或杂志时，我们都要对它的作者、书号、数量等信息进行登记。在旧的图书过期、丢失或破损的情况下，要及时把书及其卡片从图书馆中去掉。

图书管理员甲：另一项内容是借阅者信息的维护。尤其是在每年新生入学和学生毕业时，我们都要为新生办理借书证并进行登记，将毕业学生的信息删除，偶尔也会修改借阅者信息，如他的联系电话发生变化等。

……

图书馆馆长：图书馆的计算机使用什么操作系统还没有最终确定。因为经费比较紧张，目前先配备 3～5 台计算机，因此系统的第一个版本主要用于借书大厅的局域网环境下，但以后随着学校对图书馆投资的加大，那时系统需要能够很方便地扩展到 Internet 环境，我们可以在办公室或家里，只要能够上网，就可以通过设置的账户和密码很方便地查询图书信息，读者也可以通过网络进行图书和自己借阅信息的查询。

……

系统分析员：今天的会议就开到这里。谢谢大家的配合，以后可能还需要麻烦各位的配合。

实验 1　图书管理系统的可行性分析

1. 实验目的和要求

掌握可行性研究的步骤，练习撰写可行性研究报告。

2. 实验时间

2 学时（以课后作业的形式完成）。

3. 实验内容

假设某公司将要投资开发该图书馆图书借阅管理系统，你作为一家软件开发企业，准备接手此项目的开发，但是你首先需要对此项目做可行性分析，并形成报告。这份报告既要能打动投资者投入资金，又要能让你自己在项目开发中有所收益。

可行性研究报告的内容包括编写目的、对现有系统的分析（处理流程和数据流程、工作负荷、人员、设备、局限性等）、所建议的系统的改进之处及预期所带来的影响（包括设备、软件、用户单位机构、系统运行过程、开发过程、地点及实施、经费开支、局限性等）、投资及效益分析（支出、收益、收益/投资比、投资回收周期等）、社会因素方面的可行性（法律方面、使用方面）、结论等。

4. 注意事项

注意可行性研究的步骤。

注意报告中图形的表示。

注意报告的规范性。

5. 实验提交内容

可行性研究报告。

6. 参考资料

国家 GB 标准的立项调查报告模板、可行性研究报告模板。

实验 2　图书管理系统的项目开发计划

1. 实验目的和要求

掌握制定项目开发计划的方法，练习撰写项目开发计划报告。

2. 实验内容

假设现在你已接手该项目，需要为项目的研发和管理工作制定合理的行动纲领（即项目开发计划），以便所有相关人员按照该计划有条不紊地开展工作。作为项目的承担者，你需要完成这份项目计划。

项目开发计划的内容包括引言（编写目的、背景、定义、参考资料）、项目概述（工作内容、主要参加人员、产品、验收标准、完成项目的最迟期限、本计划的批准者和批准日期）、实施计划（工作任务的分配与人员分工、接口人员、进度安排、预算、关键问题、支持条件、专题计划要点）。

3. 实验提交内容

项目计划书。

4. 实验时间

2 学时（以课后作业的形式完成）。

5. 参考资料

国家 GB 标准的项目计划书模板。

实验 3　图书管理系统的需求分析

1. 实验目的和要求

掌握项目需求管理与需求分析方法，练习撰写用户需求说明书和软件需求说明书。

2. 实验内容

假设你所在的软件企业已着手研发该项目，为了让开发出的系统满足用户的需求，能很好的和用户交流，也为了让该项目能顺利完成，你需要为该项目编写用户需求说明书和软件需求说明书。用户需求说明书是为了和用户进行交流所编写的，软件需求说明书是为了该系统的研发所编写的。请根据用户的需求，与用户交流后编写用户需求说明书和软件需求说明书。

软件需求说明书内容包括引言（编写目的、背景、定义、参考资料）、任务概述（目标、用户特点、假定和约束）、需求规定（功能、性能、输入输出、数据管理能力、故障处理、其他）、运行环境规定（设备、支持软件、接口、控制）。

可能需要的图形包括：数据流图、系统流程图、数据字典、E-R 图等。

3. 注意事项

编写用户需求说明书时注意专业术语的表达与解释。

注意用标准的图形来表示。

4. 实验提交内容

用户需求说明书、软件需求说明书。

5. 实验时间

6 学时（以课后作业的形式完成）。

6. 参考资料

国家 GB 标准的用户需求说明书模板。

国家 GB 标准的软件需求说明书模板。

实验 4　图书管理系统的总体设计

1. 实验目的和要求

掌握系统设计的基本方法与流程，练习撰写系统总体设计报告。

2. 实验内容

假设你通过与用户的交流，已完成了用户需求说明书和软件需求说明书，并且这两份说明书已经通过用户的评审，满足了用户的需求，下面将正式进入项目的研发。为了让程序开发人员清楚系统的结构，你必须提供系统设计报告、用户界面设计、数据库设计报告及模块设计报告，设计软件系统的体系结构、用户界面、数据库、模块等，从而在需求与代码之间建立桥梁，指导开发人员去实现能满足用户需求的软件产品。

请根据需求分析，编写软件体系结构设计报告、界面设计报告、数据库设计报告及模块设计报告。

总体设计说明书的内容包括引言（编写目的、背景、定义、参考资料）、总体设计（需求规定、运行环境、基本设计概念和处理流程、结构、功能需求与程序的关系、人工处理过程、本阶段尚未解决的问题等）、接口设计（用户接口、外部接口、内部接口）、运行设计（运行模块组合、运行控制、运行时间）、系统数据结构设计（逻辑结构设计、物理结构设计、数据结构与程序的关系）、系统出错处理设计（出错信息、补救措施、系统维护设计）。

可能需要用到的图形包括 ER 图、模块结构图、层次结构图等。

3. 注意事项

注意专业术语的表达与解释。

注意用标准的图形表示。

4. 实验提交内容

软件体系结构设计报告、界面设计报告、数据库设计报告及模块设计报告。

5. 实验时间

2+4 学时（设计部分在课堂上完成，报告部分以课后作业的形式完成）。

6. 参考资料

国家 GB 标准的软件体系结构设计报告模板。

国家 GB 标准的界面设计模板。

国家 GB 标准的数据库设计报告模板。

国家 GB 标准的模块设计报告模板。

实验 5 图书管理系统的详细设计及编码实现

1. 实验目的和要求

掌握管理信息系统 MIS 的各模块详细设计及实现的基本方法，训练详细设计的算法描述能力和程序设计的编码能力。

2. 实验内容

随着需求分析与系统总体设计的顺利完成，现在你可以开始实现该系统了。根据系统总体设计报告的内容，选择你熟悉的技术，给出每个模块的输入、输出参数描述和详细的实现算法描述，并编写程序设计代码。

可能需要的图形表示包括：算法描述的流程图、N-S 图、判定表或伪代码描述。

详细设计说明书的内容包括：引言（编写目的、背景、定义、参考资料）、程序系统的结构及各个层次中的每个模块的设计考虑（包括模块描述、功能、性能、输入项、输出项、算法、流程逻辑、接口、存储分配、注释设计、限制条件、测试计划及本阶段尚未解决的问题等）。

模块开发卷宗的内容包括：标题（包括软件系统名称和标识符、模块名称和标识符、程序编制员签名、卷宗的修改文本序号、修改完成日期、卷宗序号、编排日期）、模块开发情况表、功能说明、设计说明、源代码清单、单元测试说明、本模块复审的结论等。

3. 注意事项

注意代码编写的规范性。

注意要符合用户的需求。

4. 实验提交内容

详细设计文档。

模块开发卷宗。

能顺利运行、功能完善的系统代码及程序设计文档。

5. 实验时间

4+2 学时（设计部分在课堂上完成，报告部分以课后作业的形式完成）。

6. 参考资料

国家 GB 标准的详细设计模板。

国家 GB 标准的模块开发卷宗模板。

国家 GB 标准的编程文档模板。

实验 6　图书管理系统的测试

1. 实验目的和要求

掌握对软件系统进行测试的基本方法，训练撰写测试分析报告的能力。

2. 实验内容

系统已经实现，为了让系统投入市场后生存周期更长，系统维护费用降低，你需要在系统投入市场之前进行一次完整的测试。根据你实现的系统，设计测试方案，分别进行单元测试、集成测试、验收测试，编写系统测试计划、测试用例及测试报告（其中的单元测试也可以并到前一个实验，即编码阶段进行）。

测试计划书的内容包括：引言（编写目的、背景、定义、参考资料）、计划（软件说明、测试内容及逐项测试内容的进度安排、资源条件、测试资料、测试培训等）、测试设计说明（逐项列出测试内容的控制方式、输入、输出、测试过程等）、评价准则（包括测试范围、测试数据的整理、对测试工作的评价尺度）。

测试分析报告的内容包括：引言（编写目的、背景、定义、参考资料）、测试概要（用表格的形式列出每一项测试的预测内容及其与测试计划的差别）、测试结果及发现（逐项列出每一个测试的实测结果及其与预测计划的差别并做简要分析）、对软件功能的结论（根据测试结果逐项列出每一个模块的实际能力和限制等）、分析摘要（根据上述结果给出相应的分析、建议和评价）、测试资源消耗。

3. 注意事项

注意测试用例的完整性、所设计的测试用例的合理性。

4. 实验提交内容

系统测试计划、测试用例及测试报告。

5. 实验时间

4+2 学时（设计部分在课堂上完成，报告部分以课后作业的形式完成）。

6. 参考资料

系统测试计划模板、测试用例模板、测试分析报告模板。

实验 7　图书管理系统用户手册的撰写

1. 实验目的和要求

掌握项目用户手册要求的设计，练习撰写用户手册。

2. 实验内容

假设现在你已基本完成了整个项目的开发及测试，作为项目的承担者，你需要在提交项目之前完成这份用户手册。

用户手册的内容包括：引言（编写目的、背景、定义、参考资料）、用途（功能、性能（包括精度、时间特性、灵活性、安全保密等））、运行环境（硬件设备、支持软件、数据库等）、使用过程（安装与初始化、输入、输出、数据库查询、出错处理和恢复、终端操作）。

3. 实验提交内容

用户手册。

4. 实验时间

2学时（以课后作业的形式完成）。

5. 参考资料

国家GB标准的用户手册模板。

实验8　图书管理系统项目开发总结报告的撰写

1. 实验目的和要求

掌握项目开发总结报告的设计，练习撰写项目开发总结报告。

2. 实验内容

假设现在你已基本完成了整个项目的开发、测试及交互，作为项目的承担者，你需要在提交项目之后完成这份项目开发总结报告。

项目开发总结报告的内容包括：引言（编写目的、背景、定义、参考资料）、实际开发结果（产品、主要功能和性能、基本流程、进度、费用）、开发工作评价（生产效率、产品质量、技术方法、出错原因）、经验与教训。

3. 实验提交内容

项目开发总结报告。

4. 实验时间

2学时（以课后作业的形式完成）。

5. 参考资料

国家GB标准的项目开发总结报告模板。

16.2　面向对象的软件工程实验

本实验所要求实现的浏览器是一个全功能的通用型网络浏览器，其功能主要有以下几方面。

（1）浏览。最基本的功能，保证浏览的正确性。

（2）缓存。缓存结构保持网站存储结构的原貌。

（3）提供一个系统化的解决方案。提供网页编辑、收发Email等功能。

（4）离线浏览。能定义下载的层数，能定义下载的文件类型，能定义是否跨网站下载。

（5）网页内容分析。通过对网页内容的分析，得出用户关心的网页的主题，获取相关的网页。

实验9　浏览器系统的可行性分析

1. 实验目的和要求

掌握可行性研究的步骤，练习撰写可行性研究报告。

2. 实验时间

2学时（以课后作业的形式完成）。

3. 实验内容

假设某公司将要投资开发该浏览器系统，你作为一家软件开发企业，准备接手此项目的开发，但是你首先需要对此项目做可行性分析，并形成报告，这份报告既要能打动投资者投入资金，又要能让你自己在项目开发中有所收益。

对本系统的立项依据可以描述如下：在主流浏览器，如 IE 中，缓存并未保持网站存储原貌，使希望观察网站组织结构的用户无法如愿；针对目前中国网速较慢，网费较高的情况，离线浏览的功能是有用户群的；而网页内容分析，由于宽带网正在普及，对那些使用宽带网的用户来说，通过浏览网页时的冗余带宽自动获取对用户可能有帮助的信息，则对于希望获取某一方面内容网站网页的用户是有帮助的。因此，我们决定开发这个软件。

可行性研究报告的内容包括：编写目的、对现有系统的分析（处理流程和数据流程、工作负荷、人员、设备、局限性等）、所建议的系统的改进之处及预期所带来的影响（包括设备、软件、用户单位机构、系统运行过程、开发过程、地点及实施、经费开支、局限性等）、投资及效益分析（支出、收益、收益/投资比、投资回收周期等）、社会因素方面的可行性（法律方面、使用方面）、结论等。

4. 注意事项

注意可行性研究的步骤。

注意报告中图形的表示。

注意报告的规范性。

5. 实验提交内容

可行性研究报告。

6. 参考资料

国家 GB 标准的立项调查报告模板、可行性研究报告模板。

实验 10　浏览器系统的项目开发计划

1. 实验目的和要求

掌握制定项目开发计划的方法，练习撰写项目开发计划报告。

2. 实验内容

假设现在你已接手该项目，需要为项目的研发和管理工作制定合理的行动纲领（即项目开发计划），以便所有相关人员按照该计划有条不紊地开展工作。作为项目的承担者，你需要完成这份项目计划。

项目开发计划的内容包括：引言（编写目的、背景、定义、参考资料）、项目概述（工作内容、主要参加人员、产品、验收标准、完成项目的最迟期限、本计划的批准者和批准日期）、实施计划（工作任务的分门与人员分工、接口人员、进度安排、预算、关键问题、支持条件、专题计划要点）。

3. 实验提交内容

项目计划书。

4. 实验时间

2 学时（以课后作业的形式完成）。

5. 参考资料

国家 GB 标准的项目计划书模板。

实验 11　浏览器系统的需求分析

1. 实验目的和要求

掌握采用面向对象方法进行项目的需求管理与需求分析的方法，练习撰写用户需求说明书和软件需求说明书。

2. 实验内容

假设你所在的软件企业已着手研发该项目，为了让开发出的系统满足用户的需求，能很好地和用户交流，也为了让该项目能顺利完成，你需要为该项目编写用户需求说明书和软件需求说明书。用户需求说明书是为了和用户进行交流所编写的，软件需求说明书是为了该系统的研发所编写的。与用户交流后，可以根据与用户的交流会议的记录内容进行整理，形成用户需求文档，进而编写用户需求说明书和软件需求说明书。需求分析阶段的焦点是确定“做什么”，而不是“怎么做”。不是具体地解决问题，而是准确地确定“为了解决这个问题，目标系统必须做什么”。主要是确定目标系统必须具备哪些功能。

面向对象的问题分析模型从 4 个侧面进行描述，即对象模型（对象的静态结构）、动态模型（对象相互作用的顺序）、功能模型（数据变换及功能依存关系）和实现模型（构件和部署结构）。软件工程的抽象原则、层次原则和分割原则同样适用于面向对象方法，即对象抽象与功能抽象原则是一样的，也是从高级到低级、从逻辑到物理，逐级细分。每一级抽象都重复对象建模（对象识别）→动态建模（事件识别）→功能建模（操作识别）的过程，直到每一个对象实例在物理（程序编码）上全部完成。

需求分析的第一步是确定系统能做什么，谁来使用这个系统？这些分别就是角色和用例。建立用例后，还需建立用例的详细流程，可以使用文本描述或活动框图的形式来表达；第二步需要对系统做进一步的领域分析，即寻找系统中的对象、类、对象属性、对象之间的关联等；第三步需要对系统做动态分析，详细描述出对象的行为和职责，通常使用交互图（顺序图通信图和（协作图））来表现角色与系统及系统内部对象之间的交互，使用状态图针对单个对象建模，通过分析单个对象的内部状态转换来了解一个对象的行为。

面向对象分析的目标是开发一系列的模型，这些模型被用来描述满足一组客户需求的计算机软件。通常我们通过与用户交流来获取它们的各种需求，这些需求有的是功能需求，有的是性能需求。如针对该浏览器系统，需求分析可以具体阐述如下。

（1）功能及性能描述如下。

① 在 URL 框中输入网址，按回车键后，在显示框中显示网页，并在 Cache 文件夹中按网站的组织结构保存网页。

② 用户单击显示框中的超链接，则显示目标链接页面，在 Cache 文件夹中按网站的组织结构保存网页，并在 URL 框中显示当前网页地址。

③ 用户单击刷新按钮时，重新显示当前页面，并在 Cache 文件夹中按网站的组织结构保存网页。

④ 当用户单击后退按钮时，显示上一个页面，并在 URL 框中显示其地址。

⑤ 当用户单击前进按钮时，显示下一个页面，并在 URL 框中显示其地址。

⑥ 打开本地文件，在显示框中显示网页，并在 URL 框中显示其地址。

⑦ 单击 Cache 按钮，则在显示框左侧打开一个树型目录框，显示 Cache 的结构，单击其中的网页文件名，则在显示框中显示网页。

⑧ 按下脱机按钮，则浏览时在 Cache 中获取网页，不通过 Internet 获取网页。

⑨ 要求前进和后退可进行 8 步。

⑩ 网页显示时内容要快速显示，尽量避免用户等待较长时间，杜绝窗口无任何显示。

⑪ 要求尽可能使用在本机上缓存的网页，以提高浏览速度。

（2）通过对需求的分析，可以发现该系统的特点如下。

① 纯软件实现。这就不用考虑硬件环境，因此实现起来比较简单。

② 没有明显的外部实体。这对分析找出对象产生了难度。

因此，我们从和此系统打交道的外部实体入手，确定了 3 个实体：

① 用户界面：发送浏览请求并显示网页；

② Web 服务器：用户提供远程 Web 服务；

③ 硬盘：缓存文件及向用户提供本机浏览的服务。

（3）根据功能需求，画出系统结构图如图 16.1 所示。

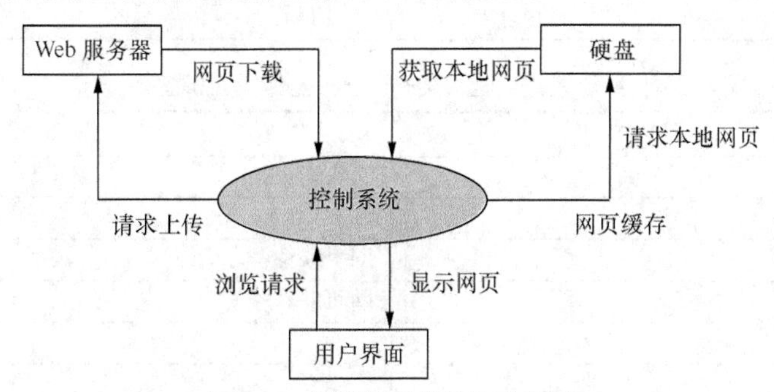

图 16.1　浏览器系统结构示意图

（4）为了和上述 3 个外部实体进行数据交换，可由如下 4 个基本的对象处理：

① 输入控制：接收用户输入信号；

② 网页获取：与远端 Web 服务器进行数据交换；

③ 缓存管理：与硬盘进行数据交换；

④ 网页显示：显示器显示信息道。

然后，为了控制系统，协调工作，又确定了系统控制和消息传递两个对象。

（5）根据功能需求和系统结构图，以及基本的对象操作，确定本系统包含以下的类：

① 输入控制类；

② 网页获取类；

③ 网页显示类；

④ 缓存管理类；

⑤ 系统控制类。

（6）对这 5 个类建立“类—责任—协作者”模型，参见表 16.1～表 16.5 所示。

表 16.1　输入控制类的“类—责任—协作者”模型

类名：输入控制类	
责任：	协作者：
键盘输入响应	系统控制类
鼠标输入响应	系统控制类

表 16.2　网页获取类的"类—责任—协作者"模型

类名：网页获取类	
责任：	协作者：
从 Web 服务器获取网页	
保存网页	缓存管理类
从本地硬盘获取网页	
显示网页	网页显示类
比较网页信息	缓存管理类

表 16.3　网页显示类的"类—责任—协作者"模型

类名：网页显示类	
责任：	协作者：
获取文件	网页获取类
文件显示	
发送请求	网页获取类

表 16.4　缓存管理类的"类—责任—协作者"模型

类名：缓存管理类	
责任：	协作者：
保存网页	
读取网页	网页获取类
比较网页信息	网页获取类
读取数据库信息	
保存信息入数据库	

表 16.5　系统控制类的"类—责任—协作者"模型

类名：系统控制类	
责任：	协作者：
进行系统调度 协调各类共同工作	输入控制类 网页获取类 网页显示类 缓存管理类

在此使用数据库来保存网页的相关信息，以帮助缓存管理。

（7）这些对象的关系如图 16.2 所示。

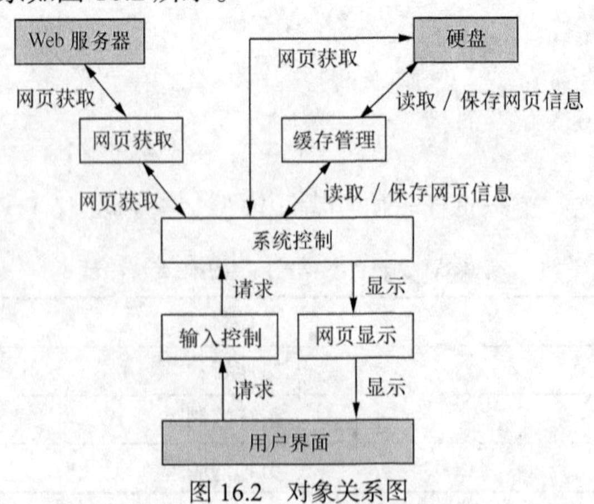

图 16.2　对象关系图

（8）根据用户需求，得出事件的流程“事件轨迹图”如图 16.3 所示。

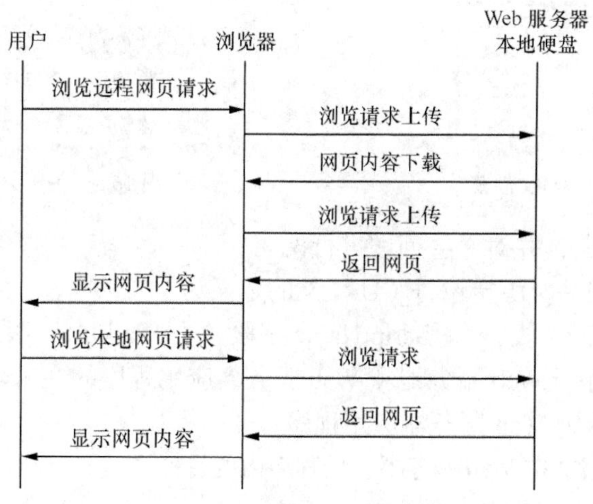

图 16.3　事件轨迹图

（9）界面图。在对象的划分确定后，为了保证设计的软件使用户操作起来方便，在获得用户意见的同时参考 IE 的界面，对浏览器 X 的界面进行了规定。浏览器的主界面如图 16.4 所示。

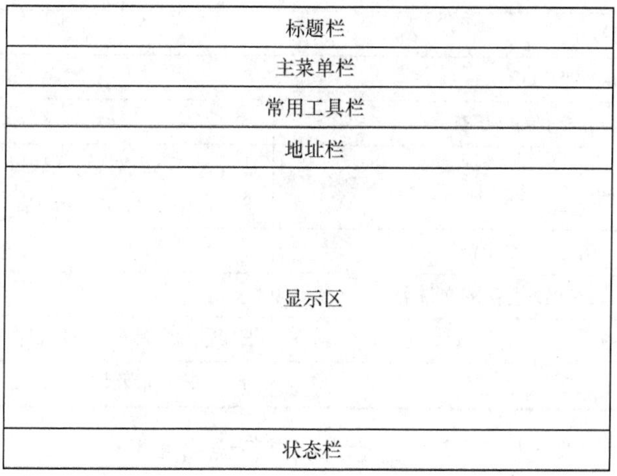

标题栏
主菜单栏
常用工具栏
地址栏
显示区
状态栏

图 16.4　主界面

主菜单如图 16.5 所示。

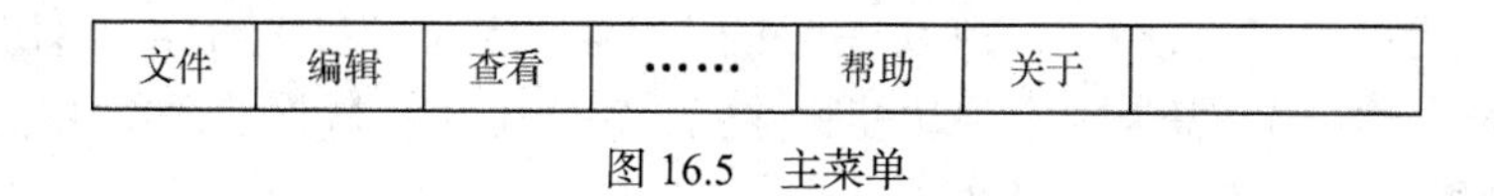

图 16.5　主菜单

工具栏如图 16.6 所示。

图 16.6　工具栏

文件菜单如图 16.7 所示；关于菜单如图 16.8 所示。

文件(F)
打开… Ctrl+O
保存 Ctrl+S
退出 Ctrl+C

图 16.7　文件菜单

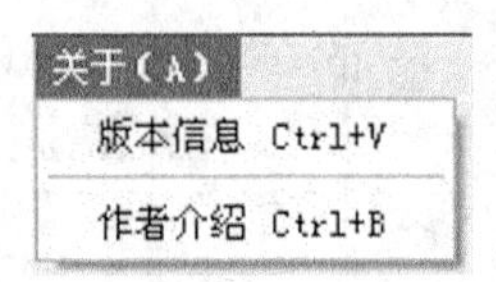

图 16.8　关于菜单

（10）编写数据字典，并对一些问题进行说明。

如数据字典中对统一资源定位符（URL）的定义为

URL = http:// + Host 字段 + / + ScriptName 字段 + / + PathInfo 字段 + Query 字段

其中，Host 字段标识 Web 服务器和 Web 服务器应用程序的主机名；

ScriptName 字段指定 Web 服务器应用程序；

PathInfo 字段指出报文在 Web 服务器应用程序内的目标；

Query 字段部分包含一组命名的数据。

例如：http://www.abc.com/computer/catory.dll/hardware?device=menory&type=CDROM

数据表的格式为

表 16.6　　数据表格式

列名	数据格式	说明
ID	顺序编号	
请求网址	请求的对象的 URL	
响应网址	实际返回的对象的 URL	
请求类型	[get | head | post | put]	① get：下载对象；② head：下载对象头信息；③ post、put：两类上传
是否成功	[成功 | 失败 | 重定向]	
文件名	缓存的路径名+缓存的文件名	
保存时间	日期+时间	日期：年+月+日；时间：时+分+秒
有效期	[日期 | 天数]	年+月+日 | 天数

（11）因开发时间的限制，对需求的优先级进行说明如下。

浏览功能为第一优先级，必须完成，即功能需求的 1～6 必须完成。

缓存功能为第二优先级，尽量完成，如时间紧迫，则可暂时放弃。即可放弃功能需求的 7～8，但缓存文件必须在数据库中登录，缓存结构必须与网站组织结构相同。

软件需求说明书内容包括：引言（编写目的、背景、定义、参考资料）、任务概述（目标、用户特点、假定和约束）、需求规定（功能、性能、输入输出、数据管理能力、故障处理、其他）、运行环境规定（设备、支持软件、接口、控制）。

可能需要的图形包括类图、用例图、活动图、状态图、通信图（协作图）、顺序图。

3. 需求分析文档编写方法、原则及注意事项

需求分析文档编写方法：

建议用结构化的和自然语言编写文本型文档；

建议建立图形化模型，这些模型可以描绘转换过程、系统状态、以及它们之间的变化、数据关系，逻辑流或对象类和它们的关系；

建议编写形式化规格说明，这可以通过使用数学上精确的形式化逻辑语言来定义需求。

多种编写方法可在同一个文档使用，根据需要选择，或互为补充，以能够把需求说明白为目的。

注意事项：

句子简短完整，具有正确的语法、拼写和标点。

使用的术语与词汇表中所定义的应一致。

需求陈述应该有一致的样式，如“系统必须……”或者“用户必须……”，并紧跟一个行为动作和可观察的结果。

避免使用模糊、主观的术语，如“界面友好、操作方便”等，以减少不确定性。

避免使用比较性词语，如“提高”，应定量说明提高程度。

编写用户需求说明书是注意专业术语的表达与解释。

注意用标准的图形来表示。

4. 实验提交内容

用户需求说明书、软件需求说明书。

说明书中应该包含的成果：

各业务当前系统办理的流程文字说明；

各业务当前系统办理流程图；

各业务当前系统办理各环节输入输出表单、数据来源；

目标软件系统功能划分（示意图及文字说明）；

目标软件系统中各业务办理流程文字说明；

目标软件系统中各业务办理流程图（模型）；

目标软件系统中各业务办理各环节数据、数据采集方式、数据间的内在联系分析；

目标软件系统用户界面图、各式系统逻辑模型图及说明。

5. 实验时间

6 学时（以课后作业的形式完成）。

6. 参考资料

国家 GB 标准的用户需求说明书模板。

国家 GB 标准的软件需求说明书模板。

实验 12　浏览器系统的体系结构设计

1. 实验目的和要求

体系结构设计阶段是对问题求解和建立解决方法的高层决策，主要包括如何把整个系统划分为多个功能子系统的策略，以及描述多个功能之间的依赖性和通信机制。这一阶段的目的是设计一个清晰简单的体系结构，使得子系统之间的依赖性尽可能少，为后期的详细设计阶段做更细化的决策提供依据。

本实验的具体要求有下列两点。

（1）掌握使用面向对象方法进行系统设计的操作步骤，要求对浏览器系统进行面向对象的体系结构设计。

（2）通过 StarUML 环境中 UML 图形的方式给出设计的描述，练习撰写体系结构设计结果的描述文档的方法。

2. 实验内容

（1）实验前提：已完成用户需求说明书和软件需求说明书，并且这两份说明书已经通过用户的评审满足了用户的需求。

（2）实验内容：对该系统进行体系结构设计，以需求分析说明书为依据，参照开发环境和使用环境的特点，划分出功能子系统，并确定出类。描述功能子系统间的协作关系，以及类间的协作关系。

在进行系统体系结构设计时，可以借鉴许多其他同类问题的成功解决方案，如设计模式就记录了面向对象软件的设计经验，设计人员可以选择适合的设计模式作为本系统的体系结构模式。

针对该浏览器系统的体系结构设计，可以参考如下的设计模型。

（1）功能子系统的划分

依据需求分析说明书和环境特点，将浏览器系统划分为4个子系统：

① 用户界面子系统：用户输入信息、显示网页；

② 系统控制子系统：系统控制，以及消息传递；

③ 网页获取子系统：从远端Web服务器获取文件及文件信息；

④ 数据管理子系统：包括数据库操作，数据库管理，以及缓存文件管理。

（2）子系统间的协作关系

子系统间的协作关系如图16.9所示。

数据管理子系统
获取文件及文件信息
浏览请求、输入信息
用户界面子系统
系统控制子系统
显示网页
存取文件及文件信息
网页获取子系统

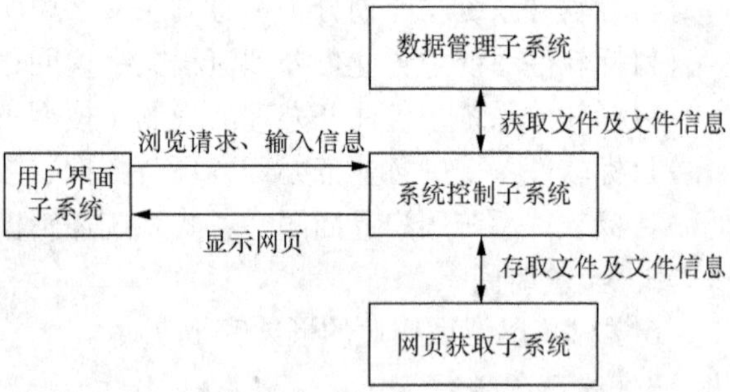

图16.9 子系统协作图

（3）类的划分

① 在用户界面子系统中，划分出如下9个类：

主菜单类、菜单项类、工具栏类、按钮类、URL标签类、URL输入框类、状态栏类、Cache结构显示类和网页显示类。

② 在控制子系统中，充分利用Windows的消息传递机制，得到控制类，负责在各响应函数中协调系统的运行，消息的传递交由Windows操作系统完成。

③ 在网页获取子系统中，划分出两个类。

远程文件获取服务器端类，负责与网页显示子系统打交道，接受获取网页的请求。

远程文件获取客户机端类，负责向Web服务器提出请求，获取远端网页的信息及远端文件，并将文件保存到硬盘。

④ 在数据管理子系统中，划分出两个类。

数据库管理类，保存、读取及更新保存在数据库中的网页信息，以供控制类在判断是否需要到Web服务器获取网页时使用。

缓存文件类（自建），将远程文件获取客户机端类获取的文件按该文件在Web服务器上的保存结构保存到Cache中，以及从Cache中读取文件。

（4）类间的协作关系

类协作关系如图16.10所示。

体系结构设计的文档内容包括：文档介绍（文档目的、范围、读者对象、参考文献、术语与缩写解释）、系统概述、设计约束、设计策略、系统总体结构、子系统的结构与功能、开发环境的配置、运行环境的配置、测试环境的配置及其他。

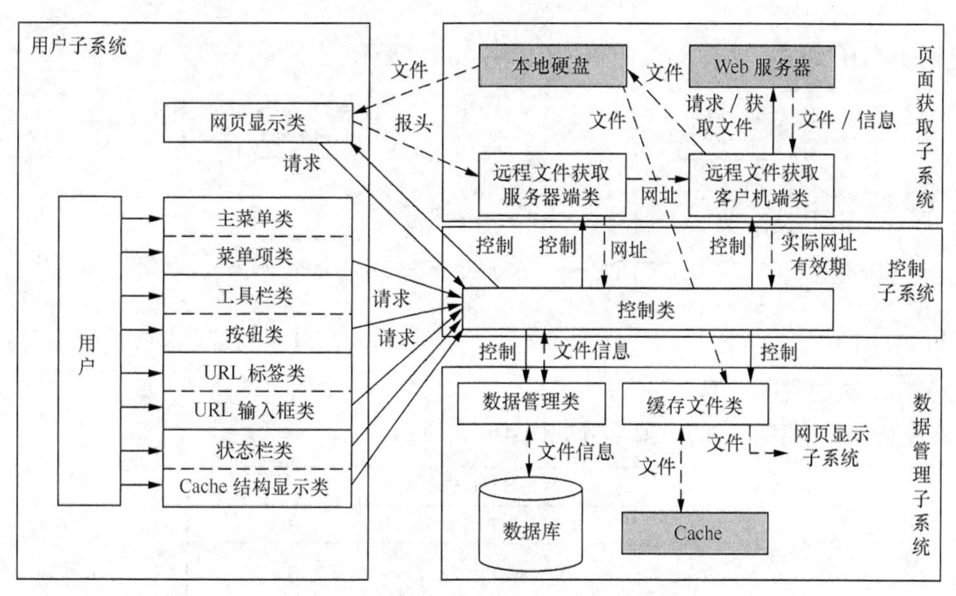

图 16.10　类协作图

3. 注意事项

编写分析设计说明书时，注意专业术语的表达与解释，注意用标准的图形 UML 来表示。

4. 实验提交内容

系统分析设计说明书。

5. 实验时间

4+2 学时（设计部分在课堂上完成，报告部分以课后作业的形式完成）。

实验 13　采用面向对象方法进行浏览器系统的详细设计

1. 实验目的和要求

（1）掌握采用面向对象的方法进行浏览器系统的详细设计。

（2）使用 StarUML 工具记录详细设计的内容，练习撰写详细设计结果的描述文档的方法。

2. 实验内容

假设你已经完成了针对该系统的体系结构设计，需要进行详细设计。这一阶段需要在上一阶段工作的基础上，完成系统中所有类和关联的全部定义，以及用于实现操作的各种方法的算法和接口的定义。所有的类都尽可能地进行详细描述，为编码阶段提供一个清晰的规范说明。以总体设计说明书为依据，进一步对系统的设计进行细化，并给出主要类的详细规格说明。

浏览器系统的相关详细设计可以参考如下资料。

（1）为更好地实现系统，在总体设计的基础上，创建几个新的起基础作用的支撑类如下。

① 在数据管理子系统中增加一个地址类，该类实现两个功能：字符串与浏览控件地址格式间的转换；URL 与硬盘文件名间的转换。该类在数据管理子系统中的位置如图 16.11 所示。

② 在网页获取子系统中增加两个类：HTTP 请求消息类和 HTTP 响应消息类。

HTTP 请求消息类的作用是分析 URL，分析是请求、上传还是请求头信息。

HTTP 响应消息类的作用是分析获取是否成功地响应，或者重定向，或者拼接头信息和文件体。

这两个类在文件获取子系统中的位置如图 16.12 所示。

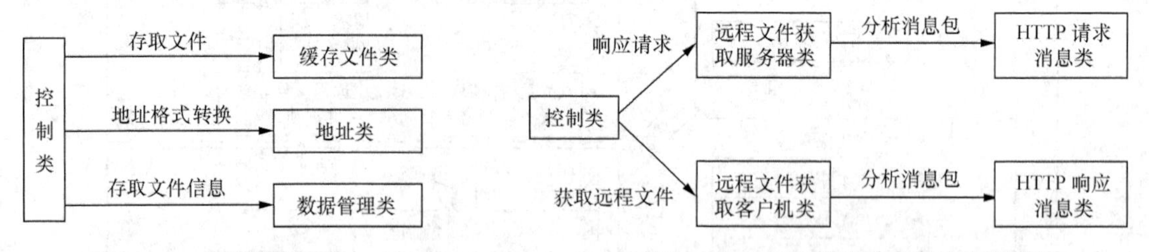

图 16.11　地址类位置图　　　　图 16.12　HTTP 消息请求/响应类位置图

（2）相关类的说明如下。

① 控制类：控制流程的主要部分如图 16.13 所示。

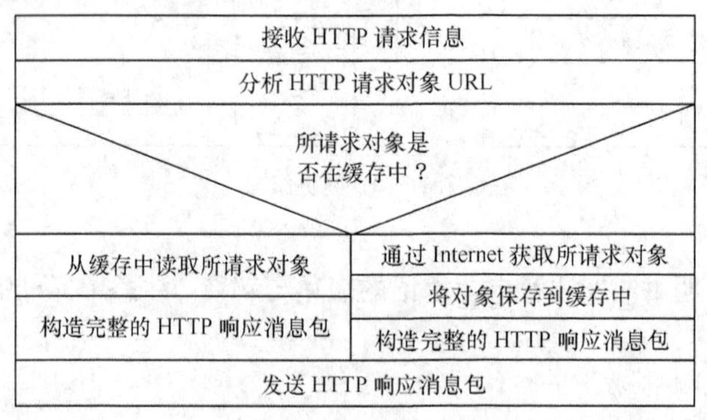

图 16.13　主要控制流程图

② 缓存文件类。

属性：

```
AnsiString hDir,bDir ;      //缓存文件完整路径，h：信息头，//b：文件
AnsiString hd,bd ;          //缓存文件完整目录，
int iFileHandle;            //文件句柄
int iFileLength;            //文件长度
int iBytesRead;             //文件读写字节数
char *Buffer;               //缓存
AnsiString reph,repb ;
//response head ;响应消息包头
//response body ;响应消息文件体
```

方法：

目录获取、创建操作；

缓存文件操作；

读取文件操作。

③ 地址类。

属性：

```
AnsiString reqA, Dir ;       //reqA：请求文件对象 url ;
                             //Dir：临时变量
AnsiString hDir,bDir ;       //缓存文件完整路径，h：信息头，//b：文件
```

方法：

格式转换：url→dir；

格式转换：dir→url。

④ HTTP 请求消息类。

属性：

```
AnsiString req ;    //http-request；请求消息
AnsiString reqA ;   //request address；请求文件对象 url
```

方法：

从服务器端口获取请求消息的报文；

从报文中分离出请求的 url。

⑤ HTTP 响应消息类。

属性：

```
AnsiString reqA ;   //request address；请求文件对象 url
AnsiString rep,reph,repb ;
//http-response ;响应消息包 = 头 + 体
//response head ;响应消息包头
//response body ;响应消息文件体
```

方法：

从 Web 上获取响应消息；

向浏览器发送响应消息。

从需求说明书中分析确定系统包含的对象、类及它们之间的联系等，并通过 Star UML 工具将设计结果以 UML 图形的形式画出来，然后根据需求分析说明书及分析设计结果，编写角色、用例、对象、类及系统设计等内容的分析设计报告、数据库分析设计报告等文档。

在 StarUML 工具已经完成的 UML 设计图的基础上，利用 StarUML 的正向工程功能完成代码框架的生成，然后根据设计要求，添加需要的其他代码，完成整体的编码工作。

3. 注意事项

编码过程中，注意标识符的命名规则，尽量采用见名知义的标识符。

正向工程实验中，选择不同的编程语言，在生成代码的过程中，操作步骤也会有所不同。

4. 实验提交内容

调试成功的代码及程序文档。

5. 实验时间

2+2 学时（设计部分在课堂上完成，报告部分以课后作业的形式完成）。

实验 14　利用 StarUML 正向工程功能完成代码框架的自动生成实验

1. 实验目的和要求

掌握使用 StarUML 工具进行正向工程生成设计代码的方法。

2. 实验内容

假设你已经完成了针对该系统的体系结构设计和详细设计。这一阶段需要在 StarUML 工具已经完成的 UML 设计图的基础上，利用 StarUML 的正向工程功能，完成代码框架的生成，然后根据设计要求，添加需要的其他代码，完成整体的编码工作。

3. 注意事项

编码过程中，注意标识符的命名规则，尽量采用见名知义的标识符。

正向工程实验中，选择不同的编程语言，在生成代码的过程中，操作步骤也会有所不同。

4. 实验提交内容

调试成功的代码及程序文档。

5. 实验时间

2+2 学时（设计部分在课堂上完成，报告部分以课后作业的形式完成）。

实验 15　利用 StarUML 逆向工程功能完成修改设计的实验

1. 实验目的和要求

掌握使用 StarUML 工具进行逆向工程修改设计的方法。

2. 实验内容

假设你已经完成了针对该系统的代码生成工作，但这时发现需要对部分代码进行修改。为了保证修改后的代码与设计的 UML 模型的一致性，需要通过 StarUML 工具的逆向工程功能由代码来生成 UML 设计图形。

编码和调试的工作需要不断地重复进行，为了保证模型与代码的高度一致性，需要读者熟练掌握 StarUML 工具的正向和逆向工程过程的操作步骤。

3. 注意事项

直接修改代码后，注意及时生成对应的模型，保持代码和模型的一致性。

4. 实验时间

2+2 学时（设计部分在课堂上完成，报告部分以课后作业的形式完成）。

5. 实验提交内容

调试成功的代码及程序文档。

实验 16　浏览器系统的测试

1. 实验目的和要求

掌握对软件系统进行测试的基本方法，训练撰写测试分析报告的能力。

2. 实验内容

系统已经实现，为了让系统投入市场后生存周期更长，系统维护费用降低，你需要在系统投入市场之前进行一次完整的测试。依据用户需求，设计测试用例，对软件进行系统级测试，并根据测试结果填写测试表格的测试结果栏。

根据你实现的系统，设计测试方案，分别进行单元测试、集成测试、验收测试，编写系统测试计划、测试用例及测试报告（其中的单元测试也可以并到前一个实验，即编码阶段进行）。

例如，针对该浏览器，进行测试的相关内容如下。

（1）测试环境

测试的重点是浏览功能与缓存功能。

为了确定缓存下来的文件组织结构与网站上的文件组织结构是否相同，我们选择一个我们知道组织结构的网站作为测试目标。该网站网址为：http://tinkler.top263.net。

（2）测试过程及结果

根据需求分析文档，设计测试用例，填写预期结果，在测试时，填写实际结果。

表 16.7　　测试用例、预期结果和实际结果

测试用例	预期结果	实际结果
输入网址 http://tinkler.top263.net	看到该站首页	看到该站首页
单击网页上的超链	转到该网页	转到该网页
单击刷新按钮	重新显示该页	重新显示该页
单击后退按钮	显示上一网页及相应网址	显示上一网页及相应网址
单击前进按钮	显示下一网页及相应网址	显示下一网页及相应网址
遍历该站，查看 Cache 文件夹中的 tinkler.top263.net 文件夹中文件组织结构	结构与网站相同	结构与网站相同
单击后退按钮 10 次	10 个网页及相应网址成功显示	10 个网页及相应网址成功显示
单击前进按钮 10 次	10 个网页及相应网址成功显示	10 个网页及相应网址成功显示
打开本地文件	显示该文件及相应文件路径	显示该文件及相应文件路径
单击 Cache 按钮	显示 Cache 结构	显示 Cache 结构
单击 Cache 显示窗中的文件	显示文件及相应网址	显示文件及相应网址
单击脱机按钮，输入浏览过的网页地址	显示文件	显示文件
单击脱击按钮，输入未浏览过的网址	显示找不到文件对话框	显示找不到文件对话框
输入 http://abc	显示找不到文件对话框	显示找不到文件对话框
单击保存菜单项	显示保存对话框，成功保存网页	显示保存对话框，成功保存网页
单击版权菜单项	显示版权声明对话框	显示版权声明对话框
单击关于 X 菜单项	显示 X 使用说明对话框	显示 X 使用说明对话框
单击作者菜单项	显示作者对话框	显示作者对话框
单击退出菜单项	退出浏览器 X	退出浏览器 X

测试计划书的内容包括：引言（编写目的、背景、定义、参考资料）、计划（软件说明、测试内容及逐项测试内容的进度安排、资源条件、测试资料、测试培训等）、测试设计说明（逐项列出测试内容的控制方式、输入、输出、测试过程等）、评价准则（包括测试范围、测试数据的整理、对测试工作的评价尺度）。

测试分析报告的内容包括：引言（编写目的、背景、定义、参考资料）、测试概要（用表格的形式列出每一项测试的预测内容及其与测试计划的差别）、测试结果及发现（逐项列出每一个测试的实测结果及其与预测计划的差别并做简要分析）、对软件功能的结论（根据测试结果逐项列出每一个模块的实际能力和限制等）、分析摘要（根据上述结果给出相应的分析、建议和评价）、测试资源消耗。

3. 注意事项

注意测试用例的完整性、所设计的测试用例的合理性。

4. 实验提交内容

系统测试计划、测试用例及测试分析报告。

5. 实验时间

4+2 学时（设计部分在课堂上完成，报告部分以课后作业的形式完成）。

6. 参考资料

系统测试计划模板、测试用例模板、测试分析报告模板。

实验 17　浏览器系统用户手册的撰写

1. 实验目和要求

掌握项目用户手册要求的设计，练习撰写用户手册。

2. 实验内容

假设现在你已基本完成了整个项目的开发及测试，作为项目的承担者，你需要在提交项目之前完成这份用户手册。

用户手册的内容包括：引言（编写目的、背景、定义、参考资料）、用途（功能、性能（包括精度、时间特性、灵活性、安全保密等））、运行环境（硬件设备、支持软件、数据库等）、使用过程（安装与初始化、输入、输出、数据库查询、出错处理和恢复、终端操作）。

3. 实验提交内容

用户手册。

4. 实验时间

2 学时（以课后作业的形式完成）。

5. 参考资料

国家 GB 标准的用户手册模板。

实验 18　浏览器系统项目开发总结报告的撰写

1. 实验目的和要求

掌握项目开发总结报告的设计，练习撰写项目开发总结报告。

2. 实验内容

假设现在你已基本完成了整个项目的开发、测试及交互，作为项目的承担者，你需要在提交项目之后完成这份项目开发总结报告。

项目开发总结报告的内容：包括引言（编写目的、背景、定义、参考资料）、实际开发结果（产品、主要功能和性能、基本流程、进度、费用）、开发工作评价（生产效率、产品质量、技术方法、出错原因）、经验与教训。

3. 实验提交内容

项目开发总结报告。

4. 实验时间

2 学时（以课后作业的形式完成）。

5. 参考资料

国家 GB 标准的项目开发总结报告模板。

附录 A　UML 图总结

本附录展示了每种 UML 图的主要表示法。

A.1　活动图

活动图的表示法如图 A.1～图 A.3 所示。

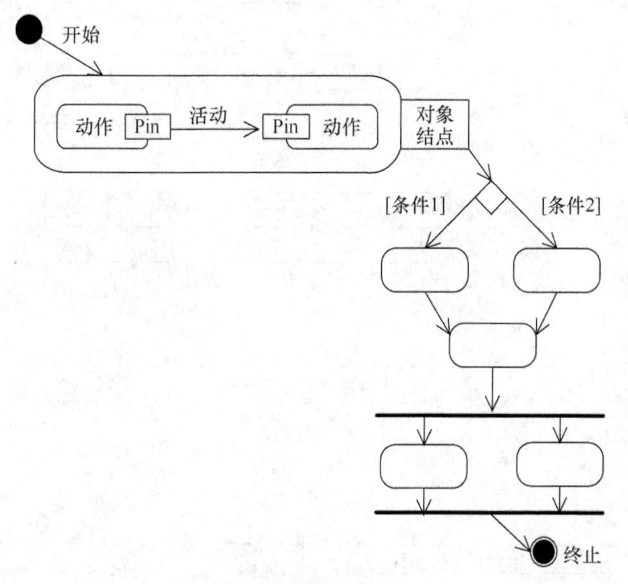

图 A.1　活动图（1）

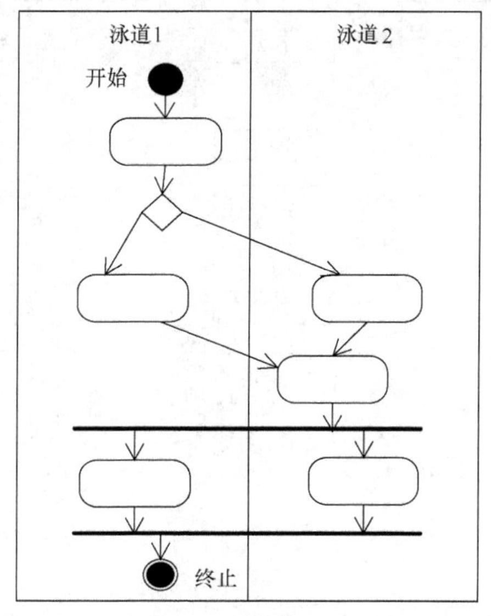

图 A.2　活动图（2）

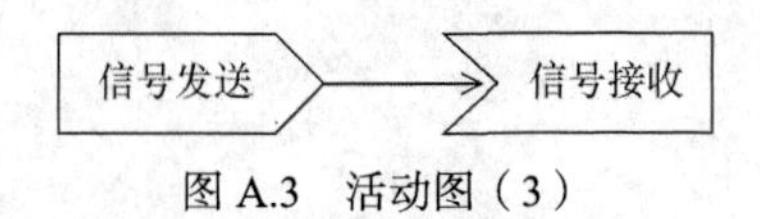

图 A.3 活动图（3）

A.2 类图

类图的表示法如图 A.4、A.5 所示。

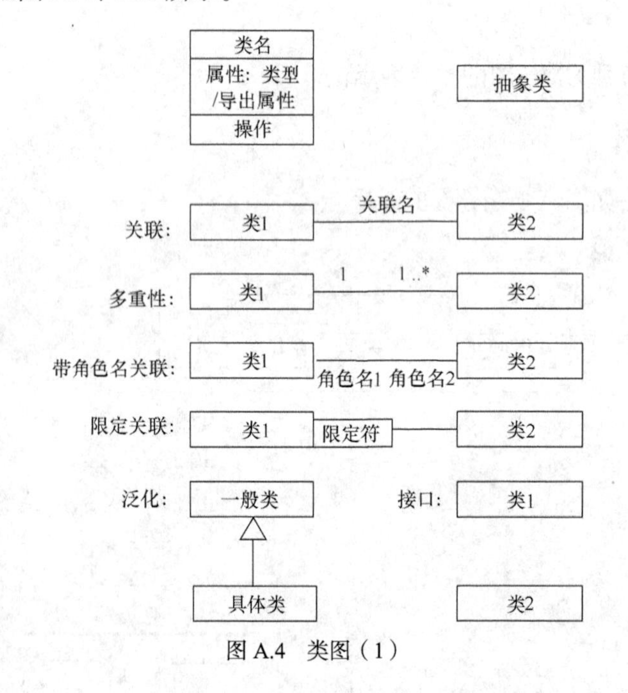

图 A.4 类图（1）

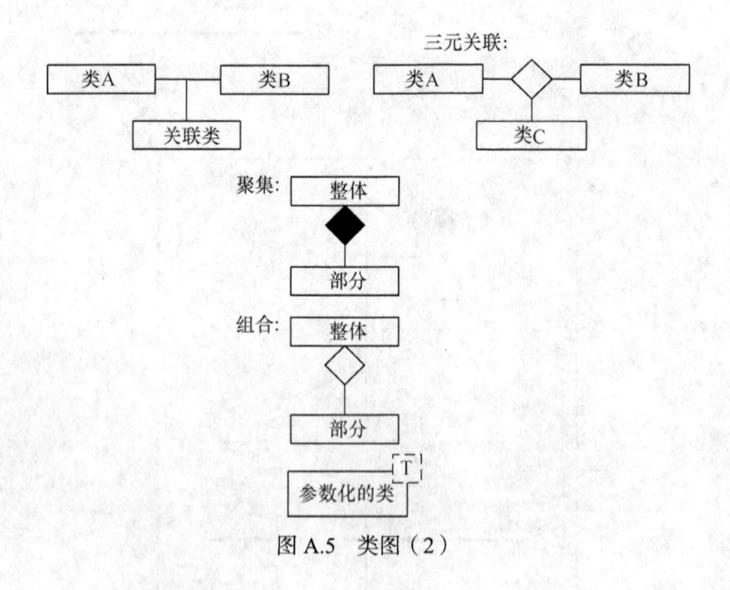

图 A.5 类图（2）

A.3 通信图

通信图的表示法如图 A.6 所示。

A.4　构件图

构件图的表示法如图 A.7 所示。

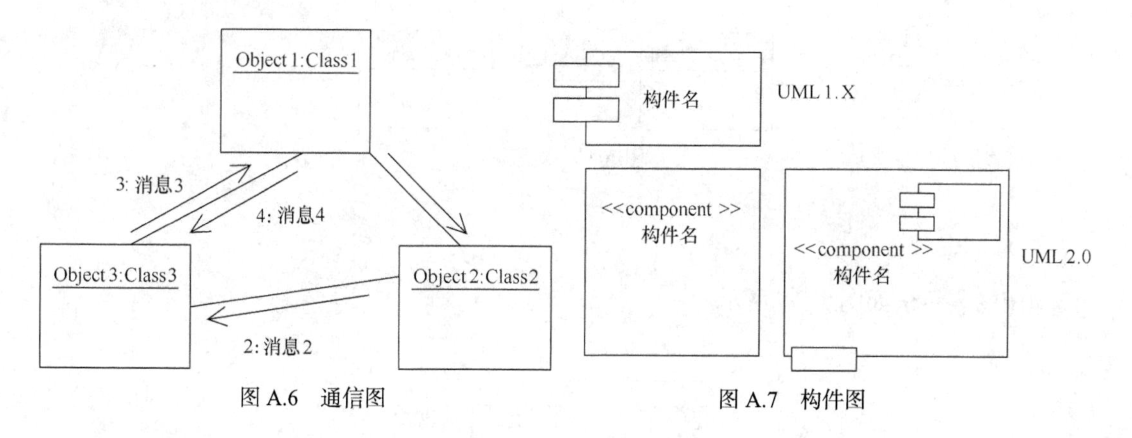

图 A.6　通信图　　　　图 A.7　构件图

A.5　组合结构图

组合结构图的表示法如图 A.8 所示。

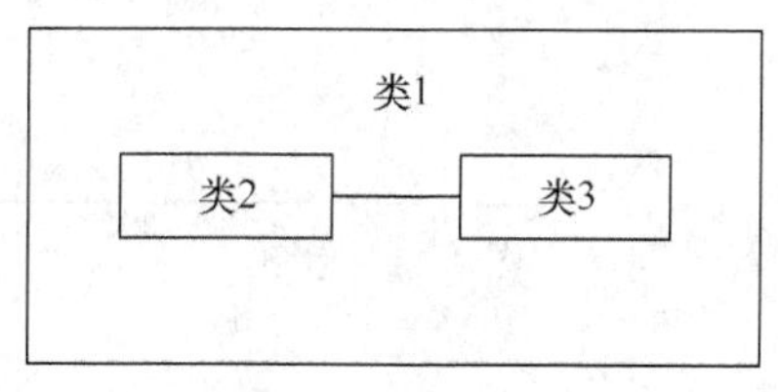

图 A.8　组合结构图

A.6　部署图

部署图的表示法如图 A.9 所示。

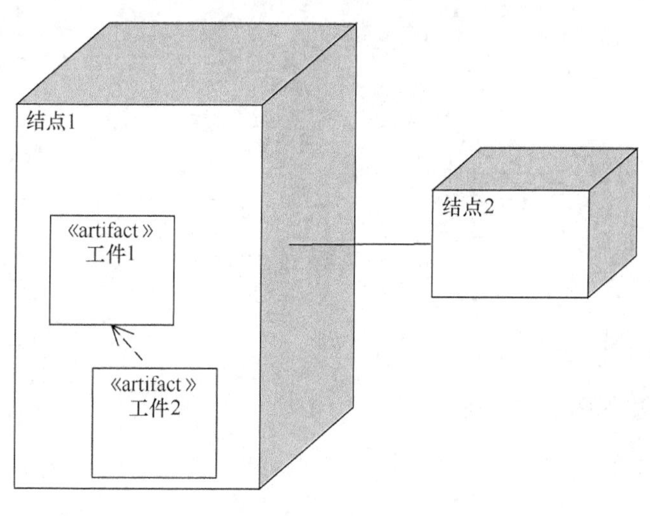

图 A.9　部署图

A.7 对象图

对象图的表示法如图 A.10 所示。

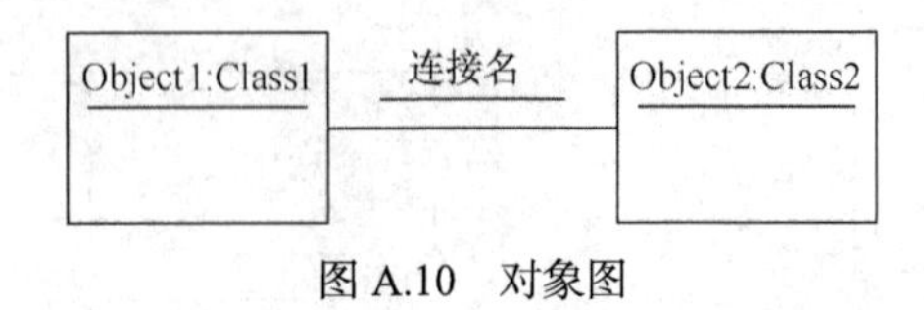

图 A.10 对象图

A.8 包图

包图的表示法如图 A.11 所示。

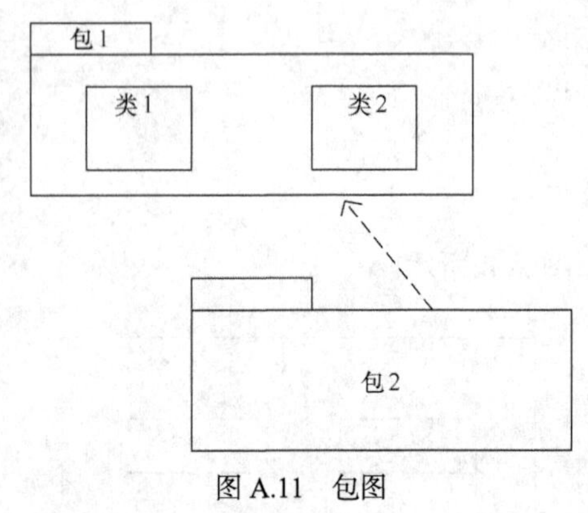

图 A.11 包图

A.9 参数化通信图

参数化通信图的表示法如图 A.12 所示。

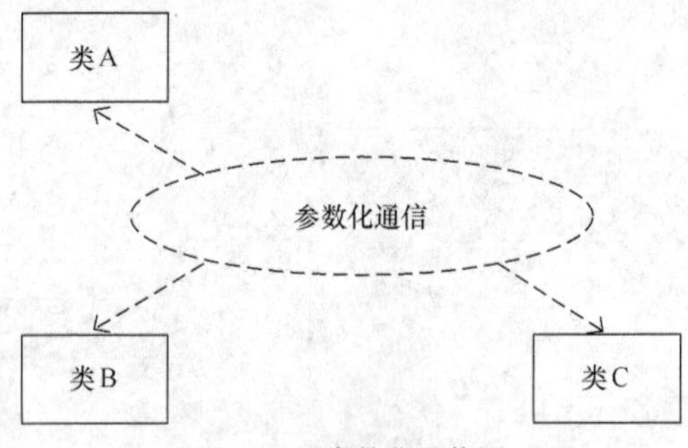

图 A.12 参数化通信图

A.10 顺序图

顺序图的表示法如图 A.13 所示。

A.11 状态图

状态图的表示法如图 A.14 所示。

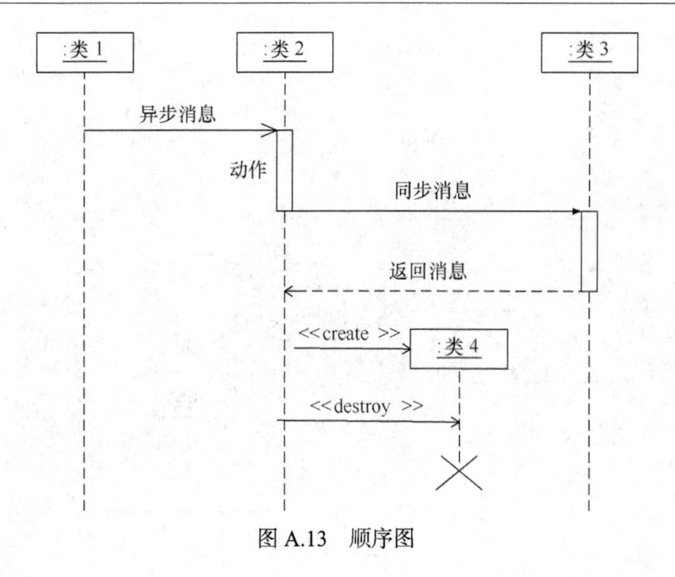

图 A.13 顺序图

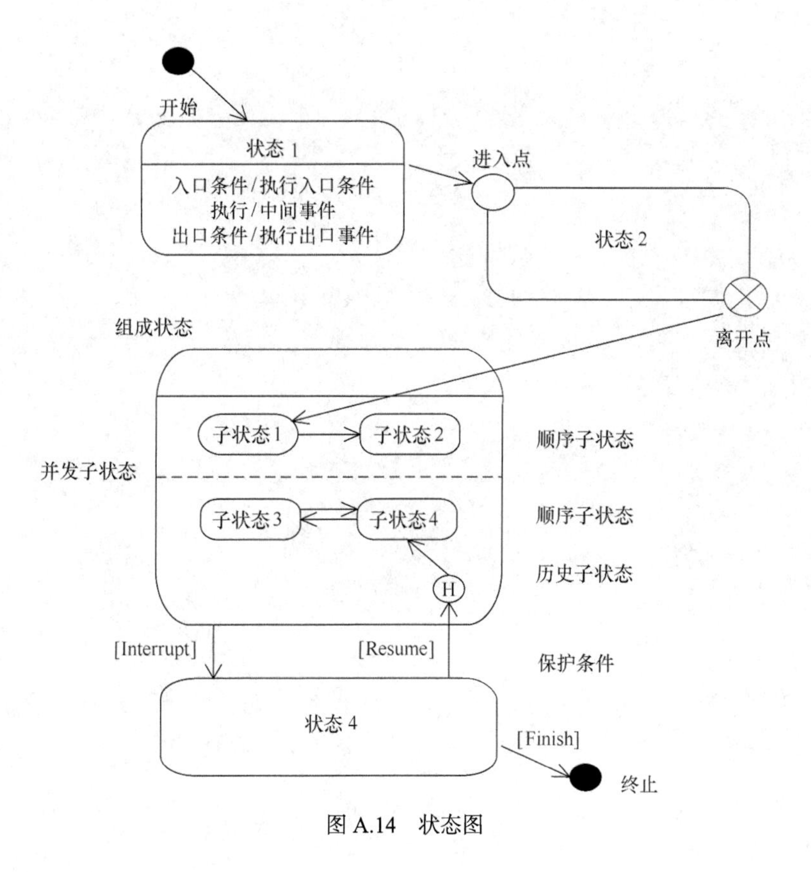

图 A.14 状态图

A.12 计时图

计时图的表示法如图 A.15 所示。

A.13 用例图

用例图的表示法如图 A.16 所示。

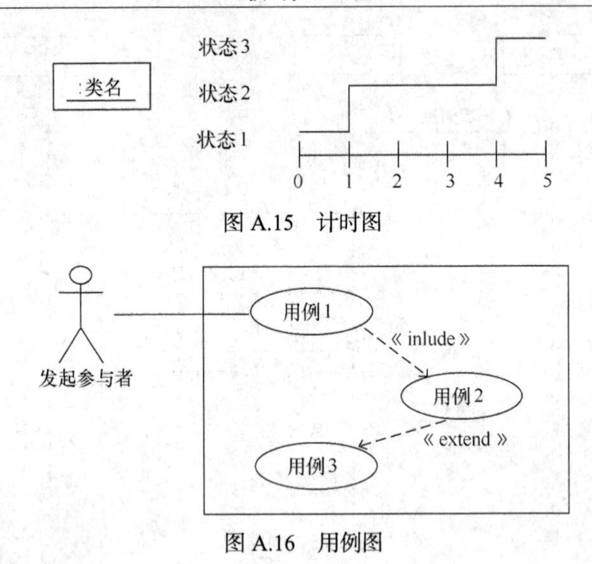

图 A.15　计时图

图 A.16　用例图

附录B　UML中定义的常用版型（stereotype）、约束（constraint）和标记（tag）

1. 版型（stereotype）

UML 预定义了一批标准的版型。表 B-1 中列出一些常用的、标准的版型及其语义说明。

表 B-1　　UML 常用版型及语义说明

版　型	语义说明
《actor》	用于对象类，说明一组用户与 Use Case 交互的角色
《access》	用于依赖，说明目标包的公共内容对于源包是可访问的
《become》	用于消息，说明目标对象与源对象是相同的，只不过在时间点上靠后，而且可能有不同的值、状态和角色
《bind》	用于依赖，说明源对象类是通过把实在参数绑定到目标模板的形式参数而创建的
《call》	用于依赖，说明源操作调用目标操作
《copy》	用于消息，说明目标对象是源对象的一个完全一样的独立拷贝
《constraint》	用于注释，说明该注释是一个约束
《container》	说明该类从语言角度而言是一个容器
《create》	用于事件和消息，说明目标对象是通过该事件或消息创建的
《derive》	用于依赖，说明源元素可以从目标元素计算而得
《destroy》	用于事件和消息，说明目标对象将被该事件或消息销毁
《document》	用于构件，说明该构件代表一个软件文档
《enumeration》	用于对象类，说明枚举型
《exception》	用于对象类，说明一个事件可以被一个操作抛弃或捕获
《executable》	用于构件，说明一个构件可以在一个节点上执行
《extends》	用于依赖，说明目标 Use Case 在给定的扩展点扩展了源 Use Case 的行为
《facade》	用于包，说明一个包只是某个其他包的视图
《file》	用于构件，说明该构件代表一个包含源代码或数据的文档
《friend》	用于依赖，说明源元素可以访问目标元素，不论目标元素是否声明了可视性
《import》	用于依赖，说明源包可以接受或访问目标包中的公共内容
《implementation》	用于泛化，说明子类继承父类的实现
《implementation class》	用于对象类，说明一个对象类的某种程序设计语言的实现

续表

版　　型	语义说明
《include》	用于依赖，说明源 Use Case 具有与目标 Use Case 相同的行为
《instance》	用于依赖，说明源对象是目标分类符的实例
《interface》	用于对象类，说明一个用于定义服务的操作集合，该服务的操作由其他的类或构件提供
《invariant》	用于约束，说明一个对元素总是成立的约束
《library》	用于构件，说明一个静态对象库或动态对象库
《model》	用于包，说明一个模型，它是系统语义的完全的抽象
《process》	用于对象类，说明一个代表进程的分类符，它的实例代表一个特别重要的控制流
《query》	用于操作，说明该操作只查询而不更新实例的状态
《realize》	用于泛化，说明泛化的源元素实现目标元素
《refine》	用于依赖，说明源元素在抽象层次上是目标元素的细化
《requirement》	用于构件，说明所要求的一个系统的特征、性质或行为
《signal》	用于对象类，说明该对象类定义一个信号
《stereotype》	用于分类符，说明该分类符是一个构造型
《stub》	用于包，说明一个包代表另一个包的公共部分的代理
《system》	用于包，说明一个包代表一个将建立模型的完整的系统
《table》	用于构件，说明该构件代表一个数据库表
《thread》	用于对象类，说明一个代表线程的分类符，它的实例代表一个次重要的控制流
《trace》	用于依赖，说明目标元素是源元素的历史祖先，代表了不同抽象层次上的同一概念
《type》	用于对象类，说明一个抽象类，它只用于规定一组对象的结构和行为，但是不规定其实现
《use》	用于依赖，说明源元素的语义依赖于目标元素的公共部分的语义
《utility》	用于对象类，说明一个对象类是例程

2. 约束（constraint）

约束是模型元素中的语义联系，规定某个条件或命题必须保持为真，否则该模型表示的系统无效。表 B-2 中给出了 UML 定义的常见约束及语义说明。

表 B-2　　UML 中定义的常见约束及语义说明

约束	语义说明
{complete}	用于继承，说明继承中的所有子元素都已在模型中说明，不允许增加其他的子元素
{destroyed}	用于实例和链接，说明实例和链接在一个交互的执行结束前销毁
{disjoint}	用于泛化，说明一个泛化中的父类对象不能有多于一个型的子对象
{frozen}	用于关联端，说明在一个对象创建后，不允许对该对象添加、删除或移动任何链接
{implicit}	用于关联，说明该关联不是显式的，而是概念的
{incomplete}	用于泛化，说明不是泛化中的所有子元素都已被说明，允许增加其他的子元素

3. 标记（tag）

标记用于规定模型元素的特性。标记（Tag）代表具有给定值的任意性质的名称，是一个用字符串表示的关键字。标记可以用于表示管理信息，代码生成信息，或一个版型要求的附加语义信息。

通常把标记与值用等号相连括在花括号中，放在模型元素的名字的后面。例如，对于一个对象类可以由标记值{location=client}，说明该对象驻留在客户机节点上。

表 B-3 列出一些常用标记值的名称及其语义说明。

表 B-3　　UML 常用标记值名称及语义

标　记	语义说明
documentation	用于所有模型元素，说明附加在该模型元素上的一个注解、描述或解释
location	用于大多数模型元素，说明该模型元素驻留的节点或构件
persistence	用于分类符、属性和关联，说明在实例的创建完成后实例的状态一直保持着
responsibility	用于分类符，说明分类符遵守的约定（协议）或责任
semantics	用于分类符和操作，说明对象类或操作的含义

附录 C　GOF 给出的软件设计模式

C.1　创建型模式（Creational）

1. 工厂模式（Factory）

（1）抽象工厂（Abstract Factory）模式

模式名称：抽象工厂（Abstract Factory）。

问题：提供一个创建一系列相关或相互依赖对象的接口，而无须指定它们具体的类。一个系统独立于其他产品的创建、组合和表示，由多个产品系列中的一个来配置。

解决方案：定义一个抽象的产品类，此类声明了一个用来创建每一类基本产品构件的接口。每一类产品构件都有一个抽象类，具体子类实现了产品构件的特定表现。抽象工厂模式一般结构如图的 C.1 所示。

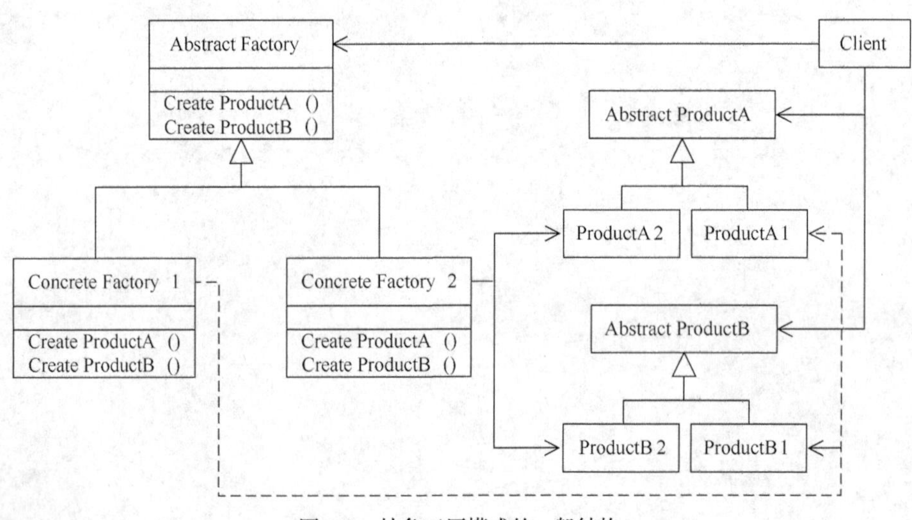

图 C.1　抽象工厂模式的一般结构

（2）工厂方法（Factory Method）

模式名称：工厂方法（Factory Method）。

问题：定义一个用于创建对象的接口，让子类决定将哪一个类实例化。一个类不知道它所必需创建的对象的类，并由它的子类来指定它所创建的对象。

解决方案：使用工厂方法封装一个子类，使被创建的信息从中分离。工厂方法模式的一般结构如图 C.2 所示。

2. 生成器（Builder）模式

模式名称：生成器（Builder）。

问题：将一个复杂对象的构建与它的表示分离，使得同样的构建过程可以创建不同的表示。对于复杂的对象，它由很多部件（对象）复合而成，如何装配这些部件（对象），如何将部件（对象）和复合过程分离。

解决方案：生成器（Builder）模式把复杂对象的创建和部件的创建分离开来，分别用 Builer 类和 Director 类来表示。生成器模式的一般结构如图 C.3 所示。

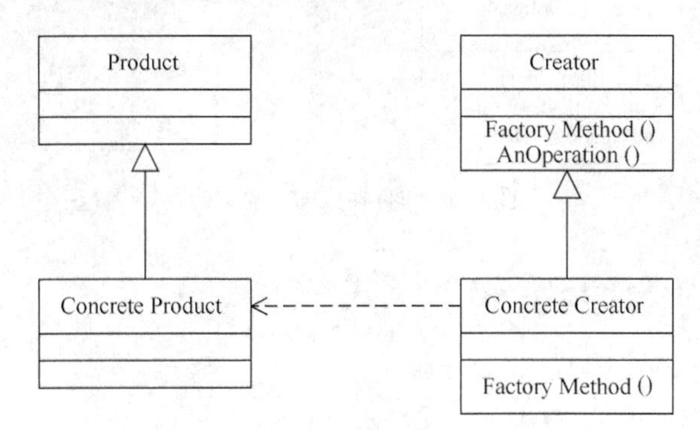

图 C.2　工厂方法模式的一般结构

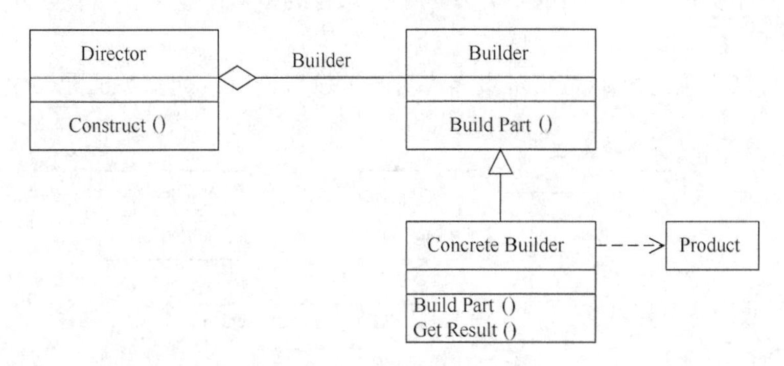

图 C.3　生成器模式的一般结构

3. 原型（Prototype）模式

模式名称：原型（Prototype）。

问题：用原型实例指定创建对象的种类，并且通过复制这些原型创建新的对象。

解决方案：使用原型（Prototype）模式创建对象可以减少类的数目。原型模式的一般结构如图 C.4 所示。

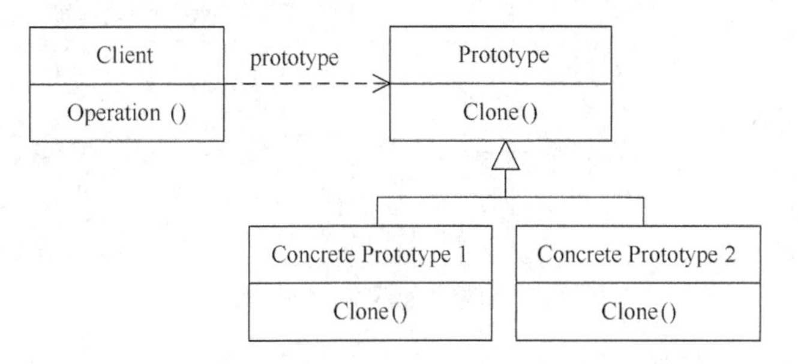

图 C.4　原型模式的一般结构

4. 单件（Singleton）模式

模式名称：单件（Singleton）。

问题：保证一个类仅有一个实例，并提供一个访问它的全局访问点。

解决方案：采用单件（Singleton）模式，让类自身负责保存它的唯一实例。单件模式的一般结构如图 C.5 所示。

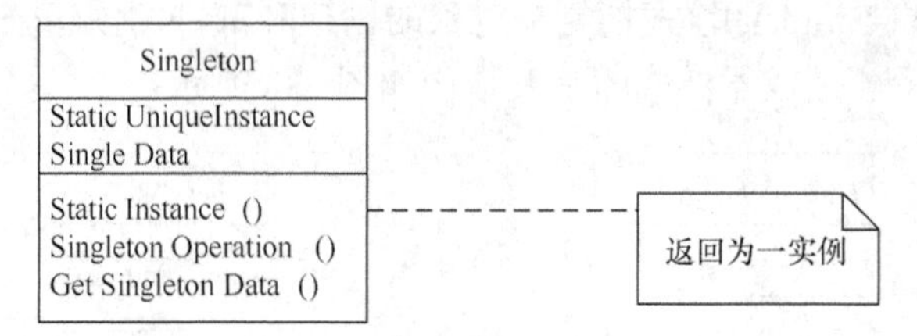

图 C.5　单件模式的一般结构

C.2　结构型（Structural）模式

1. 适配器（Adapter）模式

模式名称：适配器（Adapter）。

问题：将一个类的接口转换成与另外一个类兼容的接口，使得由于接口不兼容的类可以在一起工作。

解决方案：（1）类适配器是用多重集承对两个接口进行匹配。类适配器模式的一般结构如图 C.6 所示。

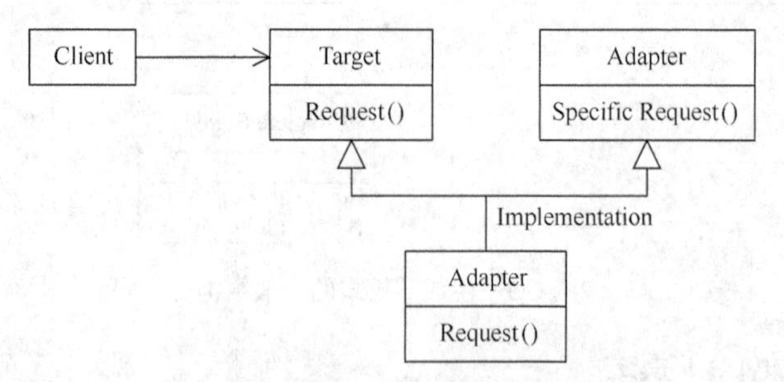

图 C.6　类适配器模式的一般结构

（2）对象适配器依赖于对象组合。对象适配器模式的一般结构如图 C.7 所示。

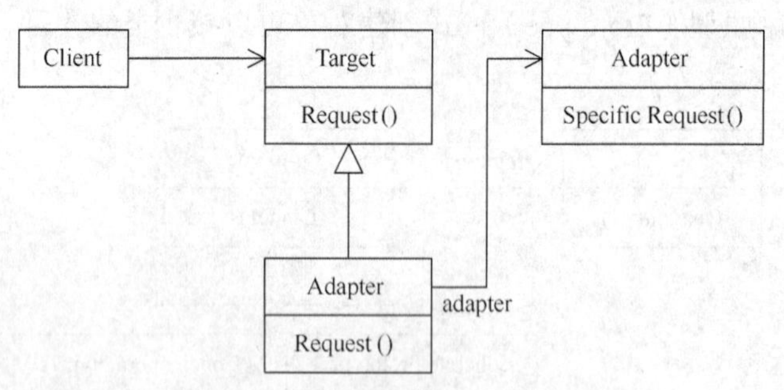

图 C.7　对象适配器模式的一般结构

2. 桥接（Bridge）模式

模式名称：桥接（Bridge）。

问题：将抽象部分和实现部分划分开来，互相独立，但能动态地结合。

解决方案：桥接模式将类的抽象和它的实现部分分别放在独立的类层次结构中，一个类层次结构针对接口，另一个类层次结构针对实现部分。桥接模式的一般结构如图 C.8 所示。

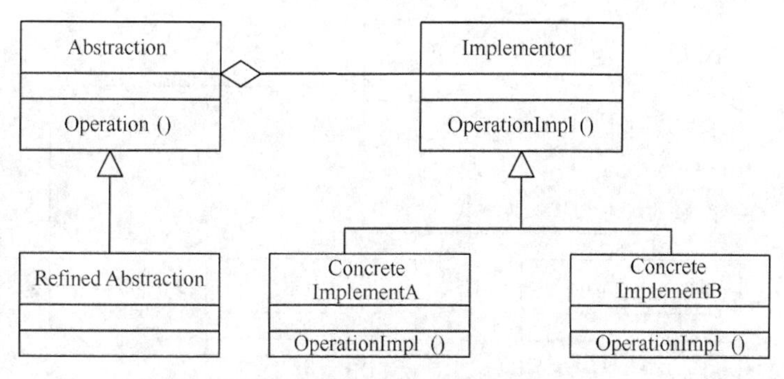

图 C.8　桥接模式的一般结构

3. 组合（Composite）模式

模式名称：组合（Composite）。

问题：将对象以树形结构组织起来，以达成“部分—整体”的层次结构，使得客户端对单个对象和组合对象的使用具有一致性。

解决方案：组合（Composite）模式描述递归组合的使用，以抽象类既可以代表部分类，又可以代表整体类，使用户不必对这些类区分。组合模式的一般结构如图 C.9 所示。

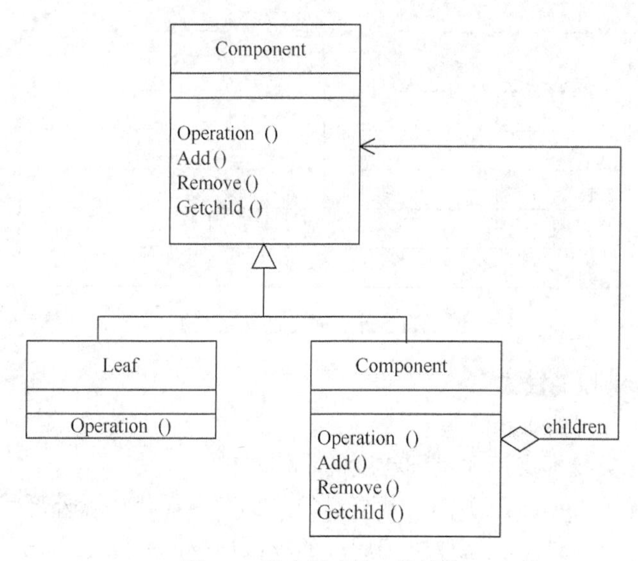

图 C.9　组合模式的一般结构

4. 装饰（Decorator）模式

模式名称：装饰（Decorator）。

问题：动态给一个对象添加一些额外的职责，功能的扩充更为灵活。

解决方案：使用装饰（Decorator）模式，在运行期间由用户决定增加何种功能。装饰模式的一般结构如图 C.10 所示。

5. 外观（Façade）模式

模式名称：外观（Façade）。

问题：为子系统中的一组接口提供统一接口。

解决方案：使用外观（Façade）模式可理顺系统间关系，降低系统间耦合度。外观模式的一般结构如图 C.11 所示。

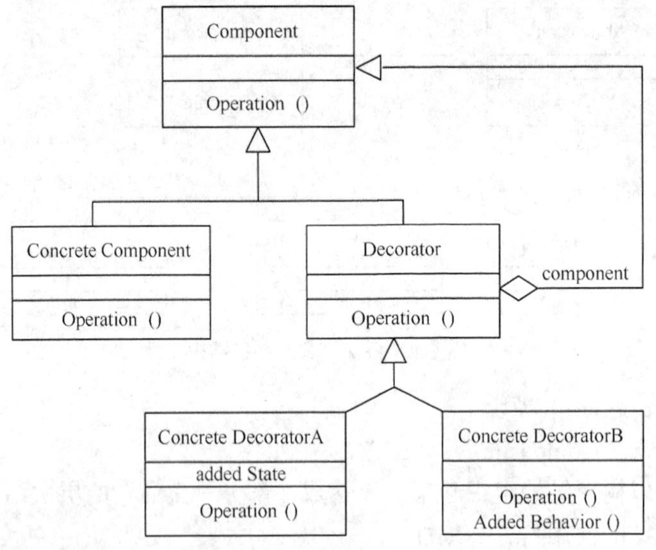

图 C.10　装饰模式的一般结构

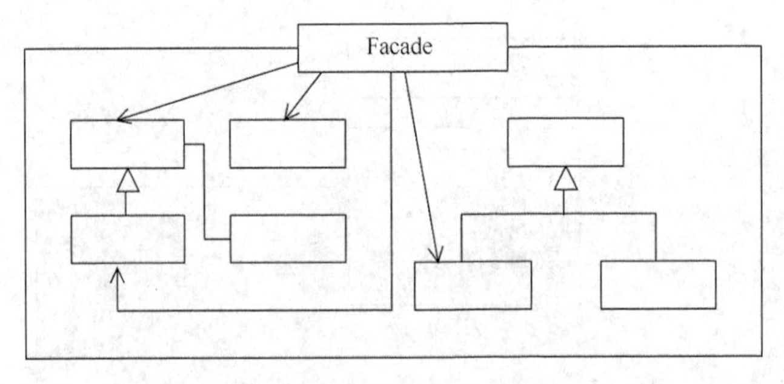

图 C.11　外观模式的一般结构

6. 享元（Flyweight）模式

模式名称：享元（Flyweight）。

问题：使用享元类技术支持大量细粒度的具体对象。

解决方案：享元（Flyweight）作为共享对象，具有内部状态和外部状态，内部状态存储于享元中，可以被共享，外部状态取决于周围的场景情况，并随之变化。享元模式的一般结构如图 C.12 所示。

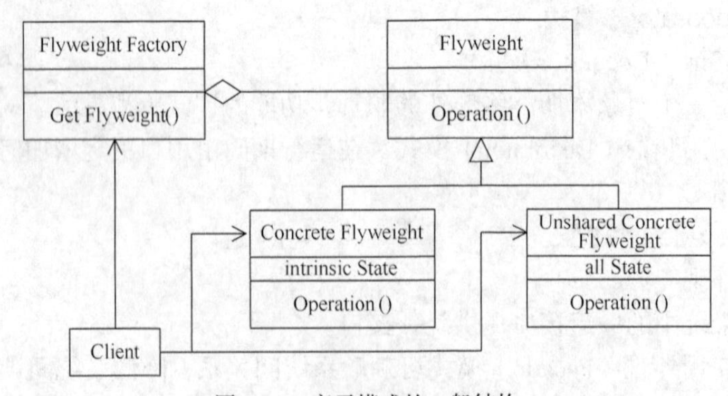

图 C.12　享元模式的一般结构

7. 代理（Proxy）模式

模式名称：代理（Proxy）

问题：由于某些对象不能直接访问另一对象，需要提供一种代理来控制某些对象对另一对象的访问。

解决方案：使用代理（Proxy）作为一种对象，替代某一具体对象，并且负责具体对象的创建实例化，其他对象可以直接访问代理对象。代理模式的一般结构如图 C.13 所示。

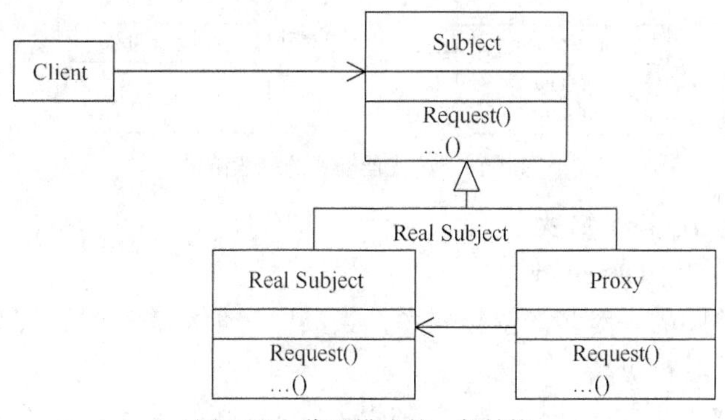

图 C.13　代理模式的一般结构

C.3　行为（Behavioral）模式

1. 责任链（Chain of Responsibility）模式

模式名称：责任链（Chain of Responsibility）。

问题：一系列多个对象都可能处理一个请求，但最终只能由一个对象来处理。请求沿着松散耦合关系的对象链传递，遇到一个对象处理时，传递结束。

解决方案：责任链（Chain of Responsibility）模式给多个对象处理请求的机会，解耦请求发送者和处理对象接受者之间的关系。责任链模式的一般结构如图 C.14 所示。

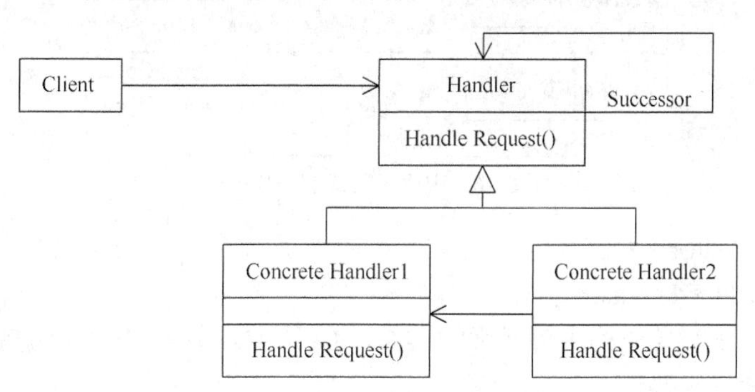

图 C.14　责任链模式的一般结构

2. 迭代器（Iterator）模式

模式名称：迭代器（Iterator）。

问题：提供一种方法顺序在不暴露聚合对象内部的情况下，访问其中的各个元素。

解决方案：迭代器（Iterator）模式是将对聚合对象的访问和遍历从聚合对象中分离出来，归入迭代器对象中，定义迭代器类，提供访问聚合对象元素的接口。迭代器模式的一般结构如图 C.15 所示。

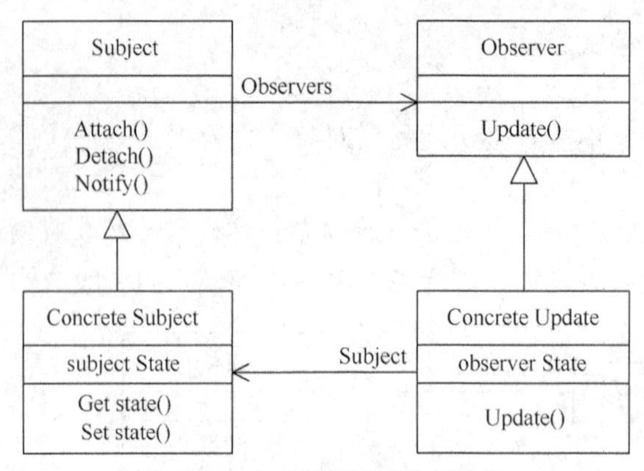

图 C.15 迭代器模式的一般结构

3. 观察者（Observer）模式

模式名称：观察者（Observer）。

问题：定义对象间的一对多的依赖关系，当其中一个对象的状态改变时，其他有依赖关系的对象都会被通知并被更新。

解决方案：观察者（Observer）模式描述建立对象间的关系，描述一个目标对象和无数依赖于它的观察者。当目标对象的状态发生变化时，观察者将被通知，使其状态与目标对象状态保持同步。观察者模式的一般结构如图 C.16 所示。

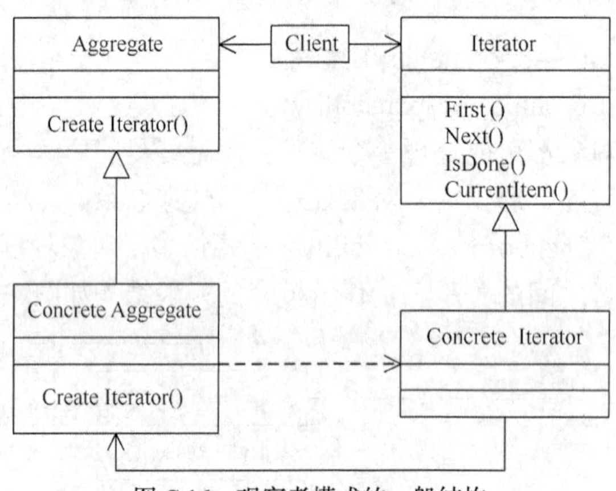

图 C.16 观察者模式的一般结构

4. 访问者（Visitor）模式

模式名称：访问者（Visitor）。

问题：作用于某对象结构中各元素的操作，在不改变对象结构本身的前提下，定义作用于对象结构的元素的新操作。

解决方案：访问者（Visitor）模式定义两个类层次，一个对应于接受操作的元素，另一个对应于定义对元素操作的访问者。访问者模式的一般结构如图 C.17 所示。

5. 命令（Command）模式

模式名称：命令（Command）。

问题：将命令封装在一个类中，用户对这个类进行操作可以参数化；能够实现撤销功能，记住每个刚执行的命令，在需要时恢复。

解决方案：命令（Command）模式对命令行为进行封装，在调用者和操作命令之间增加中间者，降低耦合度。通过一个抽象的 COMMAND 类，定义一个执行操作的接口。命令模式的一般结构如图 C.18 所示。

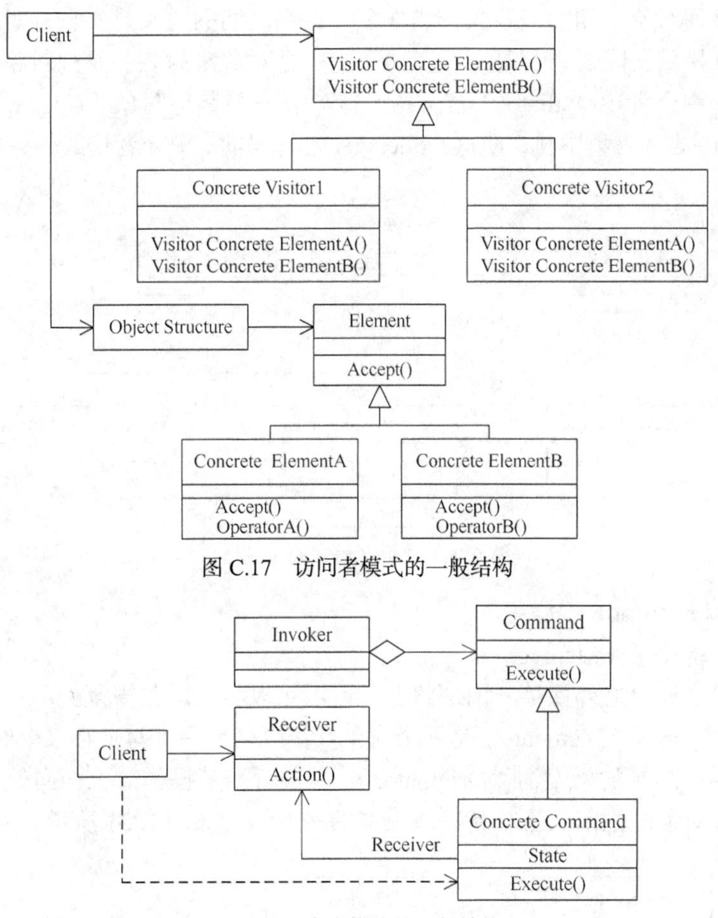

图 C.17　访问者模式的一般结构

图 C.18　命令模式的一般结构

6. 解析器（Interpreter）模式

模式名称：解析器（Interpreter）。

问题：定义语言的文法，建立一个解释器来解释该语言中的句子。

解决方案：解析器（Interpreter）模式为简单的语言定义一个文法，如何在语言中表示一个句子并解释这个句子。解析器模式的一般结构如图 C.19 所示。

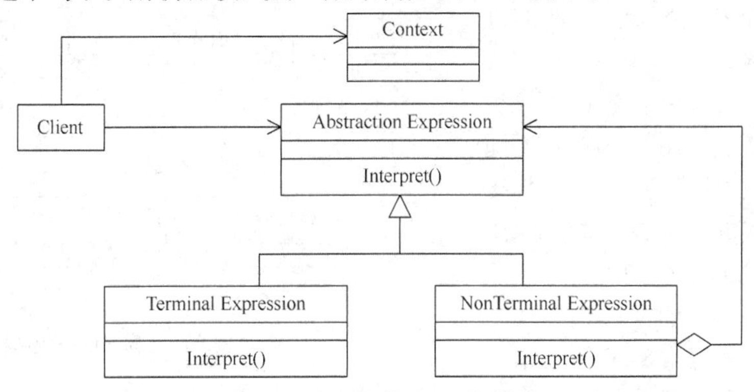

图 C.19　解析器模式的一般结构

7. 中介者（Mediator）模式

模式名称：中介者（Mediator）。

问题：一系列对象之间的交互操作非常多，它们之间的关系是一种多对多的关系，如何使对象间的耦合松散，降低系统复杂性。用一个中介对象来封装一系列对象的交互。

解决方案：中介者（Mediator）定义一个接口，来与其他对象（Colleague）进行通信，将多个 Colleague 的行为集中化，使得 Colleague 之间解耦。中介者模式的一般结构如图 C.20 所示。

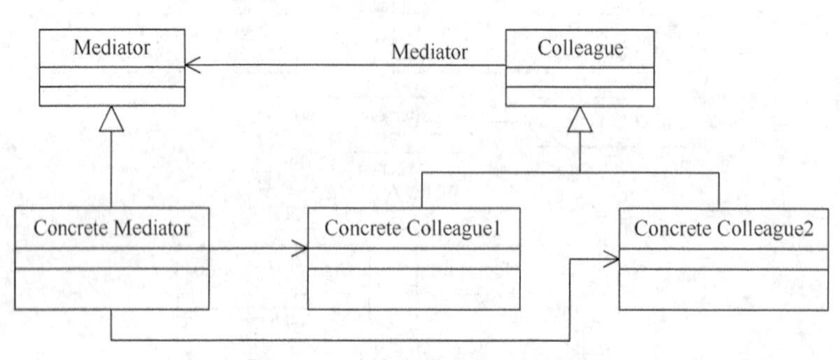

图 C.20　中介者模式的一般结构

8. 备忘录（Memento）模式

模式名称：备忘录（Memento）。

问题：在一个对象之外保存其内部状态，以后可以将该对象恢复到原先保存的状态。

解决方案：备忘录（Memento）是一个对象，它保存另一个对象在某个时刻的内部状态，而这个状态称为备忘录的始发器（Originator），当进行取消操作时，会向始发器请求备忘记录，获取被保存对象的先前状态。备忘录模式的一般结构如图 C.21 所示。

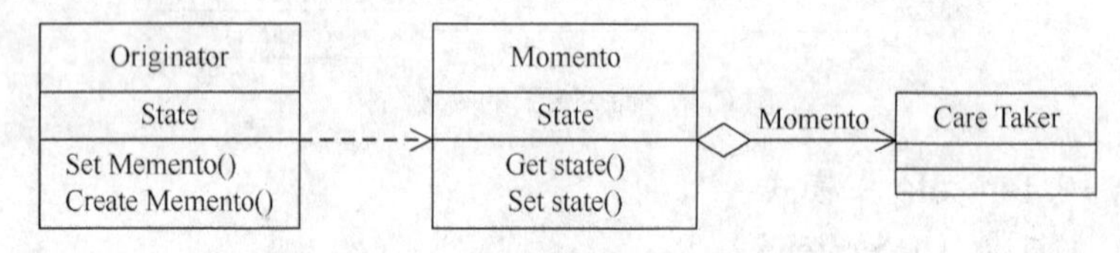

图 C.21　备忘录模式的一般结构

9. 状态（State）模式

模式名称：状态（State）。

问题：一个对象的状态的改变可引起它行为的改变。

解决方案：引入一个 state 抽象类表示对象的状态，state 类为表示不同操作状态的子类定义了一个公共接口，子类实现特定状态的行为。状态模式的一般结构如图 C.22 所示。

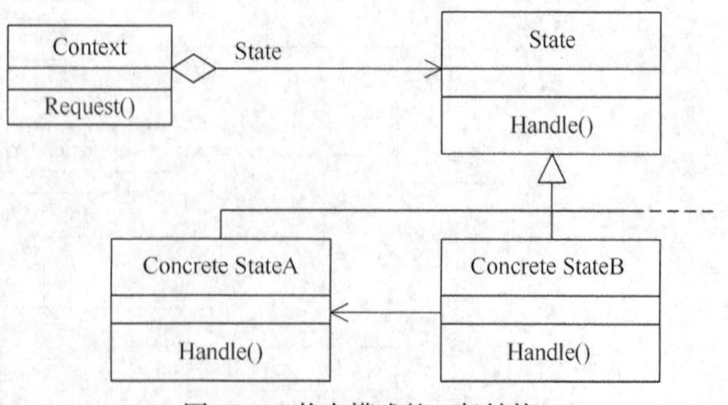

图 C.22　状态模式的一般结构

10. 策略（Strategy）模式

模式名称：策略（Strategy）。

问题：将一系列算法封装成单独的对象，独立于使用它的客户。

解决方案：策略（Strategy）模式定义某些类来封装不同的算法，通过抽象类定义所有算法的公共接口，通过具体类来实现某具体算法。策略模式的一般结构如图 C.23 所示。

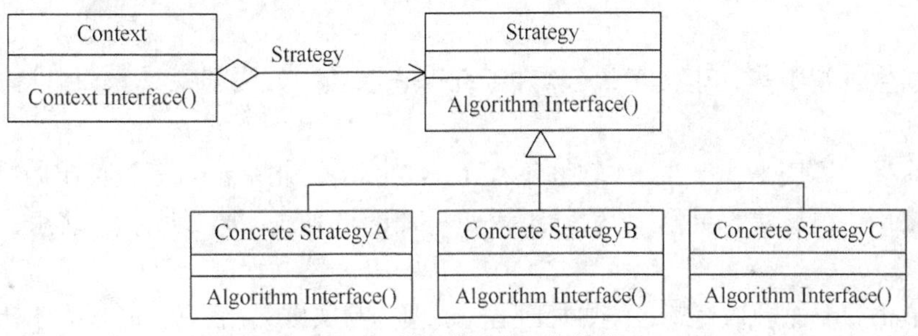

图 C.23 策略模式的一般结构

11. 模板（Template）模式

模式名称：模板（Template）。

问题：定义某个操作中算法的框架，将某些步骤的执行延迟到它的子类中。

解决方案：模板（Template）通过定义抽象类定义统一接口，定义原语操作，实现一个模板方法完成一个算法的架构，调用抽象类或其他类中方法。具体类完成特定算法。模板方法模式的一般结构如图 C.24 所示。

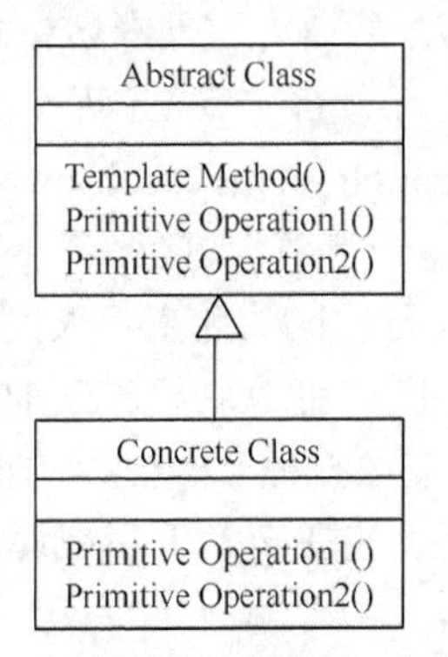

图 C.24 模板方法模式的一般结构

参考文献

[1] 李东生，崔冬华，李爱萍.《软件工程——原理、方法和工具》. 北京：机械工业出版社，2009

[2] 齐治昌，谭庆平，宁洪.《软件工程（第 3 版）》，北京：高等教育出版社，2012

[3] 许家珆，白忠建，吴磊.《软件工程——理论与实践（第 2 版）》，北京：高等教育出版社，2009

[4] 田淑梅，廉龙颖，高辉.《软件工程——理论与实践》，北京：清华大学出版社，2011

[5] Roger S.Pressman 著，郑人杰，马素霞等译.《软件工程——实践者的研究方法（原书第 7 版）》，北京：机械工业出版社，2011

[6] 张海藩.《软件工程导论（第五版）》. 北京：清华大学出版社，2010

[7] 胡飞，武君胜、杜承烈、马春燕.《软件工程基础》.北京：高等教育出版社，2008

[8] 孙涌.《软件工程教程》. 北京：机械工业出版社，2010

[9] 殷人昆，郑人杰，马素霞，白晓颖.《实用软件工程》. 北京：清华大学出版社，2013

[10] 郑人杰，马素霞，殷人昆.《软件工程概论》. 北京：机械工业出版社，2011

[11] 李劲华. 特征驱动开发 FDD 的研究[J].青岛：青岛大学学报，2004，Vol.17(4):74-79

[12] 邓良松，刘海岩，陆丽娜.《软件工程》. 西安：西安电子科技大学出版社，2000

[13] Grady Booch，James Rumbaugh，Ivar Jacobson 著，邵维忠，麻志毅等译.《UML 用户指南（第 2 版）》，北京：人民邮电出版社，2006

[14] 张龙祥.《UML 与系统分析设计》. 北京：人民邮电出版社，2001

[15] 赵从军.《UML 设计及应用》. 北京：机械工业出版社，2004

[16] 王少锋.《UML 面向对象技术教程》. 北京：清华大学出版社，2004

[17] Joseph Schmuller 著，李虎，王美英，万里威译.《UML 基础案例与应用》. 北京：人民邮电出版社，2004

[18] James Withey. Investment Analysis of Software Assets for Product Lines. CMU/SEI-96-TR-010 PA：Software Engineering Institute，Carnegie Mellon University，November 1996. http://www.sei.cmu.edu

[19] Lisa Brownsword, Paul Clements. A Case Study in Successful Product Line Development（CMU/SEI-96-TR-016）PA：Software Engineering Institute，Carnegie Mellon University，June 1997. http://www.sei.cmu.edu

[20] Bass L，Clements P，Cohen S，Northrop L，Withey J. Product Line Practice Workshop Report（CMU/SEI-97-TR-003）. PA：Software Engineering Institute，Carnegie Mellon University，June 1997. http://www.sei.cmu.edu

[21] http://www.umlchina.com/